西南石油大学"十三五""十四五"石油与天然气工程科技成果

化学辅助注气调控技术与应用

王 健 张德平 等编著

石油工业出版社

内 容 提 要

本书基于"十三五""十四五"国家科技重大专项和油田服务项目应用实践，系统阐述了化学辅助注气调控技术在注气提高油气藏采收率领域中的理论与实践成果。内容涵盖低渗透油藏、砾岩油藏、凝析气藏及稠油油藏的化学辅助注气调控技术，重点介绍了不同油藏条件下化学辅助注气调控体系的优化配方、调控体系的应用性能、调控体系的岩心流动实验、化学辅助注气调控理论及提高采收率机理、典型井组化学辅助注气调控施工方案设计及现场应用。

本书可供从事注气提高采收率技术的相关技术人员、管理人员及石油院校相关专业师生参考阅读。

图书在版编目（CIP）数据

化学辅助注气调控技术与应用 / 王健等编著 .
北京 : 石油工业出版社, 2025. 6. -- ISBN 978-7-5183-6838-9

Ⅰ . TE357.7

中国国家版本馆 CIP 数据核字第 2024QE1260 号

出版发行：石油工业出版社
　　　　　（北京安定门外安华里 2 区 1 号楼　100011）
　　　网　　址：www.petropub.com
　　　编辑部：（010）64523829
　　　图书营销中心：（010）64523633
经　　销：全国新华书店
印　　刷：北京中石油彩色印刷有限责任公司

2025 年 6 月第 1 版　2025 年 6 月第 1 次印刷
787×1092 毫米　开本：1/16　印张：20.25
字数：416 千字

定价：100.00 元
（如出现印装质量问题，我社图书营销中心负责调换）
版权所有，翻印必究

前 言

目前我国注气驱油技术已成为提高油气藏采收率主导技术，在吉林、新疆、长庆、大庆等油田大规模推广应用，现场试验取得较为显著的增油效果。现场应用实践表明，在气驱过程中，由于储层非均质性、气体低黏度、低密度特性，重力超覆和黏性指进现象十分严重，导致气体过早突破，注气无效循环，影响波及效率和驱油效率，注气后期的开发效果日益变差。国内外通常采用水—气交替控制气窜技术，但气窜仍然十分严重，油田可持续高效开发面临巨大挑战。

近年来，笔者提出化学辅助注气调控技术。该技术是在气驱的基础上，通过注入低成本的表面活性剂起泡剂溶液，气体与起泡液作用，形成动态泡沫，有效控制气体流度和气窜，提高宏观波及效率，并且表面活性剂可以辅助降低界面张力并提高微观驱油效率，从而实现大幅度提高采收率。

本书基于"十三五""十四五"国家科技重大专项和油田服务项目研究成果，主要内容包括：化学辅助低渗透油藏注 CO_2 调控技术与应用、化学辅助砾岩油藏注 CO_2 调控技术、化学辅助凝析气藏注天然气调控技术与应用、化学辅助稠油油藏注 N_2 调控技术与应用、超临界 CO_2 携带气溶剂辅助注气调控技术、化学辅助注气调控理论及提高采收率机理。重点介绍了不同油藏条件下化学辅助注气调控体系的优化配方、调控体系的应用性能、调控体系的岩心流动实验、化学辅助注气调控理论及提高采收率机理、典型井组化学辅助注气调控施工方案设计及现场应用。本书可为油气藏注气高效开发和提质增效提供参考。

本书第一章、第三章第 2 节至第 4 节、第四章、第五章、第六章、第八章第 1 节由王健编写，第二章、第七章第 3 节和第 4 节、第八章第 2 节由张德平编写，第三章第 1 节和第 5 节由董海海编写，第七章第 1 节和第 2 节由钟爽编写，全书由王健统稿。博士研究生和硕士研究生路宇豪、魏鸿坤、周娅芹、赵俊伟、阴礼钟、孙英博等参与本书的相关实验及图文校对工作。

  本书编写过程中，中国石油勘探开发研究院提高油气采收率全国重点实验室、吉林油田二氧化碳捕集埋存与提高采收率开发公司、吉林油田油气工艺研究院、新疆油田勘探开发研究院等单位的专家和同仁在资料收集、技术咨询、实验设计、现场应用等方面给予极大的帮助和指导，使得本专著能够顺利完成并出版。在此，谨向所有给予技术支持和帮助的单位和专家致以诚挚的谢意！

  由于水平有限，不妥之处，恳请读者斧正！

编者

2025 年 5 月

目 录

1 绪论

1.1 气窜的主要类型 ……………………………………………… 1
1.2 气窜影响因素 …………………………………………………… 4
1.3 注气调控技术国内外研究现状 ……………………………… 5
1.4 化学辅助注气调控技术 ……………………………………… 13

2 化学辅助低渗透油藏注 CO_2 调控技术与应用

2.1 油藏地质特征及气窜规律分析 ……………………………… 16
2.2 化学辅助注气调控体系研发 ………………………………… 19
2.3 化学辅助调控体系油藏适应性评价 ………………………… 29
2.4 化学辅助调控体系的综合性能评价 ………………………… 33
2.5 化学辅助调控体系的耐温抗盐性改善方法 ………………… 45
2.6 化学辅助调控体系的控窜及驱油实验 ……………………… 50
2.7 化学辅助低渗透油藏注 CO_2 调控技术的现场应用 ……… 66

3 化学辅助砾岩油藏注 CO_2 调控技术

3.1 油藏地质特征及气窜规律分析 ……………………………… 69
3.2 化学辅助砾岩油藏注气调控体系研发 ……………………… 104
3.3 化学辅助调控体系综合性能评价 …………………………… 115
3.4 化学辅助调控体系的控窜及驱油实验 ……………………… 119
3.5 化学辅助砾岩油藏注 CO_2 调控方案设计 ………………… 123

▶ 4　化学辅助凝析气藏注天然气调控技术与应用

4.1　油藏地质特征及气窜规律分析 …………………………………… 134

4.2　化学辅助调控体系的研发 …………………………………………… 138

4.3　化学辅助调控体系综合性能评价 …………………………………… 148

4.4　化学辅助调控体系的控窜及驱油实验 ……………………………… 163

4.5　化学辅助凝析气藏注天然气调控体系现场应用 …………………… 172

▶ 5　化学辅助稠油油藏注 N_2 调控技术与应用

5.1　稠油油藏汽窜特征及技术对策 ……………………………………… 192

5.2　化学辅助稠油油藏注 N_2 调控体系的配方研发 …………………… 199

5.3　化学辅助稠油油藏注 N_2 调控体系综合性能评价 ………………… 207

5.4　化学辅助稠油油藏注 N_2 调控体系注入参数优选 ………………… 216

5.5　化学辅助稠油油藏注 N_2 调控技术现场应用 ……………………… 227

▶ 6　超临界 CO_2 携带气溶剂辅助注气调控技术

6.1　油藏地质特征及气窜规律分析 ……………………………………… 231

6.2　气溶剂辅助注气调控体系的研发 …………………………………… 235

6.3　气溶剂辅助注气调控体系的综合性能评价 ………………………… 250

6.4　气溶剂辅助注气调控体系岩心流动实验 …………………………… 265

6.5　典型井组施工设计及配注工艺技术 ………………………………… 272

▶ 7　化学辅助注气调控理论及提高采收率机理

7.1　气体重力超覆现象表征 ……………………………………………… 280

7.2　化学辅助注气调控驱油理论研究 …………………………………… 282

7.3　化学辅助注气调控微观可视化机理研究 …………………………… 297

7.4　化学辅助注气提高波及效率量化测定 ……………………………… 308

▶ 8 研究成果与技术展望

　　8.1　研究成果 …………………………………………… 309

　　8.2　技术展望 …………………………………………… 310

▶ 参考文献

1 绪 论

在注气驱油过程中,由于储层非均质性和油气密度、黏度差异,气体在地层中发生超覆现象和黏性指进,气窜十分严重,从而影响注气开发效果。本章在分析气窜类型及气窜影响因素基础上,调研了国内外注气调控技术现状,其中广泛应用的是水气交替技术,该方法最为经济可行,但气窜仍然十分严重。近年来,利用化学辅助注气调控技术,在注入水中加入低成本的活性剂,水和气形成泡沫体系,整体推进有效控制气窜,并通过活性剂提高驱油效率,从而改善注气开发效果。

1.1 气窜的主要类型

一般来说,气窜类型包括纵向上存在层间非均质性和气油密度差异,引起重力超覆和舌进现象;由于储层平面非均质性以及气体低黏度,黏性指进现象十分严重;由于井网井距不合理,导致渗流流场不合理,引起气窜;由于注气压力或气油比不合理,无法达到混相,引起气窜。

1.1.1 非均质性引起的气窜

由于储层非均质性(图1.1.1),在注气一段时间后,高渗透层气体流速快,低渗透层气体流速慢,使得高低渗透层之间产生压差,低渗透层的气体往高渗透层窜入,高低渗透层间渗透率级差越大,气体流速差值越大,压差越明显,在纵向上气窜现象越明显,尤其在气体突破以后,具有更好物性的储层占据了总吸气量的主要部分。地层非均质性非常容易导致气体沿着高渗透层形成窜流,进而将气体的波及效率大

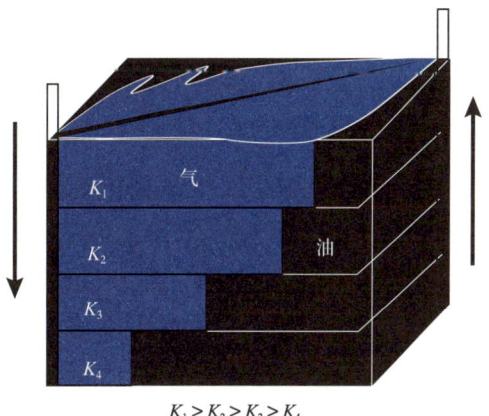

$K_1 > K_2 > K_3 > K_4$

图1.1.1 纵向非均质性导致的气窜

打折扣,并且气窜随着地层非均质性的增强而越发严重。

1.1.2 重力超覆引起的气窜

在气驱替过程中,由于驱替气体和地层流体存在着密度差异,这将导致重力超覆现象,即气体在地层流体的上面流动。重力超覆现象对气体驱油过程有着严重的影响。

由于油气密度差异很大,重力舌进现象严重,垂向波及系数低。与重力超覆程度相关的 R_{vg} 参数(黏滞力/重力差):

$$\Delta p = \frac{Q\mu_o L}{AK} = \frac{v\mu_o L}{K} \qquad (1.1.1)$$

$$\Delta G = \rho_o gh - \rho_g gh = \Delta \rho gh \qquad (1.1.2)$$

$$R_{vg} = \frac{\Delta p}{\Delta G} = \frac{v\mu_o L}{Kgh\Delta\rho} \qquad (1.1.3)$$

不同 R_{vg} 条件下的重力超覆状态如图 1.1.2 所示。

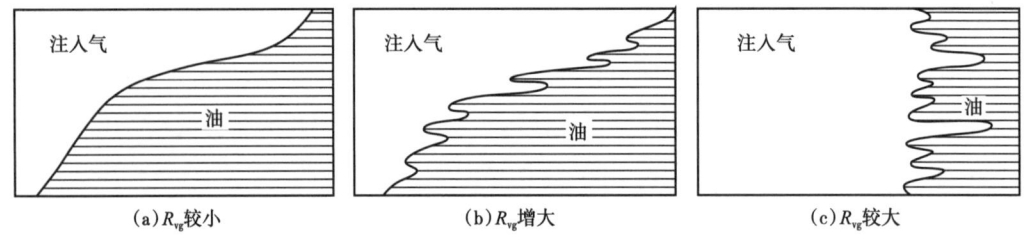

图 1.1.2 不同 R_{vg} 条件下的重力超覆状态

当 R_{vg} 较小时,重力差占主要地位,出现严重的重力舌进现象,垂向波及效率低;

随着 R_{vg} 增大,油的黏滞阻力上升,气油流度比增加,重力舌进得到一定的控制,但在舌进区出现指进;

当 R_{vg} 较大时,黏滞力占优势,重力差退居次要地位,主要发生黏性指进现象。

气体重力超覆现象的特征主要表现在两个方面:

(1)在油层垂向上面来说,气体重力超覆影响纵向动用程度,导致油藏纵向动用程度差异大。具体可能表现为油层中上部动用程度较好,含油饱和度变化明显,剩余油分布较少;而油层下部则表现为动用程度较差,含油饱和度变化不明显,剩余油分布较多。导致这种发生现象的主要原因是重力超覆现象的存在,大量气体汇集到油藏顶部,从而驱替油藏顶部的原油。

（2）在油藏平面上来说，注采井之间的井距越小，气体重力超覆程度越弱，并且近井地带的气体重力超覆程度较弱，而注采井中间位置，气体重力超覆程度较强。其主要原因为：气体在油藏中的运移主要为径向运移和垂向运移，在近井地带，压力梯度较大，气体主要沿径向运移；而在注采井中间位置，压力梯度减小，垂向上的力作用明显，垂向运移量增多，垂向运移能力加强，气体重力超覆程度变强。

气体重力超覆现象影响因素主要有以下三个方面：

（1）油层倾角：由于注入气体与原油的密度差异，会导致注入气体有上浮的趋势，而油层倾角会加剧这一现象的发生。油层倾角越大，超覆现象越严重。

（2）油层厚度：油层厚度的增加会导致气体上浮的空间加大，可以使气体的垂向运移量增加，从而加大超覆程度，使油藏的纵向动用程度不均。

（3）气体注入速度：注入速度过快，可能加剧超覆现象。

由于重力分异现象的客观存在，密度较小的气体会向油藏顶部运移，呈现"气上油下"的趋势，气驱力场发生变化，驱动力方向由水平逐渐趋于垂向。高注低采模式可以起到提高气驱效果的作用，即注气井位于构造高点，采油井位于构造低部位。在这种情况下，气体在重力分异作用下向顶部聚集，并向低部位驱替，延缓气窜时间。

1.1.3 黏性指进引起的气窜

黏性指进是指在用气体驱替原油的过程中，由于驱替相和被驱替相两相间的流度（黏度）差异，易引起气体成指状在原油中穿过，这种现象被称作指进，一般又可以称之为黏性指进。黏性指进的存在将引起驱替前缘不稳定，降低波及体积和波及效率。由于气体黏度远远低于水和原油，基于这一点，可以判断气驱过程中必然发生黏性指进。

注入的气体绕过被驱替的油，因为黏性指进而提前窜流进入油井，引起产液量下降，降低了波及效率，气油比急剧上升。一般情况下，储层的非均质性越强、驱替速度越大，黏性指进就越严重。黏性指进的发生虽然无法避免，但是在发生黏性指进之前或之后，降低驱替速度和增加驱替流体的黏度可以有效抑制其继续发展的趋势。

在气驱过程中，气体饱和度升高，相对渗透率提高，气体黏度比地层流体低，使得流度比变大，容易诱发黏性指进，进而导致气窜。一般来讲，黏度低容易引起气体黏性指进，诱发气窜或过早突破，降低了波及系数，减小了原油采收率，如图1.1.3所示。

黏性指进较为严重时，气体运移前缘不稳定，注入的气体更多地将超过原油或通过气窜通道到达生产井。与此同时，较低的油藏压力和较大的压力梯度，弱化了气体与原油的混相作用，将增加气体气窜风险，不同指进尖部的气体先后到达生产井，使得剩余的及未被驱替的原油难以动用。随着气体的不断注入，气窜通道渗流能力不断增强，生产井气油比越来越高。因此降低气体流度和封堵气窜通道，可以有效控制黏性指进，使气体运移前缘较为均匀推进；提高油藏压力，有利于气体与原油的混相，也可降低气窜风险，提高波及体积，使得更多的原油被动用。

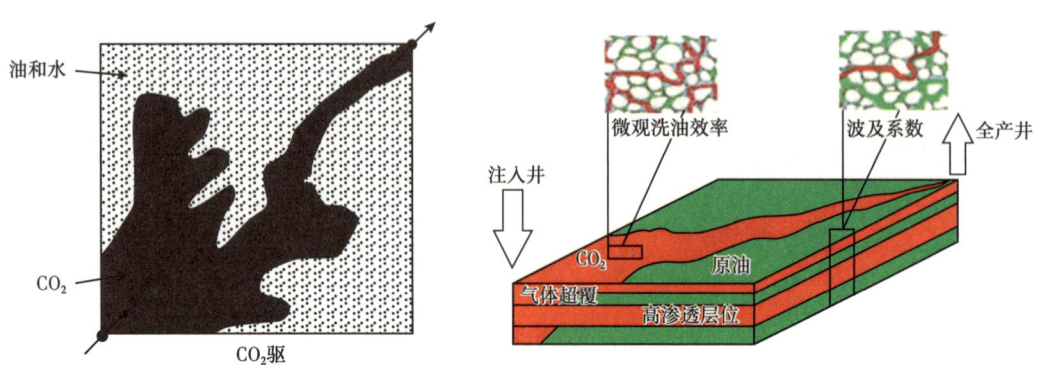

图 1.1.3　CO_2 气窜机制示意图

一般来讲，毛细管数增大，对应的原油采收率增加，而气驱过程中，驱替气体黏度明显低于被驱替流体的黏度，黏度低对应的毛细管数也会处于较低水平，提高采收率效果也就会被削弱。泡沫体系的引入一方面增加了驱替流体的表观黏度，提高了毛细管数，另一方面泡沫液本身就是表面活性剂溶液，液膜表面活性剂向地层流体转移，会降低油水界面张力，增加水气交替过程中水驱油的毛细管数，两方面的作用都会使原油的采收率得到提高。气体混相驱能够减轻气体/原油流度比差异过大对采收率的影响，但对于低渗透油藏来说，注采压差太大，混相不易实现。因而需要对气体的流度进行控制，WAG 和泡沫技术是常用且被证明是有效的方法，可以显著增加地层对注入流体的阻力因子，阻力因子增加与流体流度降低具有较好的正比关系。特别是泡沫既能封堵优势通道，同时又能降低气体流度。

1.2　气窜影响因素

气窜井类型可以分为三种：速窜井、缓窜井、不窜井。气窜的影响因素很多，主要包括地质因素、流体因素和开发因素。

1.2.1　地质因素的影响

影响气驱气窜的因素中，储层的条件是最重要的。地质因素主要有沉积特征、储层物性、油藏倾角、压力、温度、油藏渗透率、渗透率级差、裂缝发育程度和方向等。其气窜规律如下：

（1）储层渗透率影响：储层渗透率越大，气窜现象越严重；

（2）平面非均质性影响：高渗透率方向注气井与采油井之间的气窜速度明显快于低渗透率方向（即气体会在优势通道中快速窜进）；

（3）裂缝影响：裂缝对气驱的影响较大，影响气驱的波及范围，尤其是裂缝平行于注采方向时，气窜严重，波及范围明显减小，注气效果变差。

1.2.2 开发因素的影响

开发方式的不同，也会对气窜产生影响，因素大致可以分为注入方式、注气速度、注入压力、油井流压、井网井距等。

不同的影响因素占主导会表现出不同的气窜类型与气窜特征。总体来说，气窜现象主要受储层非均质性、重力超覆和黏性指进等的影响。

1.2.3 流体因素的影响

流体因素对于气窜影响也很明显，因素大致可以分为原油密度、原油黏度、注气密度、注气黏度、流度比等。

1.3 注气调控技术国内外研究现状

针对气驱过程中存在的气窜问题，目前国内外常用的注气调控技术主要从两个方面出发：一是改善储层条件，二是调整黏度差。目前主要控制气窜方式见表1.3.1。

表1.3.1 气窜调控方法

技术方式	作用机理	优点	缺点
水气交替（WAG）	改善流度比，封堵高渗透层	技术相对成熟，现场应用较多	腐蚀管柱，降低原油与CO_2的结合能力
顶部注气	改善气体分布，提高油藏压力	工艺简单，效果明显	适用具有局限性
凝胶暂堵	封堵高渗透层	封堵高渗透层效果好	注入能力小
CO_2增稠技术	改善流度比	—	试剂配制工艺困难
化学辅助注气	改善流度比	选择封堵	地层条件下泡沫不易控制

1.3.1 水气交替技术

WAG（Water Alternating Gas）技术通过交替注入水和气体来优化驱替效果，旨在防止气体过早突破、减少无效驱油现象。其作用机理包括改变气体流动性和改善储层条件两个方面。在实施 WAG 技术时，交替插入地层水段塞，既可封堵气体，也可降低水相渗透率、优化驱替相与被驱替相的流动性比。这样的交替注入方式使得水先进入高渗透层，迫使气体进入低渗透孔道，从而提高了波及体积，降低了残余油饱和度，水气交替驱替特征如图 1.3.1 所示。

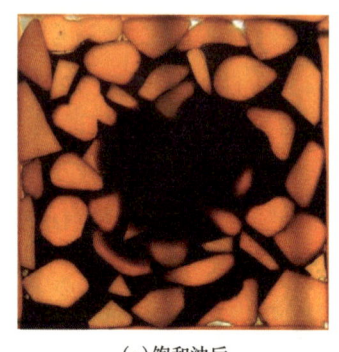  

（a）饱和油后　　　　　　（b）水气交替驱过程中　　　　　　（c）水气交替驱后

图 1.3.1　水气交替驱替特征

尽管 WAG 技术在世界范围内被广泛应用，但其仍存在一些缺陷。例如，WAG 技术往往使得整个驱替周期的注入能力降低，可能影响效益。此外，当气泡通过孔隙喉道时，孔道半径会增加气泡两端的毛细管力阻力，对驱油不利。

1991 年，GulFaks 油田在 A-11 井中开始进行 WAG 注入试点，水气比为 3∶1，截至 2001 年，A-11 井增加的产量约为 $2 \times 10^4 m^3$，说明水气交替方式对提高采收率起到重要作用。Swan Hills 油田采用水气交替混相驱的注入方式，该方式减小流度比，提高了注入气的波及效率，抑制注入气的垂向运动。先注入 10% HCPV 的溶剂，然后再注入 30% HCPV 的气体，最后转为注水，到 1979 年底，该项目累计石油总产量为 $32 \times 10^6 m^3$，生产速度稳定，14 年的混相驱开发使采收率达到了 29%。

葡北油田是我国进行水气交替注烃气开发的典型例子。1998 年开始，葡北油田进入水气交替混相驱开发阶段，两年后油田累计产油约 $43.5 \times 10^4 m^3$，原油采出程度为 13.5%。2002 年，油田保持着高速开采，并且处于无水开采期，采出程度增加了 5.55%，气油比保持稳定，对 PB1 井进行分析，流体黏度大幅降低，饱和压力增加了 3.42MPa。对油田进行开发动态预测研究后，张茂林、郭平等对油田部分井的调整提出了改进方案，2004 年，张俊等通过室内岩心流动实验，解决了注入井水气切换问题，在矿场试验研究中，葡北 3-7 井的注气压差高达 8 MPa，采出程度达到了 28.85%，气油比虽然上升但是没有气窜现象的产生，由于其注入段塞较小，混相开发的效果较好，到 2014 年，西部注气区块累计产油 $63.3 \times 10^4 t$，采出程度达到 39.6%。

2000年1月，长庆靖安油田ZJ29井区开始进行水气交替注入，1个月后，气油比大幅下降，地层压力上升了2.16MPa，达到10.09MPa，可以看出水气交替可以很好地改善注气效果。

2009年，针对冀东油田高13断块的地质特征和原油物性，郑佳朋等通过对国内注烃气驱的矿场实验进行调研后，对高13断块注气提高采收率进行了模拟研究，设计了水气交替驱的实验方案，探讨了两种注入方式（连续气驱和水气交替驱）下的含水率和采出程度的变化情况，发现气水交替驱提高采收率约10%，含水率明显降低，气窜现象减少，驱油效果得到了改善。

2014年，为了确定适合薄互层低渗透油组的最佳注入方式，魏旭光对三种不同的高效注气方法（水/富气交替注入、贫气/富气交替注入、水/贫气/富气交替注入）进行研究，结果表明，在相同的注入量和段塞大小条件下，EWGAG方式的累计产油量和采收率达到最高，分别为$7.444 \times 10^4 m^3$和66.16%。

2017年，菅晓翠针对一海上油藏进行天然气水气交替方案研究，驱替过程为近混相驱替，在不同注气量、注入速度及气水比条件下，优选出了最佳方案。在气水比为1:2的条件下，以20000m^3/d的速度注入25%HCPV天然气，采出程度可以达到28.32%。研究结果表明水气交替可以延缓气体的突破时间，并且增加采出程度。

2019年，Julius U.Akpabio根据JEB油田的地质特征和开发条件，对不同的注入方式进行了广泛的实验研究，研究了连续气驱、水—气交替驱、水驱等不同注入方式对水、气采油效率的影响。实验结果表明，WAG驱的含水率上升幅度远低于水驱，具有较好的延水效果。WAG注入呈现出相对平稳的气油比期，表明注入水延迟气窜。WAG驱采收率最高，其次是连续气驱和水驱。该研究进一步加深了对气水窜流规律的认识，提出了延缓气窜和改善气驱的方案。

2023年，孙成岩以海拉尔油田贝14区块为研究对象，借助Micro-CT研究WAG驱启动剩余油的微观作用机制，同时通过长岩心驱替实验研究CO_2驱后水气交替注入的驱替特征。实验结果表明，大孔隙在被CO_2全部动用后成为气窜通道，采收率仅为47.92%；在CO_2驱后开展WAG驱，10轮次的水气交替注入可在CO_2驱的基础上提高采收率18.68%。

1.3.2 顶部注气技术

在多数油藏中，油气水三相共存，由于三相不同的密度，会产生油藏流体的重力分异现象，气相处于上方，油相在中间，水相在下方。顶部注气技术就是利用油藏流体的这一特点，在油藏顶部设置注气井，油藏底部设置生产井，井位布置如图1.3.2所示。

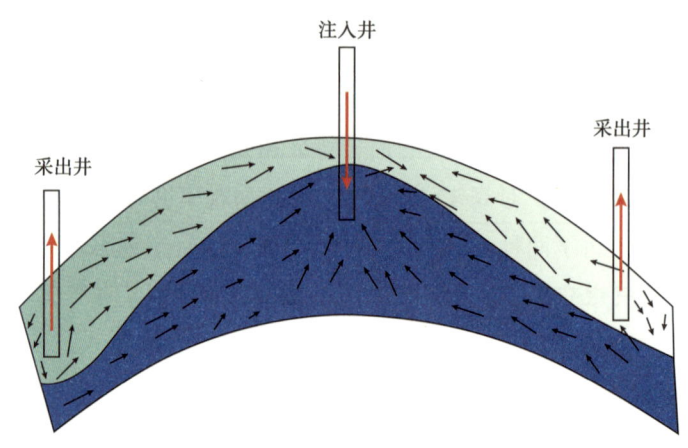

图 1.3.2 顶部注气井位布置示意图

顶部注入气体会在重力分异的作用下，在油藏顶部形成气相带，驱替油相与水相进入底部生产井，达到气油界面稳定推进、扩大波及体积的目的。顶部注气主要驱油机理如下所述。

（1）油气重力分异。

油藏内部流体存在密度差异，在重力的作用下，油气发生分离现象。注入气体进入到气顶或者油层部位时，注入气体由于密度较小会自发地向构造的高部位移动，使得地层中的原油向构造的低部位移动，顶部的剩余"阁楼油"得以被动用，驱动原油进入生产井井底，大大提高气体的驱油效率。

（2）稳定驱替前缘，扩大波及体积。

在合理控制注采参数情况下，油藏内部流体逐渐形成从上到下的气—油—水分布状态，注入气体能够形成较为稳定的驱替前缘，有效抑制黏性指进现象和舌进现象，延迟气体突破时间，减轻气窜现象，延长高效稳定驱油时间，扩大波及体积。

（3）形成次生气顶。

在注入气体一定时间后，油藏顶部会形成一定能量和规模的次生气顶。人工次生气顶在扩大的过程中，推动油气界面向下移动。界面移动过程中，前缘形成"油墙"可富集沿途的可动油，达到有效增油目的。

顶部注气技术适用的油藏具有局限性，适用于顶部注气驱油藏一般具有以下地质特征：

（1）地质构造特征：高闭合度油藏，构造倾角一般大于10°，以利于油气分异。大多为多油层组的背斜构造或潜山构造油藏，埋藏深度在1000~3500m。大多数油层为带有气顶的厚油层，厚度超过50m。

（2）地质油藏特征：储层物性好，渗透性好，大多数油层垂向渗透率大于200mD，原油饱和度要求大于25%，这样能够得到连续油带；含水饱和度越低越有利于顶部注气，一般要求含水饱和度小于50%。

（3）油藏流体特征：密度低，一般要求原油的相对密度小于0.8762；黏度一般要求较低，以避免注气过程中发生黏性指进；要求其所含中间烃占据一定比例，进而更容易产生近混相、混相；地层原油中含有一定的溶解气。

国内外针对顶部注气技术的现场应用与研究相对较少，稳定重力驱的第一次工业性试验是在1965年进行的，而顶部注气重力驱与注气提高采收率的发展而同步发展，顶部注气重力驱在国外部分油田都取得了成功。

1917年，Iberia油田被发现，该油田是一个底水倾角油藏，进行天然水驱开采。在油井见水后，油藏较上部分的原油未被驱替而残存在油层中，形成"阁楼油"。

1977年，德士古公司改为顶部注天然气或烟道气驱进行二次开采，预测提高采收率13%。1984年，对SAFAH油田进行投产。该油田在投产后产量递减，压力降低幅度大。1988年开始采取气顶注气手段，1991年开始大范围注气，直到1994年初才提高了注气量。在Hawkins油田水驱后期，进行顶部注气重力驱进行二次开采，采收率明显增大，最终采收率为80%。

而我国顶部注气重力驱开发方式开展较晚，1986年华北油田在雁翎油田的北山头开展顶部注氮气非混相驱替现场实验，在潜山顶部形成次生气顶，利用重力分异作用驱替顶部"阁楼油"向下移动。

2006年，张艳玉、王康月等针对江苏油田欧北区块进行顶部注氮气重力驱。该区块是气顶油藏，从地质条件和开发现状入手，分析影响顶部注氮气驱的采收率因素，制订不同的开发方案进行对比，并且分析该区块采出程度的潜力。根据该区块适合的不同开发模式而给更多的这类油藏提供经验借鉴和技术支持。

2013年，杨超、李彦兰等统计大量成功区块的统计样本，给出了顶部注气稳定重力驱筛选标准、适宜区域和敏感因素最优范围3个定量化判断依据，建立了考虑因素更全面、结果应用更直观、可信度更强的定量化高含水老油田顶部注气评价筛选方法。

2014年，胡蓉蓉等以塔河油田缝洞型碳酸盐岩油藏为例，研究顶部注气重力驱提高采收率机理，对比分析混相驱和非混相驱过程，结果显示非混相驱替过程能更好地利用重力分异效果，对微小孔径中原油具有更好的驱替效果，矿场应用结果显示首轮注氮气后采出程度增加了0.51%。

2015年，梁淑贤、周炜等深入研究了影响顶部注气稳定重力驱的因素，发现顶部注气稳定重力驱实施成功的关键是稳定的油气界面。

2016年，常元昊等对高倾角低渗透断块油藏顶部注气驱进行研究，对比分析气体辅助重力驱和顶部人工气顶驱，数值模拟结果显示人工气顶驱针对这类油藏具有更好的开发效果。

2018年，盛聪等对底水锥进严重的中高渗透砂岩稀油油藏进行顶部注气开发模拟研究，优化注采参数和生产方式，实现顶部注气压锥和原油的二次聚集，采收率提高8.9%。

1.3.3 高渗透通道封堵技术

对于致密油气藏而言，在开采过程中普遍采用水力压裂技术，形成大量的水力压裂裂缝，并且在致密油藏中大多存在不同开度的天然裂缝，从而导致在 CO_2 驱替过程中产生明显气窜现象。利用聚合物溶液在地层中经过一定时间后转变为具有一定封堵能力的凝胶，从而对气窜优势通道形成物理性封堵，改变孔隙结构，减小渗透通道的尺寸，阻止气体的窜流，凝胶暂堵体系实物如图1.3.3所示。

图 1.3.3　暂堵剂体系成胶及破胶实物图

其封堵机理包括以下三个方面：

（1）凝胶堵塞地层：凝胶优先进入大孔道，降低高渗透区域渗透率，从而减小油层的非均质性，扩大波及程度。

（2）部分交联体系滞留：在部分凝胶体系中，一些分子和极性基团可以因卷缩而滞留在孔道中，从而阻碍了水和气的流动。

（3）表面吸附作用：主剂分子链上的极性基团可以与岩石表面发生相互吸引，如形成氢键等相互作用，增加了调剖剂对岩石的残余阻力，进而增强了封堵效果。

目前国内外研究主要集中在延缓交联聚丙烯酰胺凝胶、预交联凝胶颗粒、两级封窜凝胶体系、泡沫凝胶这4种凝胶体系。这4种凝胶分别具有以下特点：

（1）延缓交联丙烯酰胺凝胶具有流动性强、价格低廉的特点，但其成胶强度和成胶时间不可控，且对酸性腐蚀的耐受性较差。

（2）预交联凝胶颗粒具有可控的成胶时间和成胶强度，且耐高温和高矿化度，但由于其粒径较大，无法渗透到较低渗透率的地层。

（3）两级封窜凝胶体系结合了刚性凝胶与小分子的优势，能够同时封堵不同尺寸的裂缝，但对于超过特定尺寸的裂缝，封堵效果将会下降。

（4）泡沫凝胶对地层伤害小，但是不耐高温。

2010年，赵仁保等针对CO_2驱过程中气体窜流的现象，以封堵气窜为目标，选择添加有AM（丙烯酰胺单体）的硅酸钠溶液配方体系进行高温高压反应釜成胶试验、流变性试验、微观试验及岩心封堵试验。研究表明2%的AM与适量的有机交联剂和引发剂配制，反应压力6MPa所成胶体具有强度高和变形能力强、网状结构清晰、封堵率高且抗冲刷能力强等优点，满足封堵CO_2气窜要求。

2014年，李凡等针对胜利油田G89-1区块，研发出了耐温抗酸CO_2气驱封窜剂，该凝胶溶液的pH值为3~7范围时，成胶时间可控制在6h左右，受pH值影响较小，形成的凝胶在126℃、pH值为3的条件下放置3个月，黏度基本无变化。填砂管封堵实验表明，该体系能显著降低地层渗透率，注水冲刷40PV后封堵率大于90%。填砂管驱油实验表明，该体系有很好的CO_2封窜性能，同时能进一步提高原油采收率9.32%。

2017年，韩晓冬等针对渤海油田多元热流体吞吐开发过程中出现的气窜问题，进行了室内实验研究，对封堵强度相对较高的凝胶体系的流变性和封堵性进行了评价和优选。结果表明，优选的凝胶体系在高温下具有良好的封堵性能，可采用平台污水配液，并具有较强的耐油性。

2019年，鲁国用等针对致密砂岩CO_2驱窜逸严重的问题，利用自制致密砂岩裂缝岩心，通过3种不同裂缝开度下的封堵、驱替实验评价了CO_2气窜后改性淀粉凝胶对不同开度的裂缝封堵性能及提高采收率程度，并进一步探讨高强度淀粉凝胶改善致密砂岩裂缝性油藏CO_2驱油效果的适用界限。研究结果表明，在0.42mm裂缝开度条件下可实现99%以上的封堵率，提高原油采收率程度达到28%；在0.65mm裂缝开度条件下，封堵率为92%，提高采收程度18%；在裂缝开度0.08mm条件下，封堵率为90%，提高采收率9.8%。

2020年，Li等研制了高温高强度（HTHS）凝胶体系，并在实验室对其性能进行了评价。凝胶通过共价键交联，其耐温性可达150℃；流变和凝胶化测试表明，凝胶溶液在室温下表现出良好的流变性能，在高温下可交联成凝胶；凝胶化时间可灵活调整为4~10h。该凝胶具有良好的膨胀性，能完全充填裂缝，封堵试验表明，5mm裂缝内封堵压力可达0.25MPa/cm，强度稳定性可维持1个月。

2023年，唐可等针对玛湖致密砾岩油藏开发过程中产生的气窜问题，研制了一种耐温型暂堵调剖剂 MHZD,并从成胶性能、微观形貌、注入性能、封堵能力等方面进行评价。结果表明,暂堵调剖剂配方为 0.6% 耐高温型阳离子聚丙烯酰胺 +0.3% 铬离子交联剂,该封堵体系在 90℃高温下可以稳定成胶,成胶时间为 38h,凝胶强度为 H 级;注入暂堵剂后,封堵率和解堵率均大于 90%,暂堵剂可有效封堵大孔隙,动用小孔隙中的剩余油。

1.3.4 CO_2 增稠技术

由于 CO_2 黏度和密度较小,尤其是当 CO_2 处于超临界状态时,其黏度仅在 10^{-2} mPa·s 量级,低流度比这一特点导致其在用于驱油时,往往沿着高渗透通道窜流,严重影响波及效率。为此,对 CO_2 展开增稠研究,通过向 CO_2 中添加增加流体黏度的化学剂,增加 CO_2 流体黏度,从而改善其在增产措施中的表现,提高驱替相与原油的流度比,控制黏性指进,扩大波及体积。

20 世纪 80 年代,Heller 便首次进行了使用聚合物直接增稠 CO_2 的研究。由于所测聚合物在 CO_2 中溶解度极低,无法有效增加 CO_2 黏度。随后又研究了烃基遥爪聚合物作为 CO_2 增稠剂的可行性,该聚合物具有在轻质烷烃中通过离子基团相互缔合形成空间网络结构以使烷烃增稠的能力。

1987 年,Terry 等通过与 CO_2 混相的单体就地聚合方法增加 CO_2 黏度。在超临界环境下使用常规引发剂聚合了小分子烯烃,但形成的聚合物在 CO_2 中不溶解。

1990 年,Llave 等使用夹带剂或共溶剂作为 CO_2 增稠剂。夹带剂作为一种混相添加剂改变了 CO_2 的相行为,增加了原油组分在富 CO_2 相中的溶解。同时,夹带剂的存在也增加了气相的黏度和密度。虽然这种方法已取得一些成功,但所需共溶剂浓度很高。如 34.3% 的 2-乙基己醇在 40℃、14MPa 条件下加入 CO_2 中,可使 CO_2 黏度增加超 9 倍。尽管 CO_2 黏度可以得到显著增加,但对 CO_2 驱而言,大量共溶剂的使用在经济成本上是难以接受的。

1995 年,Gullapalli 等提供了各种有机流体和超临界 CO_2 与 12-羟基硬脂酸(HSA)的成胶结果。在没有共溶剂的条件下,HSA 在 CO_2 中不溶;但是加入大量共溶剂后,如 10%~15% 乙醇,HSA 可完全溶解于 CO_2,并形成透明或不透明的凝胶。

1998 年,Enick 合成了聚磺化聚氨基甲酸酯,这种氟化遥爪聚合物无须共溶剂即可溶解于 CO_2,在 25℃、25MPa 条件下溶入 4% 即可使 CO_2 黏度增加 2.7 倍。但由于氟化聚醚成本高,需要增稠 CO_2 离子聚合物的质量浓度高,因此这种增稠剂不太实用。

在过去的几十年的研究里,CO_2 增稠技术由于常规的聚合物和表面活性剂不溶或需要大量共溶剂,且药剂配制工艺十分严格,出于成本及环境问题的考虑,故油田暂无实际应用。

但随着 21 世纪初期对 CO_2 官能团认识的加深,室内设计 CO_2 增稠剂的研究也随着增多。2000 年，Xu 和 Huang 等基于 PFOA 开发了氟化丙烯酸—苯乙烯随机共聚 CO_2 增稠剂，即 PolyFAST，可使 CO_2 黏度大幅增加。黏度增加取决于共聚物的组成，其中 29% 苯乙烯—71% 氟丙烯酸的共聚物可使体系黏度增加达最大值。

考虑到含氟丙烯酰酯材料的成本与环境问题，在 2008 年，Tapriyal 等成功合成了不含氟丙烯酰酯材料的 PolyBOVA（苯甲酰—醋酸乙烯酯共聚物）。1% 和 2%PolyBOVA 可以使 CO_2 黏度分别增加 40% 和 80%。

2010 年，布里斯托大学和匹兹堡大学设计了不仅溶于 CO_2 且加少量水即可形成增加黏度的柱形胶束的表面活性剂。在这个体系中，Na^+ 与 Co^{2+} 或 Ni^{2+} 交换使得胶束从球形向柱形转变，在 10% 无机溶剂中黏度可增加 40 倍，但所需压力大于典型最低混相压力值。小角度中子散射和高压旋转黏度计实验，证实了柱形胶束的存在。在 25℃、35MPa、6% 表面活性剂、10mol 水 / 表面活性剂条件下，可使 CO_2 黏度增加 50%。

2011 年，Xing 等设计并评价了一种 F_7H_4 表面活性剂。该表面活性剂可以溶于 CO_2，在少量水存在的条件下可以形成柱状胶束。在 25℃、40MPa、2.5~5mol 水 / 表面活性剂条件下，4.5% 的 $Na^+(F_7H_4)^-$ 可使 CO_2 黏度增加 50%~80%。

1.4 化学辅助注气调控技术

化学辅助注气调控技术，在气驱基础上，注入低成本的表面活性剂起泡剂溶液，气体与起泡液作用，形成动态泡沫，可以有效控制气体流度和气窜，提高宏观波及效率，并且表面活性剂可以辅助降低界面张力并提高微观驱油效率，从而实现大幅度提高采收率。

化学辅助注气调控技术是当前国内外普遍关注的一项提高采收率的技术。它是在气体驱油的基础上的泡沫复合驱油技术。其主要作用机理是通过改变气体的流动性和调整气体与原油流度比，以减小气相的渗透，从而有效延迟气体窜流时间，提高驱油效率。CO_2 作为一种特殊的驱油剂，具有低界面张力、改善原油物性等优点，但同时也存在黏度小、易窜流、重力分异等劣势。而 CO_2 泡沫驱技术恰好可以改善这些条件，因此成为提高采收率的研究热点之一，CO_2 泡沫驱效果如图 1.4.1 所示。

我国对泡沫驱的研究起步较晚，自 20 世纪 70 年代，开始着手对泡沫驱提高采收率技术进行研究。研究重点主要包括泡沫的"遇油消泡"作用、泡沫的起泡及稳定性能、泡沫的驱油机理以及表面活性剂在岩石孔隙内的吸附等方面，并进行了相应的现场试验。通过对泡沫驱封窜技术的研究，有望克服 CO_2 单独驱替的局限性，提高驱油效率，为油田的高效开发提供了新的技术手段。

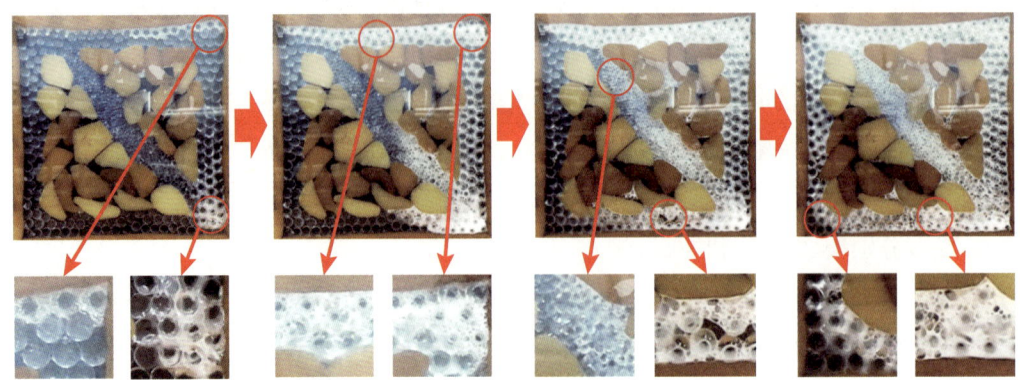

图 1.4.1 CO_2 泡沫驱示意图

1967 年，由 Bernard 和 Holm 最早在专利中创造性提出将表面活性剂溶解到 CO_2 中，与地层内的矿物水就地发生反应生成泡沫，以达到 CO_2 驱流度控制的目的。

1998 年，李红等针对 CO_2 驱与 CO_2 泡沫驱在非均质油藏中的渗流能力进行了对比和分析，得出 CO_2 驱的渗流能力高于 CO_2 泡沫驱，容易产生气窜现象。此外，还发现 CO_2 泡沫的渗流能力受到注入参数、表面活性剂的性质和结构，以及起泡液的浓度等多方面因素的影响。

2007 年，李春等针对草舍油田优选出了适宜的 CO_2 泡沫驱油体系，并在 2008 年对 CO_2 泡沫驱开展了室内实验研究，发现 CO_2 泡沫能够在多孔介质中优先封堵高渗透通道，对提高采收率具有较好的促进效果，泡沫驱的阻力因子较水驱时大幅度提升，此外还具有一定的耐冲刷性能。

2011 年，王冠华等研究了超临界状态下 CO_2 泡沫在非均质油藏中的调驱技术，发现起泡液和超临界 CO_2 更容易生成高强度泡沫，相比其他的驱替方式，超临界 CO_2 泡沫驱能够显著提高波及效率，从而提高采收率。

2016 年，李松岩等研究了泡沫驱过程中阻力因子与岩心气相饱和度的变化，发现泡沫的注入参数对阻力因子的影响较大，对气相饱和度的影响较小，含油饱和度越高，气相饱和度则越低，只有当气相饱和度较高时，泡沫体系才能产生有效封堵高渗透层的作用，阻力因子才能迅速增大。

2020 年，Wei 等为了提高致密储层与裂缝通道的一致性，提出了在 CO_2 泡沫中添加纳米纤维素的方法，该方法能够有效延缓气泡聚并，提升泡沫稳定性，在 0.5~5mm 裂缝模型中能够有效提高采收率。

2023 年，张利军等借助室内实验评价了海上低渗透油藏 CO_2 微泡沫驱提高采收率效果，并与 CO_2 连续气驱、水气交替驱进行了对比，通过数值模拟方法研究了微泡沫驱开发效果。研究结果表明，CO_2 微泡沫驱的流度控制能力高于水气交替驱，可以显著提高波及体积；采用 CO_2 微泡沫驱可以实现分流率反转，封堵高渗透区域，提高低渗透区域波及体积，进而提高采收率。数值模拟结果表明，CO_2 微泡沫驱能有效控制气窜，降低生产气油比，注微泡沫 5 年后采收率达到了 48%，高于连续气驱 12 个百分点。

2 化学辅助低渗透油藏注 CO_2 调控技术与应用

吉林油田黑 79 区块为典型的低渗透油藏，在实施 CO_2 驱油过程中，常常发生气窜，影响开发效果。本章以吉林油田黑 79 区块低渗透油藏为例，介绍典型井组气窜规律、化学辅助注气体系研发及应用性能评价、耐温抗盐性改善方法、典型井组施工方案设计及现场应用效果。

2.1 油藏地质特征及气窜规律分析

2.1.1 油藏地质特征

黑 79 北位于大情字井油田斜东翼，青一段顶面构造特征为受反向正断层遮挡的断鼻构造，油藏类型为岩性构造油藏，油气富集受构造控制，为层状构造油藏，存在油水界面，但由于储层物性的差异，造成油水界面不规则，物性的变化影响油气的分布。试验区动用面积为 $1.58km^2$，地质储量为 $108×10^4t$，可采储量为 $27.0×10^4t$，平均孔隙度为 13.0%，平均渗透率为 4.5mD，原始地层压力为 24.2MPa。黑 79 区块地面原油性质较好，地层原油黏度为 1.82~$9.34mPa·s$。试验区地层水矿化度为 10302.6mg/L，氯离子含量为 3766.2mg/L，水型为 $NaHCO_3$ 型，pH 值在 7 左右。

试验区块 12 号层以强水淹为主。青一段中部埋深 2400m，油层平均压力为 23.9MPa，压力系数为 0.89，油层温度平均为 96.7℃，地温梯度为 4.2℃/100m。

2.1.2 气窜规律分析

大情字井黑 79 区块试验区初期投产 19 口井（2 注 17 采），2003 年由于井网不完善，进入了产量递减阶段，2008 年投产 2 口井。为尽快认识陆相低渗透油藏 CO_2 驱开发全过程的特点和规律，形成 CO_2 驱开发效果的评价方法，开辟了黑 79 北小井距 CO_2 驱全生命周期试验。通过加密调整形成 80m×240m 反七点注采井网，新钻井 16 口，其中，新钻注气井 8 口，采油井 8 口，试验区注气井 10 口，采油井 27 口，2012 年 7 月开始注气。

截至 2017 年 12 月，试验区注采井网为 10 注 27 采，其中油井数 27 口，开井 23 口，日产液 152.3t，日产油 30.0t，单井日产液 6.6t，单井日产油 1.3t，含水率 80.3%；水井数

10口，日注水54m³，日注气137t，单井日注入30m³，月注采比1.8，累计注采比0.7，注入压力13.86MPa。

油井是否气窜主要从油井的生产规律、气油比变化情况确定。从油井的生产规律来看，气窜油井产量呈突然性的线性递增规律，油井无稳产期，产量上升后迅速下降；从气油比变化规律来看，油井气油比急剧上升，气窜的严重程度与气油比的大小呈正相关。

通过对大情字井黑79区块CO₂气驱试验区油井的产油量、产气量、生产气油比及采出气中CO₂含量的生产动态分析并采取相应措施，周围大部分井见效明显，但是随着后期气驱的进行，陆续出现高产气井，试验区产量有所下降，试验区气窜程度如图2.1.1所示，对该井组的典型气窜井（黑79-5-3、黑79-3-3和黑79-3-1）进行了分析。

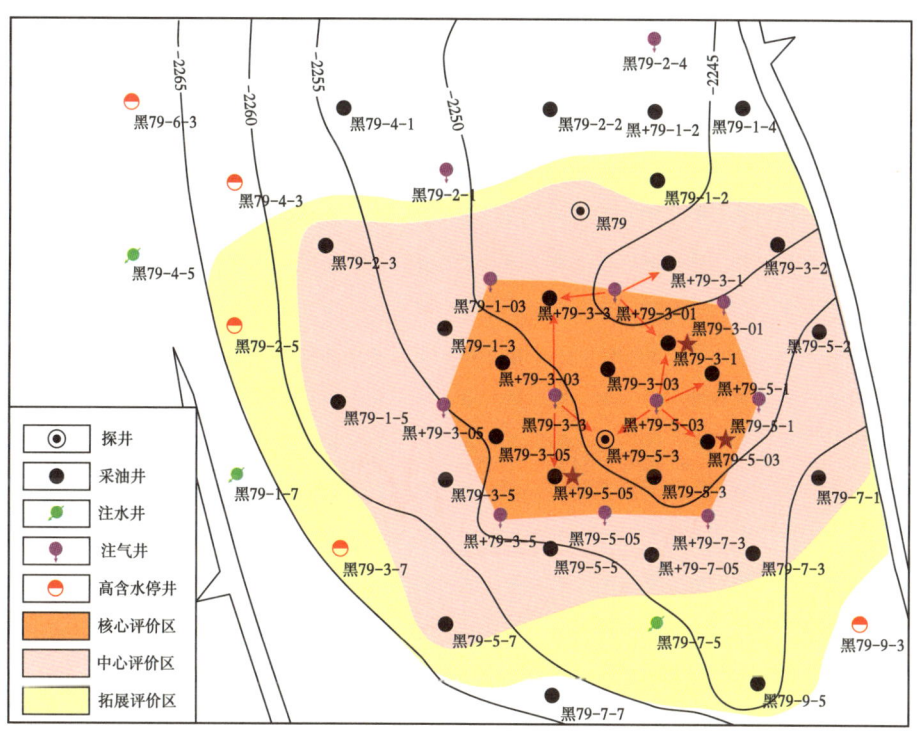

图2.1.1 黑79区块试验区气窜程度分析图

（1）黑79-5-3井。

黑79-5-3油井采油曲线如图2.1.2所示，产量呈突然性的线性递增规律，油井无稳产期，产量上升后迅速下降；该井气油比急剧上升，达到顶点后气油比下降，CO₂含量增多；该井产出气中CO₂达到50%以上，平均生产气油比达到1100m³/m³，气窜严重。

（2）黑79-3-3井。

黑79-3-3油井采油曲线如图2.1.3所示，产量呈突然性的线性递增规律，油井无稳产期,产量上升后迅速下降;该油井生产气油比急剧上升,达到顶点采取措施后气油比逐渐下降,CO_2含量增多,平均生产气油比达到2700m^3/m^3,气窜严重。

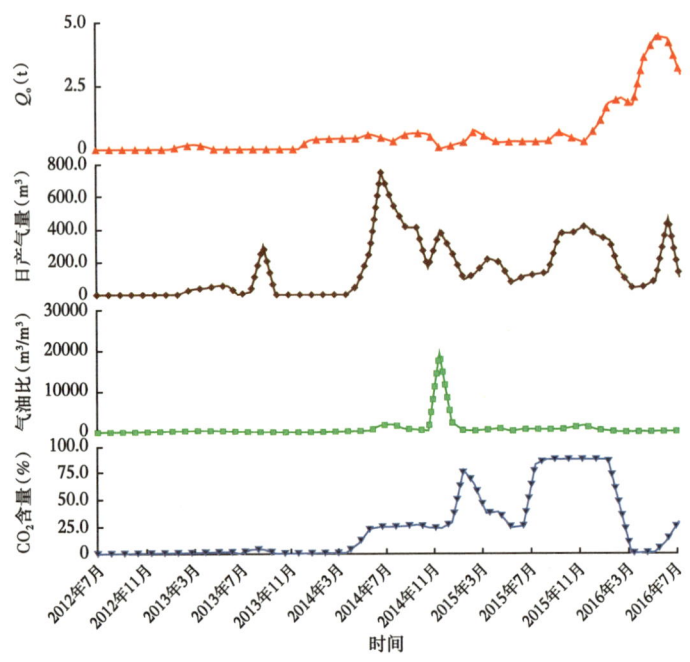

图 2.1.2　黑 79-5-3 井采油曲线

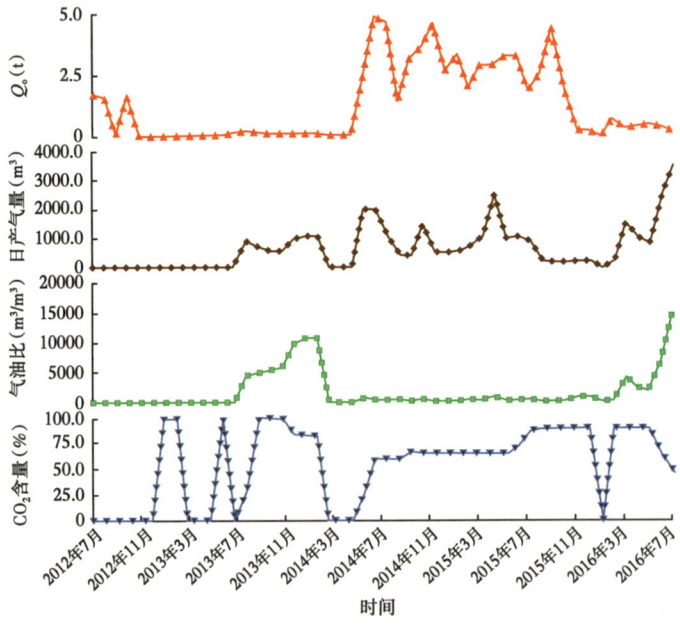

图 2.1.3　黑 79-3-3 井采油曲线

(3)黑 79-3-1 井。

黑 79-3-1 油井采油曲线如图 2.1.4 所示,产量呈突然性的线性递增规律,油井无稳产期,产量上升后迅速下降;该油井生产气油比急剧上升,达到顶点后采取措施气油比逐渐下降;该井后期产出气中 CO_2 含量达到 75% 以上,平均生产气油比达到了 11165m^3/m^3,气窜十分严重。

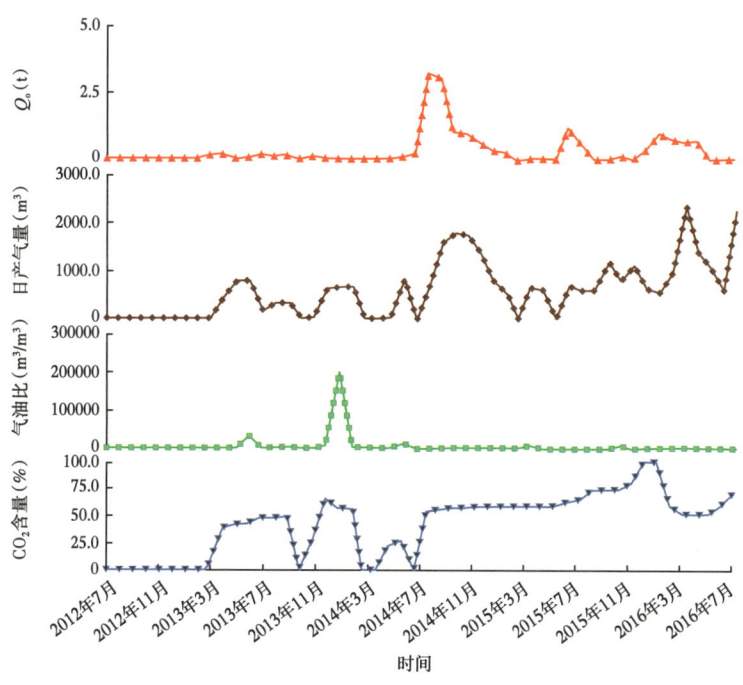

图 2.1.4 黑 79-3-1 井采油曲线

2.2 化学辅助注气调控体系研发

2.2.1 实验条件及化学药品

2.2.1.1 实验条件

(1)油藏温度:96.7℃;

(2)油藏压力:23.9MPa;

(3)配液体系:实际地层水离子组成和模拟地层水化学剂组成分别见表 2.2.1 和表 2.2.2。

表 2.2.1　黑 79 区块模拟地层水离子组成

离子组成	K$^+$+Na$^+$	Ca^{2+}	Mg^{2+}	Cl$^-$	SO$_4^{2-}$	HCO$_3^-$	总矿化度
含量（mg/L）	3589.4	41.7	72.6	3766.2	1123.9	1775.1	10368.9

表 2.2.2　黑 79 区块模拟地层水化学剂组成

成分	MgCl$_2$·6H$_2$O	CaCl$_2$	KCl	NaCl	Na$_2$SO$_4$	NaHCO$_3$	总矿化度
含量（mg/L）	5.26	0.12	0.35	5.78	1.66	2.44	15.61

2.2.1.2　化学药品

（1）起泡剂。

通过文献调研，起泡剂大致可分为阴离子型、阳离子型、两性离子型和非离子型，不同类型的起泡剂性能存在较大差异。

阴离子型起泡剂的起泡能力强，价格适中且来源广，但抗电能力差，含 SO$_3^{2-}$ 或 SO$_4^{2-}$，遇 Ca^{2+} 产生沉淀，其起泡能力和稳定性都受到影响。主要有 ABS、SDS、AOS、AS 等。

阳离子型起泡剂的起泡能力适中，但其来源少且成本高，从经济上考虑很少使用，主要实例有脂肪胺盐、乙醇胺盐、聚乙烯多胺盐等。

两性离子型起泡剂的抗电解质能力强，但其起泡能力低，主要实例有甜菜碱型、P-氨基酸型、α-亚氨基酸型等。

非离子型起泡剂的毒性低、生物降解好，但其成本高且起泡能力低，主要实例有醚型 OP 系列、聚氧乙烯脂肪醇醚 AEO 系列、烷基氧化胺等。

因此，本章选取不同类型的起泡剂就不同油藏条件展开配方设计，实验所用到的起泡剂见表 2.2.3，实物如图 2.2.1 所示。

表 2.2.3　实验用起泡剂

类型	起泡剂名称	分子式	主要官能团及性能
阴离子	十二烷基硫酸钠（SDS）	C$_{12}$H$_{25}$OSO$_3$Na	硫酸脂基（—OSONa）亲水性能强，发泡性能好，抗盐性能较差
阴离子	α-烯基磺酸钠（AOS）	RCH=CH（CH$_2$）$_n$SO$_3$Na RCH（OH）（CH$_2$）$_n$SO$_3$Na	磺酸基（—SONa）亲水性能较强，发泡性能较好，抗盐性能较差
阴离子	十二烷基苯磺酸钠（SDBS）	C$_{18}$H$_{29}$SO$_3$Na	
阳离子	十六烷基三甲基氯化铵（1631）	C$_{19}$H$_{42}$ClN	胺盐［—N（CH）—］亲水性能一般，发泡性能一般，抗盐性能较差
阳离子	十二烷基三甲基氯化铵（1231）	C$_{15}$H$_{34}$ClN	

续表

类型	起泡剂名称	分子式	主要官能团及性能
非离子	脂肪醇聚氧乙烯醚（AEO-9）	$C_{12}H_{25}O(C_2H_4O)_n$	氧乙烯基（—CHCHO—）亲水性能很弱，发泡性能很差，抗盐性能差
非离子	聚氧乙烯辛基苯酚醚-10（OP-10）	$C_8H_{17}C_6H_4O(CH_2CH_2O)_{10}H$	
两性离子	十二烷基二甲基甜菜碱（BS-12）	$C_{16}H_{33}NO_2$	甜菜碱[—N(CH)CHCOO]亲水性能一般，发泡性能一般，抗盐性能好
两性离子	十二烷基二甲基氧化铵（OB-2）	$C_{14}H_{31}NO$	

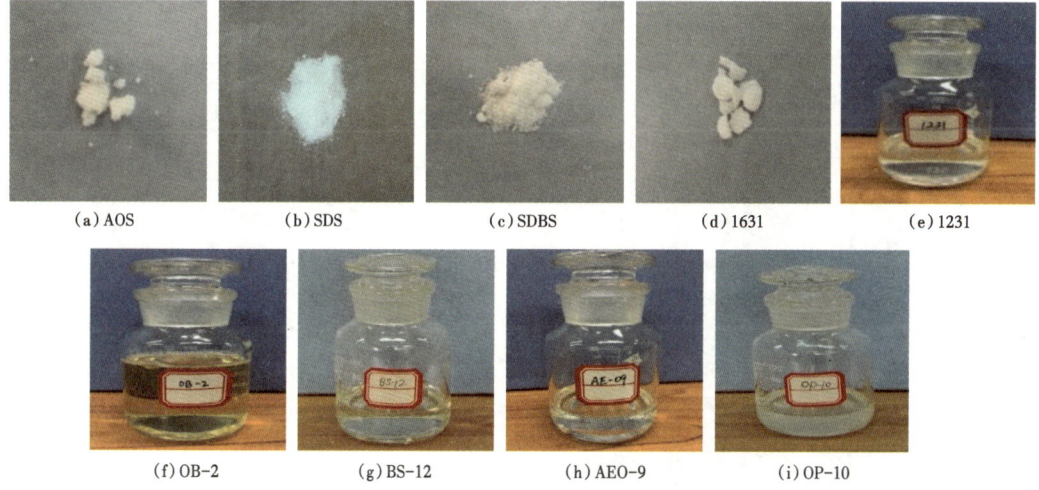

图 2.2.1 实验用起泡剂实物图

（2）稳泡剂。

影响泡沫稳定性的因素颇多，不少问题存在争议，需根据经验和实验结果相结合来配制稳定的泡沫。

一类稳泡剂作为一种活性物质加入起泡液中，通过协同作用增强表面吸附分子间的相互作用，使表面吸附强度增大以提高泡沫的稳定性。常用的稳泡剂有硬脂酸胺、月桂醇、月桂酰三乙醇胺、十二烷基二甲胺氧化物等。

二类稳泡剂可以提高泡沫原液的液相黏度，并能形成弹性薄膜，因而可以明显延长泡沫的半衰期。常用的增黏剂有 CMC、XC、HPAM、可溶性淀粉和合成龙胶等。一般二类稳泡剂要比一类稳泡剂效果更明显，因而在现场上被广泛使用。

本章选取的稳泡剂有聚丙烯酰胺（HPAM）、羧甲基纤维素（CMC）、黄胞胶（HYJ）和羟乙基纤维素（HEC），稳泡剂的实物图如图 2.2.2 所示。

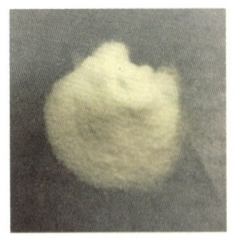   

(a) HPAM　　　　　(b) CMC　　　　　(c) HYJ　　　　　(d) HEC

图 2.2.2　实验用稳泡剂实物图

2.2.2　高温高压泡沫性能测试装置研发

通过"十三五"国家科技重大专项"CO_2泡沫体系控制气窜关键技术研究"，研制出了YP-1型高温高压可视化泡沫性能测试装置，该装置最高耐温150℃、最高耐压30MPa。

利用YP-1型高温高压泡沫性能测试装置（图2.2.3），开展起泡实验，评价泡沫体系在高温高压及动态气液比条件下的起泡性能，测试起泡体积和半衰期，计算综合指数，评价泡沫的耐温、耐压及稳定性。

2.2.3　评价指标及实验步骤

2.2.3.1　评价指标

在筛选起泡剂或评价泡沫体系的时候，常常使用一些参数作为表征泡沫性能，主要参数如下所述。

（1）起泡体积（V）。

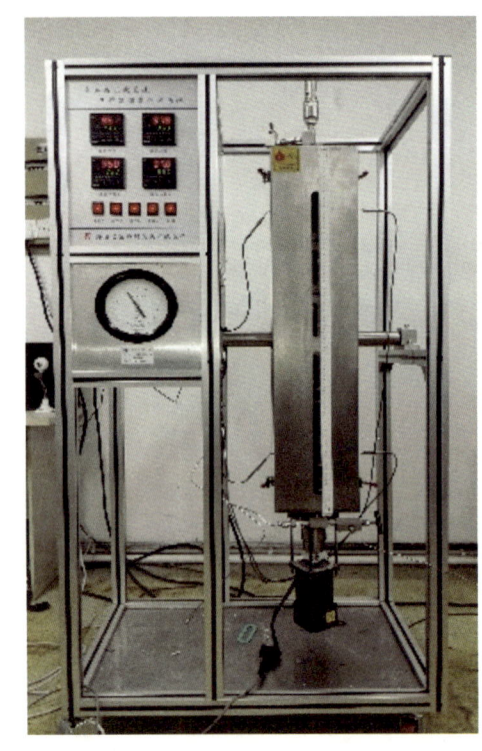

图 2.2.3　YP-1型高温高压泡沫性能测试装置

主要用于评价起泡剂产生泡沫的能力，即指定条件下（压力、温度、起泡剂含量、起泡方法及时间等），一定量的起泡剂溶液形成泡沫的体积或泡沫柱高，一般用"毫升"或"厘米"表示。

（2）泡沫半衰期（T）。

从泡沫中析出一半液体所需要的时间，或者泡沫体积缩减为初始体积的一半时所用的时间。虽然两种测定值都是半衰期，但其差别非常大，前者一般只有几分钟，而后者则长达几十分钟甚至更长。半衰期可作为衡量泡沫稳定性的一个重要指标。

（3）泡沫综合指数（F_c）。

由于泡沫的封堵性能受起泡体积及半衰期的共同影响，为了更全面反映起泡剂的起泡性能，引入综合指数这一参数进行衡量。

由图2.2.4可知，O点代表最大起泡体积，P点为达到最大起泡体积时的时间，R点代表半衰期对应的泡沫体积，PQ段表示泡沫的半衰期。通过对图中阴影部分进行积分，可综合反映泡沫体系的起泡性能，函数$f(t)$表示起泡体积随时间推移的变化情况，得到如下函数关系式：

$$S = \int_{t_0}^{t_0+t_{0.5}} f(t)\,dt \quad (2.2.1)$$

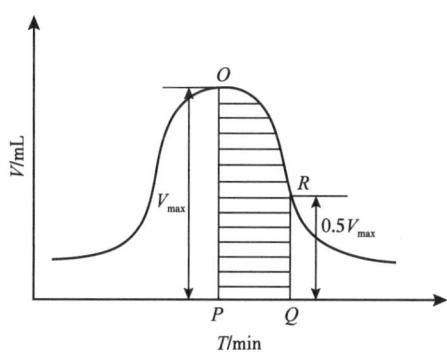

图 2.2.4　起泡体积与半衰期之间的变化关系图

将阴影面积近似处理为梯形以方便计算，得到综合指数的计算公式为

$$F_c = 0.5 t_{0.5}(V_{max} + 0.5V_{max}) = 0.75 V_{max} t_{0.5} \quad (2.2.2)$$

式中　F_c——泡沫综合指数，mL·s 或 mL·min；

V_{max}——最大起泡体积，mL；

t_0——达到最大起泡体积的时间，s 或 min；

$t_{0.5}$——泡沫半衰期，s 或 min。

2.2.3.2　实验步骤

用CO_2气体将吴茵搅拌器中的空气排净，将配置好的一定量的泡沫液倒入吴茵搅拌器，设置吴茵搅拌器转速8000r/min，高速搅拌1min，搅拌全程通入CO_2气体，然后倒入量筒静置，读取泡沫高度，测定半衰期。

2.2.4　起泡剂类型及浓度优选

选取了阴离子型（AOS、SDS、SDBS）、阳离子型（1631、1231）、两性离子型（OB-2、

BS-12)、非离子型（AEO-9、OP-10）四种类型起泡剂，采用吉林油田黑79区块模拟地层水配制浓度为0.05%、0.10%、0.15%、0.20%、0.25%、0.30%、0.35%、0.40%、0.45%、0.50%的起泡剂溶液，并在常温常压下进行起泡实验，实验结果见表2.2.4至表2.2.6，如图2.2.5至图2.2.7所示。

表 2.2.4 不同起泡剂的起泡体积与其浓度关系

起泡剂类型	起泡剂	不同浓度起泡剂条件下的起泡体积（mL）									
		0.05%	0.10%	0.15%	0.20%	0.25%	0.30%	0.35%	0.40%	0.45%	0.50%
阴离子	AOS	120	160	180	235	240	280	295	300	320	320
	SDS	200	350	600	730	1000	1000	1200	1300	1400	1550
	SDBS	70	90	135	150	235	210	245	245	240	245
阳离子	1631	100	100	120	115	130	130	145	110	140	145
	1231	150	210	180	200	330	200	280	800	1000	560
非离子	AEO-9	50	100	50	100	70	100	80	90	100	100
	OP-10	40	60	60	65	70	80	70	75	95	100
两性离子	BS-12	80	150	140	145	150	140	150	170	165	160
	OB-2	120	100	140	240	200	620	850	950	950	1100

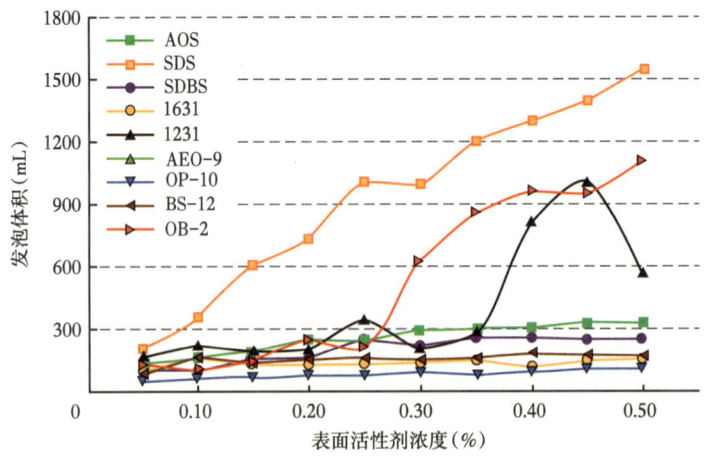

图 2.2.5 不同起泡剂的起泡体积与其浓度关系

表 2.2.5 不同起泡剂的半衰期与其浓度关系

起泡剂类型	起泡剂	不同浓度起泡剂条件下的泡沫半衰期（s）									
		0.05%	0.10%	0.15%	0.20%	0.25%	0.30%	0.35%	0.40%	0.45%	0.50%
阴离子	AOS	160	121	125	130	147	175	259	376	390	535
	SDS	49	50	250	271	332	349	343	465	503	522
	SDBS	50	203	193	180	156	170	120	136	106	53
阳离子	1631	45	101	112	98	100	97	125	104	126	107
	1231	73	54	41	43	57	40	36	112	227	95
非离子	AEO-9	275	380	395	385	277	338	297	338	297	237
	OP-10	30	130	131	126	136	135	120	138	98	75
两性离子	BS-12	140	230	160	123	149	145	158	206	210	147
	OB-2	75	51	40	42	54	97	108	121	107	237

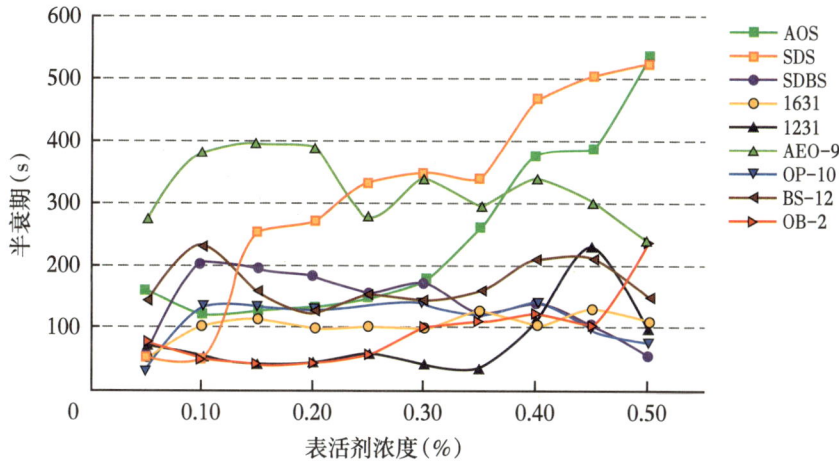

图 2.2.6 不同起泡剂的半衰期与其浓度关系

表 2.2.6 不同起泡剂的泡沫综合系数与其浓度关系

起泡剂类型	起泡剂	不同浓度起泡剂条件下的泡沫综合系数									
		0.05%	0.10%	0.15%	0.20%	0.25%	0.30%	0.35%	0.40%	0.45%	0.50%
阴离子	AOS	14400	7350	2625	3375	8212	10312	900	8400	6750	14400
	SDS	14520	13125	13702	7575	8505	28500	5850	25875	3825	14520
	SDBS	16875	112500	19541	10080	5535	14812	5895	16800	4200	16875

续表

起泡剂类型	起泡剂	不同浓度起泡剂条件下的泡沫综合系数									
		0.05%	0.10%	0.15%	0.20%	0.25%	0.30%	0.35%	0.40%	0.45%	0.50%
阳离子	1631	22912	148372	20250	8452	6450	28875	6142	13376	7560	22912
	1231	26460	249000	27495	9750	14107	14542	7140	16762	8100	26460
非离子	AEO-9	36750	261750	26775	9457	6000	25350	8100	15225	45105	36750
	OP-10	57303	308700	22050	13593	7560	17820	6300	17775	68850	57303
两性离子	BS-12	84600	453375	24990	8580	67200	22815	7762	26265	86212	84600
	OB-2	93600	528150	19080	13230	170250	22275	6982	25987	76237	93600

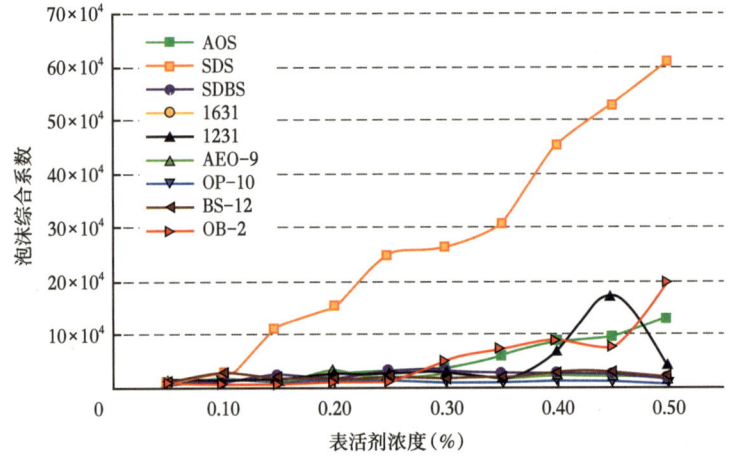

图 2.2.7　不同起泡剂的泡沫综合系数与其浓度关系

可以得出：SDS 的起泡能力最强，浓度在 0.30% 时达到 1000mL，随着浓度增加，其发泡体积还有增加趋势；当起泡剂浓度 0.30% 时，SDS 稳定性较好，其半衰期在 350s 左右。通过性能对比，选择 SDS 为泡沫体系的起泡剂，浓度定为 0.30%。

2.2.5　稳泡剂类型及浓度优选

（1）选择 SDS（0.30%）起泡体系，分别用 HPAM，HYJ，HEC，CMC 配置成稳泡剂梯度为 0.01%、0.02%、0.03%、0.04%、0.05%、0.06%、0.07% 的 100mL 起泡剂溶液，在 84℃烘箱中老化 24h，然后常温下通入 CO_2，用高速搅拌法测试其起泡能力和稳定性。

（2）在烧杯中加入 100mL 起泡液，用吴茵搅拌器在 8000r/min 的转速下搅拌 1min 后，将其倒入量筒中，读取泡沫高度，即为泡沫的起泡体积，表示泡沫的起泡能力。记录泡沫衰减一半所需的时间，即为泡沫半衰期，反映其稳定性。实验结果见表2.2.7至表2.2.9，如图2.2.8至图2.2.10所示。

表2.2.7 不同稳泡剂的起泡体积与浓度的关系

稳泡剂	不同浓度稳泡剂条件下的起泡体积（mL）						
	0.01%	0.02%	0.03%	0.04%	0.05%	0.06%	0.07%
HPAM	561	701	638	689	628	642	687
HYJ	512	561	657	677	608	575	596
HEC	610	701	591	638	601	665	769
CMC	628	610	602	630	526	703	630

表2.2.8 不同稳泡剂的泡沫半衰期与浓度的关系

稳泡剂	不同浓度稳泡剂条件下的泡沫半衰期（min）						
	0.01%	0.02%	0.03%	0.04%	0.05%	0.06%	0.07%
HPAM	57	61	69	70	71	68	62
HYJ	59	65	76	78	70	67	69
HEC	55	51	53	58	49	53	51
CMC	53	55	54	61	55	55	51

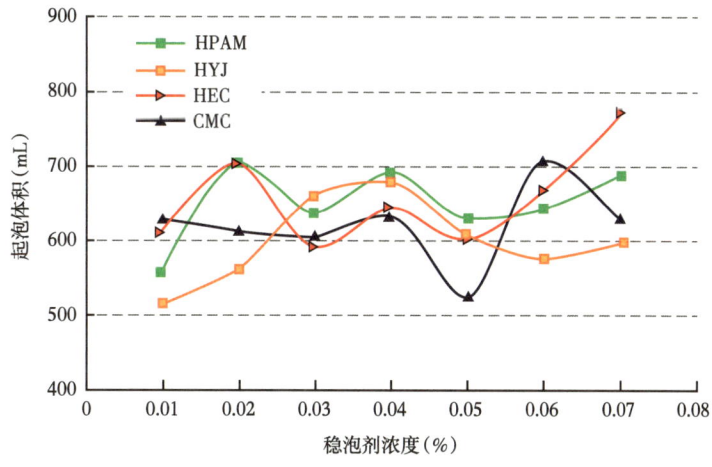

图2.2.8 不同稳泡剂的起泡体积与浓度的关系

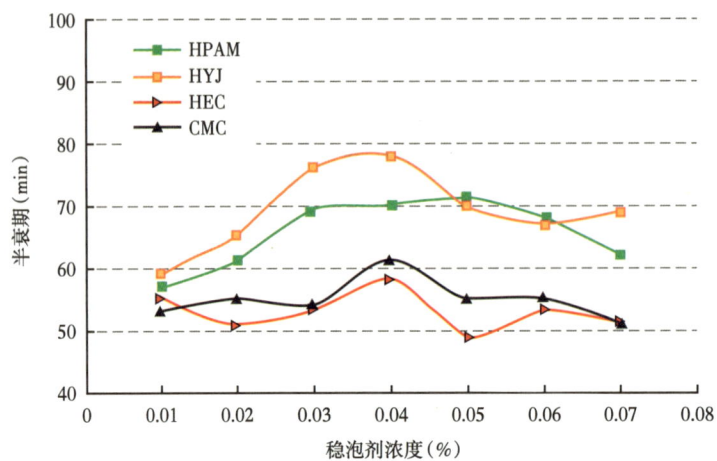

图 2.2.9　不同稳泡剂的泡沫半衰期与浓度的关系

表 2.2.9　不同稳泡剂的泡沫综合系数与浓度的关系

稳泡剂	不同浓度稳泡剂条件下的泡沫综合系数						
	0.01%	0.02%	0.03%	0.04%	0.05%	0.06%	0.07%
HPAM	23983	32071	33017	36173	33441	32742	31946
HYJ	22656	27349	37449	39605	31920	28894	30843
HEC	25163	26813	23492	27753	22087	26434	29414
CMC	24963	25163	24381	28823	21698	28999	24098

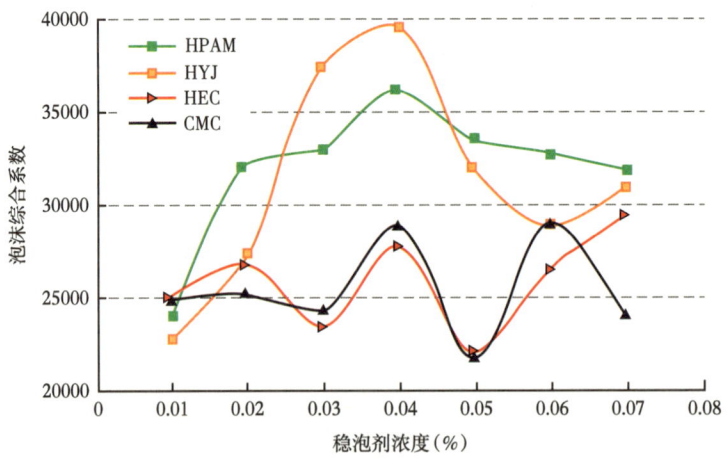

图 2.2.10　不同稳泡剂的泡沫综合系数与浓度的关系

根据实验结果可知，稳泡剂的加入明显延长了泡沫半衰期；在各类稳泡剂最佳浓度条件下，稳泡剂浓度增大对泡沫稳定性影响较小。

HYJ 的浓度为 0.04% 时稳泡效果最好，提升泡沫半衰期为 37min；HPAM 的浓度为 0.05% 时稳泡效果最好，提升泡沫半衰期为 30min；HEC 的浓度为 0.04% 时稳泡效果最好，提升泡沫半衰期为 17min；CMC 的浓度为 0.04% 时稳泡效果最好，提升泡沫半衰期为 20min。因此优选 HYJ（黄胞胶）作为泡沫体系的稳泡剂，最佳浓度为 0.04%。

2.2.6　化学辅助调控体系的优化配方

综上所述，优选适用于吉林黑 79 区块的 CO_2 泡沫体系配方为：0.30% SDS（十二烷基硫酸钠）+0.04% HYJ（黄胞胶）。100mL 起泡液的起泡体积为 677mL 左右，泡沫半衰期为 78min，该泡沫体系具有良好的发泡能力。

2.3　化学辅助调控体系油藏适应性评价

由于 CO_2 泡沫体系在调驱过程中受到油藏条件（温度、压力、原油）的影响。因此，需探究 CO_2 泡沫体系的耐压性、耐油性、耐酸性等。

2.3.1　动态压力下化学辅助调控体系性能

评价该化学辅助 CO_2 调控体系在吉林油田油藏稳定 96℃及油藏动态压力下 CO_2 泡沫体系的起泡性能及半衰期。

实验总共设置 6 个压力点，分别为 8MPa、12MPa、16MPa、20MPa、24MPa、28MPa，并分别记录各压力点下的起泡体积及消泡时间，实验数据见表 2.3.1，泡沫实物图如图 2.3.1 所示。

图 2.3.1　装置内部泡沫实物图

表 2.3.1 不同压力条件下起泡体积和半衰期

评价指标	压力（MPa）					
	8	12	16	20	24	28
起泡体积（mL）	401	495	536	608	677	698
半衰期（s）	2158	2459	3169	3625	3410	3726

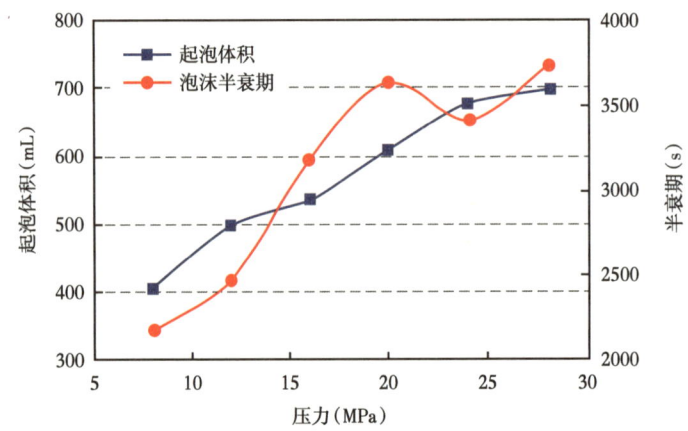

图 2.3.2 压力与起泡体积和半衰期关系

由实验数据可知，总体上起泡体积随着压力的增加而增加，泡沫半衰期随着压力的增加而增加；在 23.9MPa、96℃油藏条件下，起泡体积为 677mL，泡沫半衰期为 3410s，相比常温常压条件下，该泡沫体系起泡体积变化不大，而半衰期则有大幅度的提升。

2.3.2 化学辅助调控体系与地层水的配伍性

泡沫体系与地层水之间的配伍性是影响其在油藏下起泡性能的关键因素之一；从图 2.3.3 中可以看出，用地层水配制的起泡剂溶液，在烘箱中（96℃）老化 24h 后，西林瓶中的起泡液清澈，无沉淀产生，由此可得该起泡剂与地层水的配伍性良好。

(a) 泡沫体系（老化前）　　　　　　　　(b) 泡沫体系（老化后）

图 2.3.3 老化前后对比实验图

2.3.3 化学辅助调控体系的耐油性评价

原油对泡沫稳定性的影响与原油的组分和起泡剂的性质密切相关。原油对泡沫的破坏主要发生在 Plateau 边界处，当原油进入 Plateau 边界处后，铺展在气泡液膜表面，并形成拟乳化液膜。由于原油的存在改变 Plateau 边界处的界面张力平衡和表面活性剂分布，当没有足够的表面活性剂吸附在油—水和气—水界面上时，拟乳化液膜处于不稳定状态，液膜排液加剧，气泡迅速破灭。

用含有不同比例原油的油水混合物配制 100mL 起泡溶液进行发泡实验，黑 79 区块使用 CO_2 发泡，泡沫体系浓度组合为 0.30%SDS+0.04%HYJ。实验结果见表 2.3.2，如图 2.3.4 所示。

表 2.3.2　含油饱和度对起泡体积和半衰期的影响

评价指标	含油饱和度（%）							
	5	10	15	20	25	30	40	50
起泡体积（mL）	970	900	810	670	615	480	460	410
泡沫半衰期（s）	612	457	310	184	120	83	45	24

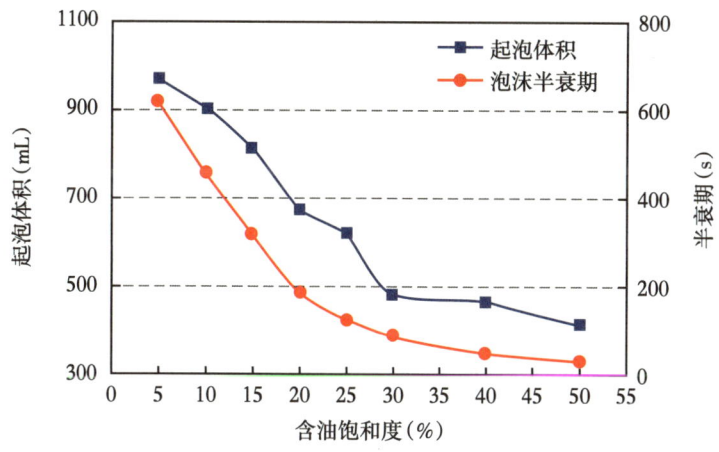

图 2.3.4　起泡体积、泡沫半衰期与含油饱和度的关系

实验过程中不同含油饱和度实验现象如图 2.3.5 所示（从左往右含油饱和度依次升高）。

由实验结果可得：在黑 79 区块油藏条件下，随着含油饱和度的增加，泡沫体系半衰期下降，较低的含油饱和度时，泡沫体系半衰期比较长；少量原油存在的情况下，起泡能力及泡沫稳定性比较好。在残余油饱和度较高的地带 SDS 起泡性较差，而在残余油饱和度较低的地带，SDS 具有很好的起泡性。

图 2.3.5　起泡体系耐油性实验实物图

2.3.4　化学辅助调控体系的耐酸性评价

通过改变 CO_2 用量降低地层水 pH 值，配制 100mL 起泡溶液进行发泡实验，黑 79 区块使用 CO_2 发泡，泡沫体系浓度组合为 0.30%SDS+0.04%HYJ。

如图 2.3.6 所示，在吉林黑 79 区块油藏条件下，随着泡沫液酸性程度的增加（pH 值的降低），泡沫的起泡体积变小，泡沫体系半衰期下降，当酸性程度较低时，泡沫的起泡体积较大，泡沫体系半衰期比较长，起泡能力及泡沫稳定性比较好。pH 值对起泡体积与半衰期的影响见表 2.3.3。

表 2.3.3　pH 值对起泡体积与半衰期的影响

评价指标	地层水 pH 值					
	6	5.5	5	4.5	4	3.5
起泡体积（mL）	930	825	765	700	512	440
泡沫半衰期（s）	602	501	440	310	145	89

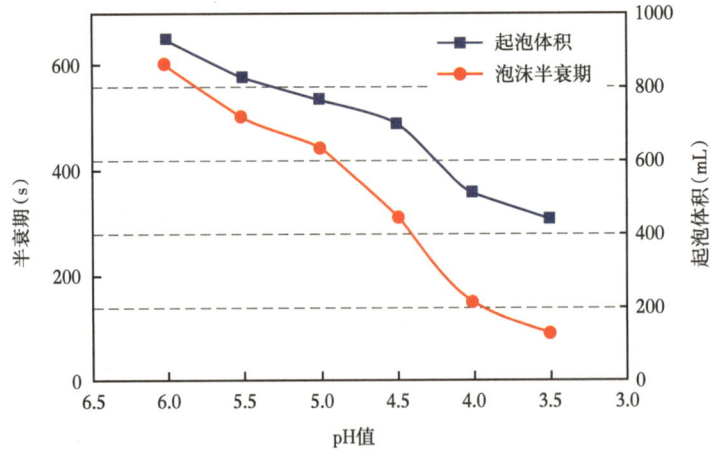

图 2.3.6　起泡体积、泡沫半衰期与 pH 值关系

2.4 化学辅助调控体系的综合性能评价

2.4.1 化学辅助调控体系综合性能评价方法

2.4.1.1 化学辅助 CCUS 油藏调控体系微观结构表征方法

泡沫体系在多孔介质中的微观渗流是一个十分复杂的过程,涉及泡沫在多孔介质中的生成、运移、破灭和再生机理,深入研究泡沫微观结构具有重要的意义。目前电子显微技术,特别是冷冻断裂蚀刻技术(FF-TEM),是一种有效的直接观察精细结构的现代分析方法。

为了探究泡沫的微观结构本质,通过使用扫描电子显微镜,采用冷冻断裂蚀刻技术对不同泡沫体系进行观察、对比、分析,得到了泡沫体系的微观结构。扫描电子显微镜为美国 FEI 公司 QUANTA 450 型,如图 2.4.1 所示。

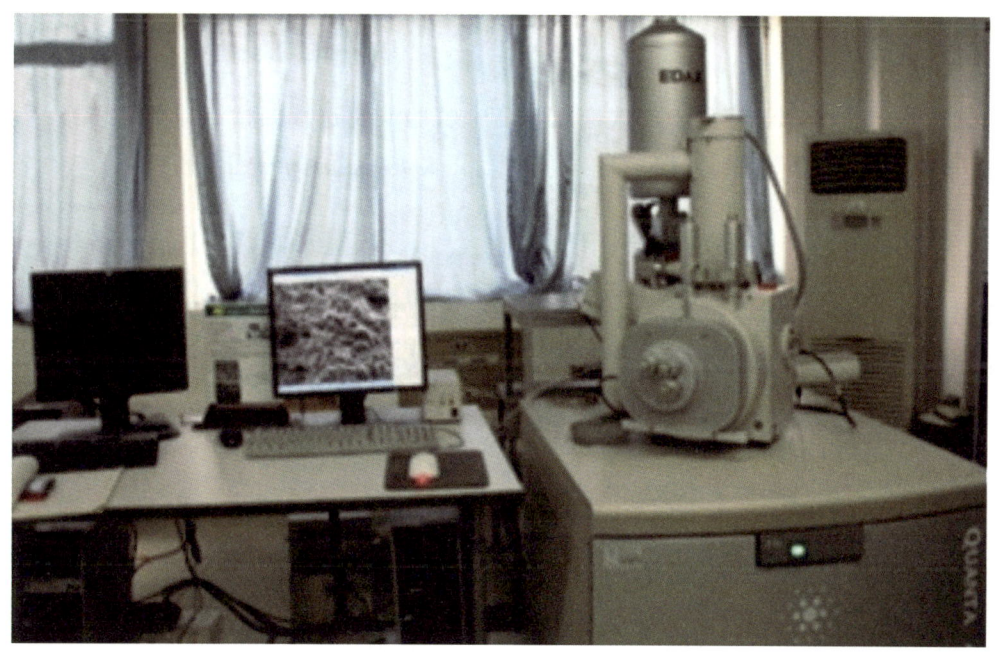

图 2.4.1　QUANTA 450 型扫描电子显微镜

冷冻蚀刻实验可简述为:样品取样→液氮快速冷冻→高真空低温下断裂和蚀刻样品→喷镀白金和石墨→在溶剂中清洗铜网→捞膜晾干→上镜观察。

2.4.1.2 流变性评价方法

(1)实验仪器。

旋转流变仪:德国赛默飞世尔公司哈克 MARS Ⅲ 型,如图 2.4.2 所示。

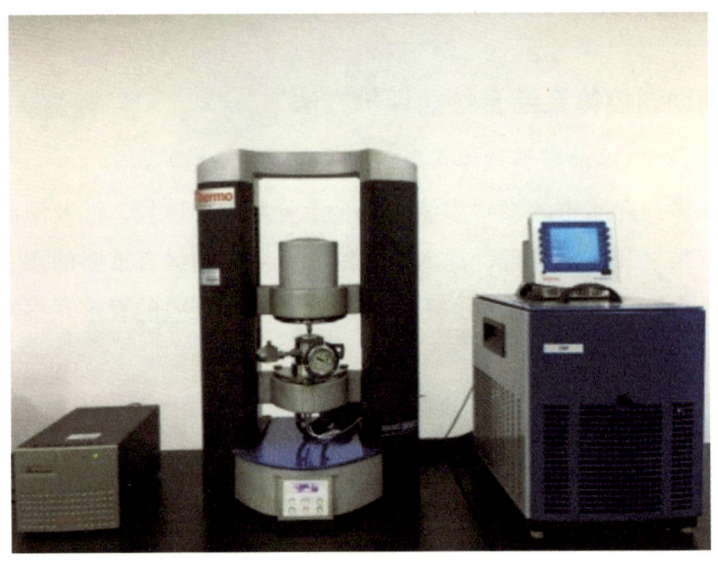

图 2.4.2　哈克 MARS Ⅲ 型旋转流变仪

通过泡沫配方筛选实验，本次泡沫流变性实验确定选择四种泡沫配方体系：单一 SDS、SDS+AOS 复配体系、SDS+HYJ 复配体系、SDS+AOS 与 HYJ 复配体系。

（2）稳态剪切测试。

在恒定剪切速率 $10s^{-1}$ 下测定溶液在 96℃时的黏度，直至数据稳定，得到表观黏度；固定测试温度为 96℃，剪切速率范围 $0.001\sim200s^{-1}$，对数取点，获得剪切速率扫描曲线；在四种泡沫配方体系中选取抗剪切性较好的配方体系（SDS/AOS+HYJ），设定恒定剪切速率 $10s^{-1}$，在 20~100℃范围内以 1℃/min 的升温速度进行温度扫描，得到表观黏度随温度的变化情况。

（3）黏弹性测定。

选取抗剪切性较好的配方体系（SDS/AOS+HYJ），分别在温度 20℃、70℃、96℃，固定单倍矿化度地层水条件下，在 0.05~10Hz 范围内进行动态频率扫描，得到不同温度下储能模量（G'）和耗能模量（G''）随频率的变化规律。固定温度（96℃），分别在淡水、1/2 地层水、地层水矿化度条件下进行动态频率扫描，得到不同矿化度下储能模量（G'）和耗能模量（G''）随频率的变化规律。

2.4.2　化学辅助调控体系的流变性

泡沫控制气窜技术已逐步成为我国油田继聚合物控制气窜技术之后的又一主力提高原油采收率技术。使用聚合物作为稳泡剂的泡沫驱，可以通过提高泡沫液相的黏度增强液膜的表面强度来进一步减缓泡沫的排液速度，与其他由聚合物作为稳泡剂的泡沫驱体系不同的是，在由表面活性剂和聚合物组成的泡沫结构中，由于聚表相互作用的存在，可能会对泡沫液膜的界面性能产生影响，进而影响泡沫的流变性和稳定性。

因此，在96℃条件下筛选出合适的泡沫驱油体系，并对其流变性进行系统的评价，探讨泡沫体系的流变性机理，以期为开发具有更好稳定性的泡沫驱油体系提供依据。

2.4.2.1 剪切稀释性

剪切速率对泡沫体系黏度的影响如图2.4.3所示，四种泡沫体系的表观黏度随剪切速率的增加而降低，表现出典型的带有屈服应力的剪切稀释特性，其流体类型较好地符合宾汉模型特征。这与泡沫在多孔介质中渗流时所观察到的现象基本一致。宾汉模型方程如下：

$$\sigma = \sigma_y + K\gamma^n \quad (2.4.1)$$

式中　σ——应力，Pa；

　　　σ_y——屈服应力，Pa；

　　　K——稠度系数，mPa·s^n；

　　　γ——剪切速率，s^{-1}；

　　　n——流动指数。

如图2.4.3所示，泡沫体系呈现剪切稀释性，在剪切应力作用下，泡沫由于在剪切应力的作用下变形过大而破裂，表现出黏度下降。剪切应力越大，破坏越大，表观黏度下降越多。同时对比可以看出泡沫体系SDS/AOS+HYJ的非牛顿特性有所提高，并且在屈服应力和增黏性能上都有增加。这种剪切稀释性有利于增强泡沫体系在近井地带（高剪切速率）的流动性及在远井地带（低剪切速率）的调驱特性，从而有利于扩大波及效率，实现油藏深部调驱。

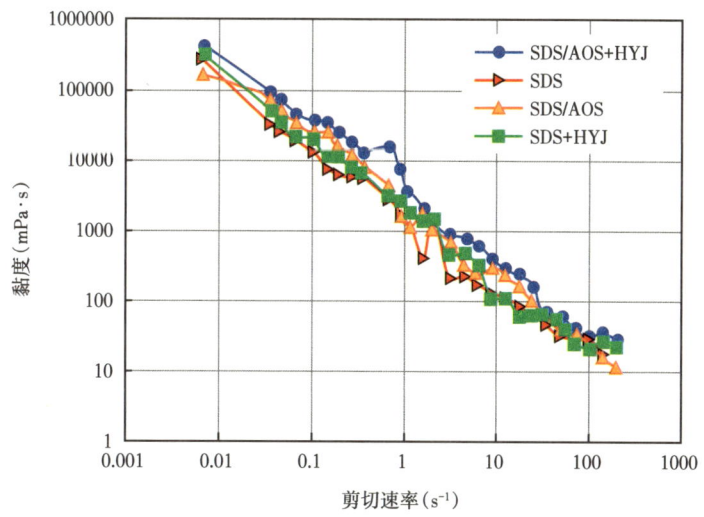

图2.4.3　剪切速率对四种泡沫体系黏度的影响

2.4.2.2 黏弹性

黏弹性理论认为，弹性是体系的固体行为，黏性是体系的液体行为，可用储能模量 G' 和损耗模量 G'' 之值表示体系弹性和黏性的强弱，测定样品的黏弹性采用动态振荡实验。

通过动态振荡实验可以获得泡沫体系的黏弹性。如图 2.4.4 所示，在不同温度下，泡沫体系在低频及高频段损耗模量高于其储能模量，以黏性流动为主；而在中间频段时泡沫弹性响应逐渐大于黏性响应，$G'/G'' > 1$，以弹性流动为主。通过图 2.4.4 可以看出随着温度的提高，中间频率段（$G'/G'' > 1$）的变化较小且均保持较小的范围，因此，此泡沫体系表现出更好的黏性行为，在地层渗流过程中泡沫液黏度占有主要作用，能较好地增加泡沫体系的稳定性，有利于采收率的进一步提高。

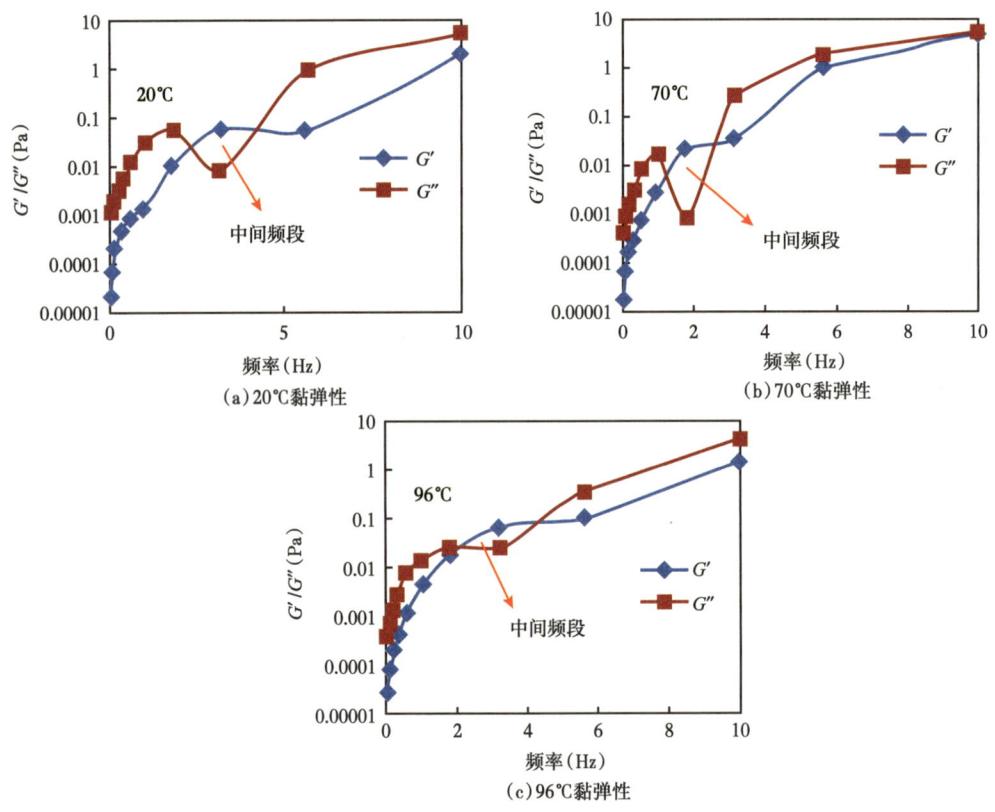

图 2.4.4　不同温度下泡沫体系黏弹性（模拟地层水）

通过动态振荡实验获得不同矿化度下泡沫体系的黏弹性。如图 2.4.5 所示，在 96℃（试验区油藏温度）、不同矿化度下，随着矿化度的提高，此泡沫体系在中间频段（$G'/G'' > 1$）的范围增大，由 2.7~4.2Hz 增大到 2.2~4.5Hz，表现出较好的弹性行为。因此，在地层渗流过程中可较容易变形通过喉道，扩大泡沫的波及体积，有利于采收率的进一步提高。

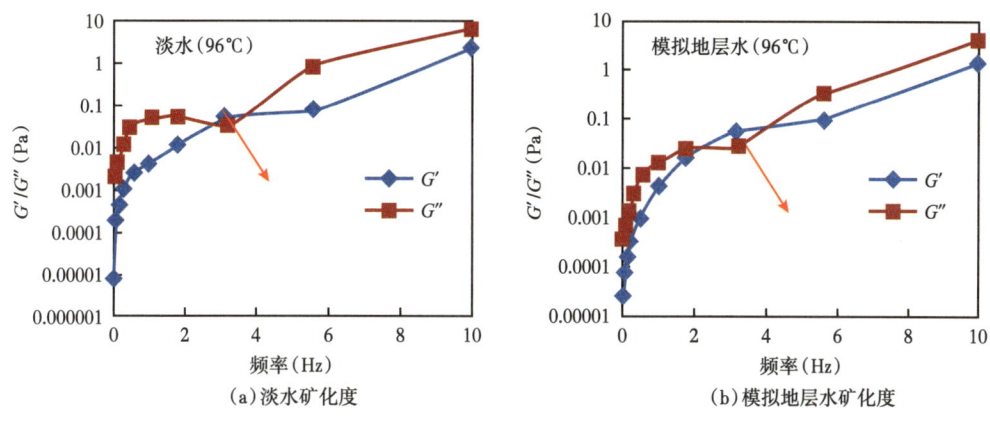

图 2.4.5 不同矿化度下泡沫体系的黏弹性（96℃）

（1）四种泡沫体系均为假塑性流体，具有非牛顿特性。泡沫体系的表观黏度随剪切速率的增加而降低，呈现剪切稀释性。

（2）此泡沫体系具有一定的黏弹性。在范围较广的高频率及低频率内，黏性模量大于弹性模量，因而此泡沫体系表现出较好的黏性，对提高泡沫的稳定性具有一定的促进作用。且随着矿化度的提高，此泡沫体系在中间频段的范围增大，由 2.7~4.2Hz 增大到 2.2~4.5Hz，表现出较好的弹性行为。

2.4.3 化学辅助调控体系微观结构表征

2.4.3.1 单一 SDS 泡沫液及泡沫的宏观、微观结构

在宏观上，通过目测法观察 SDS 起泡剂下的泡沫液，肉眼观察可看出，泡沫液的分散程度均匀，在烧杯底部未发现较大的不溶物，但溶液略有浑浊，显示为淡黄色液体；单一 SDS 泡沫间空隙较大，消泡时间短。其起泡剂及泡沫宏观形态如图 2.4.6 所示。

（a）SDS 起泡剂

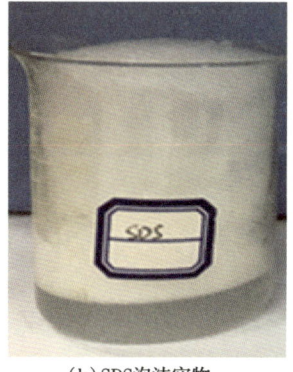
（b）SDS 泡沫实物

图 2.4.6 SDS 起泡剂及泡沫的宏观形态实物图

在微观上，通过电子显微镜扫描观察常温下 SDS 起泡剂下泡沫液（起泡前）的微观结构，可以看出，泡沫液分子呈现较为松散的网状结构，且伴有一定的孔洞结构，但网状结构的规律性、有序性不强。其电镜扫描的微观形态如图 2.4.7 和图 2.4.8 所示。

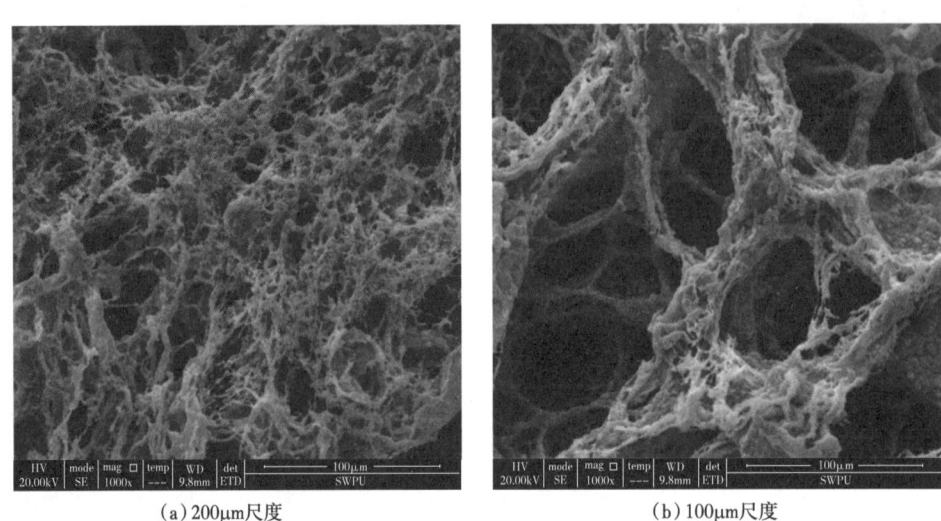

(a) 200μm 尺度　　　　　　　　　　　　(b) 100μm 尺度

图 2.4.7　SDS 起泡剂的微观结构（起泡前）

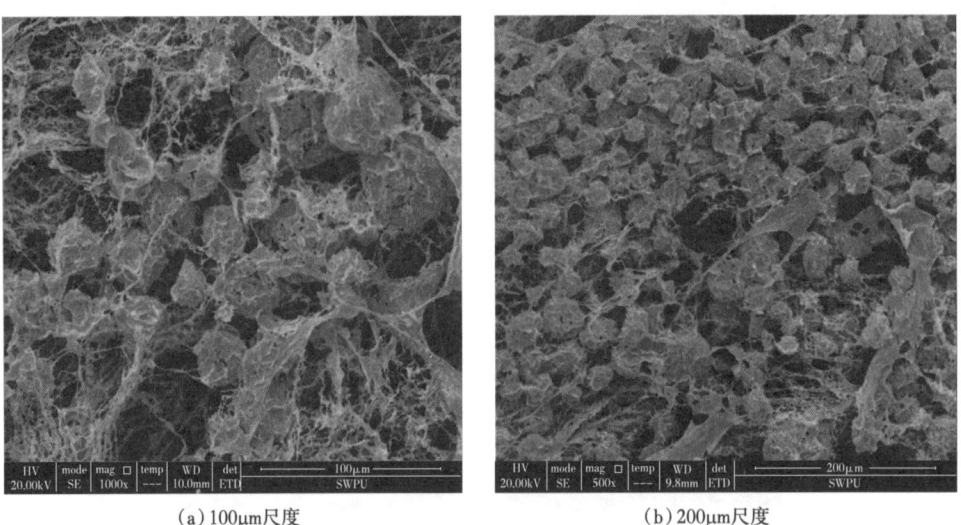

(a) 100μm 尺度　　　　　　　　　　　　(b) 200μm 尺度

图 2.4.8　SDS 泡沫微观结构（起泡后）

通过电子显微镜扫描观察 SDS 泡沫体系下的泡沫微观结构（起泡后），可以看出，单一 SDS 泡沫有稳定的"豆状"结构，且呈现较为疏松的网状结构，伴有一定的孔洞结构，但网状结构的规律性不强、胶结度低，因而稳定性较弱。

2.4.3.2 SDS+AOS 复配体系泡沫液及泡沫的宏观、微观结构

在宏观上，通过目测法观察 SDS+AOS 复配起泡剂的泡沫液，肉眼观察可看出，泡沫液的分散程度均匀，在烧杯底部未发现较大的不溶物，溶液清澈无浑浊，显示为透明色液体，伴随有少量气泡；SDS+AOS 复配体系下的泡沫较为紧密，消泡时间略短。其起泡剂宏观形态如图 2.4.9 所示。

(a) SDS+AOS 起泡剂　　　　(b) SDS+AOS 泡沫实物

图 2.4.9　SDS+AOS 复配体系的宏观形态实物图

在微观上，通过电子显微镜扫描观察常温下 SDS+AOS 复配起泡剂的泡沫液微观结构（起泡前），可以看出，泡沫液分子呈现较为紧密的网状结构，伴有一定的孔洞结构，分子间胶结较为有序。其电镜扫描的微观结构如图 2.4.10 和图 2.4.11 所示。

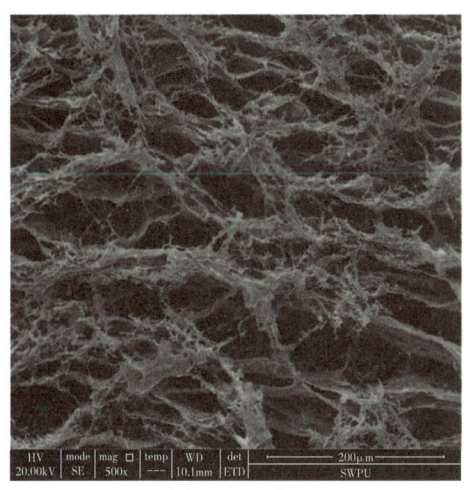
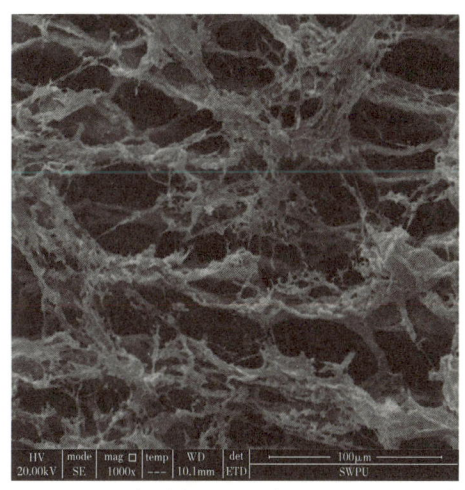

(a) 100μm 尺度　　　　(b) 200μm 尺度

图 2.4.10　SDS+AOS 复配体系微观结构（起泡前）

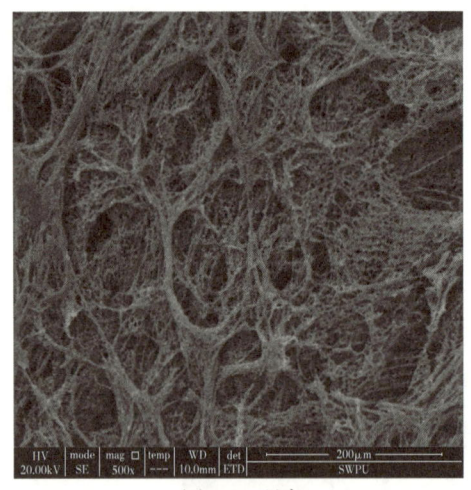 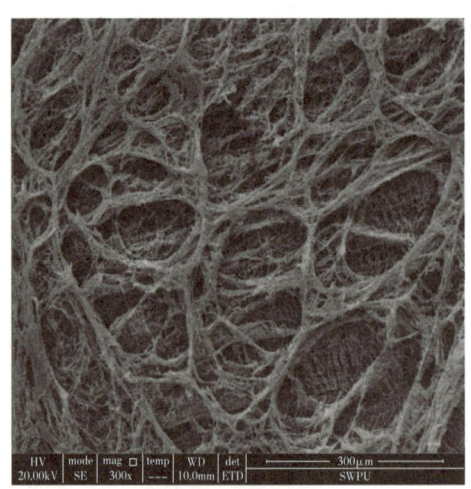

(a) 300μm 尺度　　　　　　　　(b) 200μm 尺度

图 2.4.11　SDS+AOS 复合体系泡沫微观结构（起泡后）

在微观上，通过电子显微镜扫描观察 SDS+AOS 复配体系的泡沫微观结构（起泡后），可以看出，与单一 SDS 泡沫结构相比，类似于分子间的"豆状"结构消失，泡沫分子呈现较为紧密的网状结构，同时可发现液膜的胶结程度较强，伴有较少的孔洞，可能是由于 SDS 与 AOS 的共同作用所致，同时可以观测到存留的泡沫结构较多，泡沫破裂速度较慢，泡沫体系结构较为稳定。

2.4.3.3　SDS+HYJ 复配体系泡沫液及泡沫的宏观、微观结构

在宏观上，通过目测法观察 SDS+HYJ 起泡剂的泡沫液，肉眼观察可看出，泡沫液的分散程度均匀，在烧杯底部未发现较大的不溶物，溶液清澈无浑浊，显示为淡黄色液体，且加入 HYJ 稳泡剂后溶液黏度略有增加，流动性较好。其起泡剂宏观形态如图 2.4.12 所示。

(a) SDS+HYJ 起泡剂　　　　　　(b) SDS+HYJ 泡沫实物

图 2.4.12　SDS+HYJ 起泡剂的宏观形态实物图

在微观上，通过电子显微镜扫描观察常温下 SDS+HYJ 起泡剂的泡沫液微观形态（起泡前），可以看出，与 SDS+AOS 复配相比，泡沫液分子呈现"鱼鳞状"的网状结构，分子间胶连紧密有序，规律性更强，具有一定的层次感，存在的孔洞小；且泡沫具有了一定的黏度，泡沫排列紧密，消泡时间较长。其电镜扫描的微观形态如图 2.4.13 和图 2.4.14 所示。

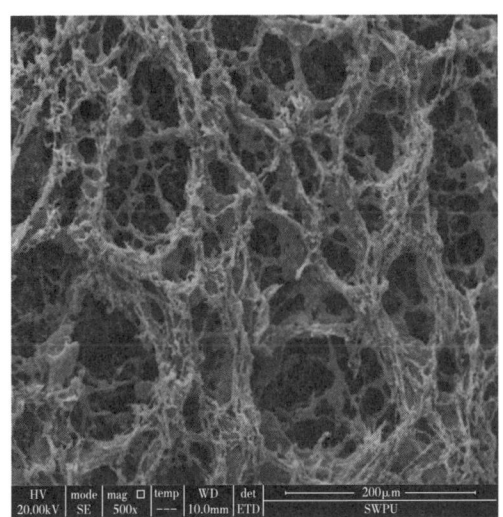
(a) 100μm 尺度

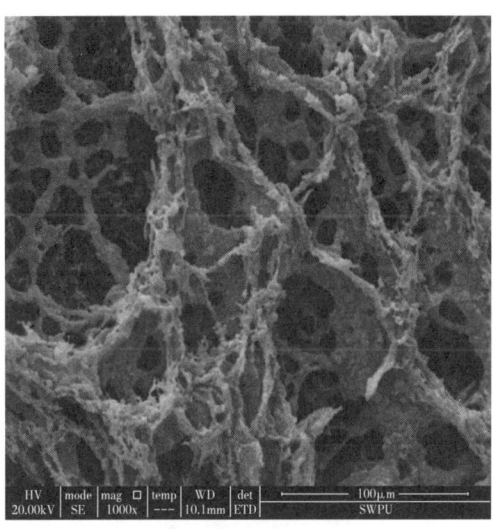
(b) 200μm 尺度

图 2.4.13　SDS+HYJ 泡沫液微观结构（起泡前）

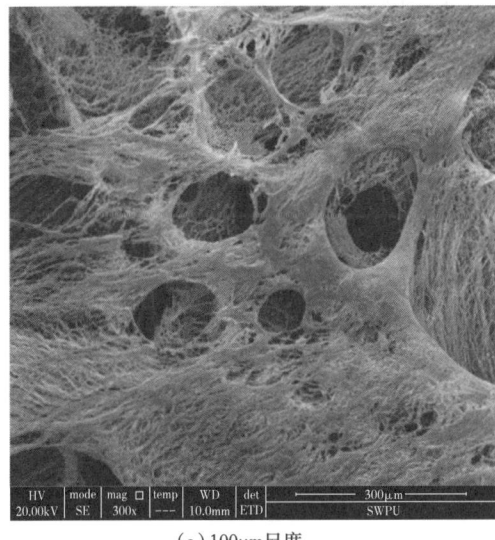
(a) 100μm 尺度

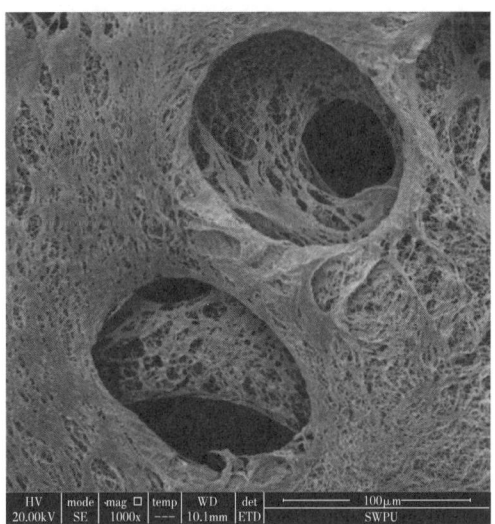
(b) 200μm 尺度

图 2.4.14　SDS+HYJ 泡沫微观结构（起泡后）

在微观上，通过电子显微镜扫描观察 SDS+HYJ 泡沫体系的泡沫微观结构（起泡后），可以看出，与 SDS+AOS 复配体系相比，泡沫分子的液膜由黏度较大的聚合物构成，液膜较厚。同时由聚合物分子进行胶连并呈现紧密的网状结构，枝状变粗，聚合物分子将气泡更加紧密有序地胶连在一起，且具有一定的黏弹性，因而具有较强的稳定性。

2.4.3.4　SDS+AOS+HYJ 复配体系泡沫液及泡沫的宏观、微观结构

在宏观上，通过目测法观察 SDS+AOS+HYJ 复配起泡剂的泡沫液，肉眼观察可看出，泡沫液的分散程度均匀，在烧杯底部未发现较大的不溶物，溶液清澈无浑浊，显示为淡黄色液体，且加入 HYJ 稳泡剂后溶液黏度略有增加，流动性较好。其起泡剂宏观形态如图 2.4.15 所示。

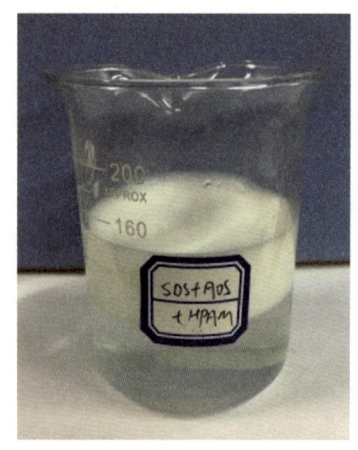 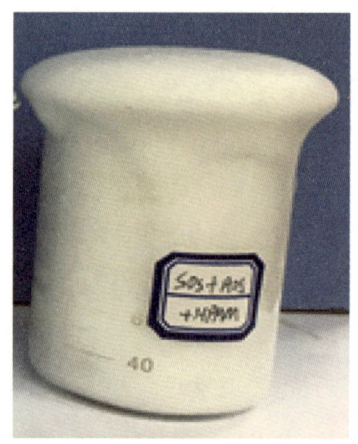

(a) SDS+AOS+HYJ 起泡剂　　　　(b) SDS+AOS+HYJ 泡沫实物

图 2.4.15　SDS+AOS+HYJ 复配体系的宏观形态实物图

在微观上，通过电子显微镜扫描观察常温下 SDS+AOS+HYJ 复配起泡剂的泡沫液微观结构（起泡前），可以看出当 SDS 与 AOS 的复配体系中加入 HYJ 后，泡沫液分子呈现较为紧密的"鱼鳞状"结构，稳泡剂 HYJ 在泡沫液中呈细杆状相互交错连接，形成了致密的枝状空间网状结构，使其分子间作用更加紧密；且泡沫更加黏稠，小分子泡沫排列更加紧密，消泡时间长。其电镜扫描的微观形态如图 2.4.16 和图 2.4.17 所示。

在微观上，通过电子显微镜扫描观察 SDS+AOS+HYJ 复配体系的泡沫微观结构（起泡后），可以看出，与 SDS+HYJ 泡沫体系相比，泡沫分子留存较多且稳定，泡沫分子间呈现紧密的平面网状结构，气泡分子间相互堆积，气泡间的缝隙形成了微量液体流动的网络通道，即"柏拉图通道"。同时由于稳泡剂 HYJ 的加入，其一部分附着在液膜上，使液膜具有一定的黏弹性，另一部分附着在"柏拉图通道"使得泡沫分子间胶结更加紧密，因而增加了泡沫分子的稳定性，起到了很好的稳泡作用。

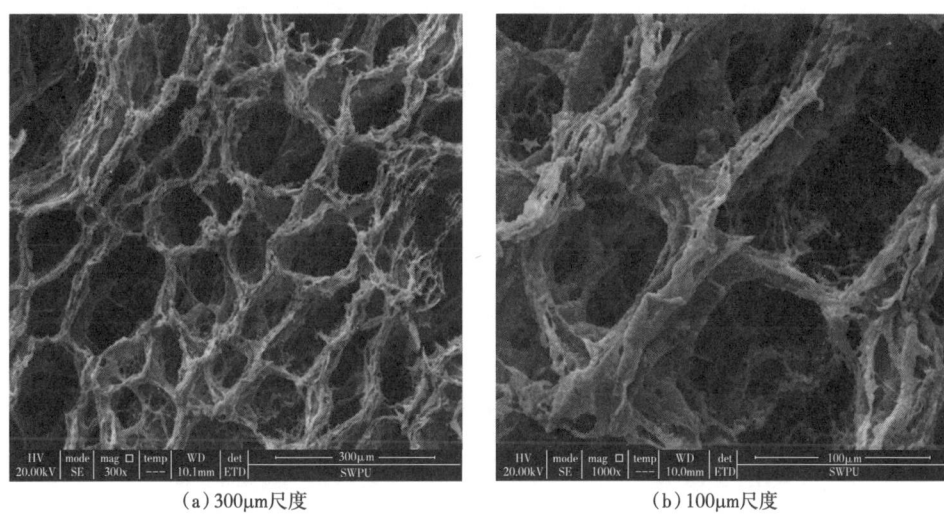

(a) 300μm尺度　　　　　　　　(b) 100μm尺度

图 2.4.16　SDS+AOS+HYJ 复配体系的微观结构（起泡前）

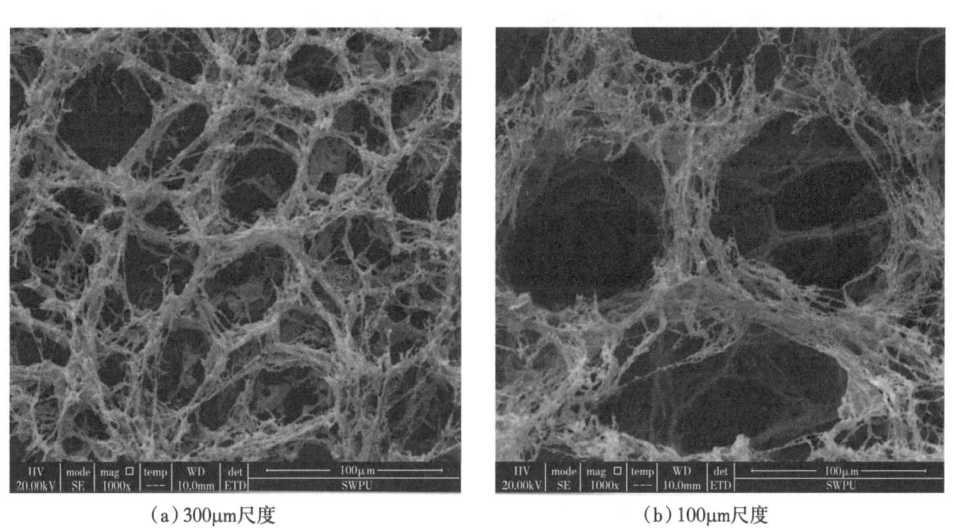

(a) 300μm尺度　　　　　　　　(b) 100μm尺度

图 2.4.17　SDS+AOS+HYJ 复合体系泡沫微观结构（起泡后）

2.4.3.5　高温高压下 SDS+AOS+HYJ 复合体系泡沫的微观结构

在微观上，通过电子显微镜扫描观察高温高压（96℃、24.2MPa）下 SDS+AOS+HYJ 复配体系的泡沫微观结构，可以看出：泡沫分子留存较多且稳定，在高压的作用下泡沫分子间受到压力挤压，泡沫分子间呈现出更加紧密的平面网状结构，气泡分子间相互堆积，气泡间的缝隙形成了微量液体流动的网络通道，即"柏拉图通道"；泡沫破裂后，其连接部位的网状结构断裂，呈无序的分散结构。同时由于稳泡剂 HYJ 的加入，其一部分附着在液膜上，使液膜具有一定的厚度和黏性，另一部分附着在"柏拉图通道"上，降低了通道内的液体的流速，并且使得泡沫分子间胶结更加紧密，因而增加了泡沫分子的稳定性，起到了很好的稳泡作用（图 2.4.18 至图 2.4.20）。

(a) SDS 与 SDS+AOS+HYJ 泡沫实物对比　　(b) 高温高压泡沫实物

图 2.4.18　两种不同起泡体系及高温高压下的泡沫宏观形态实物图对比

 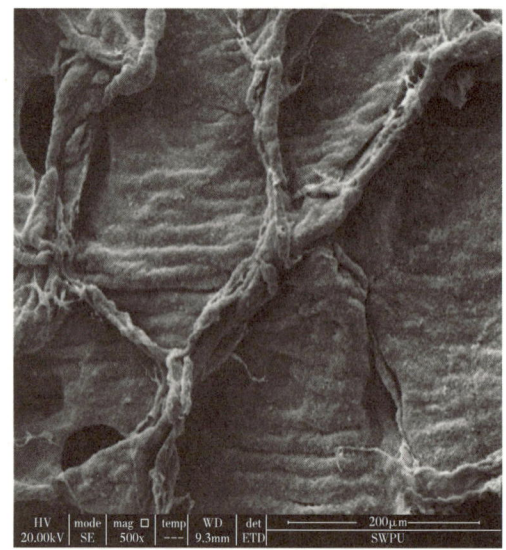

(a) 400μm 尺度　　　　　　　　　　(b) 200μm 尺度

图 2.4.19　高温高压（96℃、24.2MPa）下 SDS+AOS+HYJ 泡沫

综合以上实验结果表明：

（1）在宏观上可以看出四种不同泡沫体系的泡沫液的分散程度均匀，未发现较大的不溶物在烧杯底部，单一 SDS 溶液略有浑浊；SDS+AOS 复配溶液、SDS+HYJ 溶液及 SDS+AOS+HYJ 溶液均清澈；且加入了 HYJ 的溶液，黏度略有增加，流动性较好；

（2）在四种不同泡沫液体系中，SDS与AOS复配体系下的泡沫液分子间胶结的更加紧密；在SDS与AOS的复配体系中加入稳泡剂HYJ后，形成了致密的枝状空间网状结构，使其分子间作用更加紧密；

（3）通过观察四种不同泡沫体系的泡沫微观结构，可以发现常压下SDS+AOS+HYJ复配泡沫体系的泡沫分子留存较多且稳定，在高压下泡沫分子间受到压力挤压作用，呈现出更加紧密的平面网状结构。泡沫破裂后，其连接部位的网状结构断裂，呈无序的分散结构。同时稳泡剂HYJ的加入，起到了较好稳泡作用。

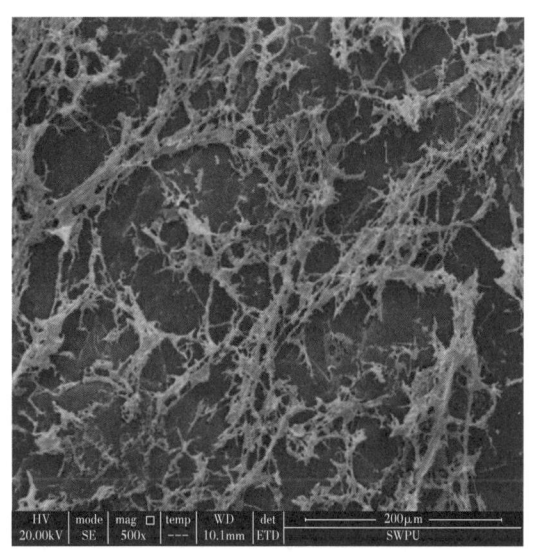

图 2.4.20　高温高压（96℃、24.2MPa）下 SDS+AOS+HYJ 泡沫破裂结构

2.5　化学辅助调控体系的耐温抗盐性改善方法

由于地质条件的差异，地层温度和地层水矿化度不同。大部分起泡剂的发泡能力受上述两个因素影响。因此耐温、耐盐的泡沫体系开发成为亟须解决的问题。

2.5.1　起泡剂性能的影响因素

2.5.1.1　温度对起泡剂性能的影响

泡沫体系在低温和高温下泡沫的衰变过程不同：低温下其衰变机理主要是气体扩散；高温下，泡沫破灭由泡沫柱顶端开始，顶端泡膜的上侧总是向上凸的，这种弯曲膜对蒸发作用很敏感，温度越高蒸发越快，膜变薄到一定厚度时就自行破灭。总体来说，随温度升高，吸附量减少，分子独占面积增大，溶液黏度降低，排液速率加快，最终导致泡沫消泡。

2.5.1.2　矿化度对起泡剂性能的影响

泡沫的稳定性随着矿化度的增加而下降。泡沫衰减速率受地层水矿化度的影响较大，主要可能原因是泡沫体系中的离子与钠离子、钙离子等相互作用，使表面活性剂浓度下降，表现出表面活性剂泡沫性能变差。

2.5.2　耐温耐盐性改善方法

2.5.2.1　复配起泡剂

表面活性剂复配是一种物理改性的方法，在单组分起泡剂无法满足降低油水界面张力和高效起泡性能的双重需要时，可考虑起泡剂间的复配。一方面由于分子间相互作用，极性基团之间的静电排斥作用减小，排列更为紧密；另一方面，二者的碳氢链由于疏水效应也会相互吸引。因此，在溶液内部的起泡剂分子更容易聚集形成胶团。在表面吸附层中，起泡剂分子排列更为紧密，吸附量更大。因此，起泡剂复配后对表面吸附和溶液中胶束形成都有一定的促进作用。这种复配表面活性剂表现出的比单一表面活性剂更优越的性能，亦称为表面活性剂协同增效作用。

（1）阴—非离子型起泡剂。

非离子型起泡剂因其不会在溶液中电离形成离子而具有较好的抗盐性能，但在油田一般不单独使用，通常与石油磺酸盐、烷基苯磺酸盐等阴离子型起泡剂复配使用，以改善驱油体系的抗温及耐盐性能。因此在高温、高盐油藏应用中形成了一种重要的复配型起泡剂——阴—非离子型起泡剂，其分子内具有不同种类的耐盐基团和抗温基团，使其同时具备了非离子型和阴离子型表面活性剂的优点，即良好的耐盐和抗高温能力、优良的抗分解能力和分散性能以及良好的配伍性能。

阴—非离子型起泡剂由于其价格较高，通常与来源广、价格低廉、应用广泛的重烷基苯磺酸盐、油渣磺酸盐和石油磺酸盐等进行复配，可以有效降低成本，同时达到协同增效的作用。由于复配的两种表面活性剂都是磺酸盐型的阴离子表面活性剂，物理化学性能相差小，在进入到地层后出现"色谱分离"的可能性要小于阴离子和非离子表面活性剂的复配体系。

（2）阴—阳离子型起泡剂。

阴离子表面活性剂中加入少量的阳离子表面活性剂，由于两者离子头基之间的强烈吸引作用，使吸附在液膜表面的阴离子表面活性剂的离子端之间的排斥力减小，液膜强度增大，液膜排液速度减慢，因此泡沫稳定性增强。相同浓度下，阳离子表面活性剂碳链长度增加，溶液透明度降低，说明两者之间易形成复合物从溶液中析出，使得溶液变浑浊。

（3）阴—两性离子型起泡剂。

阴离子型 SDS、CAB 与两性表面活性剂 SB-FA-30 进行复配的混合起泡剂，在稳泡剂聚乙烯醇（PVA）作用下，该复配体系在 150℃且凝析油体积分数高达 50% 时仍具有良好的起泡性能和稳泡性能，能够有效满足在高含凝析油和高温储层条件下泡沫体系的各项性能。

（4）两性—非离子型起泡剂。

以两性起泡剂 CAB 与非离子型起泡剂 CDEA（椰子油脂肪酸二乙醇酰胺）按质量比 5∶1 进行复配作为发泡体系。在助剂 0.1%PA（聚酰胺）的作用下，该复配的泡沫体系具有较低的界面张力（5.32×10^{-3} mN/m），并且在70℃时仍具有较好的稳泡性，成功应用于两相驱后的双河油田，使原油的采收率提高了10.84%。

2.5.2.2 天然高分子稳泡剂

羧甲基纤维素钠、瓜尔胶两种高分子的主要稳泡机理为增黏效应。羧甲基纤维素钠的增黏效果显著，抗高温能力强，能够经受150℃的高温，但是耐盐能力差；瓜尔胶在45℃下增黏效果好，但温度升高，黏度大大下降。羟乙基纤维素具有良好的耐温抗盐性，但是增稠能力较差，加入较多的羟乙基纤维素，溶液的黏度才会增加，实际应用的用量很大。黄胞胶的增黏效果好，稳定泡沫的能力强，受无机盐和pH值的影响小，但是成本高。

2.5.2.3 纳米颗粒添加剂

近年来，随着纳米技术的发展，对于使用纳米颗粒来稳定CO_2泡沫的研究逐渐得到了重视。

（1）纳米颗粒的优势。

纳米颗粒具有固体颗粒的特点，因此在高温条件下仍可以起到稳泡作用。地层对表面活性剂的吸附量大，而经过表面处理的纳米颗粒能够在地层孔隙中运移并且吸附量较少，减少了纳米颗粒的损失及对地层的伤害。

CO_2分子由于缺少永久偶极矩，并且范德华力弱，表面活性剂亲CO_2的一端在CO_2中的溶剂化作用通常较弱，使得表面活性剂倾向于在液相中，因此导致表面活性剂稳定的CO_2泡沫稳定性较差；而被均匀改性过的纳米颗粒对CO_2和水均有亲和力，从而避开了CO_2分子对稳泡剂非极性端结合力较差的问题。

CO_2相比于氮气在水中溶解度较高，因此造成泡沫破灭的歧化反应更加明显，这是CO_2泡沫稳定性较差的原因之一。纳米颗粒吸附在CO_2/水界面上后，由于纳米颗粒的尺寸与表面活性剂分子相比较大，减少了CO_2气体与液膜的接触面积，从而减弱了歧化反应。这说明纳米颗粒非常适合用于稳定CO_2泡沫。

（2）纳米颗粒对CO_2泡沫的稳泡机理。

研究表明，纳米颗粒稳定泡沫的一个重要机理就是纳米颗粒可在气—液界面上形成吸附。纳米颗粒吸附形成的膜具有较高的机械强度，从而增强了泡沫的稳定性。吸附在液膜上并紧密排列的颗粒对液膜中水动力学流动具有阻力作用，从而减缓了液膜的排液。

脱附能是指颗粒从界面上脱附所需要的能量，脱附能越大，表明颗粒与液膜的结合力越强，液膜越稳定。纳米颗粒与表面活性剂均可在界面吸附，但纳米颗粒在吸附界面上的脱附能要远大于表面活性剂。颗粒脱附能示意图如图2.5.1所示。

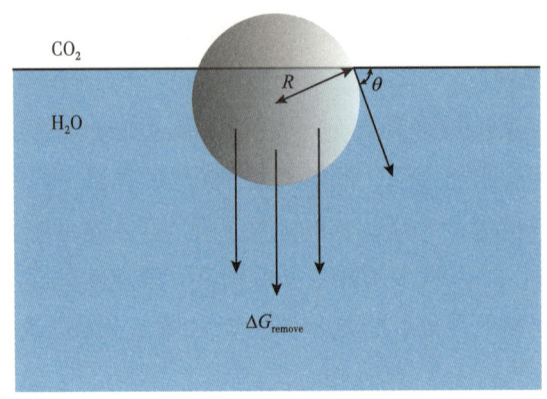

图 2.5.1 颗粒脱附能示意图

$$\Delta G_{\text{remove}} = \pi R^2 \gamma_{\text{ow}} \left(1 - |\cos\theta|\right)^2 \qquad (2.5.1)$$

式中　ΔG_{remove}——脱附能，J；

　　　R——颗粒的半径，10^{-6}m；

　　　γ_{ow}——界面张力，mN/m；

　　　θ——颗粒与水相的接触角，(°)。

一般情况下，粒径为几百纳米的颗粒脱附能约为几千 K_BT（K_B 为玻尔兹曼常数，$K_B=1.3806505\times 10^{-23}$J/K；$T$ 为绝对温度），而普通表面活性剂分子在油水界面上的脱附能仅为几个 K_BT。这进一步表明了表面活性剂分子在界面上的吸附为动态平衡过程，而颗粒的吸附则可以看作一种不可逆的过程，即颗粒一旦吸附在界面上便很难脱附，因此固体颗粒比一般表面活性剂具有更强的稳泡作用。

2.5.2.4　自强化 CO_2 敏感性泡沫化学原理

CO_2 是一种"活泼"的化学剂，溶于水后可以生成碳酸（H_2CO_3），进而电离出氢离子（H^+）并且触发所谓的 CO_2 敏感性作用或反应，生成泡沫体系或其他可以应用到实际的产物。温度 25℃时，压力为 0.10MPa 条件下，饱和 CO_2 水溶液的 pH 值可以降低到低于 3.7。在典型的油藏温度压力条件下，CO_2 处于超临界状态，具有更好的传质能力，可以更容易地得到能够触发敏感性化学反应的酸性环境或低 pH 值环境。

长链烷基亚二丙基三胺（RDPTA），在纯水中不能充分离子化生成表面活性剂或起泡剂，从而不能产生泡沫。当遇到 CO_2 或溶有 CO_2 的溶液后，较低的 pH 值环境会使化学剂被触发并且具有带电性，转化成部分阳离子表面活性剂 [R—NH—(CH_2)$_3$—NH_2^+—(CH_2)$_3$—NH_3^+]、部分阴离子表面活性剂 [R—NH—(CH_2)$_3$—NH—(CH_2)$_3$—NH_2—CO_2^-]

以及一部分中和电性同时存在的离子（CO_3^{2-}、HCO_3^- 及 H^+ 等）。质子化表面活性剂 [R—NH—$(CH_2)_3$—NH_2^+—$(CH_2)_3$—NH_3^+] 和阴离子表面活性剂通过异电相吸可以形成离子对，与常规表面活性剂相比，离子化的头基（亲水基）间静电斥力显著减弱，表面活性剂排布更加紧密，形成的液膜强度得到明显提高，进而像 Gemini 型表面活性剂一样发挥强化的起泡和稳泡作用，促使生成更加稳定的泡沫体系。该化学剂遇到 CO_2 诱导的酸性环境被触发生成表面活性剂进而产生泡沫流度控制体系的敏感性化学原理如图 2.5.2 所示。

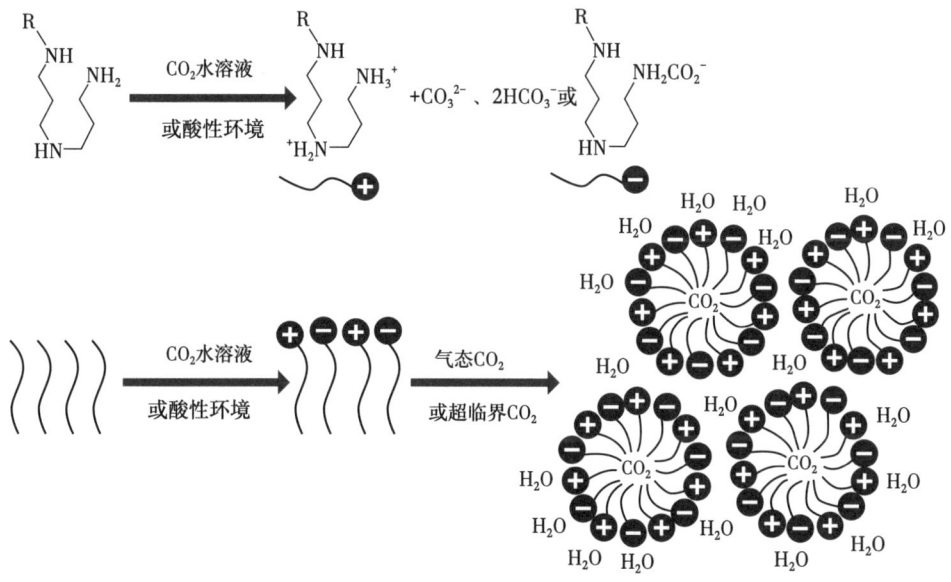

图 2.5.2　自强化 CO_2 敏感性泡沫化学原理示意图

随着遇到 CO_2 后类似 Gemini 型表面活性剂的泡沫剂的就地生成，CO_2 与产生的泡沫剂溶液混合，在多孔介质剪切或其他扰动（搅动）方式下产生泡沫，由于表面活性剂在液膜排布更加紧密，该类泡沫剂有一定自强化作用，泡沫稳定性优于基于常规起泡剂的泡沫体系。在实际 CO_2 驱过程中，该型化学剂溶液可以采用段塞注入方式，与 CO_2 改进的自强化 CO_2 敏感性泡沫体系交替注入。注入多孔介质中的 CO_2 促使酸性环境的产生，进而触发 CO_2 敏感性化学剂转化成起泡剂并就地产生泡沫。

2.5.2.5　凝胶泡沫体系

凝胶泡沫是一种气体均匀分散在凝胶中的分散体系，它是由凝胶泡沫剂、交联剂和高分子溶液在气体作用下发泡形成的。

（1）凝胶泡沫的组成。

凝胶泡沫体系由起泡剂、高分子聚合物、稳泡剂、交联剂在气体作用下起泡形成，是一种气体均匀扩散在凝胶中的分散体系。凝胶泡沫体系理想的起泡剂不仅要有较强的起泡能力和表面泡沫稳定性,还应在较宽的碱和活性剂浓度范围内能与原油形成超低界面张力。泡沫稳定剂有两种作用方式:提高薄膜的质量,增加薄膜的黏弹性,减小泡沫的透气性,增强泡沫的稳定性;提高液相黏度,减缓泡沫的排液速率,从而提高泡沫的稳定性。交联剂是指能和酰胺基团和羧基发生反应的化合物,主要包括两大类:有机酚醛交联剂和过渡金属有机交联剂。聚合物 HPAM 与高价金属离子的交联,是一个有许多中间步骤的复杂反应。整个过程大体可分为 3 个阶段:高价金属离子水解聚合、HPAM 中的—COOH 部分电离、HPAM 与多核烃桥络离子产生交联(图 2.5.3)。

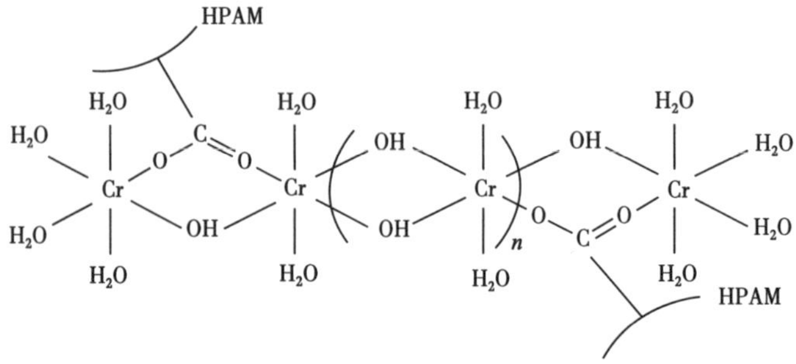

图 2.5.3 铬与 HPAM 交联形成的结构

(2)凝胶泡沫的优势。

凝胶泡沫在多孔介质中能覆盖在多孔介质壁上,并且在喉道中形成贾敏效应,除去驱动流体的窜流通道,使得流体在高渗透层中变为不可流动,提高波及效率,并具有稳定性好、强度高的特点,能够在油藏中与原油接触时产生消泡现象,是一种良好的选择性调剖剂。凝胶泡沫剂是一种表面活性剂,能降低油水界面张力,在含油饱和度高的油层部位,凝胶泡沫剂易溶于油、堵塞孔隙孔道,提高洗油效率。凝胶泡沫破坏后释放出气体、表面活性剂和凝胶残余物,气体可以增加储层能量,推动原油流动;表面活性剂可以将原油乳化成水包油的乳状液,降低稠油黏度;凝胶残余物具有较好的流动性能,能够改善水油流度比,起到驱替作用。此外,由于凝胶泡沫体系具有液量少、价格低及对地层伤害小等特点,因此已被应用于一些领域并取得了一定的效益。

2.6 化学辅助调控体系的控窜及驱油实验

泡沫由具有表面活性的液体和气体两部分组成,但是泡沫和单一的液体及气体又存在不同，最大的差别在于泡沫在孔隙介质中的流动阻力远远大于气体或液体。泡沫流动阻力的大小和泡沫本身的性能有关，而泡沫的性能则受到注入方式、气液比、渗透率、流速、含油饱和度等因素的影响，因此本节采用宏观物理模拟实验研究了气液比、流速、段塞尺寸对泡沫阻力因子的影响。

根据 CO_2 泡沫驱在现场的应用经验来看，采用气液同注的方式容易在油管中生成碳酸，对管道造成极大的腐蚀，因此后续实验统一采用气液交替注入的方式进行，不再对气液注入方式进行筛选。

2.6.1 控制气窜及驱油效果测试方法

2.6.1.1 气窜控制效果实验装置

通过将下列设备按实验流程连接，开展 CO_2 泡沫驱控制气窜及驱油效果评价。气窜控制效果实验装置如图 2.6.1 所示。

(a) 高温高压多功能泡沫岩心流动装置

(b) 天然岩心夹持器

(c) 回压阀

(d) BH-2型岩心抽真空加压实验饱和装置

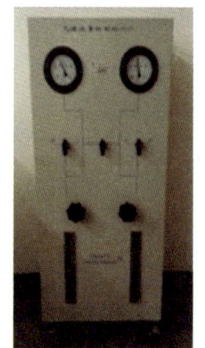
(e) 气体流量控制检测仪

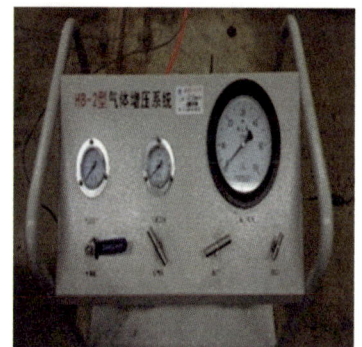
(f) BH-2型气体增压系统

图 2.6.1 物理模拟实验设备实物图

2.6.1.2 阻力因子测定方法

物理模拟实验流程如图 2.6.2 所示。

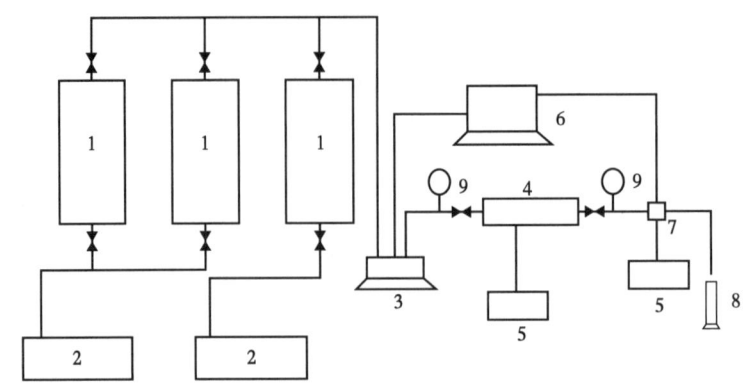

1—中间容器；2—平流泵；3—六通阀门；4—岩心夹持器；5—环(回)压泵；6—数据采集端口；
7—回压阀；8—量筒；9—压力表。

图 2.6.2 泡沫岩心流动实验流程图

（1）测定步骤。

①岩心烘干、抽真空。将准备好的岩心进行抽真空处理，密封、称量干重 W_1。

②饱和水。向岩心中注入地层水，直到压力稳定，记录进出口压差 Δp_0。测量饱和水后的岩心湿重 W_2，计算孔隙体积（PV）及孔隙度，岩心渗透率。

③气驱。模拟地层中气驱的过程，向岩心一侧注入 CO_2，待压力稳定时停止注入，记录基础压差 Δp_1。

④泡沫驱。模拟泡沫驱的过程，向岩心一侧注入泡沫体系配方液（起泡剂 A+0.2% 起泡剂 B+0.2% 稳泡剂 A）2.0PV。

⑤气体和泡沫液交替注入。重复上述步骤，待驱出液体中出现水且压力稳定时记录此时的进出口压差 Δp_2。

（2）参数计算公式。

①达西公式。

$$K = \frac{Q\mu L}{A\Delta p} \qquad (2.6.1)$$

式中 K——岩心渗透率，D；

Q——通过岩心的流量，mL/min；

A——垂直于流动方向岩心的截面积，cm^2；

μ——通过岩心流体的黏度，mPa·s；

Δp——流体通过砂柱前后的压差，atm。

②阻力因子。

$$阻力因子 = \frac{\Delta p_2}{\Delta p_1} \quad (2.6.2)$$

式中　Δp_1——气驱稳定压差，MPa；

　　　Δp_2——交替注入时稳定压差，MPa。

2.6.1.3 驱油效果实验方法

（1）测量两根岩心干重，以恒定流速饱和地层水，直至岩心两端压差稳定后，测量岩心湿重，并计算岩心孔隙体积及渗透率，按照图2.6.2所示连接两根岩心；

（2）以差速（0.10~1.0mL/min）向高低渗透岩心中饱和凝析油；

（3）以恒定流速（0.30mL/min）同时向高低渗透率岩心注入CO_2，此过程模拟油藏的气驱过程，直到两根岩心均有CO_2流出并且压力示数达到稳定；

（4）以恒定流速（0.30mL/min）模拟泡沫驱的过程，向高低渗透岩心注入泡沫体系配方液（起泡剂A+0.2%起泡剂B+0.2%稳泡剂A）2.0PV；

（5）以恒定流速（0.30mL/min）进行后续注气实验，直到两根岩心均有CO_2流出并且压力示数表达到稳定，计算高低渗透岩心分流率。

2.6.2 单根岩心的流度控制实验研究

2.6.2.1 气液比对流度控制效果的影响

在油藏温度压力条件下，水驱后以0.2mL/min的速度气驱至气油比快速上升，随后以0.2mL/min的速度注入4种不同气液比（3:1、2:1、1:1、1:2）的泡沫体系（总注入量为0.5PV），最后再以0.2mL/min的速度进行连续气驱。不同气液比条件下流度控制实验结果见表2.6.1，如图2.6.3和图2.6.4所示。

表2.6.1　不同气液比条件下泡沫流度控制实验结果

岩心编号	长度（cm）	直径（cm）	孔隙度（%）	渗透率（mD）	气液比	采收率（%）					泡沫驱阻力因子
						水驱	气驱	泡沫驱	后续气驱	总*	
1	7.78	2.50	14.63	2.42	3:1	37.37	16.63	8.28	15.89	78.17	23.9
2	7.79	2.50	14.75	2.13	2:1	36.27	19.35	7.61	14.54	77.77	35.2
3	7.78	2.50	14.88	2.19	1:1	38.71	20.59	8.21	6.81	74.32	28.3
4	7.79	2.50	15.02	2.29	1:2	41.07	17.76	7.37	5.50	71.70	21.7

* 指水驱+气驱+泡沫驱+后续气驱的总采收率。

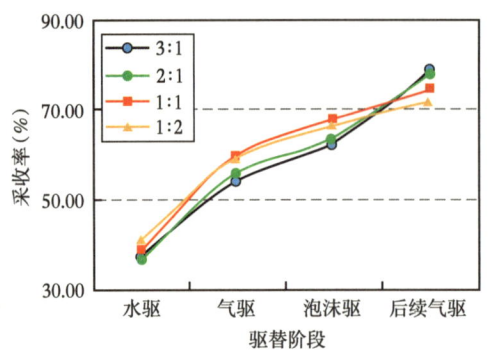 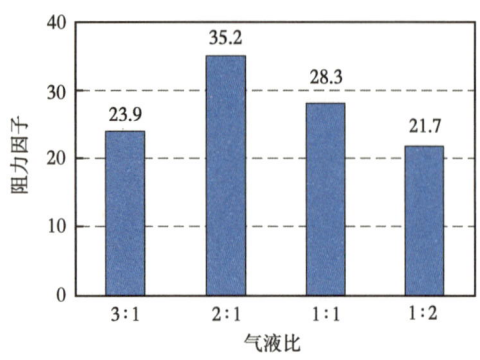

图 2.6.3　不同气液比条件下驱油实验结果　　图 2.6.4　不同气液比条件下泡沫流度控制实验结果

从表 2.6.1 和图 2.6.3、图 2.6.4 可以看出，四种不同气液比条件下采收率在岩心驱替过程中的变化趋势一致：在水驱、气驱和泡沫驱阶段的采收率大致相同；在后续气驱阶段，不同气液比条件下的后续气驱都表现出了较好的提高采收率效果，以气液比为 3∶1 和 2∶1 时泡沫驱提高采收率效果最佳，分别达到了 15.89% 和 14.54%。但是当气液比为 3∶1 时，实验过程中阻力因子为 23.9，远低于气液比为 2∶1 时的泡沫阻力因子，控制气窜效果没有达到最佳，使得突破后再注入的气体无法起到驱替的作用，易沿着气窜通道窜出。这是因为气体占比过大时，导致液膜表面的表面活性剂浓度较低，泡沫稳定性变差容易破灭，导致气体容易发生气窜，不利于流度控制；而气液比相对较小时，形成的泡沫体积小、数量少，阻力因子大于 30，直接影响泡沫流度控制效果，故气液比应在合理范围内才能发挥最佳的流度控制效果。根据实验结果采用气液比为 2∶1 开展后续实验研究。

2.6.2.2　泡沫注入速度对流度控制效果的影响

泡沫体系段塞的注入速度是影响泡沫驱的重要参数。水驱后以 0.2mL/min 速度气驱至气油比快速上升，设置气液比 2∶1，改变注入速度：0.1mL/min、0.2mL/min、0.3mL/min、0.4mL/min、0.5mL/min，注入 0.5PV CO_2 泡沫体系，最后再次以相同的注入速度进行连续气驱。不同泡沫注入速度下的流度控制实验结果见表 2.6.2，如图 2.6.5 和图 2.6.6 所示。

表 2.6.2　不同泡沫注入速度条件下泡沫流度控制实验结果

岩心编号	长度(cm)	直径(cm)	孔隙度(%)	渗透率(mD)	注入速度(mL/min)	采收率(%)					泡沫驱阻力因子
						水驱	气驱	泡沫驱	后续气驱	总*	
5	7.78	2.50	15.69	1.95	0.1	41.04	17.24	8.89	6.89	74.06	30.7
6	7.79	2.50	14.75	2.13	0.2	36.27	19.26	8.22	8.80	72.54	35.8
7	7.79	2.50	15.76	2.21	0.3	35.50	21.20	8.82	10.55	76.07	37.1
8	7.79	2.50	16.34	2.31	0.4	36.38	18.37	7.98	5.50	68.23	28.9
9	7.80	2.50	16.14	2.17	0.5	37.53	16.61	6.31	5.42	65.87	24.6

* 指水驱＋气驱＋泡沫驱＋后续气驱的总采收率。

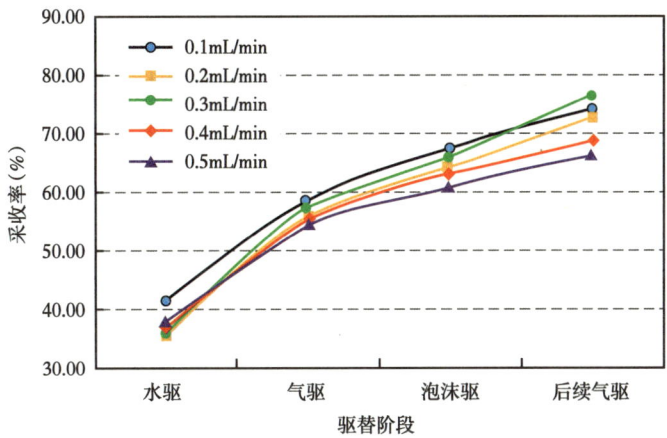

图 2.6.5　不同注入速度条件下驱油实验结果

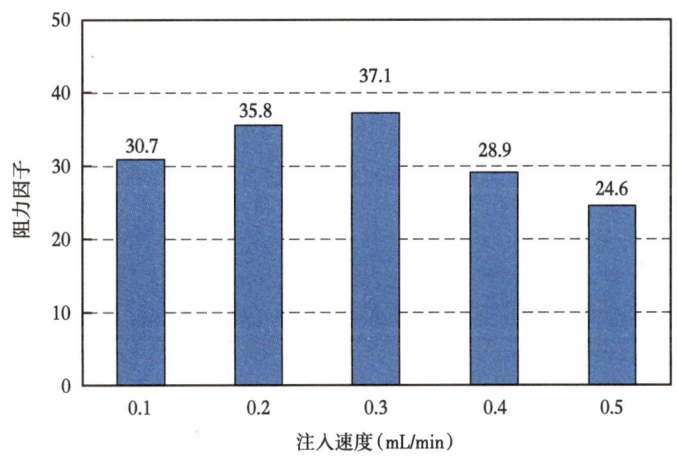

图 2.6.6　不同注入速度条件下泡沫流度控制实验结果

从表 2.6.2 和图 2.6.5、图 2.6.6 可以看出，注入速度在 0.4mL/min、0.5mL/min 时会导致泡沫驱阻力因子小于 30，且后续气驱采收率增加幅度不大，注入速度在 0.1~0.3mL/min 时都发挥了良好的流度控制效果，提高驱油效率较好，并且提高驱油效率幅度随泡沫注入速度呈现先增加后减小的趋势。

泡沫注入速度对岩心流度控制效率的影响主要体现在多孔介质中泡沫的液膜会破灭与再生成，气体以不连续相在多孔介质中流动。注入速度越大，一方面使气体与液体更容易分开流动，导致气体提前突破，这对泡沫流度控制具有不利影响，另一方面注入速度增大使得泡沫受到剪切速率增大，由于泡沫的剪切变稀性降低了泡沫的表观黏度，有使泡沫渗流阻力减少的趋势。在实验过程中，泡沫的注入速度在大于 0.4mL/min 时，泡沫阻力因子变小，后续气驱提高采收率效果较差；而当注入速度较低时，提供的剪切能量小，产生的气泡数量较少，泡沫稳定性较差，从而导致阻力因子较小，当达到一定的注入速度后，为起泡提供充足的能量，产生足够多的泡沫，此时流动阻力增大。因此，在泡沫驱过程中选取合适的注入速度更加有利于发挥泡沫的流度控制作用，故采用注入速度为 0.3mL/min 开展后续实验研究。

2.6.2.3 泡沫注入量对流度控制效果的影响

在改用泡沫流度控制时，CO_2 气体和泡沫液交替注入，段塞尺寸对泡沫的综合性能有非常大的影响，选择最优注入时机，保持注入速度为 0.3mL/min，气液比为 2∶1，设置泡沫液的段塞尺寸为 0.2PV、0.4PV、0.6PV、0.8PV，进行优选实验，记录压差和采收率。实验结果见表 2.6.3，如图 2.6.7 和图 2.6.8 所示。

表 2.6.3　不同注入量条件下泡沫流度控制实验结果

岩心编号	长度（cm）	直径（cm）	孔隙度（%）	渗透率（mD）	注入量（PV）	采收率（%）					泡沫驱阻力因子
						水驱	气驱	泡沫驱	后续气驱	总*	提高值	
10	7.78	2.50	14.63	2.42	0.2	38.49	17.78	1.49	9.43	67.19	10.92	27.1
11	7.79	2.50	14.75	2.13	0.4	37.38	18.39	5.24	10.04	71.05	15.28	32.4
12	7.78	2.50	14.88	2.19	0.6	38.52	18.46	9.31	11.91	75.58	21.22	36.7
13	7.79	2.50	15.02	2.29	0.8	39.06	16.63	11.87	12.30	79.86	24.17	39.3

＊指水驱 + 气驱 + 泡沫驱 + 后续气驱的总采收率。

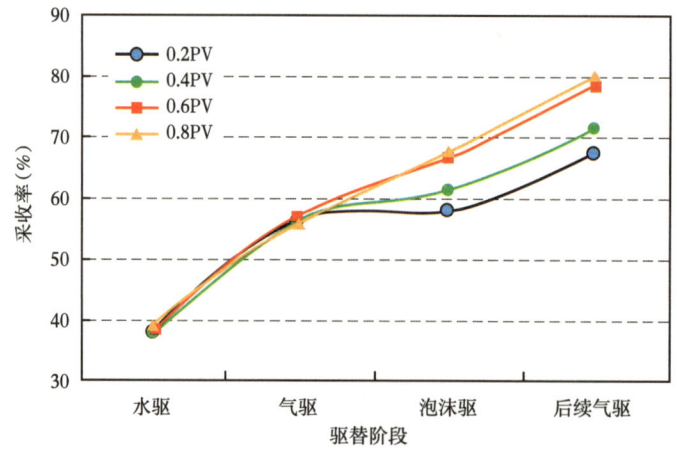

图 2.6.7　不同注入量条件下驱油实验结果

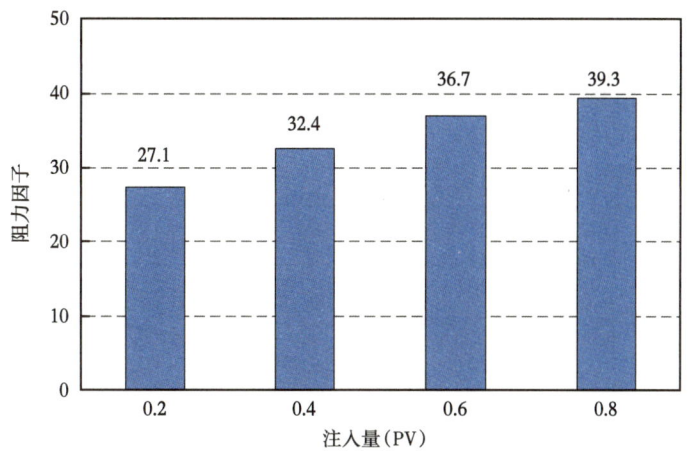

图 2.6.8　不同注入量条件下泡沫流度控制实验结果

从表 2.6.3、图 2.6.7 和图 2.6.8 可以看出，泡沫注入量的增加有利于提高采收率，同时可以更好地控制气体流度。考虑到注入量和泡沫成本相关，不能只凭借泡沫驱及后续气驱所提高的采收率进行判断。故对注入量和提高采收率、阻力因子进行无量纲归一化处理，这样注入量和提高采收率的变化关系将在 0 到 1 区间中变化，再对其变化曲线求取导数将得到曲线的变化率，即得到注入量对提高采收率和阻力因子的变化速率。

无量纲的注入量计算公式（注入量用 C 表示）：

$$C_{i无量纲}=(C_i-C_{\min})/(C_{\max}-C_{\min}) \tag{2.6.3}$$

无量纲的提高采收率计算公式（提高采收率用 E 表示）：

$$E_{i无量纲}=(E_i-E_{\min})/(E_{\max}-E_{\min}) \tag{2.6.4}$$

无量纲的阻力因子计算公式（阻力因子用 R 表示）：

$$R_{i无量纲}=(R_i-R_{\min})/(R_{\max}-R_{\min}) \tag{2.6.5}$$

从表 2.6.4 和图 2.6.9 可知，由于斜率为 1 时的变化为转折点，在转折点的左侧，随着无量纲注入量的增加，无量纲提高采收率的变化率大于无量纲注入量的变化率，意味着增加注入量还有提高采收率效果的较大空间；在转折点的右侧，随着无量纲注入量的增加，无量纲提高采收率的变化率小于无量纲注入量的变化率，意味着注入量增大并不能产生和应用量相匹配的理想效果。阻力因子变化同理，因此转折点的选取成为确定合理注入量的标准。

表 2.6.4 注入量和提高采收率归一化结果

注入量（PV）	归一化注入量	归一化提高采收率	归一化阻力因子
0.2	0	0	0
0.4	0.33	0.36	0.43
0.6	0.66	0.79	0.78
0.8	1	1	1

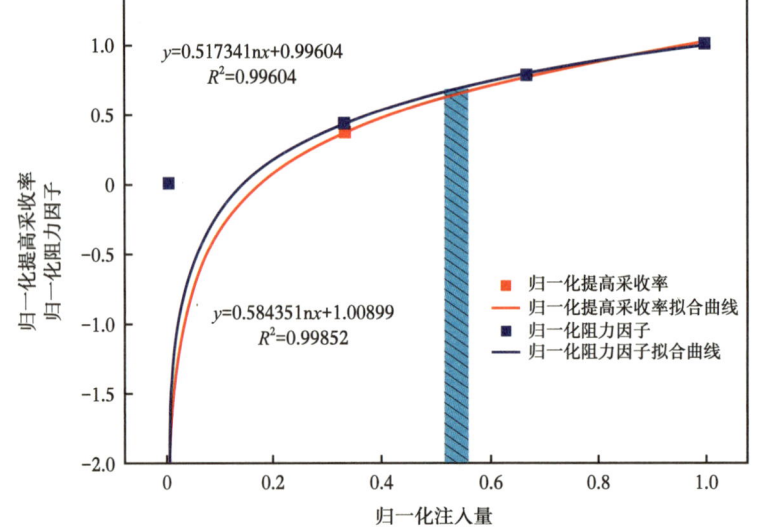

图 2.6.9 归一化注入量与归一化提高采收率、阻力因子关系图

根据以上归一化注入量与提高采收率关系实验结果，确定函数为 $y=0.584\ln x+1.009$，对其求导得到 $\dot{y}=\dfrac{0.584}{x}$，令 $y=1$ 可知最佳归一化注入量为 0.58，再由公式可得最佳提高采收率条件下注入量为 0.54PV。

根据以上归一化注入量与阻力因子关系实验结果，确定函数为 $y=0.517\ln x+0.996$，对其求导得到 $\dot{y}=\dfrac{0.517}{x}$，令 $y=1$ 可知最佳归一化注入量为 0.52，再由公式可得最佳阻力因子条件下注入量为 0.51PV。

为了使得提高采收率和阻力因子共同达到最佳效果，应当考虑两因素共同确定的区间，因此确定了注入量的区间为图 2.6.9 中蓝色条纹区域，考虑到后续计量问题，采用 0.54PV 作为后续实验的泡沫注入量。

2.6.2.4 泡沫注入时机对流度控制效果的影响

水驱后气驱至采收率为 40%（仅水驱）、45%、50%、55%、60%（完全气驱）后保持气液比为 2∶1，注入速度为 0.3mL/min，泡沫液的段塞尺寸为 0.54PV 进行 CO_2 泡沫驱及后续气驱，实验过程中记录进出口压力、采出程度、含水率、气油比等实验数据，实验结果见表2.6.5，如图2.6.10和图2.6.11所示。

表 2.6.5 不同注入时机条件下泡沫流度控制实验结果

岩心编号	长度（cm）	直径（cm）	孔隙度（%）	渗透率（mD）	设计采收率（%）	采收率（%）					泡沫驱阻力因子
						水驱	气驱	泡沫驱	后续气驱	总*	
14	7.78	2.50	14.63	2.42	40	39.93	0	3.23	34.07	77.23	20.5
15	7.79	2.50	14.75	2.13	45	39.64	4.39	13.61	24.62	82.26	31.7
16	7.78	2.50	14.88	2.19	50	37.60	12.21	10.35	17.62	77.78	34.9
17	7.79	2.50	15.02	2.29	55	40.35	14.67	8.76	10.44	74.22	37.3
18	7.78	2.50	14.71	2.34	60	39.23	18.53	6.72	6.45	70.93	39.1

*指水驱+气驱+泡沫驱+后续气驱的总采收率。

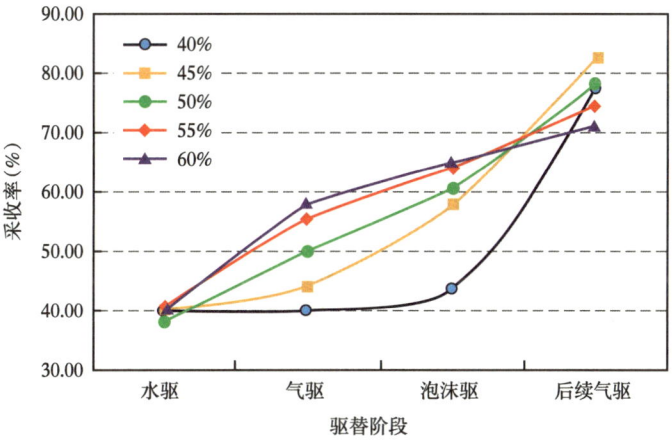

图 2.6.10 不同注入时机条件下泡沫驱油实验结果

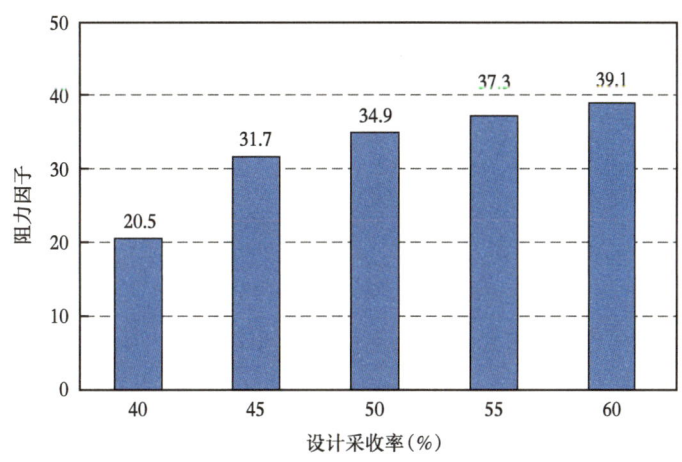

图 2.6.11 不同注入时机条件下泡沫流度控制实验结果

由表 2.6.5、图 2.6.10 和图 2.6.11 可以看出，注入时机不同，泡沫驱及后续气驱提高采收率和阻力因子差异较大，主要体现在：

（1）注入时机在采收率 45% 时提高采收率为 38.23%，总采收率为 82.26%；然而注入时机为采收率 60% 时，提高采收率和总采收率分别仅为 13.17%、70.93%。这是因为 CO_2 泡沫注入时机越早，可以越早发挥泡沫控制气窜的能力，更大程度控制后续气驱气窜的可能，从而增加采收率。

（2）注入时机为采收率 40% 时，提高收率达到 37.30%；与采收率 45% 时，提高采收率效果大致相同仅相差 0.93%，但是总采收率相差 5.03%。一方面是因为采收率 45% 时气驱阶段可以驱替出一部分油，有前置气驱段塞，能更好地起泡并发挥泡沫控制气窜的作用；而水驱后就注入泡沫液（采收率 40%），不仅不能充分起泡，而且没有起到一注入就控制气窜的能力。另一方面泡沫有遇油消泡的性质，岩心中的残余油越多，泡沫起泡性能越差，因此采收率为 40% 时的阻力因子仅为 20.5，故注入时机不能片面地认为越早越好，注入时机应保持在一定范围内。注入时机为采收率 45% 时，此时进入岩心中的泡沫具有一定的稳定性，可以更好地起到流度控制效果。

2.6.3 并联岩心控制 CO_2 气窜效果实验

2.6.3.1 不同渗透率级差下 CO_2 泡沫流度控制效果

采用并联物理模拟实验研究泡沫的流度控制效果，其主要目的是明晰在低渗透、强非均质条件下泡沫在高渗透层中驱油的贡献及对低渗透层的动用效果，并且用采收率直观地表示其流度控制效果。

选取不同渗透率级差的岩心进行并联非均质条件下 CO_2 泡沫流度控制实验，泡沫驱替速度为 0.3mL/min，气液比为 2∶1，泡沫注入量为 0.54PV，实验结果见表 2.6.6，如图 2.6.12 至图 2.6.14 所示。

表 2.6.6 不同渗透率级差条件下 CO_2 泡沫流度控制实验结果

岩心编号	渗透率（mD）	孔隙度（%）	渗透率级差	采收率（%）						泡沫驱阻力因子
				水驱	气驱	泡沫驱	后续气驱	总（单根）*	平均	
19	2.04	19.19	5.22	46.23	18.31	7.92	7.01	79.47	74.30	29.4
20	0.39	15.49		39.85	2.79	10.15	16.34	69.13		5.6
21	2.14	18.74	7.47	43.59	17.13	5.91	6.85	73.48	66.41	33.3
22	0.28	15.08		32.34	1.92	7.49	17.58	59.33		6.8
23	5.53	18.39	10.64	43.26	15.11	5.57	5.31	69.25	60.46	29.7
24	0.52	14.27		29.19	1.25	6.04	15.18	51.66		4.9

续表

岩心编号	渗透率（mD）	孔隙度（%）	渗透率级差	采收率（%）						泡沫驱阻力因子
				水驱	气驱	泡沫驱	后续气驱	总（单根）*	平均	
25	9.56	17.98	15.68	40.44	10.05	4.91	5.48	60.88	47.21	22.1
26	0.61	13.26		15.81	0.41	3.92	13.39	33.53		3.8

*指在不同渗透率级差（两个岩心）中单根岩心的总采收率。

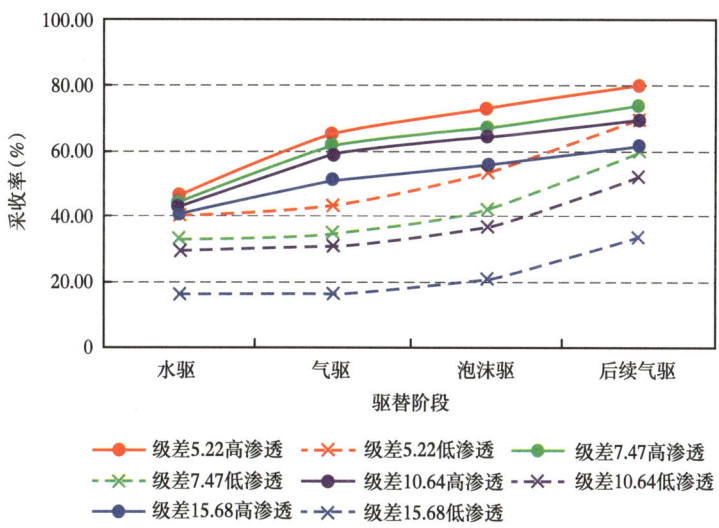

图 2.6.12　不同渗透率级差条件下 CO_2 泡沫驱油实验结果

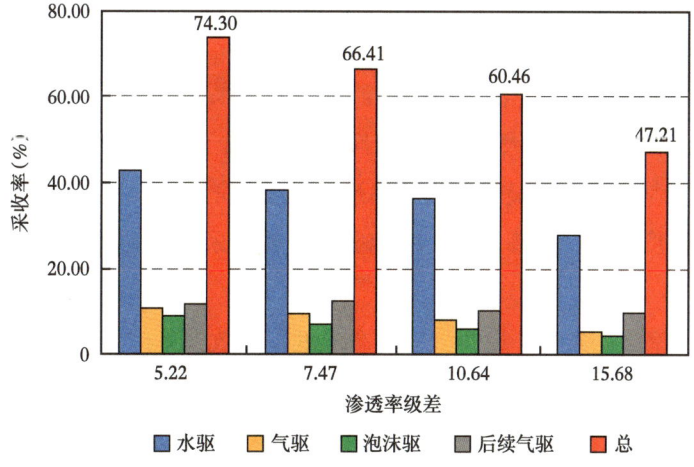

图 2.6.13　不同渗透率级差条件下 CO_2 泡沫流度控制总采收率

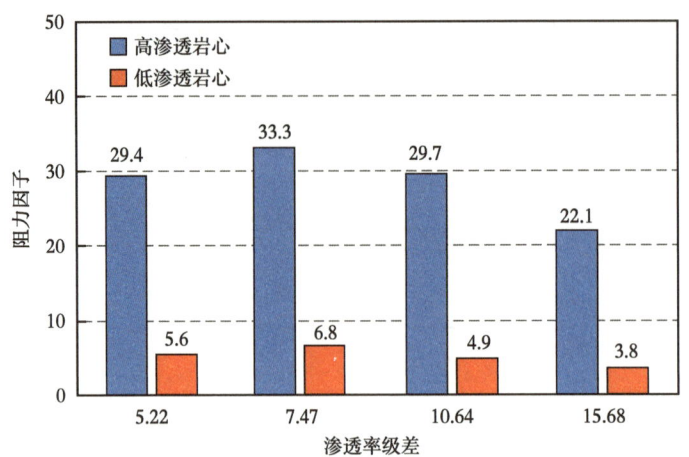

图 2.6.14　不同渗透率级差条件下 CO_2 泡沫流度控制实验结果

由表 2.6.6 和图 2.6.12 至图 2.6.14 所示，对各个阶段驱油及流度控制效果进行对比。

（1）不同渗透率级差条件下水驱驱油效率分析。

随着渗透率级差的增加，低渗透岩心的水驱采收率不断降低，高渗透岩心的采收率基本保持不变。且低渗透岩心的水驱油效率明显小于高渗透岩心的水驱油效率。表明在水驱阶段，虽然低渗透岩心能够启动，但是总采收率会随着级差的增大不断降低。

（2）不同渗透率级差条件下气驱驱油效率分析。

在气驱阶段，低渗透岩心均不能有效启动，特别是随着渗透率级差的增大，低渗透岩心的气驱效果更差。对于高渗透岩心，虽能有效启动，可随着渗透率级差的增加，采收率也在不断地降低。由此可知，随着渗透率级差的不断增大，气体突破时间不断缩短，在高非均质情况下，亟须泡沫控制气窜。

（3）不同渗透率级差条件下泡沫驱提高流度控制效果分析。

高渗透岩心的阻力因子远大于低渗透岩心的阻力因子，泡沫具有"堵大不堵小"的功能，泡沫起到的控制气窜效果显著。随着渗透率级差的增加高渗透岩心泡沫驱阶段驱油效率呈减小趋势但幅度不大，低渗透岩心泡沫驱阶段提高采收率幅度随着渗透率级差的增加而减小。

（4）不同渗透率级差条件下后续气驱提高流度控制效果分析。

随着渗透率级差的增加，高渗透岩心后续气驱阶段驱油效率略微减小，低渗透岩心后续气驱阶段提高驱油效率的幅度随着渗透率级差的增加呈现先增大后减小的趋势，在级差为 7.47 时，后续气驱提高驱油效率最大，达到了 17.58%。在各个极差中，低渗透岩心在后续气驱阶段的采收率均大于高渗透岩心，充分显示了泡沫"堵大不堵小"

的功能。

对于同一组并联非均质岩心驱替实验,在水驱和气驱阶段,高渗透岩心采收率明显高于低渗透岩心的采收率,说明注入水、注入气主要沿着高渗透岩心的优势通道渗流;在泡沫驱阶段,高渗透岩心的采收率开始明显降低,低渗透岩心的采收率逐渐增加,这表明高渗透岩心作为优势通道,注入的泡沫体系会优先进入到高渗透岩心中发生渗流,在高渗透岩心的渗流过程中其渗流阻力逐渐增大,封堵了大孔道;后续气驱阶段,低渗透岩心的采收率均大于高渗透岩心,这说明注入的泡沫主要进入高渗透岩心,起到了良好的调剖效果。

由不同渗透率级差的流度控制实验结果分析可知,在不同渗透率级差条件下,泡沫驱阶段,随着渗透率级差的增加,泡沫在高渗透岩心中的控制气窜效果明显,使得低渗透岩心采收率逐渐增加,甚至大于高渗透岩心采收率;后续气驱阶段,对于级差较高的低渗透岩心,启动难度越来越大,提高低渗透岩心驱油效率越发困难,在渗透率级差大于7.47后,低渗透岩心后续气驱采收率不断降低。当渗透率级差增加到15.68时,总采收率仅为46.71%,泡沫无法起到良好的效果,需要其他方法进行调剖。

2.6.3.2 注入时机对 CO_2 泡沫流度控制的影响

考虑油藏过早或者过晚进行泡沫驱的流度控制效果,设置相近的渗透率级差,并联非均质岩心流度控制实验开始注 CO_2 泡沫驱的时间节点:水驱后气驱至采收率为45%、50%、55%(完全气驱)后保持气液比为2:1,注入速度为0.3mL/min,泡沫液的段塞尺寸为0.54PV进行 CO_2 泡沫驱及后续气驱,其注采情况见表2.6.7,如图2.6.15至图2.6.17所示。

表 2.6.7　不同注入时机下 CO_2 泡沫流度控制实验结果

岩心编号	孔隙度(%)	渗透率(mD)	级差	设计采收率(%)	采收率(%)						泡沫驱阻力因子
					水驱	气驱	泡沫驱	后续气驱	总*	平均	
27	18.39	2.05	5.64	45%	44.18	4.97	20.38	14.91	84.44	80.74	22.8
28	14.27	0.36			39.23	1.51	11.21	25.08	77.03		3.5
29	18.76	2.07	5.42	50%	45.06	11.92	14.62	10.51	82.11	77.13	25.7
30	15.56	0.38			39.92	3.31	10.64	18.28	72.15		3.9
31	17.78	2.13	5.20	55%	45.22	18.63	6.83	7.08	77.76	74.32	29.3
32	15.05	0.41			42.23	(69)3.87	(70)8.24	16.55	70.89		5.2

* 指水驱+气驱+泡沫驱+后续气驱的总采收率。

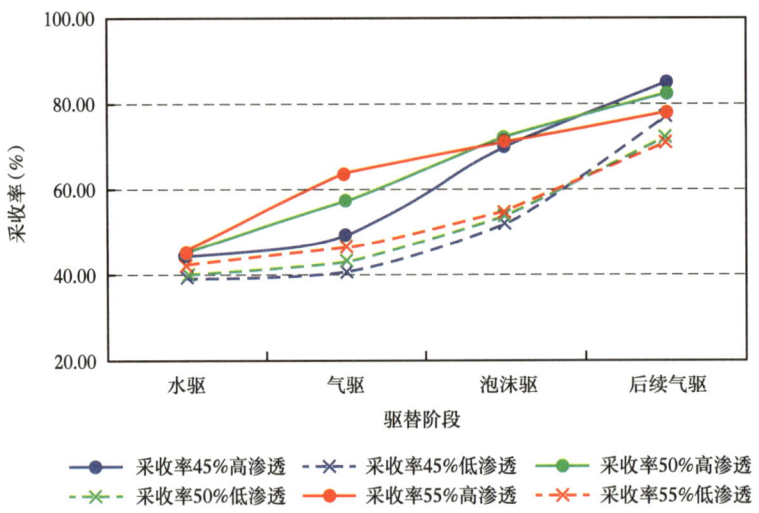

图 2.6.15　不同注入时机下 CO_2 泡沫驱油实验结果

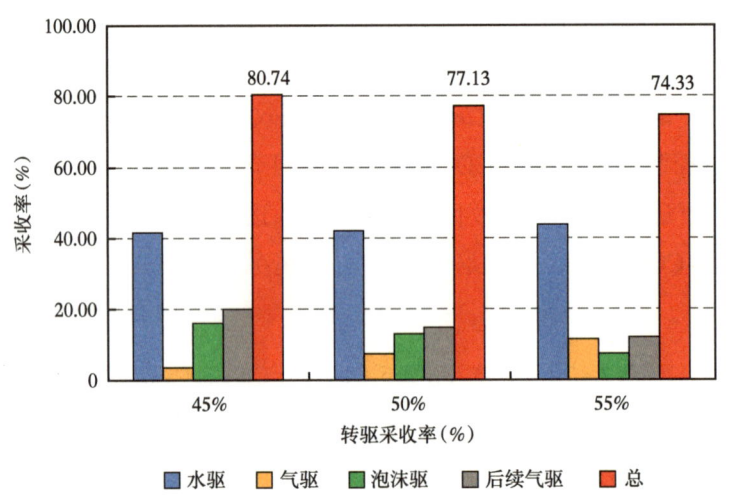

图 2.6.16　不同注入时机下 CO_2 泡沫流度控制总采收率

由表 2.6.7 和图 2.6.15 至图 2.6.17 可知,对比三种不同采收率注入时机下的泡沫驱阶段,随着注入泡沫体系的时机提前,低渗透岩心的泡沫驱采收率逐渐增大,高渗透岩心的泡沫驱采收率也逐渐增大;在后续气驱阶段,低渗透岩心的后续气驱采收率逐渐增大,在注入时机采收率为 45% 时,低渗透岩心的后续气驱采收率达到了 25.08%,高渗透岩心的后续气驱采收率也逐渐增大,但是不及低渗透岩心的采收率。随着注入泡沫体系的时机提前,最终采收率呈增加的趋势。因为在采收率 45% 时注入,含油饱和度较高,泡沫阻力因子不高,可以发挥流度控制能力,提高采收率。

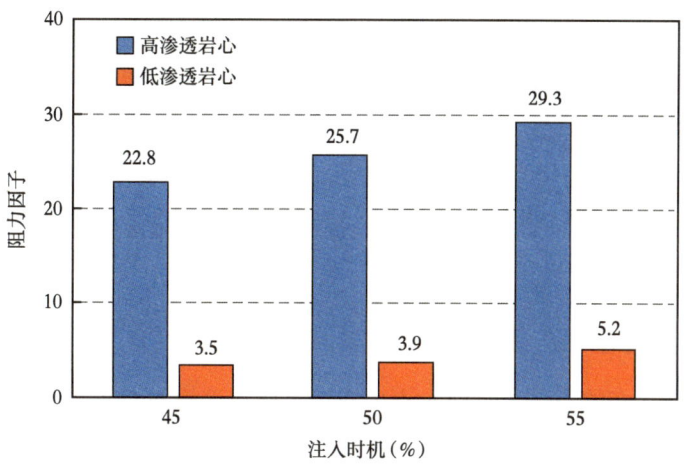

图 2.6.17　不同注入时机下 CO_2 泡沫流度控制实验结果

与不同注入时机下的单根岩心实验进行对比，并联岩心不能在采收率为 40% 时转注泡沫，在有了前置 CO_2 气体注入的条件下，泡沫更容易在高渗透层起泡发挥封堵效果，注入时机的提前对于总采收率的提升明显。

2.6.3.3　泡沫与水气交替提高采收率对比实验研究

在相同条件下，针对渗透率级差为 5 的岩心进行水气交替实验，得到最终的采收率，实验结果见表 2.6.8。

表 2.6.8　水气交替流度控制实验结果

岩心编号	孔隙度（%）	渗透率（mD）	渗透率级差	累计采收率（%）			
				水驱	气驱	WAG	平均
33	14.20	3.11	5.36	47.95	67.19	76.94	68.59
34	12.10	0.58		41.24	42.16	60.23	

由实验结果可知，吉林油田黑 79 区块油藏条件下，渗透率级差为 5.36 时进行水气交替后，高低渗透层采收率分别为 76.94%、60.23%，总采收率为 68.59%。

对比不同注入时机下的并联岩心实验结果，在相同渗透率级差条件下，采用气液比 2:1，以注入速度 0.3mL/min，注入 0.54PV0.3%SDS+0.04%HYJ 的泡沫体系并进行后续气驱，高渗透层和低渗透层采收率分别为 84.44% 和 77.03%，总采收率为 80.74%。

在相同实验条件下，泡沫驱比水气交替提高采收率高 12.15%，高渗透层提高 7.50%，低渗透层提高 16.80%。研究表明，泡沫对高渗透层的封堵效果较好，使低渗透层波及效率明显提高，泡沫控制气窜能力明显好于水气交替控制气窜能力。

2.7　化学辅助低渗透油藏注 CO_2 调控技术的现场应用

泡沫注入工艺流程包括地面工艺流程和注入井筒工艺流程。地面工艺流程包括配液装置、混合装置、增压注入装置。注入井筒工艺流程包括注入井井口装置、注入工艺管柱和注入安全防护工艺及措施。

由于 CO_2 易引起腐蚀、影响安全生产，同时 CO_2 驱工况变化复杂是 CO_2 泡沫调控技术安全实施的瓶颈。

2.7.1　CO_2 腐蚀机理

在没有电解质存在的条件下，CO_2 不会腐蚀金属，这说明 CO_2 腐蚀是电化学腐蚀。这种腐蚀主要是由于油气井中的 CO_2 溶于水生成碳酸所引起的，其基本化学反应式如下：

$$CO_2 + H_2O \longrightarrow H_2CO_3 \quad (2.7.1)$$

$$H_2CO_3 + Fe \longrightarrow FeCO_3 + H_2 \uparrow \quad (2.7.2)$$

阳极反应：
$$Fe \longrightarrow Fe^{2+} + 2e^- \quad (2.7.3)$$

阴极反应：
$$H_2CO_3 \longrightarrow H^+ + HCO_3^- \quad (2.7.4)$$

$$2H^+ + 2e^- \longrightarrow H_2 \uparrow \quad (2.7.5)$$

反应控制步骤：
$$H_2CO_3 \longrightarrow H^+ + HCO_3^- \quad (2.7.6)$$

$$HCO_3^- + H^+ \longrightarrow H_2CO_3 \quad (2.7.7)$$

由于 H_2CO_3 在水中电离后，对钢材腐蚀较快。同时，H_2CO_3 吸附在金属表面之后，未离解的 H_2CO_3 分子可直接被还原，随后氢原子以很快的速度结合成分子氢（氢气）。随着 H^+ 从电解质溶液不断扩散到金属表面，HCO_3^- 不断生成 H_2CO_3 而对钢材发生氢去极化腐蚀（图2.7.1）。所以 CO_2 溶于水中所生成的 H_2CO_3，比相同 pH 值能完全电离的酸更具腐蚀性。

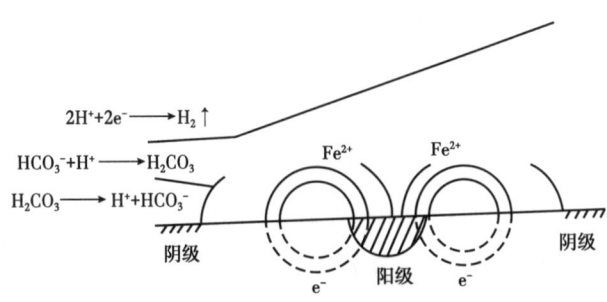

图 2.7.1　CO_2 腐蚀机理示意图

2.7.2 注入工艺要求

结合注入工艺的特点和现场实际经验,从管柱结构、选用耐腐蚀材料和注缓蚀剂等三种方法组合来防止或延缓CO_2对管材腐蚀(表 2.7.1 和表 2.7.2)。

表 2.7.1 不同条件下应力腐蚀防护性能评价

材料及条件		P110	TP110TS	TP95	BG110S
CO_2与H_2S共存条件	缓蚀剂浓度 0mg/L		断裂		
	缓蚀剂浓度 1000mg/L		点蚀		
	缓蚀剂 1000mg/L+ 杀菌剂 100mg/L		点蚀		轻微点蚀
	缓蚀剂 1000mg/L+ 杀菌剂 100mg/L+ 脱硫剂 500mg/L	少量点蚀	少量点蚀	少量点蚀	少量点蚀
	油基环空保护液	无明显腐蚀	无明显腐蚀	无明显腐蚀	无明显腐蚀

表 2.7.2 CO_2泡沫注入工艺设计表

序号	名称	规格
1	井口	CC 级分注井口
2	气密封油管	P110 BGT
3	气密封封隔器	耐CO_2腐蚀
4	剪切球座	
5	环空保护液	油基环空保护液
6	腐蚀测试筒	

(1)注入井口采用 CC 级采气井口,定期利用超声波仪器定点检测井口腐蚀情况。

注气时在井口采取纯CO_2注入,钢材在没有水的情况下腐蚀速率很低;但如果长时间停注,井底会有液体从地层流出,井筒内会出现饱和CO_2湿气,对金属也会产生一定腐蚀;水气交替注入过程的交替阶段(时间很短)也会存在腐蚀的可能。因此,井口需要有一定的防腐能力,同时,通过拆卸阀门以及超声波探伤等方法定期监测井口腐蚀情况。结合腐蚀规律研究结论和CO_2分压标准,选择 CC 等级的井口。

(2)选用气密封特殊螺纹接头油管。

选择气密封螺纹油管避免气体窜入油套环形空间,而引起油套环空压力上升,并且由于CO_2存在而腐蚀油管和套管。

(3)封隔器以上环空加注油基环空保护液,避免对碳钢套管及油管腐蚀。

为防止注入井应力腐蚀,使用油基环空保护液,油基环空保护液能很好地降低油套管钢的腐蚀及开裂,有效降低油管应力腐蚀敏感性。注气过程中定期测注气井油套环空保护液液面，及时补加环空保护液。

2.7.3 现场应用效果

吉林油田 CO_2 泡沫现场配注装置如图 2.7.2 所示，截至 2020 年 12 月已实施 CO_2 泡沫控制气窜技术的现场应用，取得一定的效果。

(a) 电加热器

(b) CO_2 增压泵

(c) 液态 CO_2 储罐及冰机

(d) 起泡剂溶液配注间

图 2.7.2　CO_2 泡沫驱现场施工设备

（1）吉林油田大情字井区块 CO_2 试验区。

储层渗透率为 3~5mD，物性差，层多、薄，裂缝发育，非均质性强，矿场试验过程中部分油井过早地发生气窜，引起产液量下降、气油比急剧上升等。

（2）CO_2 泡沫控制气窜现场试验。

在吉林油田 CO_2 试验区开展泡沫控制气窜现场试验，起泡剂使用浓度 0.3%，气液比 1∶1，模拟注气速度（1.86m³/h），设计泡沫液 0.3PV（4800m³）。通过试验发现注气压力由措施前的 6.0MPa 上升到措施后的 8.1MPa，上升了 35%，CO_2 泡沫波及体积达到 12000m³，井组产油量由措施前的 7.7t 增至措施后的 10.8t，增加了 40%，有效封堵气窜通道，吸气剖面得到大幅度调整。

3 化学辅助砾岩油藏注CO_2调控技术

新疆油田八区 530 井区克下组油藏砂质砾岩和砂砾岩为储层主要岩性，非均质性较强，注 CO_2 驱油过程中，极易导致气窜，同时裂缝发育，窜流通道加剧，注气难以均匀推进，且剖面动用程度不均，进一步加剧窜流。

针对砾岩油藏非均质性强的特点，研发弱凝胶和 CO_2 泡沫两种调控体系。在注气之前，首先用弱凝胶进行调控，减少注气时可能产生的窜流。在注气过程中，气体与起泡剂溶液交替注入，形成 CO_2 泡沫体系，进一步控制气窜。

本章针对新疆油田典型砾岩油藏特征，分析油藏气窜优势通道，开展化学辅助注气调控体系研发及综合性能评价、控窜驱油实验以及典型井组施工设计。

3.1 油藏地质特征及气窜规律分析

3.1.1 油藏地质特征

八区 530 井区克下组油藏含油面积 24.51km^2，石油地质储量 988.40×10^{4}t，可采储量 237.22×10^{4}t，油藏埋深 1820~2550m，平均 2185.0m，油藏为低饱和度油藏。试验区含油面积 1.71km^2，石油地质储量 141.27×10^{4}t，储层平均厚度 37.1m，油层厚度 13.8m；储层平均渗透率 10.2mD，油层渗透率 12.2mD。

油藏地层温度 67℃，地层油密度 0.733g/cm^3，地层油黏度 2.90mPa·s，老区天然气相对密度平均 0.676，甲烷含量 84.77%；扩边区天然气相对密度平均 0.695，甲烷含量 83.90%。老区克下组油藏地层水水型为碳酸氢钠型，矿化度约 26519.36mg/L；西北部克下组油藏地层水水型为碳酸氢钠型，矿化度约 29350.35mg/L；东南部克下组油藏地层水水型为碳酸氢钠型，矿化度约 19850.42mg/L。

3.1.2 气窜规律分析

八区 530 井区克下组 CO_2 气驱试验区共有九个井组，分别为 80474 井、80475A 井、80494 井、80513 井、80516 井、80534 井、80554 井、80557 井和 80578 井组，其中 80513 井

和 80534 井已进行 CO_2 试注。试验区采油井 28 口，注水井 9 口。日产油 14.9t，采油速度 0.49%，含水 64.28%，累计产油 16.86×10^4t，累计产水 $19.89 \times 10^4 m^3$，采出程度 11.94%，地层压力 17.8MPa，压力保持程度 56.3%，截至 2019 年 12 月处于中含水采油期。根据试验区最新的动态生产数据、注入剖面测试资料，按井组为单位对试验区进行优势通道分析。

3.1.2.1　80513 井组

80513 井组包含一口注入井 80513 井及 80492 井、80512 井、80532 井、80533 井、80514 井、80206 井等六口生产井。

（1）注入井 80513。

80513 井分为注水和注气两个阶段，2012 年 6 月—2017 年 7 月为注水阶段，2017 年 8 月以后为注气阶段。

①注水阶段。

如图 3.1.1 所示，在 80513 井注水阶段，注水情况整体趋于稳定。日注水量长期稳定于 30t，注水压力也较为稳定，在 13~15MPa 左右，视吸水指数亦常年平稳恒定。综上所述，80513 井水驱阶段井间连通性较好，从整体表现来看，未有明显的优势通道发育。

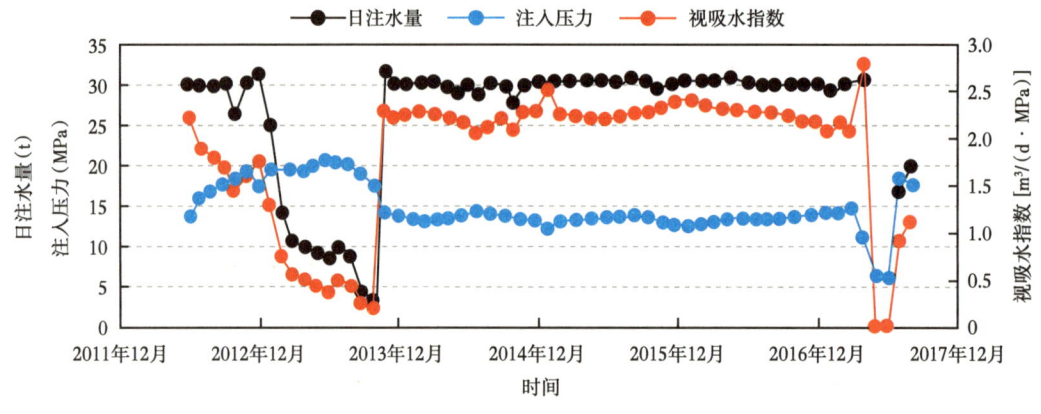

图 3.1.1　80513 井注水情况

对 80513 井注水阶段的吸水剖面（图 3.1.2 和图 3.1.3）进行对比分析，注水初期，S74 层各井深普遍具有较强的吸水能力，随着注水的持续进行，受储层非均质性影响，在井口同一注入压力下，注水井内各产层单位厚度的吸水能力渐渐产生差别，S74 层某些井段吸水能力大幅度减弱，S75 层吸水能力逐渐增强。其中，S74 层深度 2593~2596m 与 S75 层深度 2610~2614m 有优势通道发育趋势。

3 化学辅助砾岩油藏注 CO_2 调控技术

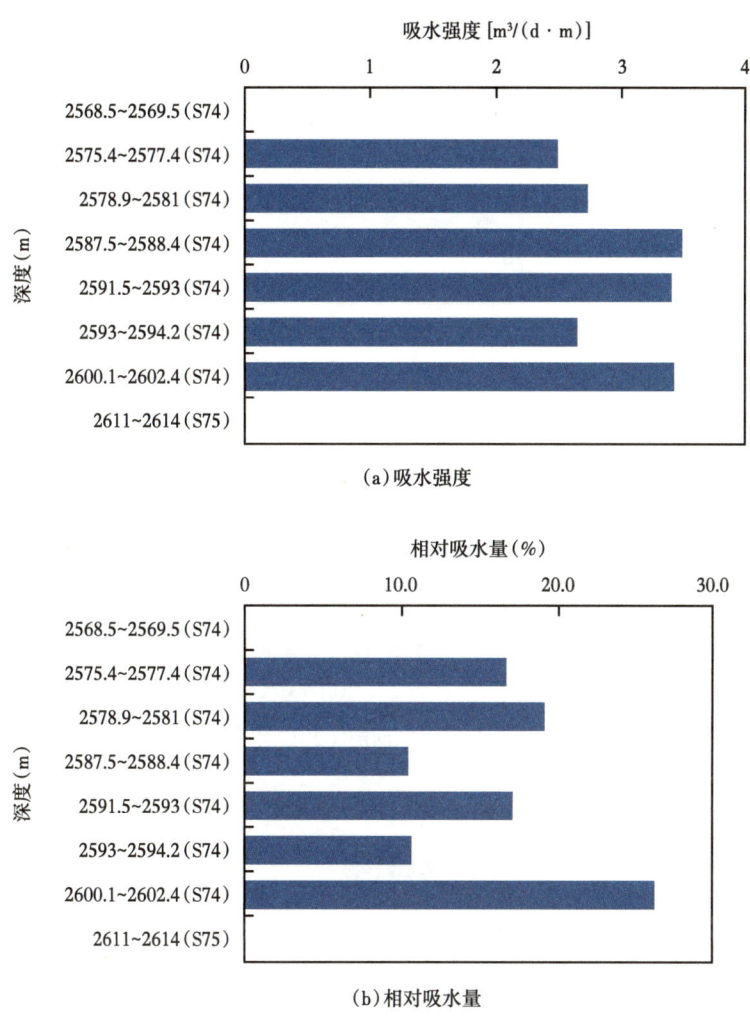

图 3.1.2 80513 井吸水剖面图（2012 年 8 月 15 日）

② 注气阶段。

注气开始后（图 3.1.4），此前吸水能力极弱的 2600.5~2602.7m（S74）表现出较强的吸气能力，吸气强度达到 $3.9m^3/(d·m)$，而 S74 其余深层段与 S75 层延续了注水阶段末期较强的吸液能力，其吸气强度接近 $2m^3/(d·m)$。由于储层非均质性严重、孔隙结构复杂以及 CO_2 低黏度特性，重力超覆和黏性指进现象严重。随着注气的进行，注入剖面吸气能力发生变化（图 3.1.5 和图 3.1.6），起初吸气能力较弱的 S74 浅层段的吸气能力突然剧增，吸气能力较强的 S74 深层位和 S75 层吸气能力减弱，2575~2576.5m（S74）吸气强度接近 $10m^3/(d·m)$，2575~2576.5m（S74）与 2579.5~2581.5m（S74）的相对吸气量达到 59.4%，初步形成优势通道，发育程度较低，有发生气窜的隐患。

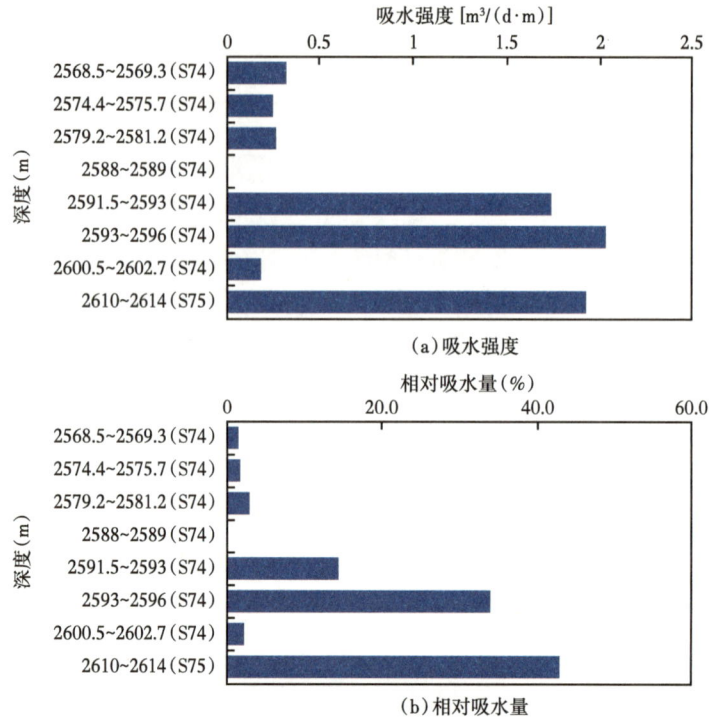

图 3.1.3　80513 井吸水剖面图（2017 年 7 月 12 日）

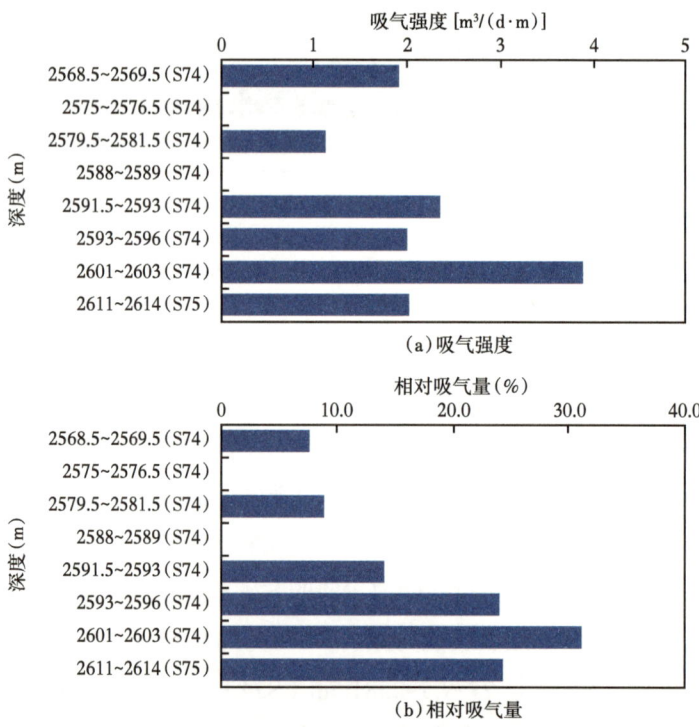

图 3.1.4　80513 井吸气剖面图（2017 年 8 月 21 日）

3 化学辅助砾岩油藏注 CO_2 调控技术

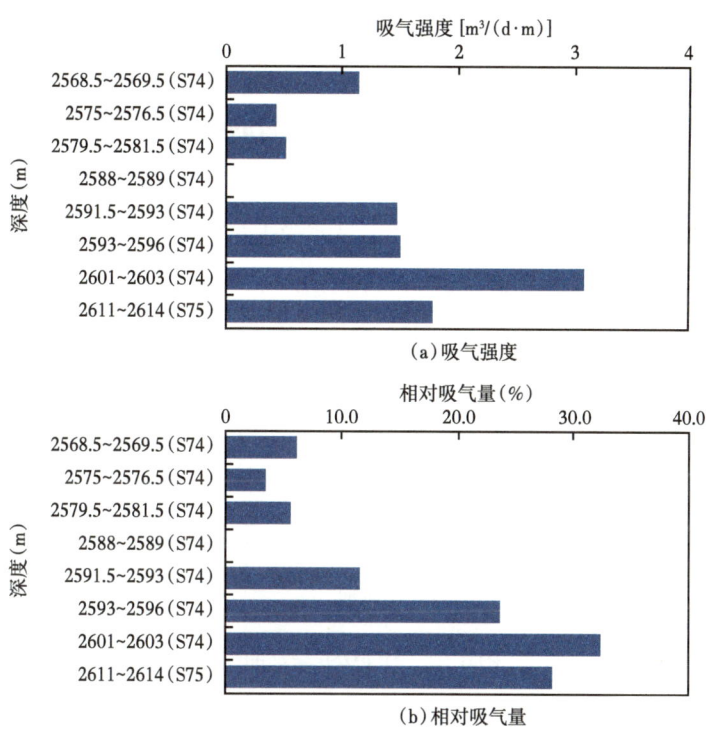

图 3.1.5　80513 井吸气剖面图（2017 年 9 月 21 日）

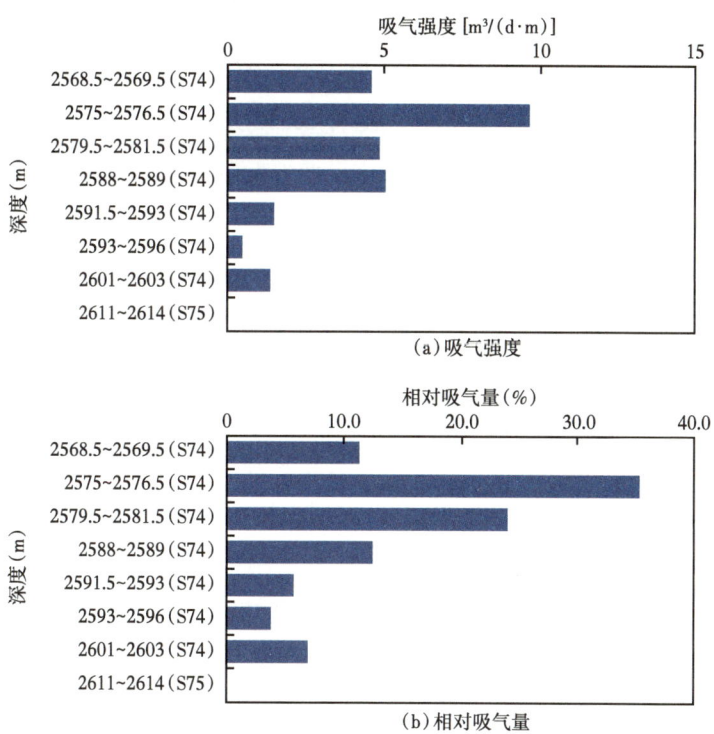

图 3.1.6　80513 井吸气剖面图（2017 年 9 月 30 日）

（2）采油井。

① 80492 井。

80492 井自 2011 年末开井生产以来，经历了短暂的稳产期，随后日产油量逐渐下降，含水迅速上升，优势通道初步发育，到 2015 年初含水率突破 90%，优势通道发育完全，关井停产一年后重新生产，含水率仍居高不下（图 3.1.7）。

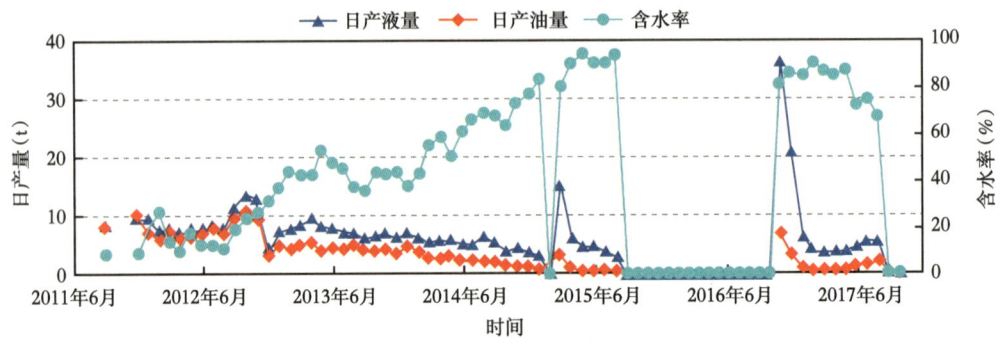

图 3.1.7　80492 井采油曲线

从 80492 井产液剖面（图 3.1.8）可以看出，在 80492 井开井之初，2567~2569m（S73）就表现出很强的产液能力，相对采液量接近 60%，是 80492 井主要出液层，在开井生产之初即表现出较强的渗流能力。注水过程中，注入水不断进入储层后，将黏土颗粒膨化、水化，分解成更小的颗粒沿水驱方向前进，储层内部孔隙间的胶结被逐步破坏。结合 80492 井采油曲线与 80513 井注水情况可以判断，随着 80513 井注水阶段的中后期，2567~2569m（S73）作为相对高渗透部位是注入水的主要行进通道，储层在高强度的水洗作用之后，油层渗透率、孔喉尺寸、孔隙度较初期均有明显增大，形成优势通道，发育程度较高。

② 80512 井。

如图 3.1.9 所示，80512 井开井生产后经历了较长时间的稳产期，产液能力较为稳定，且含水上升较慢，整体上能保持稳定生产，未有明显优势通道发育现象。

如图 3.1.10 和图 3.1.11 所示，对比 80512 井 2012 年和 2017 年产液剖面图可以发现，生产初期，2570~2571m（S73）表现出较强的采液能力，是主要出液层，随着注水生产过程中注入水的冲刷，80512 井各层位采液能力协同增加，2570~2571m（S73）表现出很强的采液能力，但 2017 年的产液剖面测试时 80512 井刚从关井停产一年多中恢复生产，其产液剖面不具代表性，故 80513 井与 80512 井连通性较好，保持了较强的生产活力，但未有优势通道发育。

③ 80206 井。

如图 3.1.12 所示，80206 井自生产以来，产液能力有一定的起伏，但含水率除初期小有增长外，长期稳定在 40% 左右，整体上未见优势通道发育特征。

如图 3.1.13 和图 3.1.14 所示，对比 80206 井 2011 年和 2012 年产液剖面图可以发现，生产初期，80206 井各层位采液能力较为均衡，没有单一主要出液层，随着开发的进行，层间差异开始体现出来，2590.5~2591.5m（S75）采液强度逐渐增大，相对采液量接近 60%，成为主要出液层。截至 2017 年 12 月，80206 井并未有优势通道发育，但 2590.5~2591.5m（S75）存在优势通道发育隐患。

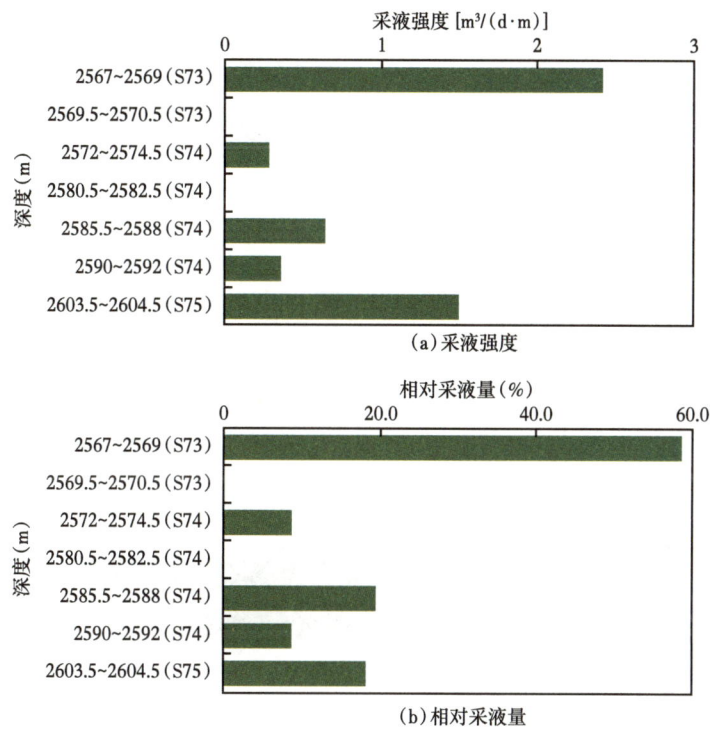

图 3.1.8　80492 井产液剖面图（2011 年 9 月 16 日）

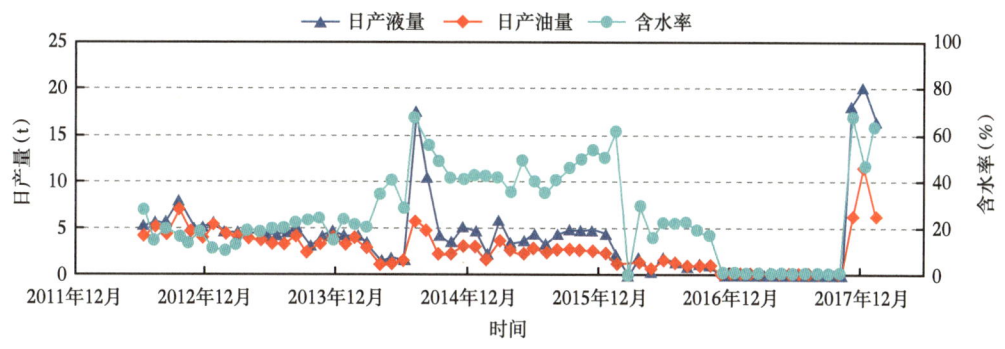

图 3.1.9　80512 井采油曲线

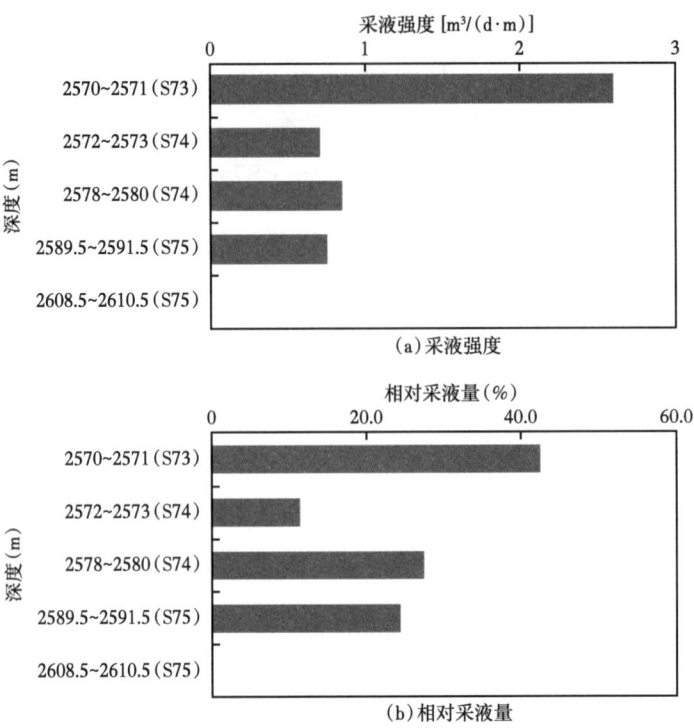

图 3.1.10　80512 井产液剖面图（2012 年 4 月 18 日）

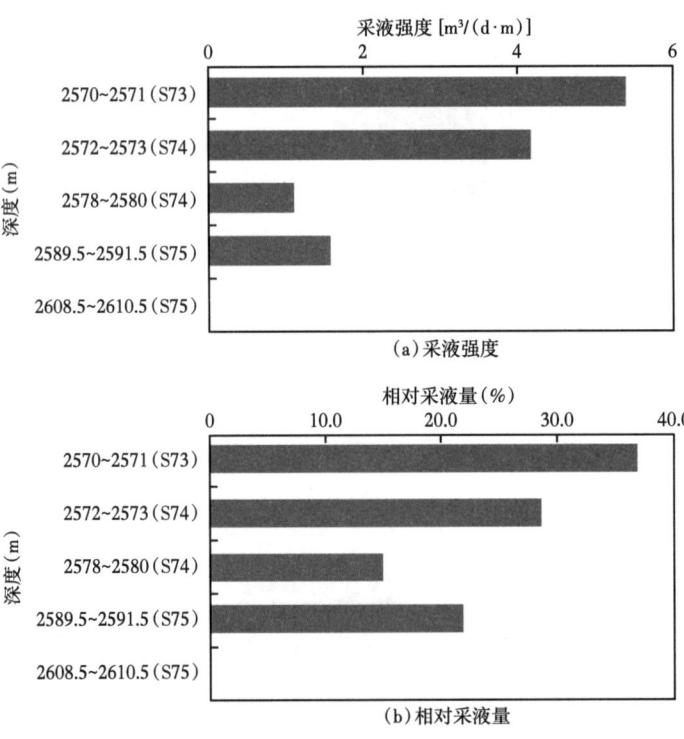

图 3.1.11　80512 井产液剖面图（2017 年 7 月 25 日）

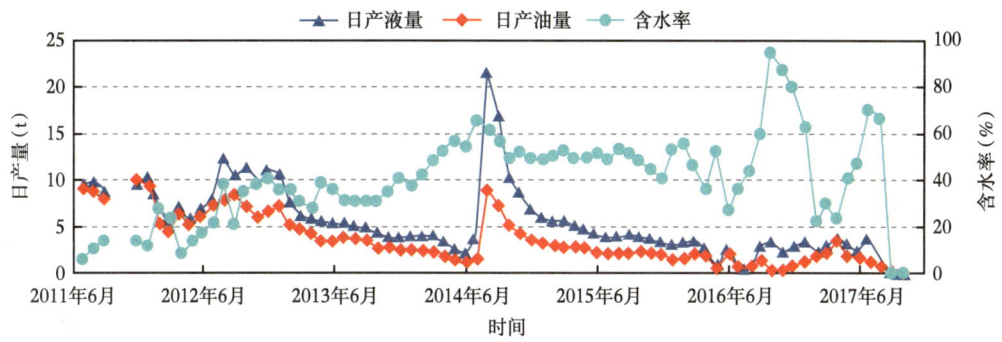

图 3.1.12　80206 井采油曲线

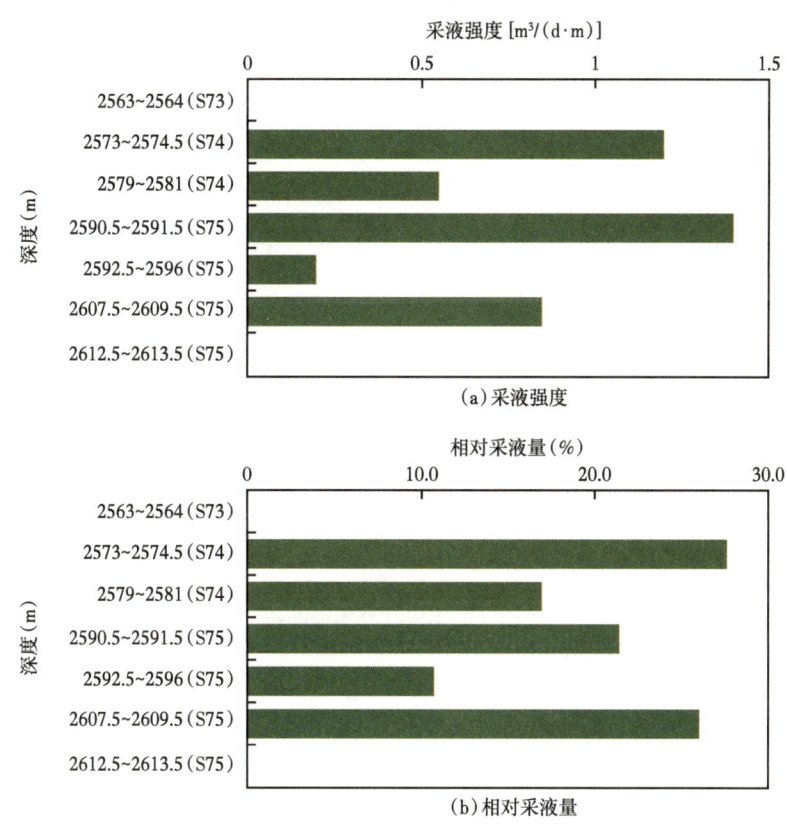

图 3.1.13　80206 井产液剖面图（2011 年 7 月 27 日）

④ 80532 井、80533 井和 80514 井。

80532 井、80533 井和 80514 井未有产出剖面测试资料，故从生产动态方面分析其优势通道发育情况。80532 井、80533 井和 80514 井采油曲线如图 3.1.15 至图 3.1.17 所示。

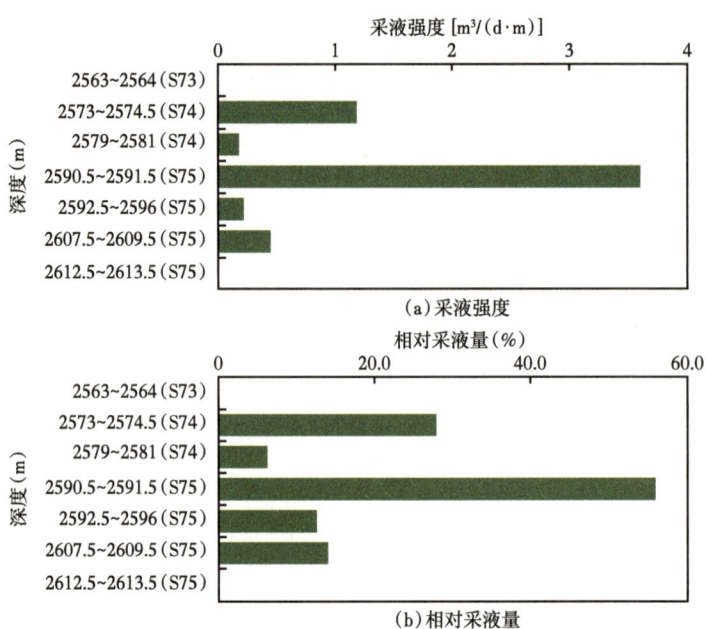

图 3.1.14 80206 井产液剖面图（2012 年 3 月 28 日）

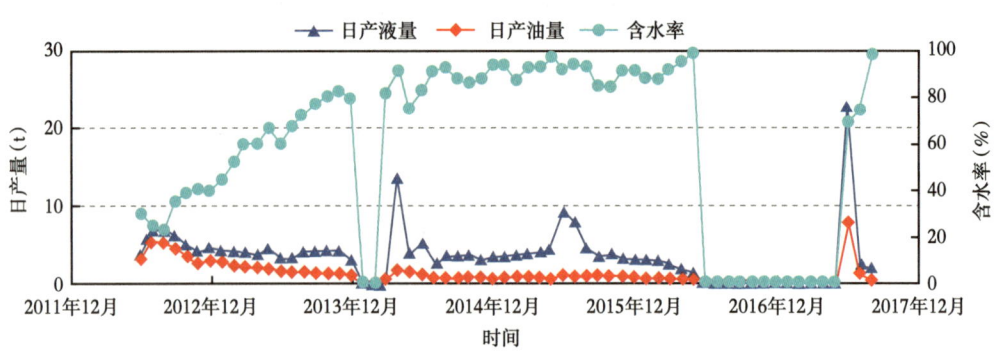

图 3.1.15 80532 井采油曲线

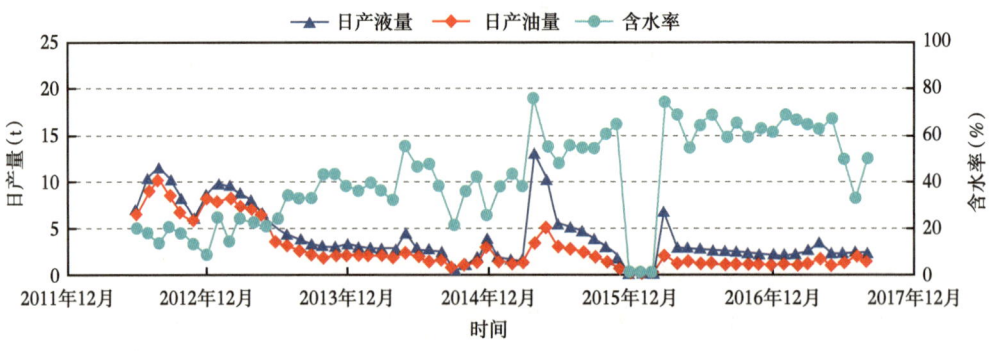

图 3.1.16 80533 井采油曲线

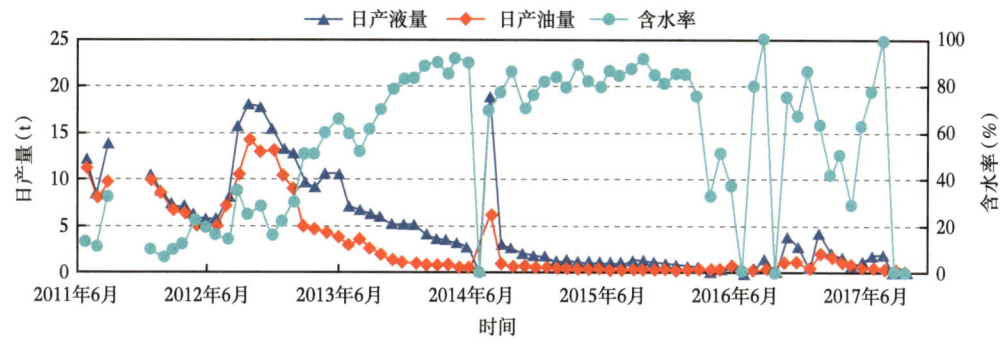

图 3.1.17 80514 井采油曲线

80533 井产液能力逐年下降，含水率上升平缓，并长期稳定在 60% 左右，整体保持较为稳定生产，未表现出优势通道发育特征。

80532 井、80514 井开井生产后不久，含水率迅速上升至 80% 以上便居高不下，表现出明显的水窜特征，但两者不同的是，80532 井产液量始终维持在一定水平，而 80514 井产液量逐渐降低至几乎不产液。由 S75-1 静态地质资料分布可知，80513 井组周边在该层孔渗发育较好，且 80513 井往 80532 井、80514 井方向砂岩分布较厚，80513 井与 80514 井、80532 井优势通道极可能发育于 S75-1 层位。结合 80513 井注水情况，80532 井与 80513 井存在产吸对应关系，形成强优势通道；80514 井与 80513 井井间有弱优势通道发育。

综上所述，80513 井注水阶段，S74 层深度 2593~2596m 与 S75 层深度 2610~2614m 有优势通道发育趋势；注气阶段，2575~2576.5m（S74）与 2579.5~2581.5m（S74）的相对吸气量达到 59.4%，2575~2576.5m（S74）吸气强度达到 $9.6m^3/(d·m)$，初步发育优势通道。采油井方面，80492 井 2567~2569m（S73）层初步形成强优势通道；80206 井、80512 井、80533 井未有优势通道发育，但 80206 井 2590.5~2591.5m（S75）层存在优势通道发育隐患；80532 井与 80513 井于 S75 层存在强优势通道；80514 井与 80513 井在 S75 层有弱优势通道发育。

3.1.2.2 80534 井组

80534 井组包含一口注入井 80534 井及 80514 井、80533 井、80555 井、80556 井、80535 井、80515 井六口生产井。

80534 井于 2012 年 6 月开始注水，但注入井吸水能力逐渐减弱，注水逐渐困难，出现注不进的现象，注水时井间连通性差，该井于 2014 年 3 月开始几乎完全注不进。可知，80534 井与其井组油井之间未发育优势通道（图 3.1.18）。

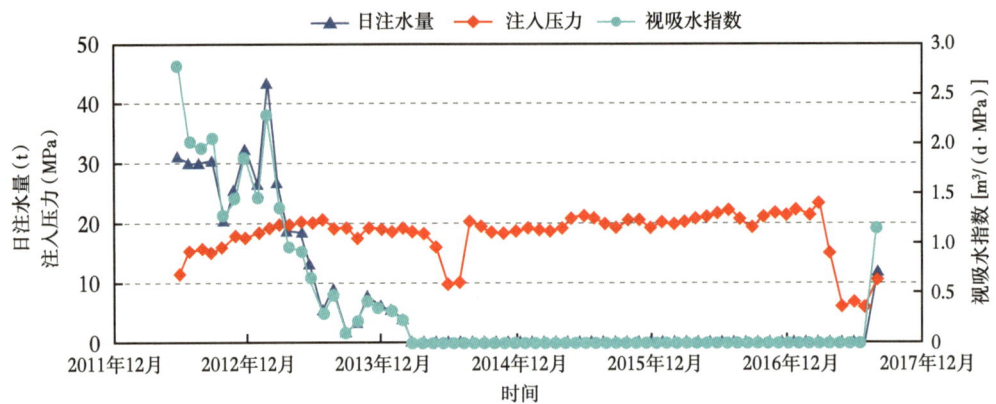

图 3.1.18　80534 井注入情况

3.1.2.3　80474 井组

80474 井组包含一口注水井 80474 井及 71199 井、80473 井、80492 井、80206 井、80204 井五口生产井。

（1）注入井 80474。

80474 井于 2011 年 9 月开始注水，如图 3.1.19 所示，在注入压力大体不变的情况下，注入井吸水能力逐渐减弱，视吸水指数逐渐下降，注水逐渐困难，出现注不进的现象，注水时井间连通性差，该井到 2015 年 4 月开始几乎完全注不进。综上，80474 井与其井组油井之间未发育优势通道。

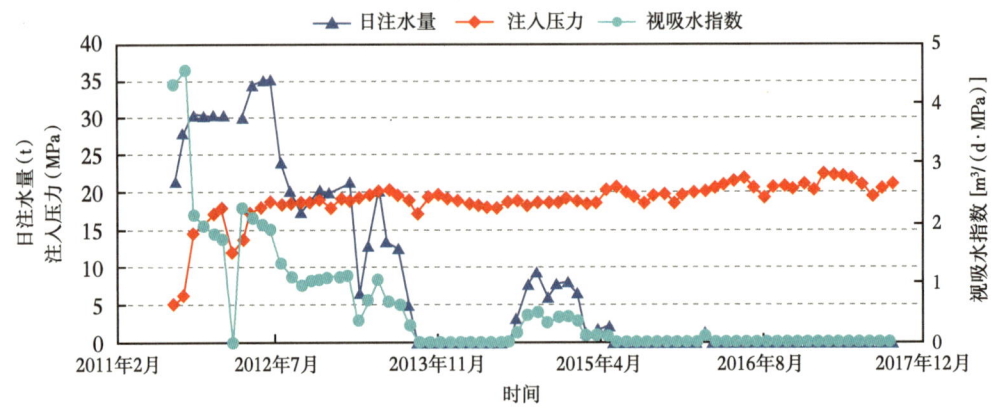

图 3.1.19　80474 井注入情况

对 80474 井注水阶段的吸水剖面进行对比分析，如图 3.1.20 所示，注水初期，S75 层表现出较强吸水能力，S75 较浅层位吸水强度达到 5.53.9m³/(d·m) 以上，随着注水的进行，储层内部孔隙间的胶结被逐步破坏，黏土矿物发生各种物理、化学作用，从而使黏土矿物的结晶格架发生改变，80474 井吸水能力逐渐降低直至注不进。

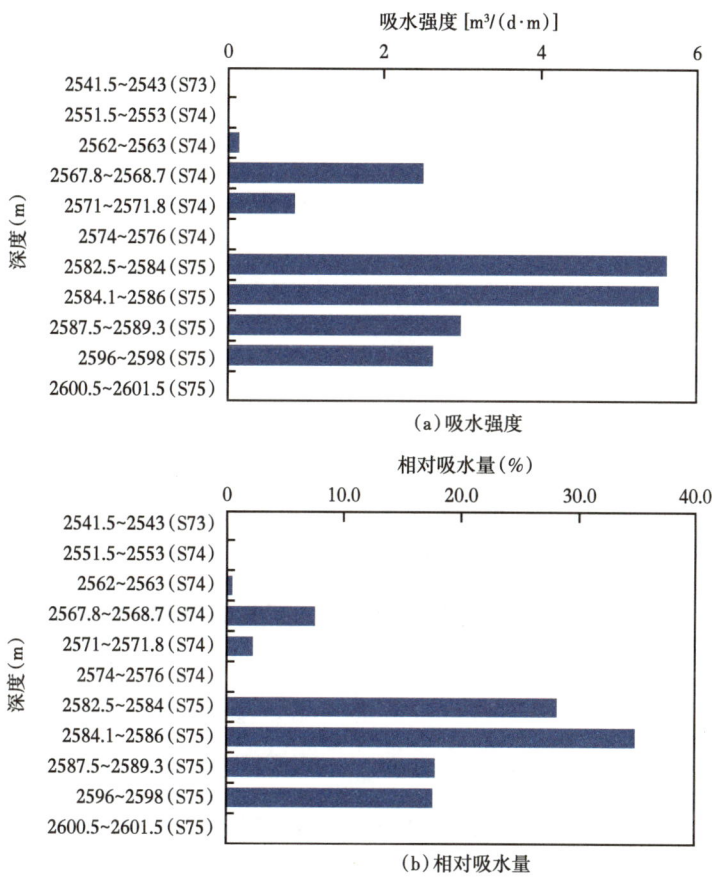

图 3.1.20　80474 井吸水剖面图（2011 年 11 月 17 日）

（2）采油井。

① 80473 井。

如图 3.1.21 所示，开井生产以来，80473 井经过了一定时间的稳产，随后日产液量和日产油量逐渐下降，但仍保持一定的产液、产油量，含水率在 20%~60% 间波动，80474 井从 2015 年 4 月起几乎注不进水，但 80473 井受其他邻近注水井的影响，至今整体上能保持较稳定的生产，未有明显优势通道发育现象。

生产初期，S74 层为出液层，其中 2561.5~2563.5m（S74）与 2578.5~2580m（S74）表现出较强的采液能力，采液强度接近 3m³/(d·m)，两者相对采液量之和超过 70%，有优势通道发育隐患（图 3.1.22）。但结合 80473 井采油曲线可知，近几年该井生产较为稳定，并未有优势通道发育。

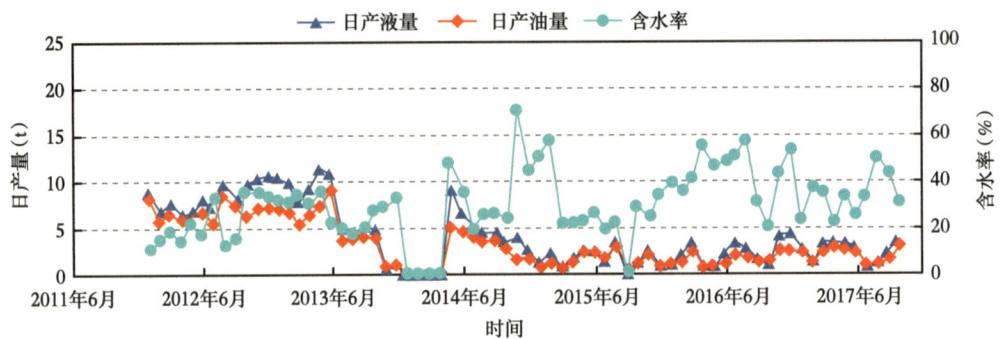

图 3.1.21　80473 井采油曲线

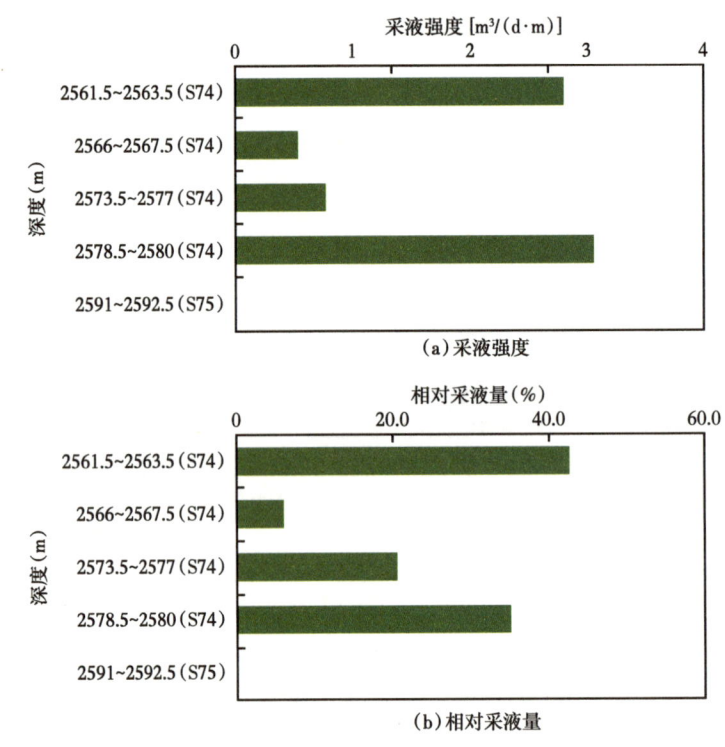

图 3.1.22　80473 井产液剖面图（2011 年 7 月 27 日）

② 71199 井和 80204 井。

71199 井与 80204 井未有产出剖面测试资料，故从生产动态方面分析其优势通道发育情况。

71199 井属老区采油井，已开井生产十多年，产液能力极强而含水居高不下，几乎不出油，2016 年 10 月后处于完全水淹状态，但结合 80474 井注水情况可知，71199 井与

80474 井井间连通性不佳，因此其主要受老区注水井影响而完全形成优势通道，发育程度较高（图 3.1.23）。

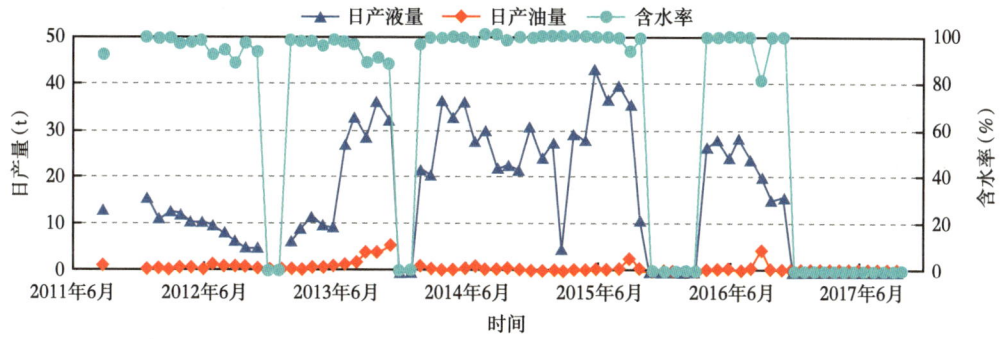

图 3.1.23　71199 井采油曲线

80204 井自 2011 年 6 月开井生产以来，产液、产油量较为稳定，含水率变化不尽稳定但整体上升幅度不大，整体保持着较稳定的生产，未有优势通道发育（图 3.1.24）。

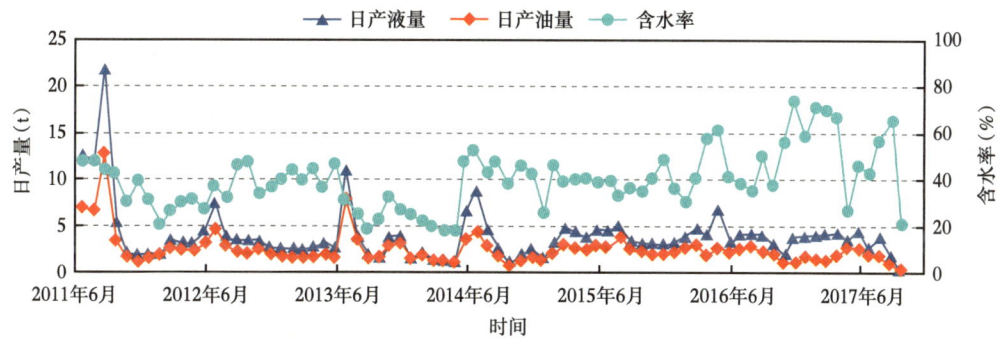

图 3.1.24　80204 井采油曲线

③ 80206 井和 80492 井。

80206 井、80492 井与 80513 井、80474 井两口注水井相邻，由 2.4.1 节关于 80513 井组的分析可知，80206 井未有优势通道发育，但 2590.5~2591.5m（S75）存在优势通道发育隐患，80513 井与 80492 井井间有优势通道发育。

综上，80474 井注水时与周围采油井井间连通性较差，整体未有明显的优势通道发育。80473 井 2561.5~2563.5m（S74）与 2578.5~2580m（S74）层位有优势通道发育隐患，但截至 2017 年 12 月并未有明显的优势通道形成。

3.1.2.4　80554 井组

80554 井组包含一口注水井 80554 井及 80532 井、80553 井、80576 井、80577 井、

80555 井、80533 井六口生产井。

（1）注入井 80554。

80554 井于 2012 年 6 月开始注水，在注入压力大体不变的情况下，注入井吸水能力逐渐减弱，视吸水指数逐渐下降，2014 年 12 月地面增注后注水能力有所回升，然而随着注水的长期进行，黏土矿物的胶结结构发生破坏，部分黏土矿物会分解被水冲刷而移位，部分黏土矿物遇水膨胀并堵塞孔喉，80554 井 2016 年 9 月开始出现注不进现象（图 3.1.25）。

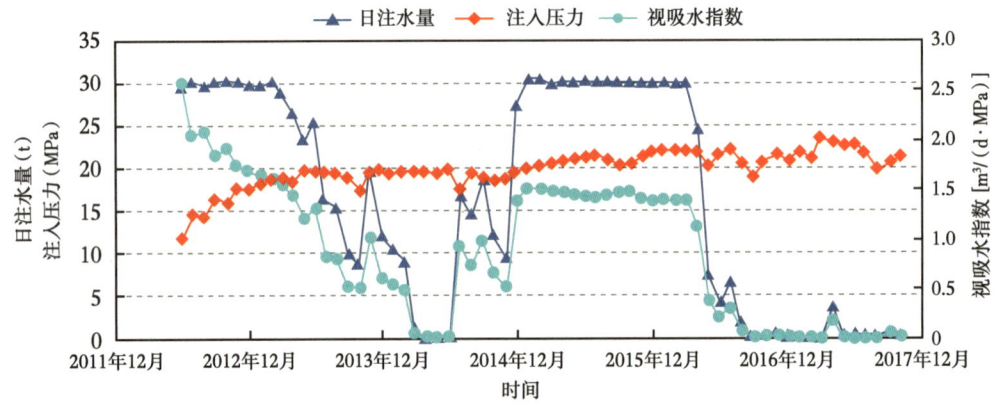

图 3.1.25　80554 井注入情况

（2）采油井。

① 80553 井、80576 井、80577 井和 80555 井。

80553 井、80576 井、80577 井和 80555 井未有产出剖面测试资料，故从生产动态方面分析其优势通道发育情况。

80553 井开井生产以来，保持一定的稳产期后产液量、产油量有所下降，含水率虽上下浮动变化但未出现明显涨幅，整体保持了较为稳定的生产能力，未有优势通道发育特征（图 3.1.26）。

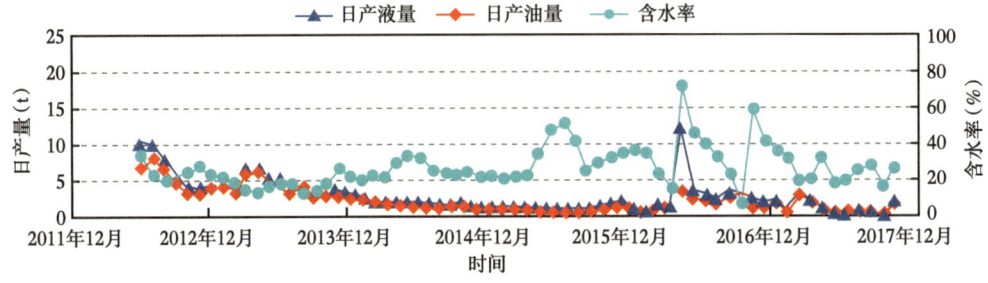

图 3.1.26　80553 井采油曲线

80576 井、80577 井情况类似,生产以来含水率逐年走高并稳定于 80% 以上,与此同时,产液量与产油量逐渐下降,与 80554 井间逐步形成弱优势通道,发育程度较低(图 3.1.27 和图 3.1.28)。

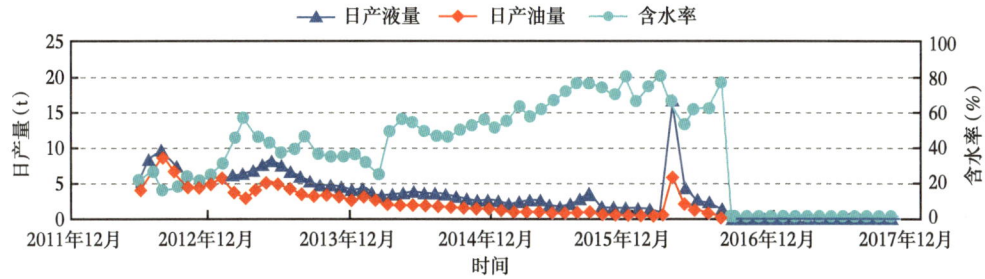

图 3.1.27　80576 井采油曲线

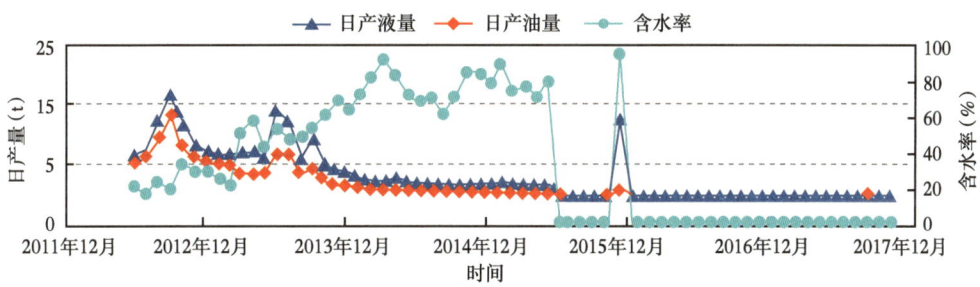

图 3.1.28　80577 井采油曲线

80555 井开井生产后含水率持续升高,且含水率与产液量有发生突发性升高后降低的典型优势通道发育特征,具有强优势通道发育(图 3.1.29)。80555 井位于 80554 井、80534 井、80578 井三个注水井之间,但 80555 井生产动态与 80534 井注入动态不符,可确定 80554 井、80578 井与 80555 井间有优势通道形成,发育程度较低。

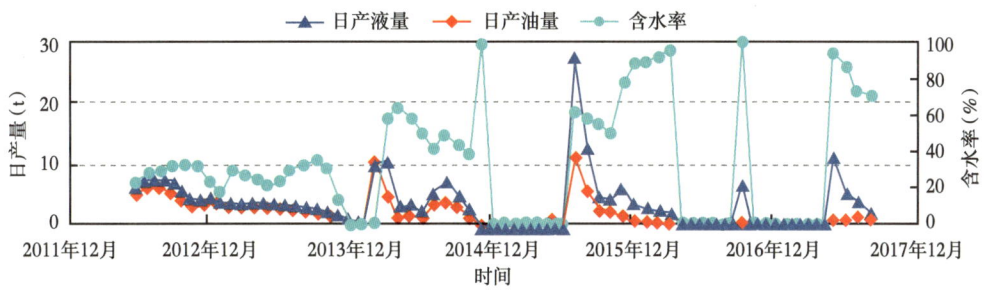

图 3.1.29　80555 井采油曲线

② 80532 井和 80533 井。

80532 井、80533 井均属 80513 和 80554 两个井组，由 3.1.2.1 节 80513 井组的分析可知，80533 井整体保持较为稳定的生产，未表现出优势通道发育特征；80532 井表现出优势通道发育特征，80554 井注水情况与 80532 井的生产动态存在一定的对应，故 80532 井与 80554 井间有优势通道形成，发育程度较低。

综上所述，80554 井与 80532 井、80576 井、80577 井井间有弱优势通道发育，与 80555 井间有中等程度优势通道发育。

3.1.2.5　80494 井组

80494 井组包含一口注水井 80494 井及 80204 井、80206 井、80514 井、80515 井、80495 井、80205 井六口生产井。

（1）注入井 80494。

80494 井于 2011 年 6 月开始注水，与 80554 井情况类似，在注入压力大体不变的情况下，注入井吸水能力逐渐减弱，视吸水指数逐渐下降，注水逐渐困难，出现注不进的现象，注水时井间连通性较差，该井到 2015 年 9 月停注（图 3.1.30）。

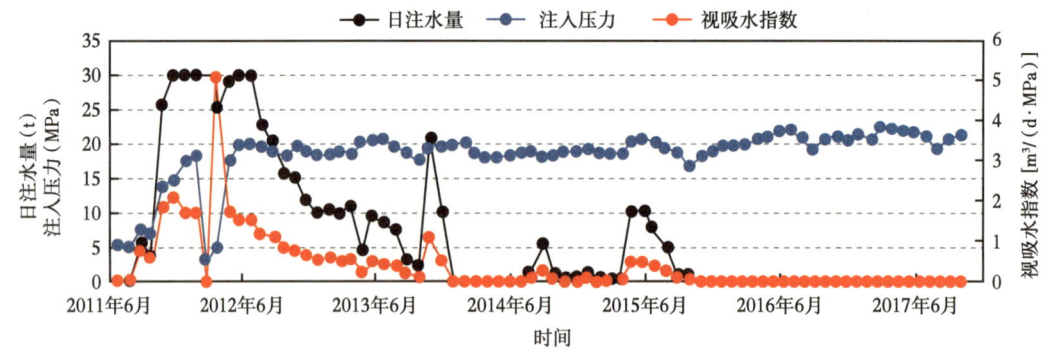

图 3.1.30　80494 井注入情况

如图 3.1.31 所示，注水初期，2594.3~2596m（S74）和 2626~2629.6m（S75）表现出较强的吸水能力，2626~2629.6m（S75）相对吸水量达到 47%，但结合其注水曲线可知，随着注水的进行，80494 井吸水能力遭到破坏，最后出现注不进现象。

（2）采油井。

① 80515 井、80495 井和 80205 井。

80515 井、80495 井、80205 井未有产出剖面测试资料，故从生产动态方面分析其优势通道发育情况。

80515 井开井生产后有很高产能，产液量、产油量较大且含水低，随着生产的进行，其生产能力未出现较为明显的波动，未有优势通道发育特征（图 3.1.32）。

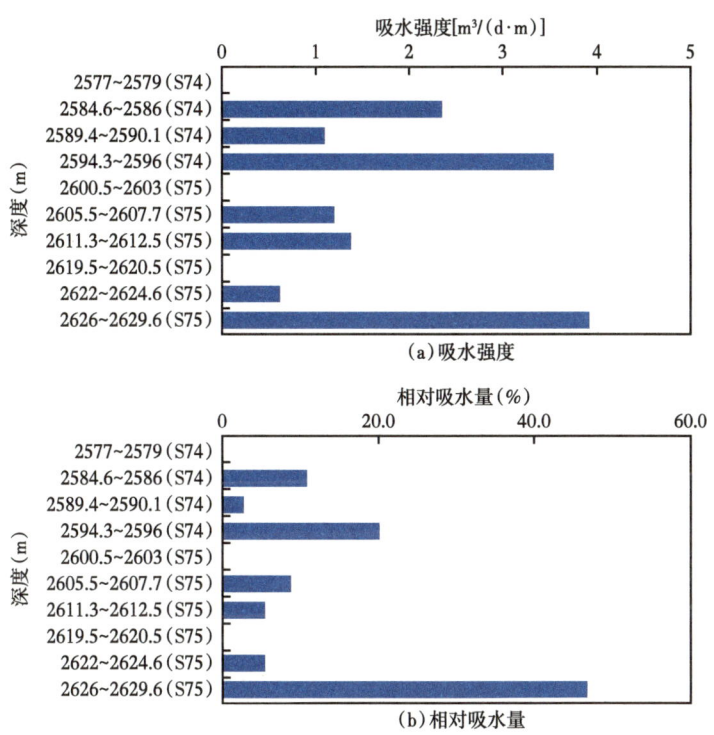

图 3.1.31 80494 井吸水剖面图（2011 年 12 月 1 日）

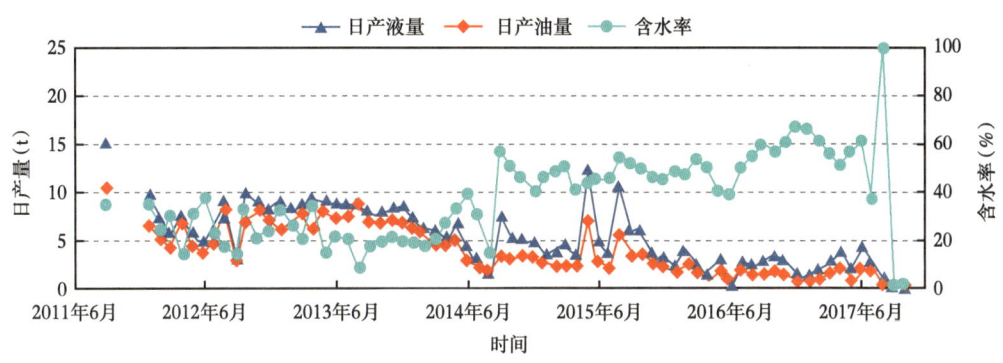

图 3.1.32 80515 井采油曲线

80495 井保持了一定时间的稳产，随后产液量与含水突然增大，此后产液量不稳定且含水持续升高、产油量降低，有优势通道发育特征（图 3.1.33）。但 80495 井与 80494 井不存在产吸对应关系，故 80495 井与相邻井组有优势通道发育。

80205 井与 71199 井情况类似，属老区采油井，已开井生产十多年，产液能力极强而几乎不出油，含水率居高不下，2015 年后处于完全水淹状态，但结合 80494 井注水情况可知，80205 井与 80494 井井间连通性不佳，主要受老区注水井影响而完全形成优势通道，发育程度较高（图3.1.34）。

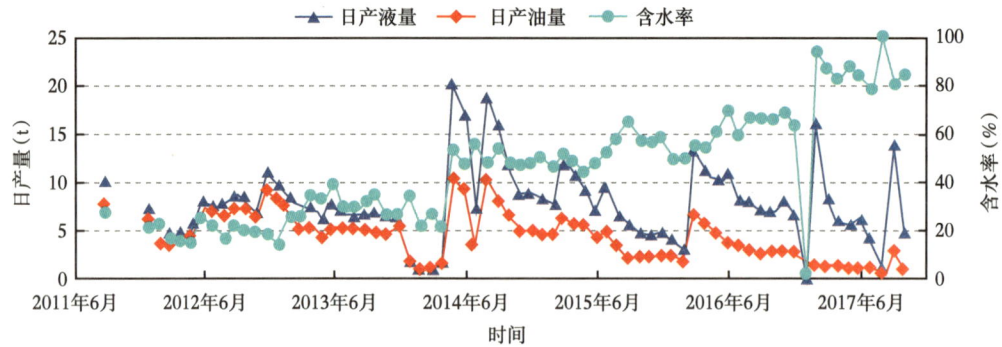

图 3.1.33　80495 井采油曲线

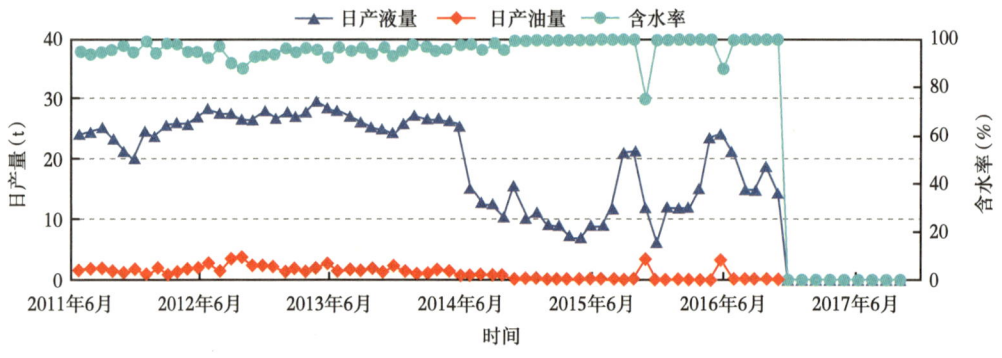

图 3.1.34　80205 井采油曲线

② 80204 井、80206 井和 80514 井。

80206 井、80514 井同属 80513 井与 80494 井两个井组，由 3.1.2.1 节相关分析可知，80206 井并未有优势通道发育，但 2590.5~2591.5m（S75）存在优势通道发育隐患；80514 井与 80513 井井间有弱优势通道发育。

80204 井同属 80474 井和 80494 井两个井组，由 3.1.2.3 节相关分析可知，80204 井整体保持着较稳定的生产，未有优势通道发育。

综上所述，80494 井注水期间与其井组内采油井井间连通性较差，未有明显优势通道发育，但 2590.5~2591.5m（S75）存在优势通道发育隐患。

3.1.2.6　80578 井组

80578 井组包含一口注水井 80578 井及 80555 井、80577 井、80614 井、80615 井、80611 井、80556 井六口生产井。

（1）注入井 80578 井。

80578 井于 2012 年 7 月开始注水，注水初期有很强的吸水能力，但随着注水的进行，在注入压力大体不变的情况下，80578 井吸水能力迅速降低，视吸水指数也大幅下跌，直到注水困难，出现注不进现象，80578 井注水时与其井组油井间连通性不佳。在长期注不进后，80578 井于 2015 年 4 月地质停注（图 3.1.35）。

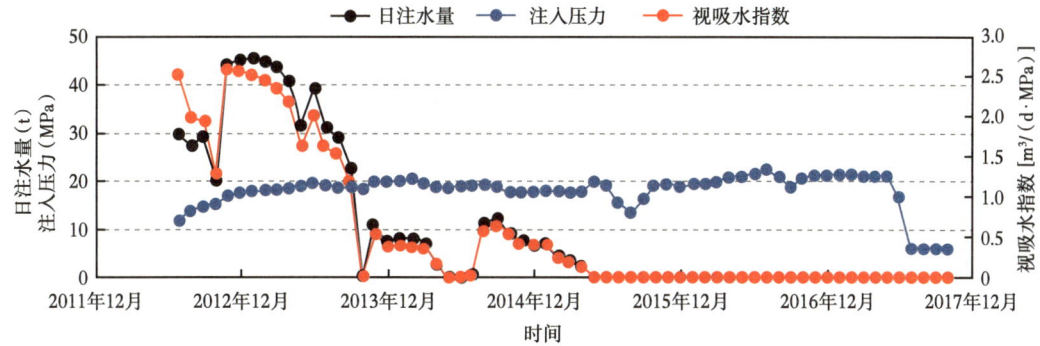

图 3.1.35　80578 井注入情况

如图 3.1.36 所示，由 80578 井吸水剖面可知，注水初期，2657.7~2658.5m（S75）表现出极强的吸水能力，吸水强度高达 14.1m³/(d·m)，相对吸水量达 37%，但与 80494 井情况类似，随着注水的进行，80578 井吸水能力遭到破坏。

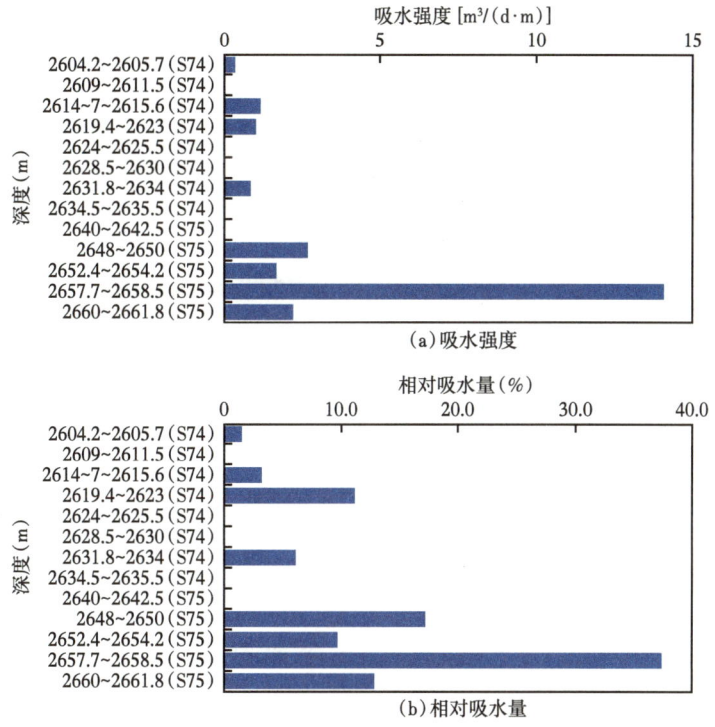

图 3.1.36　80578 井吸水剖面图（2012 年 8 月 5 日）

（2）采油井。

① 80556 井。

80556 井开井生产后保持了一年多的稳产期，随后产液量突然增大且产油量逐渐降低，含水随产液量的突增而迅速上升，此后稳定于 80% 以上，有较为明显的优势通道发育特征（图 3.1.37）。

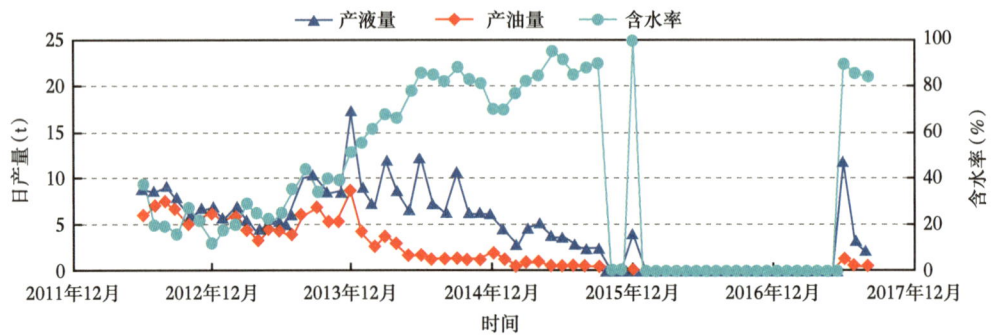

图 3.1.37　80556 井采油曲线

如图 3.1.38 和图 3.1.39 所示，由 80556 井 2014 年和 2015 年的产液剖面图可知，2014 年中时，从采油曲线来看 80556 井已出现优势通道形成特征，但其产液剖面较为均匀，各

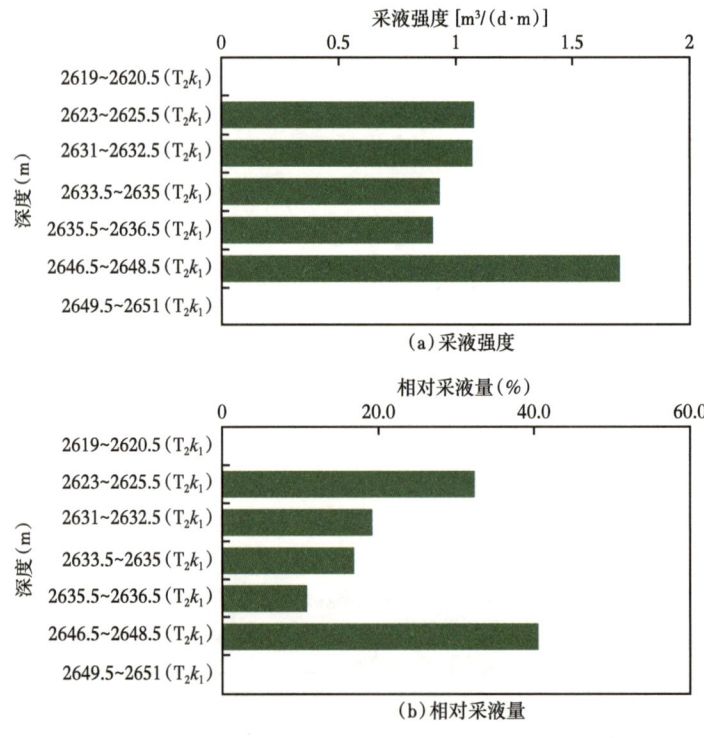

图 3.1.38　80556 井产液剖面图（2014 年 6 月 27 日）

层位均有一定的采液能力，到 2015 年中时，各层位采液能力普遍一般，2623~2625.5m（T_2k_1）采液能力与其他层位相比较为突出，成为主要出液层，相对采液量达到 53.3%，2623~2625.5m（T_2k_1）初步形成优势通道，发育程度较低。但 50556 井与 80578 井产吸对应关系不完全符合，可知 80578 井、80557 井与 80556 井 2623~2625.5m（T_2k_1）层位初步形成优势通道，发育程度较低。

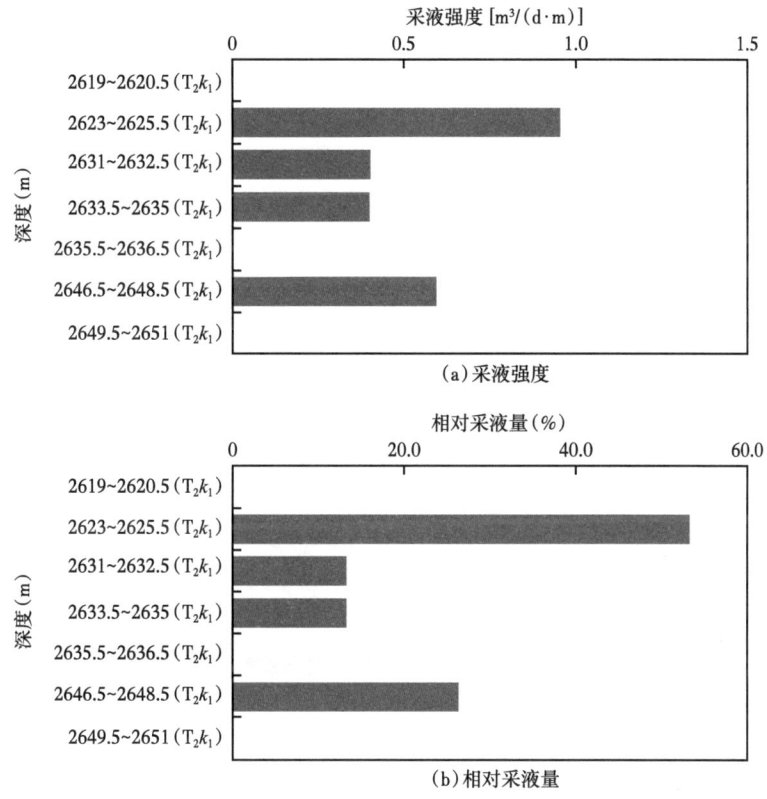

图 3.1.39 80556 井产液剖面图（2015 年 5 月 4 日）

② 80615 井。

80615 井自 2012 年 6 月开井生产以来，初期产液、产油量有一定程度的下降，但较为稳定，含水率逐渐升高但上升幅度不大，整体保持着较稳定的生产，未有优势通道发育（图 3.1.40）。

如图 3.1.41、图 3.1.42 所示，80615 井多个层位渗流能力较差，开井生产初期，除 2646~2648m（S74）与 2655~2658m（S74）两个层位外，其余层位均不出液，随着生产的进行，S75 层开始出液，但几个出液层采液强度较弱，相对采液量较为均匀，未有优势通道发育。

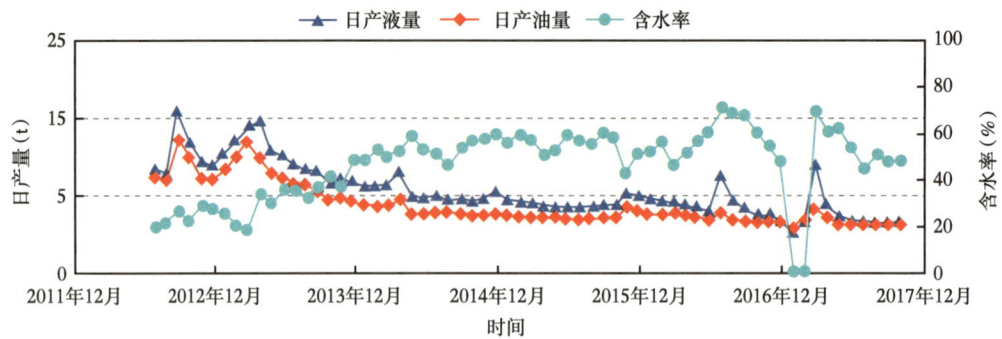

图 3.1.40　80615 井采油曲线

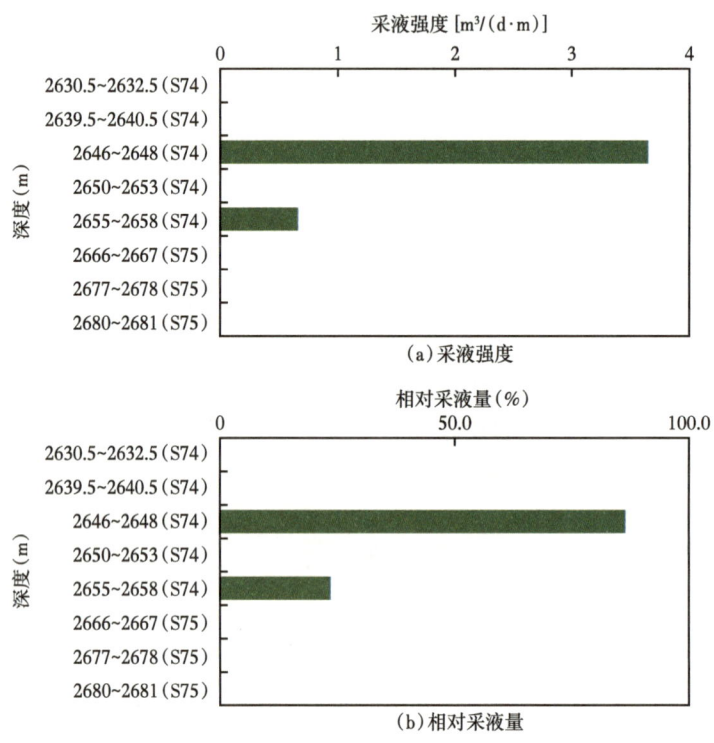

图 3.1.41　80615 井产液剖面图（2012 年 5 月 23 日）

③ 80614 井和 80611 井。

80614 井、80611 井未有产出剖面测试资料，故从生产动态方面分析其优势通道发育情况。

80614 井开井初期有较强的产能，生产过程中产液、产油量有一定的下降但仍保持较高水准，且含水上升缓慢，未有优势通道发育（图 3.1.43）。

80611 井开井初期有较高产能，但随后产液、产油能力迅速下降，生产过程中多次经历待修关井后含水长期稳定在 60%，未有优势通道发育（图 3.1.44）。

3 化学辅助砾岩油藏注 CO_2 调控技术

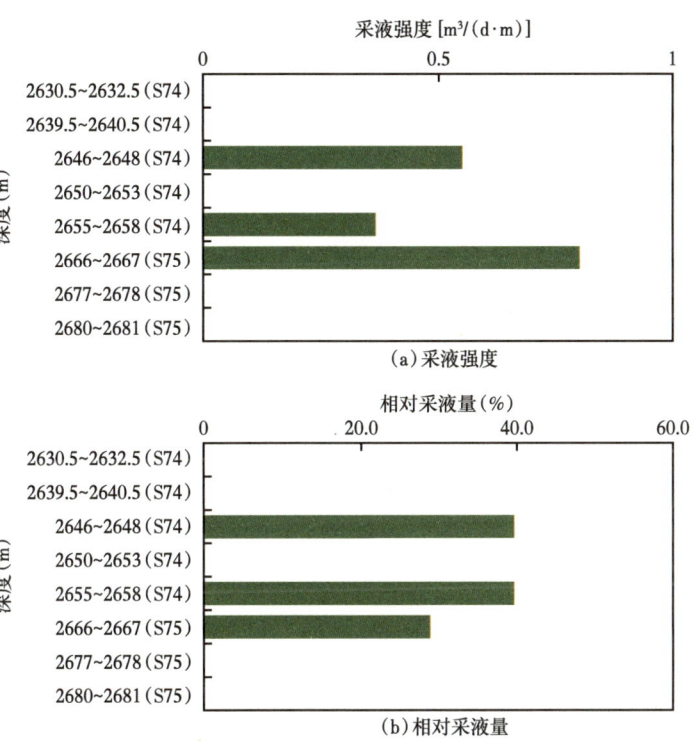

图 3.1.42　80615 井产液剖面图（2017 年 4 月 20 日）

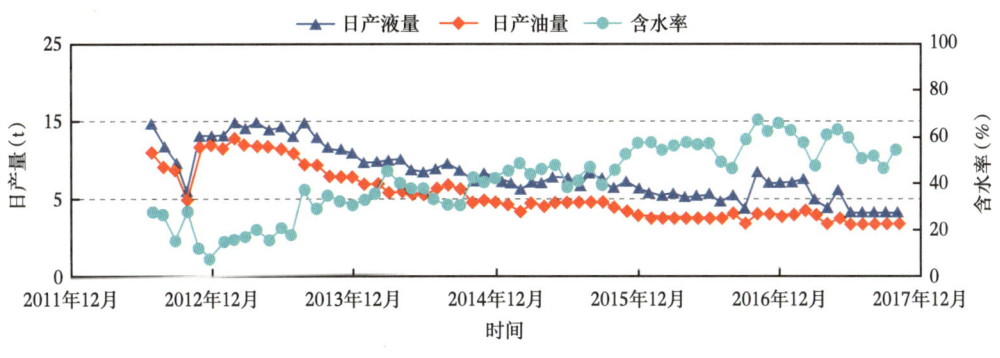

图 3.1.43　80614 井采油曲线

④ 80555 井和 80577 井。

80555 井、80577 井也均属 80554 井组，由 3.1.2.4 节相关分析可知，80554 井与 80577 井有弱优势通道发育，80554 井、80578 井与 80555 井有弱优势通道发育。

综上，80578 井与 80555 井有优势通道发育，与 80556 井 2623~2625.5m（T_2k_1）有弱优势通道发育。

- 93 -

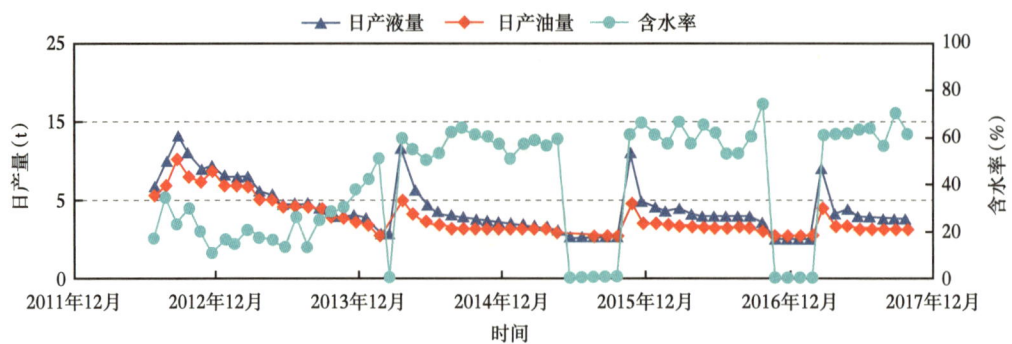

图 3.1.44　80611 井采油曲线

3.1.2.7　80475A 井组

80475A 井组包含一口注水井 80475A 井及 80205 井、80495 井、80207 井、80476 井、80203 井五口生产井。

（1）注入井 80475A。

80475 井 2011 年 7 月开始注水，但因井下有落物，注水作业断断续续，2015 年 11 月封井，2015 年新射 80475A 井注水作业才步入正轨，80475A 井注水开始以来，日注水量与视吸水指数不太稳定，日注水量、视吸水指数振荡变化，多次小幅度突增，可能有优势通道发育（图 3.1.45）。

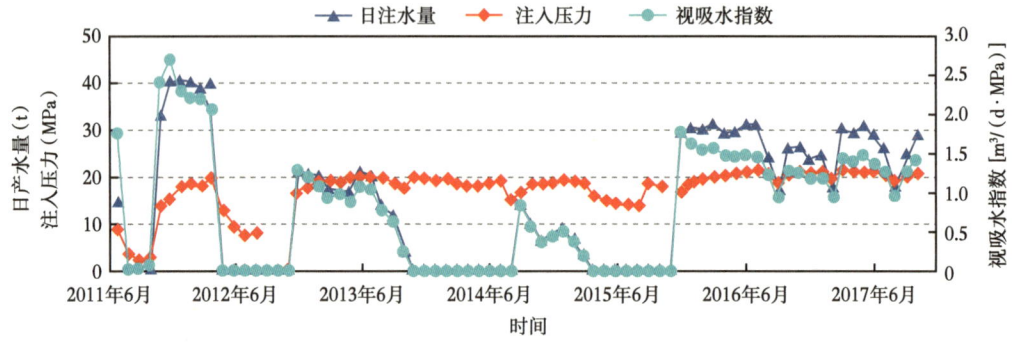

图 3.1.45　80475A 井注入情况

由图 3.1.46 和图 3.1.47 可知，80475A 井注水初期，2619.7~2622.1m（T_2k_1）表现出很强的吸水能力，吸水强度达 7.4 $m^3/(d·m)$，相对吸水量达 63%，随着注水的进行，其相对吸水量稍有降低，但仍达 50% 以上，而吸水强度仍保持较高水准，高于 5$m^3/(d·m)$，可以判定 2619.7~2622.1m（T_2k_1）有中等优势通道形成。

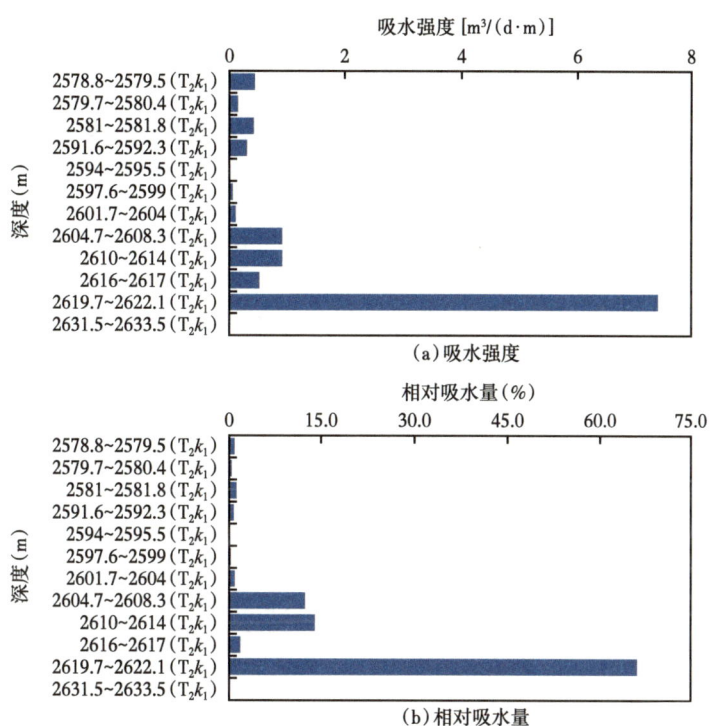

图 3.1.46　80475A 井吸水剖面图（2016 年 11 月 20 日）

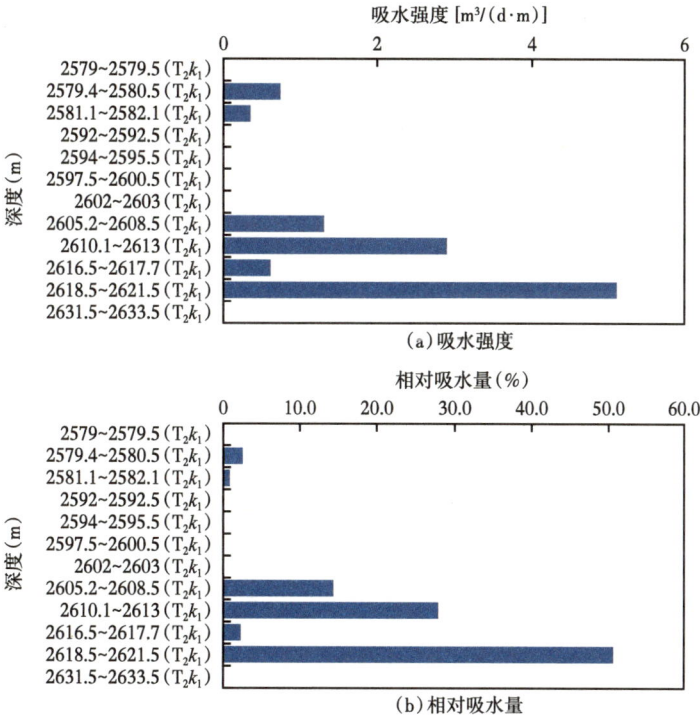

图 3.1.47　80475A 井吸水剖面图（2017 年 4 月 12 日）

（2）采油井。

① 80207 井。

80207 井开井生产之初有极强的采液能力，S74 层为其主要出液层，2617~2618.5m（S74）采液强度达到 $9.8m^3/(d·m)$，相对采液量高达 80.0%，与此同时，其含水率不足 20%，该层位表现出很强的渗流能力。随着生产的进行，80207 井含水率逐渐升高至 80% 以上，产液量也有一定幅度的提升，故 80475A 井 2619.7~2622.1m（T_2k_1）与 80207 井 2617~2618.5m（S74）已形成强优势通道（图 3.1.48 和图 3.1.49）。

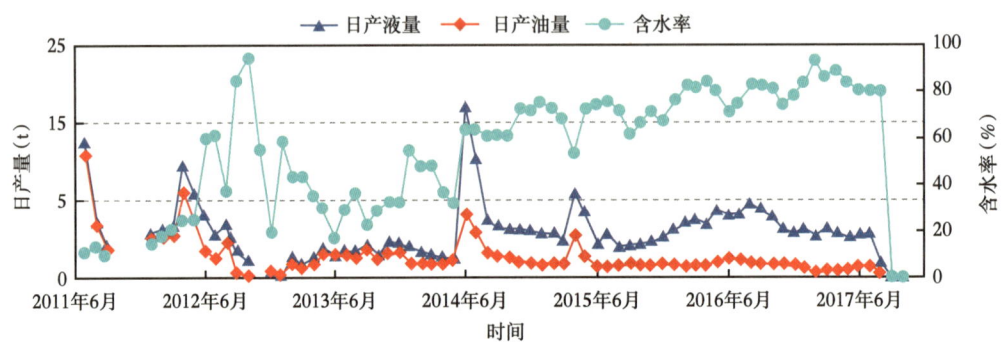

图 3.1.48　80207 井采油曲线

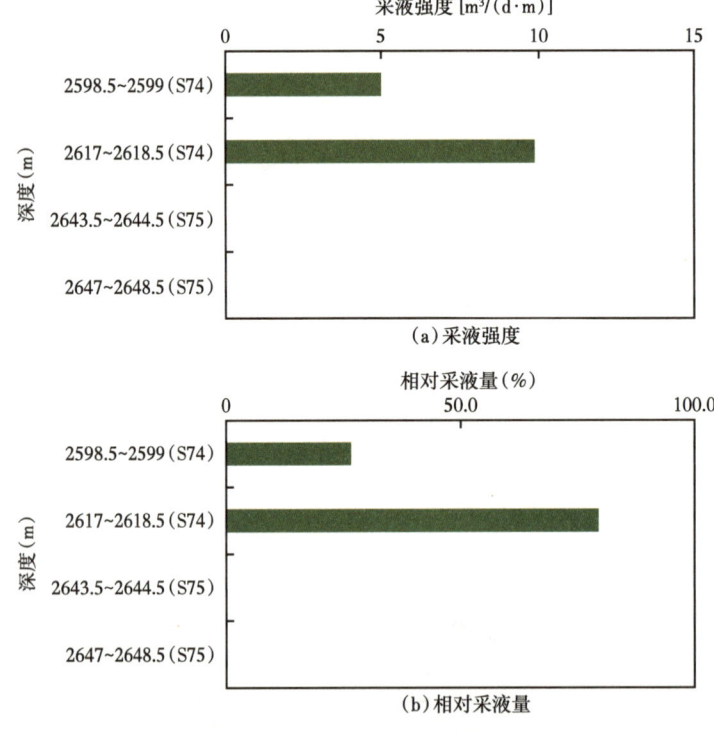

图 3.1.49　80207 井产液剖面图（2011 年 6 月 27 日）

② 80476 井和 80203 井。

80476 井生产前期产液能力极强且产油量较高,表现出油井射孔段层位极强的渗流能力。随着生产的进行,产液量、产油量迅速下降直至只出水不出油,含水迅速上升且稳定在 98% 以上,可以判定,80475A 井与 80476 井有强优势通道发育。80203 井属老区生产井,2016 年后已是报废井(图 3.1.50 和图 3.1.51)。

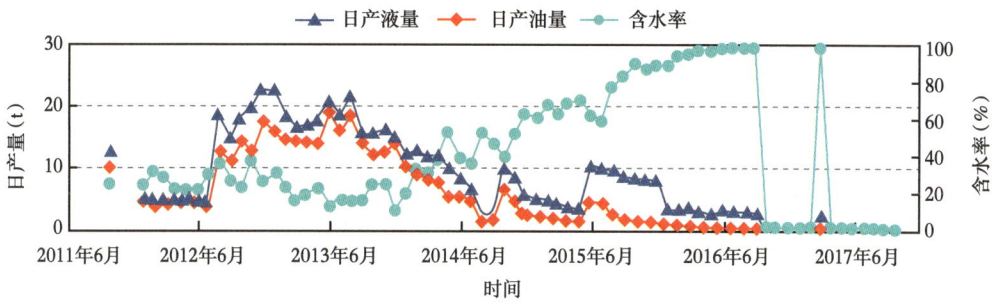

图 3.1.50　80476 井采油曲线

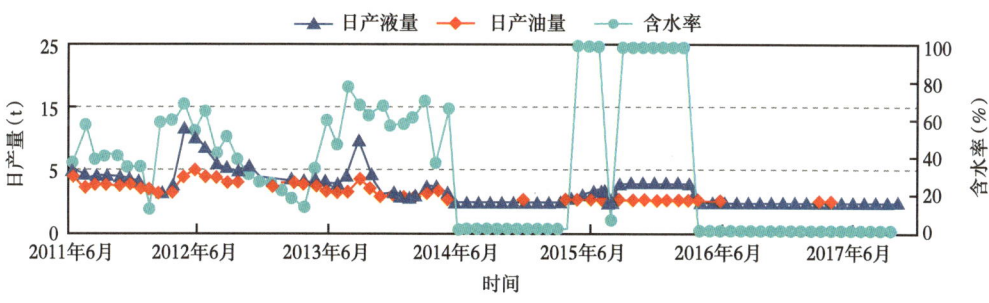

图 3.1.51　80203 井采油曲线

③ 80205 井和 80495 井。

80205 井、80495 井同属 80494 与 80475A 两个井组,由 3.1.2.5 相关分析可知,80495 井与邻近井组有弱优势通道形成,结合 80475A 井注水曲线可知,80475A 井与 80495 井有产吸对应关系,其间有弱优势通道形成。80205 井属老区采油井,只产液不产油,处于完全水淹状态,主要受老区注水井影响而完全形成优势通道,发育程度较高。

综上,80475A 井 2619.7~2622.1m(T_2k_1)与 80207 井 2617~2618.5m(S74)及 80476 井已初步形成强优势通道,与 80495 井有弱优势通道发育。

3.1.2.8　80516 井组

80516 井组包含一口注水井 80516 井及 80495 井、80515 井、80535 井、80536 井、白 803 井、80207 井六口生产井。

（1）注入井80516。

80516井注水初期有较强的吸水能力，但随着注水的进行，80516井吸水能力不够稳定，在注入压力大体不变的情况下，其吸水能力先迅速升高又急速降低，视吸水指数也同步变化，直到注水困难，出现注不进现象，80516井注水后期与其井组油井间连通性不佳（图3.1.52）。

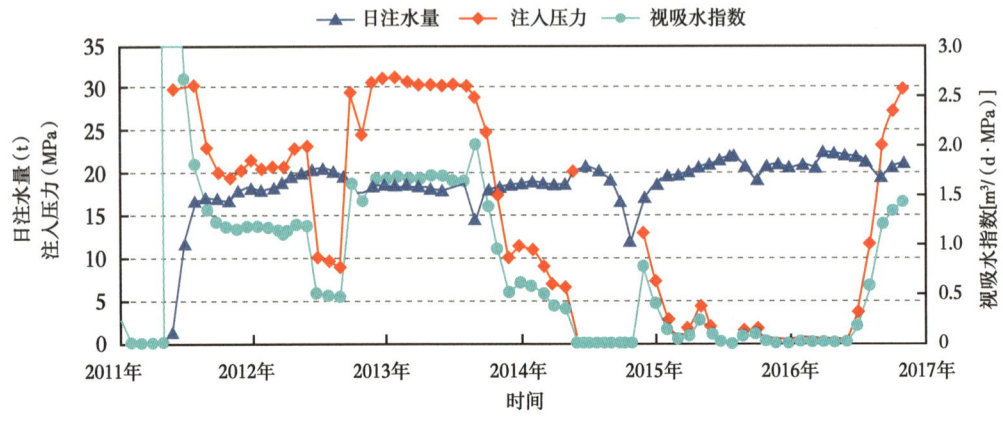

图3.1.52　80516井注入情况

（2）采油井。

①白803井。

白803井自2011年末开井以来，经历了短暂的稳产期，随后产液量先一定程度下降后又略微上升并逐渐稳定，日产油量逐渐下降，含水率迅速上升并稳定于90%左右，优势通道初步发育（图3.1.53）。

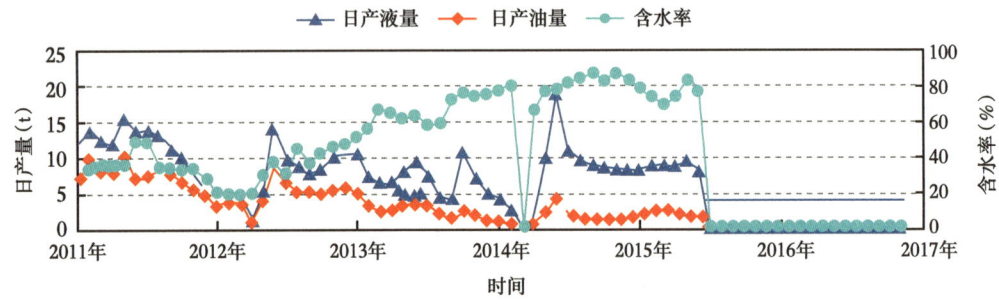

图3.1.53　白803井采油曲线

由白803井产液剖面可以看出，生产初期主要出液层为S75，且产液能力较强，随着生产的进行，主要出液层变为S74，而S75不再出液，其中2627~2628m（S74）和2635~2636m（S74）采液强度较大，达到4.1m³/(d·m)与3.4m³/(d·m)，结合白803井采油曲线可知，2627~2628m（S74）和2635~2636m（S74）初步形成优势通道，发育程度较低（图3.1.54和图3.1.55）。

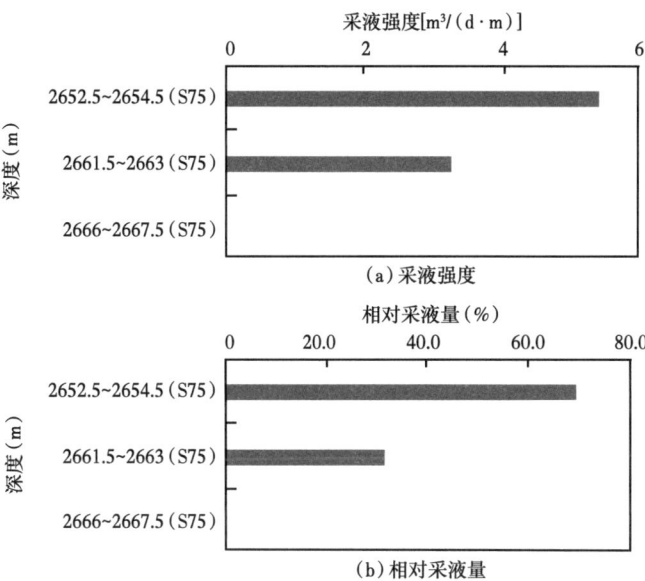

图 3.1.54 白 803 井产液剖面图（2012 年 4 月 18 日）

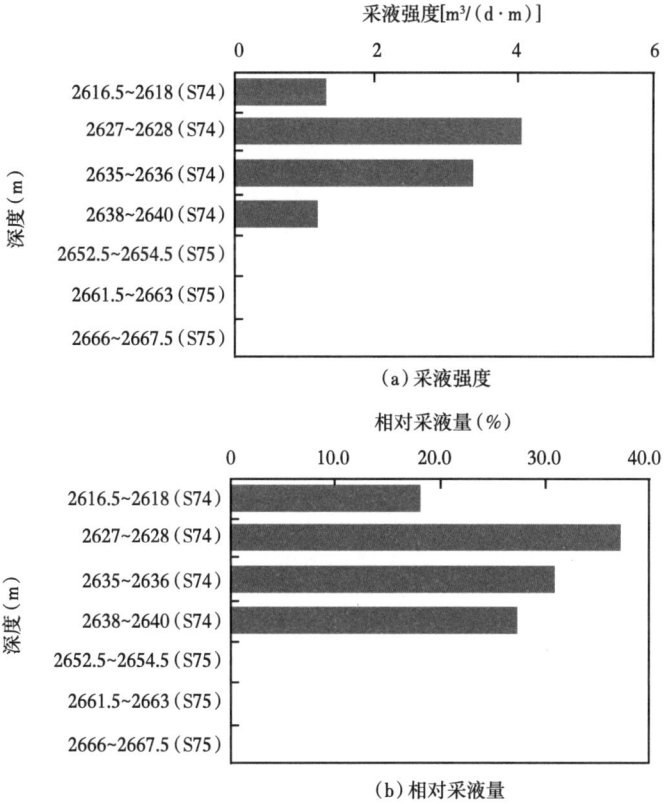

图 3.1.55 白 803 井产液剖面图（2013 年 6 月 4 日）

② 80535 井。

80535 井自 2011 年末开井以来，经历了短暂的稳产期，随后含水迅速上升并稳定于 90% 以上，与此同时，产液量逐渐下降但幅度较小，而产油量迅速下降到几乎不出油，优势通道发育明显（图 3.1.56）。

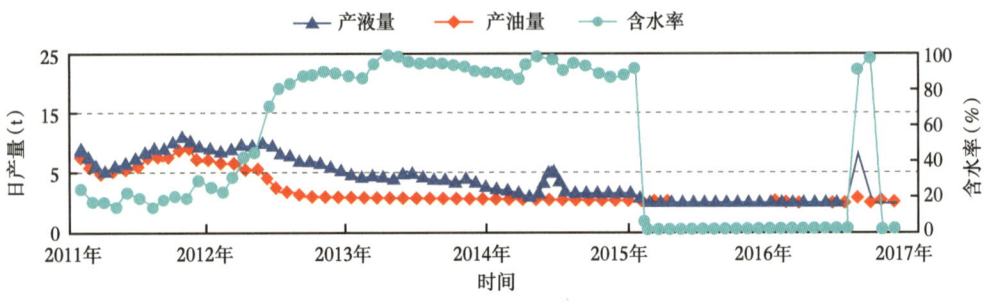

图 3.1.56　80535 井采油曲线

由 80535 井产液剖面可知，生产初期，2627~2631m（S74）即为主要出液层，表现出较强的采液能力，采液强度达到 $3.7m^3/(d·m)$，相对采液量达到 80%，在开井生产之初即表现出优势通道发育趋势，随着生产的进行，2627~2631m（S74）作为相对高渗透部位是注入水的主要行进通道，逐步形成强优势通道（图 3.1.57）。

③ 80536 井。

80536 井自 2011 年末开井以来，经历了短暂的稳产期，随后含水逐渐上升并稳定于 90% 以上，与此同时，产液量突增后减小，但整体保持一定产液量，而产油量迅速下降到几乎不出油，优势通道发育明显。结合 80516 井与 80557 井注水曲线可知，80536 井与 80516 井不存在产吸对应关系，故 80557 井与 80536 井有优势通道发育，发育程度较低（图 3.1.58）。

④ 80495 井、80515 井和 80207 井。

80495 井、80515 井也属 80494 井组，80207 井属 80475A 井组，由 3.1.2.5 节和 3.1.2.7 节可知，80515 井未有优势通道发育；80475A 井与 80495 井有弱优势通道发育，80516 井与 80207 井不存在产吸对应关系，未有优势通道发育。

综上，80516 井与白 803 井 2627~2628m（S74）和 2635~2636m（S74）初步形成弱优势通道，与 80535 井 2627~2631m（S74）有中等程度优势通道发育。

3.1.2.9　80557 井组

80557 井组包含一口注水井 80557 井及 80535 井、80556 井、80611 井、80580 井、80558 井、80536 井六口生产井。

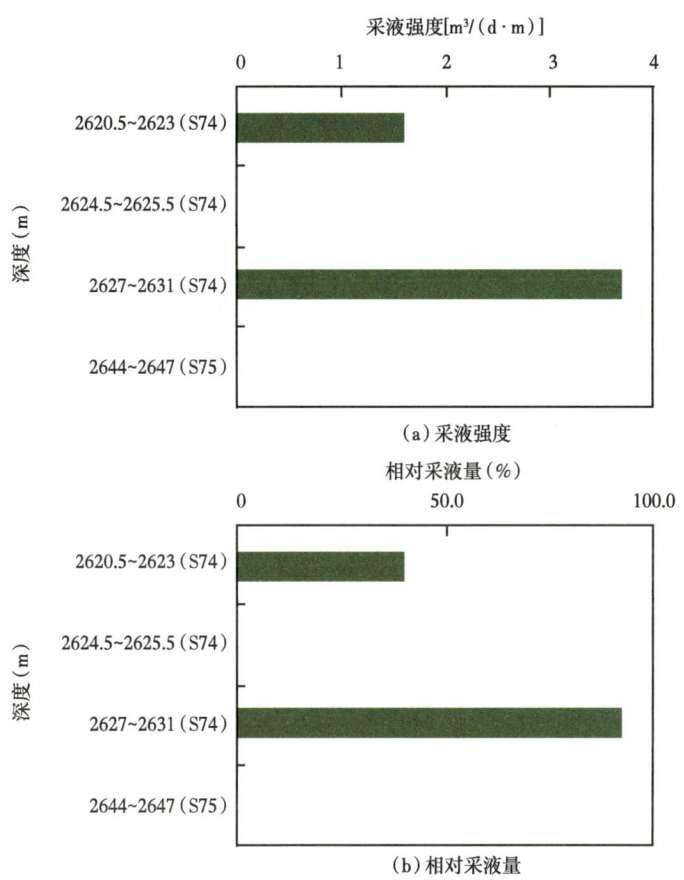

图 3.1.57　80535 井产液剖面图（2011 年 11 月 10 日）

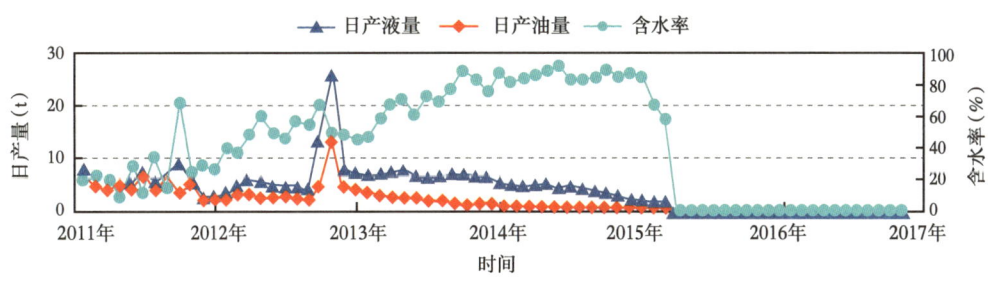

图 3.1.58　80536 井采油曲线

（1）注入井 80557。

80557 井注水初期有较强的吸水能力，但随着注水的进行，80557 井吸水能力不够稳定，在注入压力大体不变的情况下，其吸水能力忽高忽低波动变化，视吸水指数亦随之振荡，直到注水后期注水困难，出现注不进现象，80557 井注水后期与其井组油井间连通性不佳（图 3.1.59）。

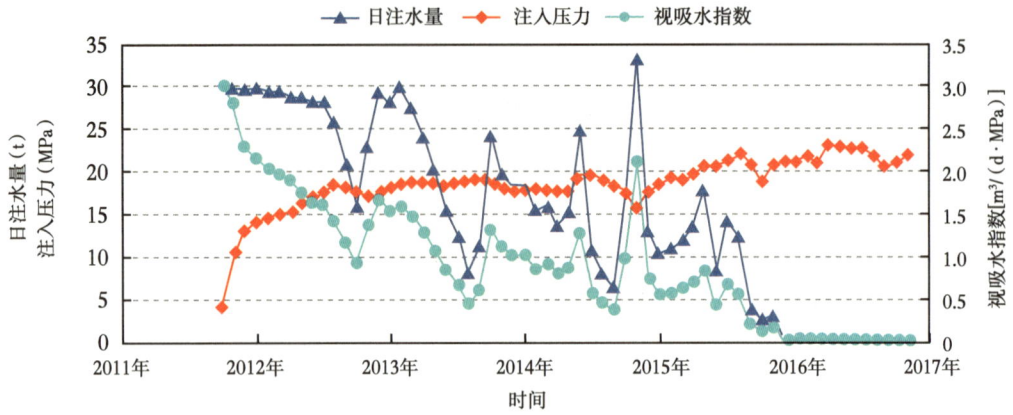

图 3.1.59　80557 井注入情况

由 80557 井吸水剖面可知，注水初始阶段，2659.4~2661m（S75）和 2669~2670.5m（S75）表现出较强的吸水能力，吸水强度分别达到 $5m^3/(d·m)$ 和 $7m^3/(d·m)$ 以上，两层位相对吸水量之和超过 60%，有强优势通道发育特征（图 3.1.60）。

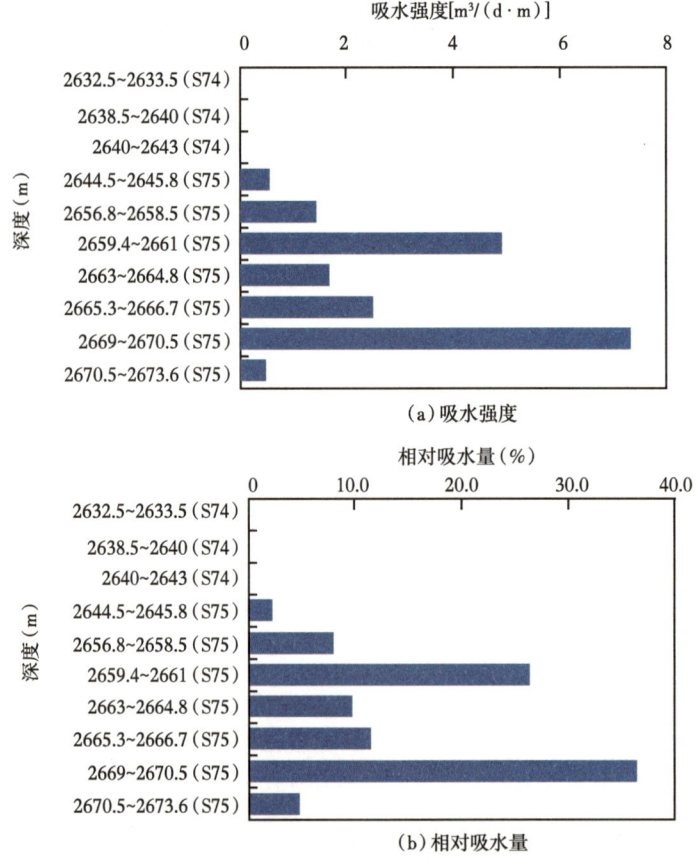

图 3.1.60　80557 井吸水剖面图（2012 年 11 月 14 日）

（2）采油井。

① 80558 井。

80558 井开井生产之初产液能力较为一般，随着生产的进行，在产液量不变的情况下产油量逐渐下降至几乎不产油，含水则逐渐上升并稳定至 80% 左右，有较为明显的优势通道发育特征（图 3.1.61）。

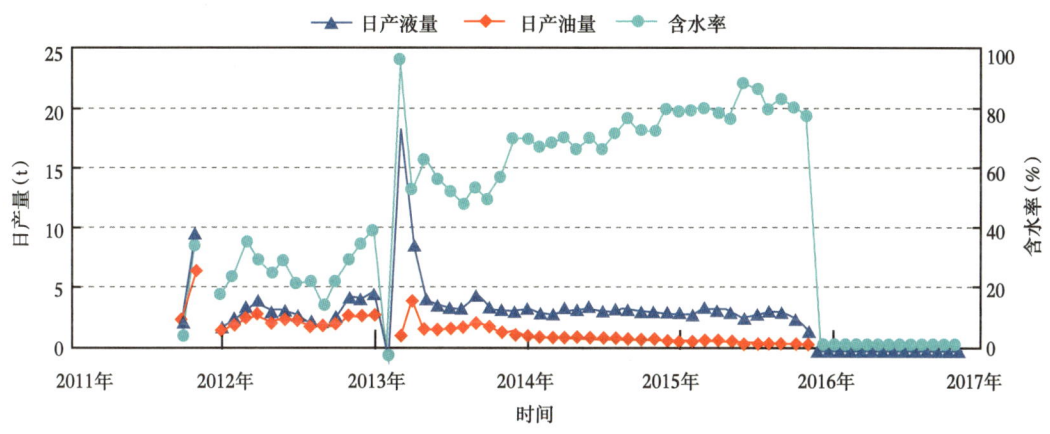

图 3.1.61　80558 井采油曲线

由 80558 井产液剖面可知，开井之初 2647~2648.5m（S74）表现出极强的采液能力，采液强度高达 $12.27m^3/(d·m)$，相对采液量高达 98%，是 80558 井主要出液层，有较强优势通道发育潜力，但 80558 井生产开始于 2012 年下半年，而剖面测试实施于 2011 年末，不具备完全的可靠性，故 80557 井 S75 层与 80558 井 2647~2648.5m（S74）有弱优势通道发育（图 3.1.62）。

② 80580 井。

80580 井除生产初期不够稳定，但随着生产的进行，逐步趋于稳定，产液基本保持稳定，含水上升缓慢，整体保持了较为稳定的生产能力，未有优势通道发育特征（图 3.1.63）。

③ 80535 井、80556 井、80611 井和 80536 井。

80516 井与 80535 井 2627~2631m（S74）有中等程度优势通道发育；80557 井与 80556 井 2623~2625.5m（T_2k_1）层位初步形成优势通道，发育程度较低；80611 井未有优势通道发育；80557 井与 80536 井有优势通道发育，发育程度较低。

综上，80557 井与 80558 井 2647~2648.5m（S74）有弱优势通道发育，与 80556 井 2623~2625.5m（T_2k_1）层位以及 80536 井初步形成优势通道，发育程度较低，80535 井、80611 井、80580 井未有优势通道发育。

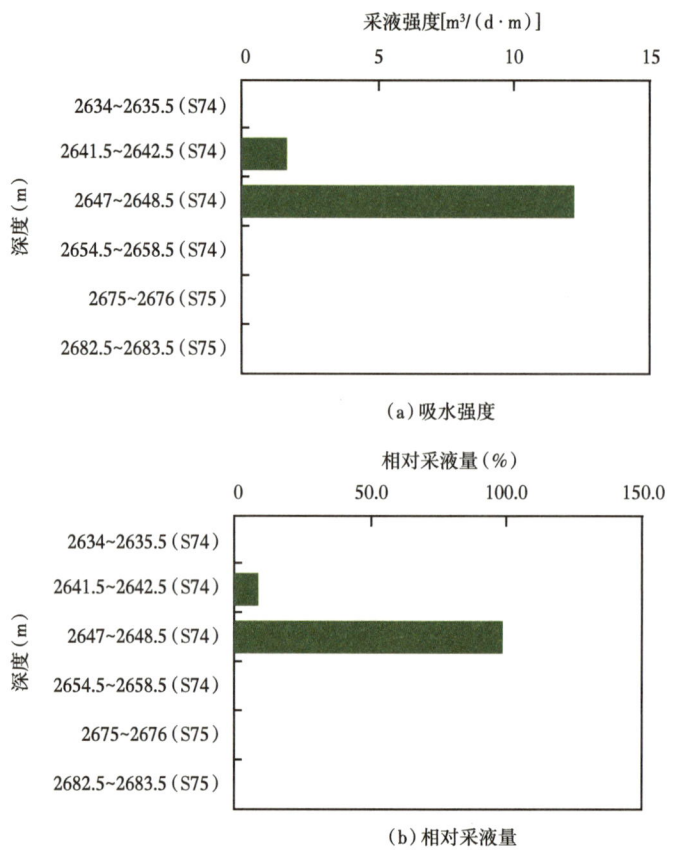

图 3.1.62　80558 井产液剖面图（2011 年 11 月 10 日）

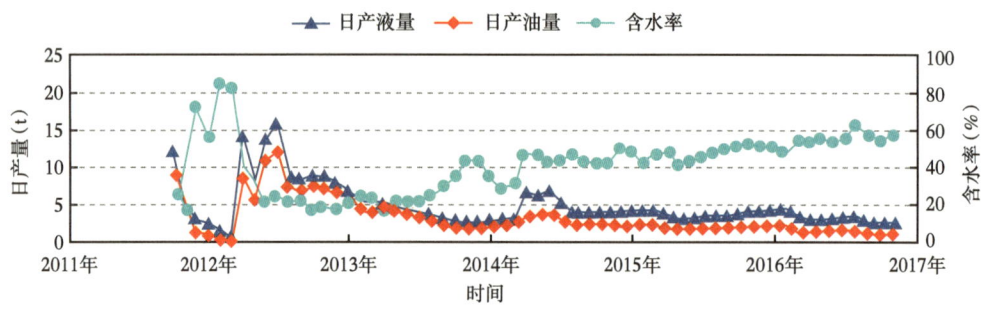

图 3.1.63　80580 井采油曲线

3.2　化学辅助砾岩油藏注气调控体系研发

针对砾岩油藏非均质性强的特点，研发弱凝胶和 CO_2 泡沫两种调控体系。在注气之前,首先用弱凝胶进行调控,减少注气时可能产生的窜流。在注气过程中,气体与起泡剂溶液交替注入,形成 CO_2 泡沫体系,进一步控制气窜。

3.2.1 弱凝胶调驱体系筛选与性能评价

(1)油藏温度:530 井区克下组油藏温度 67℃。

(2)配液体系:淡水和模拟地层水,模拟 530 井区克下组油藏地层水离子组成和化学剂组成见表 3.2.1 和表 3.2.2。

表 3.2.1 试验区模拟地层水离子组成

离子组成	$K^+ + Na^+$	Ca^{2+}	Mg^{2+}	Cl^-	SO_4^{2-}	HCO_3^-	总矿度
含量(mg/L)	6565.3	66.3	34.63	9487.8	27.4	1427.7	17609.13

表 3.2.2 试验区模拟地层水化学剂组成

成分	$MgCl_2 \cdot 6H_2O$	$CaCl_2$	KCl	NaCl	Na_2SO_4	$NaHCO_3$	总矿化度
用量(g/L)	0.29	0.18	9.57	7.77	0.04	1.97	19.82

(3)所用聚合物:HPAM,分子量为 1500 万,水解度 25%,大庆炼化公司提供。

(4)所用聚合物:梳型聚合物 KYPAM-6,分子量为 2500 万,北京恒聚。

(5)所用交联剂:有机铬交联剂。

(6)所用交联剂:有机复合交联剂 WLX-12,为共价键型复合交联剂。取容量为 1000mL 的烧杯,洗净,加入 1000mL 自来水,用精密电子天平称取 30gSTS 加入烧杯,用玻璃棒搅拌,至其完全溶解;之后称取 150gLJS,加入已经搅拌均匀的 STS 溶液中,继续搅拌,直到烧杯中的液体呈无色透明为止。此时,烧杯中的无色液体即为所研制的 WLX-12 交联剂,其相对密度为 1.024,黏度为 1.06 mPa·s。

3.2.1.1 聚合物 KYPAM-6/有机铬凝胶体系的配方优化

(1)聚合物浓度的优选(室温)。

实验中,固定交联剂 G 浓度 180mg/L,除氧剂 100mg/L,改变聚合物 KYPAM-6 浓度(200~1600mg/L),测定其初始黏度和成胶黏度,以此研究聚合物 KYPAM-6 浓度对交联聚合物凝胶的成胶性能影响。实验结果见表 3.2.3,如图 3.2.1 所示。

表 3.2.3 聚合物浓度对成胶性能影响

聚合物浓度(mg/L)	200	400	600	800	1000	1200	1400	1600
初始黏度(mPa·s)	9.8	16.4	19.8	23.1	56.2	73.5	91.4	116.3
成胶黏度(mPa·s)	未成胶	749.5	2929	4239	8928	16308	18024	19396
成胶时间(h)	—	30	28	25	21	18	15	13

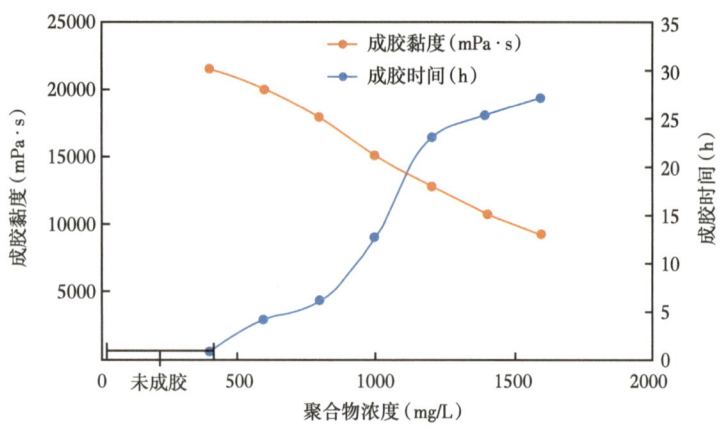

图 3.2.1　聚合物浓度对弱凝胶成胶性能影响

可以看出，随着聚合物浓度的增加，凝胶体系的成胶黏度逐步增大，成胶时间逐渐缩短，在注入水环境下，聚合物浓度为 400~1600mg/L 均能稳定成胶且成胶黏度适中（图 3.2.2）。考虑到油藏的渗透率较低以及后期注入性问题，认为凝胶的聚合物浓度不宜过大，所以选用聚合物溶液浓度为 800mg/L。

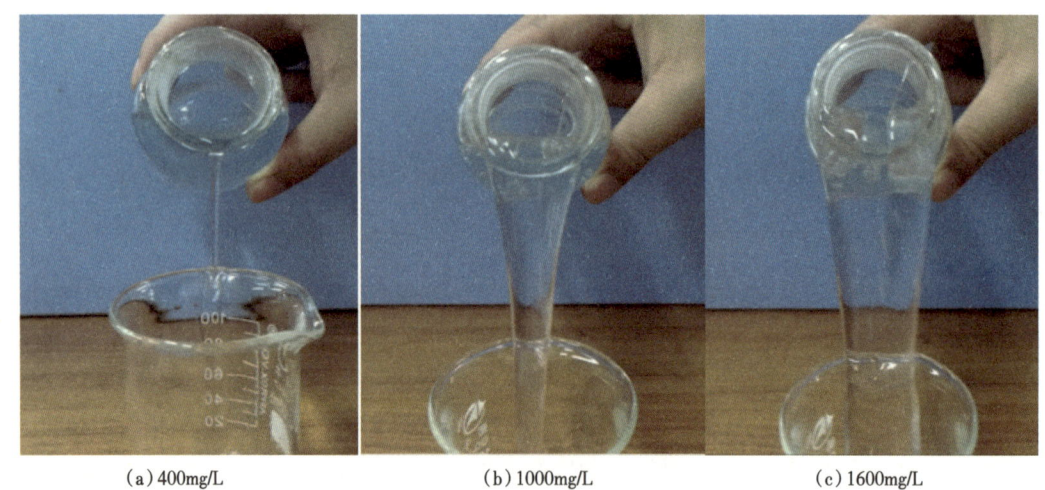

图 3.2.2　不同浓度弱凝胶实物图

（2）交联剂浓度的优选。

实验中，固定聚合物 KYPAM-6 浓度 800mg/L，除氧剂浓度 100mg/L，改变交联剂 G 浓度（60~210mg/L），测定其初始黏度和成胶黏度，以此研究交联剂 G 浓度对交联聚合物凝胶的性能影响。实验结果见表 3.2.4，如图 3.2.3 所示。

表 3.2.4　交联剂浓度对成胶性能影响

交联剂浓度（mg/L）	60	90	120	150	180	210
初始黏度（mPa·s）	23.0	25.6	27.3	28.5	29.1	31.2
成胶黏度（mPa·s）	未成胶	2518	2934	3147	4239	4273
成胶时间（h）	—	38	35	31	28	23

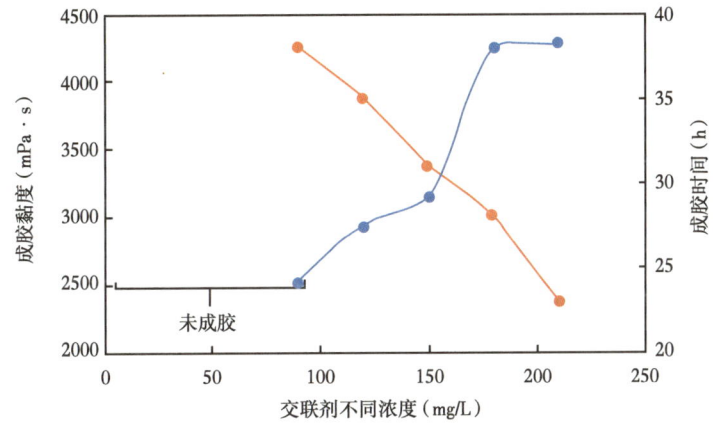

图 3.2.3　交联剂不同浓度对交联凝胶成胶性能影响

可以看出，随着交联剂浓度的增加，凝胶体系的成胶黏度也逐渐增大，当浓度为 150mg/L 时，成胶黏度为 3147mPa·s，当交联剂浓度为 180mg/L 时，凝胶黏度增加到 4239mPa·s，交联剂浓度超过 180 mg/L 后，成胶黏度增幅不明显，且成胶时间过短，由图 3.2.4 也可得到，当交联剂浓度为 180mg/L 时，成胶黏度合适，而且凝胶的流动性和稳定性均较好，所以确定交联剂 G 的浓度为 180mg/L。

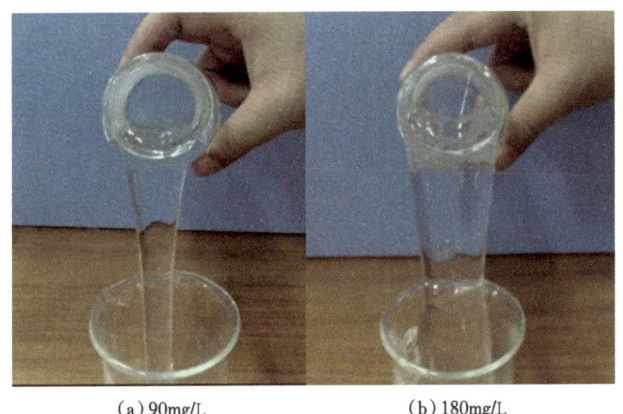

(a) 90mg/L　　　　(b) 180mg/L

图 3.2.4　交联剂不同浓度弱凝胶对比图

（3）除氧剂浓度的优选。

除氧剂是凝胶体系中需要加入的助剂，能保证体系的成胶性能和稳定性。实验中，固定聚合物 KYPAM-6 浓度 600mg/L，交联剂 G 浓度 180mg/L，改变除氧剂浓度（0~250mg/L），测定其初始黏度和成胶黏度，以研究除氧剂浓度对交联聚合物凝胶的性能影响，得到合适的除氧剂浓度，实验结果见表 3.2.5，如图 3.2.5 所示。

表 3.2.5　除氧剂浓度对成胶性能影响

除氧剂浓度（mg/L）	0	50	100	150	200	250
初始黏度（mPa·s）	31.1	30.2	29.1	28.5	27.4	26.6
成胶黏度（mPa·s）	3640	3926	4231	4012	3798	3569

由实验结果可知，加入一定量的除氧剂，可以保持凝胶体系成胶后黏度的稳定。从图 3.2.5 可以看到，当除氧剂的浓度为 100 mg/L 时，成胶黏度为 4231mPa·s，黏度适中，稳定性好，当浓度大于 100mg/L 时，随着除氧剂浓度的增加凝胶体系黏度下降，因此优选除氧剂浓度为 100mg/L。

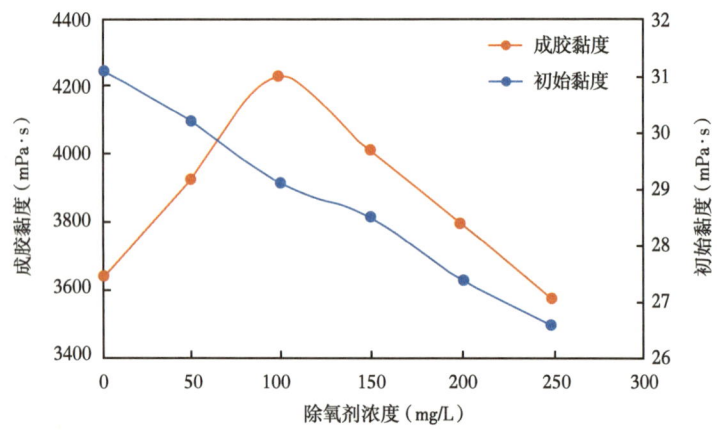

图 3.2.5　除氧剂浓度对交联聚合物凝胶成胶性能影响

（4）KYPAM-6/Cr^{3+} 交联堵剂弱凝胶体系配方组成。

综合上述配方优选实验，得到克拉玛依油田八区 530 井区克下组油藏交联聚合物凝胶体系的优化配方为：聚合物 KYPAM-6 浓度 800mg/L+ 交联剂浓度 180mg/L+ 除氧剂 100mg/L，其初始黏度为 33.1 mPa·s，成胶黏度达到 4239mPa·s，成胶时间 24~30h。

3.2.1.2　聚合物 HPAM/ 有机酚醛凝胶体系的配方优化

由于 CO_2 驱油藏呈现酸性介质特征，用 Al^{3+}、Cr^{3+} 离子交联剂形成的堵剂，脱水严重，极不稳定，拟采用新型有机酚醛交联体系。研制了共价键型复合交联剂 WLX-12 作为调驱体系的交联剂,研制了 HPAM/ 有机酚醛交联堵剂。

(1)淡水配液 HPAM/ 复合交联剂弱凝胶体系。

①聚合物浓度对体系成胶性能的影响。

保持复合交联剂浓度为 300 mg/L,改变聚合物浓度(400~1200mg/L)。聚合物浓度对弱凝胶体系成胶性能的影响见表 3.2.6。

表 3.2.6 淡水聚合物浓度对弱凝胶体系成胶性能的影响

HPAM 浓度 (mg/L)	交联剂 浓度 (mg/L)	初始 黏度 (mPa·s)	不同时间下的成胶黏度(mPa·s)									
			0.5d	6.5d	10d	15d	19d	23d	25d	27d	29d	32d
400	300	54.3	700	2200	2800	2900	2700	2400	2300	2300	2000	1800
600	300	56.7	900	2500	3100	2900	2900	2700	2500	2200	1900	1900
800	300	57.2	1200	3000	3900	4200	4500	4000	3400	3200	3000	2100
1000	300	58.6	1300	2700	3800	4100	3600	3200	2900	2900	1200	1000
1200	300	60.1	1400	2900	3900	4400	4500	3900	3200	2900	2200	1500

实验结果表明,在淡水配液条件下,当聚合物浓度低于 800mg/L 时,弱凝胶强度低。为了达到适宜的强度要求,聚合物浓度为 800~1200mg/L。

②复合交联剂浓度对体系成胶性能的影响。

保持聚合物浓度为 1000mg/L,改变复合交联剂浓度(100~450mg/L)。复合交联剂浓度对弱凝胶体系成胶性能的影响规律见表 3.2.7。

表 3.2.7 复合交联剂不同浓度对弱凝胶体系成胶性能的影响

HPAM 浓度 (mg/L)	交联剂 浓度 (mg/L)	初始 黏度 (mPa·s)	不同时间下的成胶黏度(mPa·s)									
			3d	5d	8d	11d	14d	15d	18d	21d	23d	27d	28d
1000	100	59.4	1200	2300	2700	3000	2600	2400	2000	1800	1500	1100	1000
1000	150	58.9	1400	2500	3000	3300	3100	2700	2200	2000	1700	1400	1100
1000	200	60.1	2200	2700	3500	4000	4100	3800	3000	2500	2300	1900	1500
1000	300	58.6	2700	3900	4300	4800	5300	5400	5400	5200	5200	4900	4800
1000	400	59.3	3400	4600	5000	4800	4600	4400	3500	2400	1900	1000	900
1000	450	58.7	3800	5100	5400	5000	4700	4500	3000	2100	1900	800	800

实验结果表明,在淡水条件下,当复合交联剂浓度低于 300 mg/L 时,生成凝胶的强度不够高,浓度高于 300mg/L 时,生成的凝胶强度虽高但是不稳定,容易脱水。为了达到适宜的强度要求,复合交联剂浓度为 300mg/L。

（2）模拟地层水配液体系。

①盐水聚合物浓度对体系成胶性能的影响。

所用聚合物分子量为1500万,保持复合交联剂浓度为300mg/L,改变盐水聚合物浓度(600~2000mg/L)。盐水配置的聚合物浓度对弱凝胶体系成胶性能的影响规律见表3.2.8。

表3.2.8 盐水聚合物浓度对弱凝胶体系成胶性能的影响

HPAM浓度（mg/L）	交联剂浓度（mg/L）	初始黏度（mPa·s）	不同时间下的成胶黏度（mPa·s）										
			1.5d	3.5d	7.5d	10d	13d	15d	19d	23d	25d	27d	29d	32d
600	300	44.3	300	1600	2400	2500	2700	2700	2500	2200	2000	2000	1700	1400
800	300	46.7	400	1800	2600	2900	2900	2700	2700	2500	2200	2000	1600	1500
1000	300	47.2	500	1900	3000	3700	3800	4000	4300	3800	3200	3000	2600	1800
1200	300	50.6	500	2000	3100	3600	3600	3900	3400	3000	2700	1800	1000	800
1500	300	52.1	700	2100	3300	3600	3900	4200	4300	3700	3000	2700	2000	1200
1800	300	53.5	700	2400	3500	4200	4600	4800	5100	5100	900	4900	4500	3600
2000	300	55.2	900	3000	4000	4400	4900	4700	5300	5300	5300	4800	4400	3200

实验结果表明,在盐水条件下,当聚合物浓度低于1200mg/L时,同样有弱凝胶强度低的现象。为了达到适宜的强度要求,聚合物浓度为1200mg/L。

②复合交联剂浓度对体系成胶性能的影响。

保持盐水聚合物浓度为1000mg/L,改变复合交联剂浓度(100~450mg/L)。复合交联剂浓度对弱凝胶体系成胶性能的影响规律见表3.2.9。

表3.2.9 复合交联剂浓度对弱凝胶体系成胶性能的影响

HPAM浓度（mg/L）	交联剂浓度（mg/L）	初始黏度（mPa·s）	不同时间下的成胶黏度（mPa·s）								
			3d	5d	8d	11d	15d	18d	21d	23d	27d	28d
1000	100	49.3	1000	2100	2500	2800	2200	1600	1600	1300	900	800
1000	150	48.6	1200	2200	2700	3000	2500	2000	1800	1500	1200	900
1000	200	50.2	2000	2500	3200	3800	3600	2800	2300	2100	1700	1300
1000	300	52.6	2500	3500	4000	4500	5200	5200	5000	5000	4700	4600
1000	400	55.3	3200	4300	4700	4600	4200	3300	2200	1700	800	600
1000	450	59.7	3500	4800	5000	4900	4300	2800	1900	1700	600	400

实验结果表明,在盐水条件下,当复合交联剂浓度低于300mg/L时,生成凝胶的强度不够高,浓度高于300mg/L时,生成的凝胶强度虽高但是不稳定,容易脱水。为了达到适宜的强度要求,复合交联剂浓度为300mg/L。

(3)小结。

通过实验研究，适合油藏条件的弱凝胶配方体系：HPAM 浓度为 800~1200mg/L+ 交联剂浓度为 300mg/L。该体系初始黏度小于 100mPa·s，成胶时间在 2~6d 可调，成胶黏度为 3200~7800mPa·s，弱凝胶稳定性良好（图 3.2.6）。

图 3.2.6　800~1200mg/L 的 HPAM +300mg/L 的交联剂

3.2.2　CO_2 泡沫体系筛选与性能评价

目前主要用起泡体积 V 和泡沫半衰期 T 来评价 CO_2 泡沫体系配方。起泡体积是指在实验条件下（温度压力恒定），向起泡装置中加入一定质量的起泡剂溶液后形成泡沫的体积。泡沫半衰期是指，起泡剂溶液形成泡沫后泡沫体积降低到初始值一半时所需要的时间。

（1）起泡剂类型及浓度优选。

由于在高温高压泡沫发生仪中进行筛选工作量较大，在以往实验室起泡剂筛选的基础上分别选取了 NP-1（阴离子型）、AEO-9（非离子型）、1231（阳离子型）三种类型起泡剂，用 530 井区试验区模拟地层水配制浓度为 0.1%、0.2%、0.3%、0.4% 和 0.5% 起泡剂溶液各 100mL（图 3.2.7）。将起泡剂溶液放置 67℃烘箱中老化 24h 后加入高温高压泡沫发生仪中（67℃），通过气体增压泵将 CO_2 注入起泡仪中至预定压力 26MPa，高速搅拌 2min，观察泡沫高度，记录泡沫半衰期。

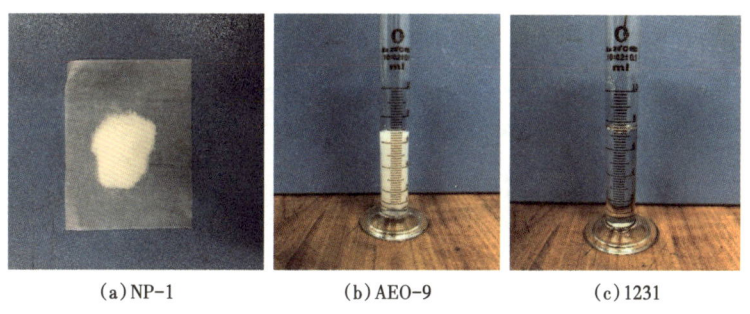

(a) NP-1　　(b) AEO-9　　(c) 1231

图 3.2.7　起泡剂实物图

由表 3.2.10 和图 3.2.8 可知，三种起泡剂中，NP-1 的起泡效果最好，1231 次之，AEO-9 的起泡效果最差。NP-1 在浓度为 0.1%~0.3% 时，随着浓度的增大起泡体积增加较多，当浓度大于 0.3% 时，起泡体积增加较少，浓度为 0.3% 时起泡体积为 736mL。浓度同为 0.3% 时，1231 和 AEO-9 的起泡体积分别为 588mL 和 437mL，NP-1 的起泡效果最好。

表 3.2.10　起泡体积与起泡剂浓度的关系

起泡剂	不同浓度起泡剂条件下的起泡体积（mL）				
	0.1%	0.2%	0.3%	0.4%	0.5%
NP-1	384	534	736	753	781
1231	254	477	588	648	696
AEO-9	198	255	437	470	509

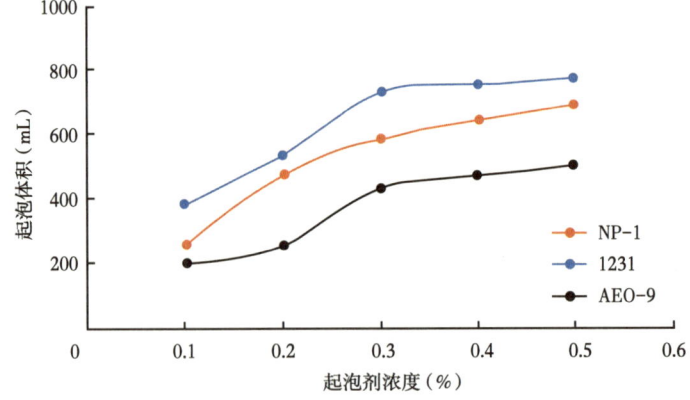

图 3.2.8　起泡剂浓度对起泡体积的影响

由表 3.2.11 和图 3.2.9 可知，NP-1 起泡剂的泡沫稳定性最好，1231 和 AEO-9 的泡沫稳定性相差不大，AEO-9 略优于 1231；其中，NP-1 在浓度为 0.3% 时半衰期为 175min，随着浓度继续增加，半衰期增加不大；在相同浓度 0.3% 下，1231 以及 AEO-9 的半衰期分别为 141min 和 159min，NP-1 的泡沫稳定性最好。

表 3.2.11　泡沫半衰期与起泡剂浓度的关系

起泡剂	不同浓度起泡剂条件下的泡沫半衰期（min）				
	0.1%	0.2%	0.3%	0.4%	0.5%
NP-1	77	134	175	194	215
1231	81	117	141	181	168
AEO-9	69	138	159	185	192

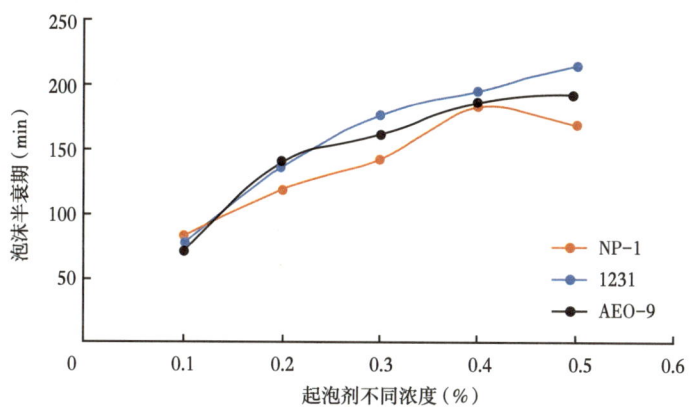

图 3.2.9 起泡剂浓度对泡沫半衰期的影响

通过起泡效果和泡沫稳定性的对比实验，实验室内确定选择 NP-1 为泡沫体系的起泡剂，浓度定为 0.3%。

（2）稳泡剂优选。

由于在高温高压泡沫发生仪中进行筛选工作量较大，在以往实验室筛选稳泡剂的基础上，选出两种具有代表性的稳泡剂，分别是 HPAM 和 DY-1（图 3.2.10），进行性能对比。在浓度为 0.3% 的 NP-1 中分别加入不同浓度的稳泡剂 HPAM 和 DY-1，老化 24h 后加入至泡沫发生仪中进行搅拌起泡，并观察泡沫体积和半衰期。

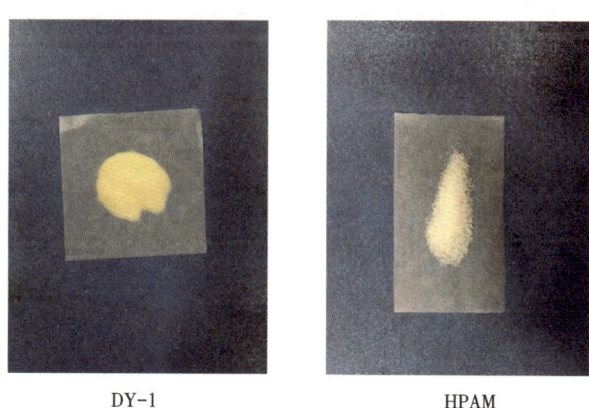

图 3.2.10 稳泡剂实物图

由表 3.2.12、表 3.2.13、图 3.2.11 和图 3.2.12 可知，加入稳泡剂后，泡沫的半衰期明显延长；DY-1 的稳泡效果较好，加入 0.03%DY-1 后，泡沫的半衰期延长 30min 左右且起泡体积最大为 712mL，因此选择 DY-1 为体系的稳泡剂，浓度为 0.03%。

表 3.2.12 起泡体积与稳泡剂浓度的关系

稳泡剂	不同浓度稳泡剂条件下的起泡体积（mL）				
	0.01%	0.02%	0.03%	0.04%	0.05%
HPAM	683	675	697	705	687
DY-1	674	696	712	701	669

表 3.2.13 泡沫半衰期与稳泡剂浓度的关系

稳泡剂	不同浓度稳泡剂条件下的泡沫半衰期（min）				
	0.01%	0.02%	0.03%	0.04%	0.05%
HPAM	151	165	191	203	159
DY-1	163	175	206	188	204

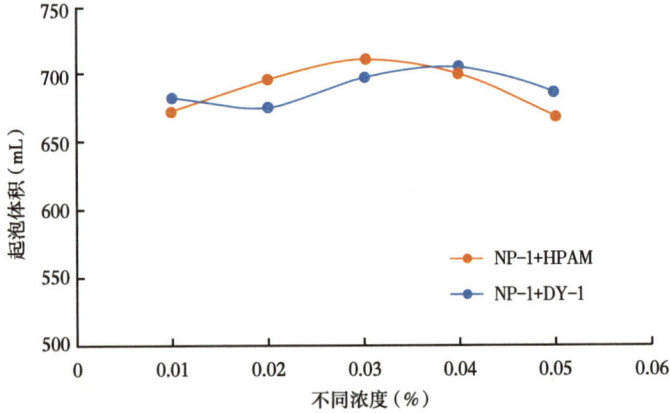

图 3.2.11 起泡体积与稳泡剂浓度关系

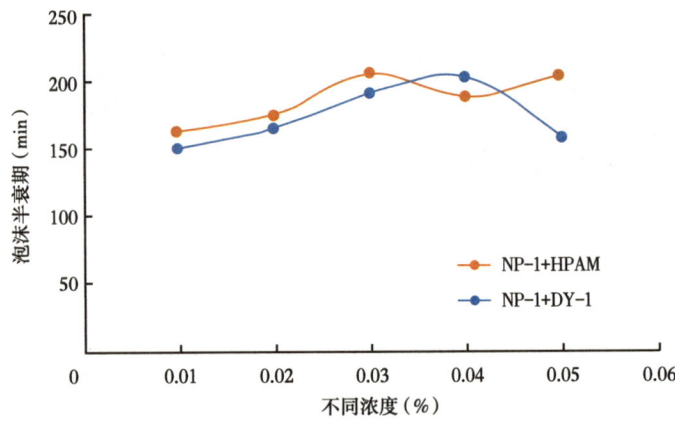

图 3.2.12 泡沫半衰期与起泡剂浓度关系

综上所述，用新疆油田 CO_2 试验区模拟地层水配液的情况下，CO_2 泡沫体系为 0.03%浓度的 NP-1+0.03%浓度的 DY-1。在此泡沫配方体系下，100mL 起泡液的起泡体积为 712mL，泡沫半衰期为 206min，泡沫实物图如图 3.2.13 所示。

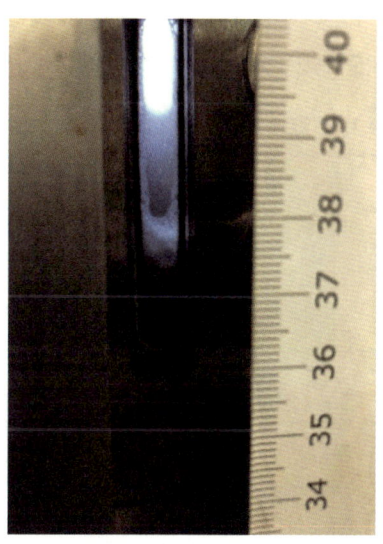

图 3.2.13　泡沫实物图

3.3　化学辅助调控体系综合性能评价

3.3.1　弱凝胶调控体系在 CO_2 作用下的耐酸性评价

选取优化的弱凝胶堵剂，通入 CO_2，密封，置于油藏温度 67℃下，考察在酸性条件下的稳定性，评价耐酸性能。实验结果见表 3.3.1。

表 3.3.1　堵剂的耐酸性评价（67℃）

序号	堵剂类型	黏度（强度）(mPa·s)	CO_2 作用后的黏度 (mPa·s)
1	聚合物 KYPAM-6 浓度 800mg/L+ 交联剂浓度 180mg/L+ 除氧剂 100 mg/L	4239	2350
2	HPAM 浓度为 800~1200mg/L+ 交联剂浓度为 300mg/L	7800	7350

实验结果表明，聚合物 HPAM/ 有机酚醛凝胶体系在酸性条件下的稳定性好，在 CO_2 作用下的黏度保留率达到 94.23%，推荐使用的弱凝胶配方：HPAM 浓度为 800~1200mg/L+ 交联剂浓度为 300mg/L。

3.3.2 泡沫体系的油藏适应性评价

3.3.2.1 耐温性评价

实验用模拟地层水配液，压力设置为26MPa，根据实际地层温度来设置合理的温度梯度37℃、47℃、57℃、67℃、77℃。整个实验过程模拟实际油藏条件，通过测量起泡体积和泡沫半衰期对泡沫体系进行常规性能评价。实验结果见表 3.3.2 和表 3.3.3。

表 3.3.2　温度对泡沫体系起泡体积的影响

泡沫体系	不同温度下的起泡体积（mL）				
	37℃	47℃	57℃	67℃	77℃
NP-1+DY-1	560	623	746	712	564

表 3.3.3　温度对泡沫体系半衰期的影响

泡沫体系	不同温度下的泡沫体系半衰期（min）				
	37℃	47℃	57℃	67℃	77℃
NP-1+DY-1	164	227	218	206	181

由图 3.3.1 和图 3.3.2 可以看出，随着温度的变化，泡沫体系的起泡体积和泡沫半衰期都随着温度的增加先增加后减小，存在一个最佳温度，57℃时泡沫体系的起泡体积最大746mL，47℃时泡沫体系的半衰期最长227min。温度在67℃下，起泡体积为712mL，半衰期为206min。相比最佳起泡体积和半衰期，虽然67℃下泡沫质量略有降低，但是下降幅度较小，说明该起泡体系具有良好的耐温性。

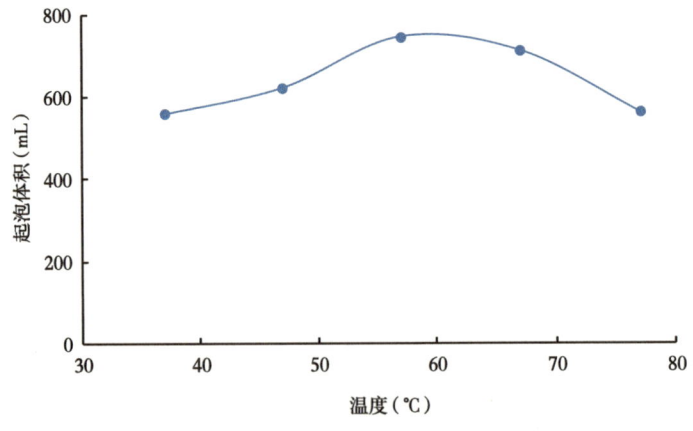

图 3.3.1　温度对起泡体积的影响

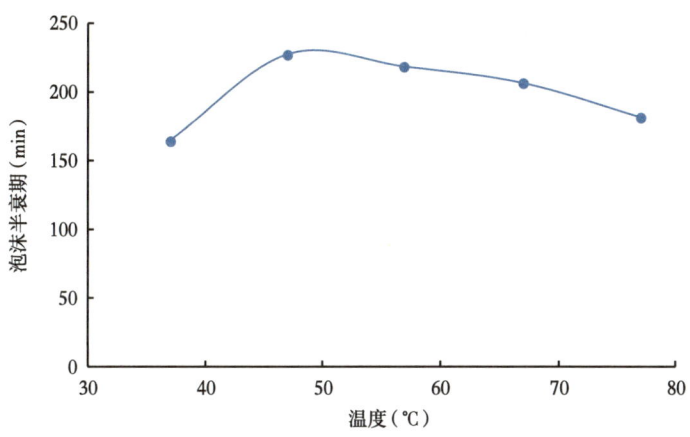

图 3.3.2 温度对泡沫半衰期的影响

3.3.2.2 耐盐性评价

在油井生产过程中，流体在进入地层的过程中矿化度也随之改变，为了评价泡沫体系在不同矿化度中的性能，通过配制不同矿化度条件下的 100mL 泡沫体系（0.3%NP-1+0.03%DY-1），然后用高温高压发泡仪测试起泡体积和半衰期，实验结果见表 3.3.4，如图 3.3.3 和图 3.3.4 所示。

表 3.3.4 矿化度对起泡性能的影响

矿化度	起泡体积（mL）	半衰期（min）
地层水	712	206
3/4 地层水 +1/4 淡水	739	203
1/2 淡水 +1/2 地层水	762	229
1/4 地层水 +3/4 淡水	785	240
淡水	824	261

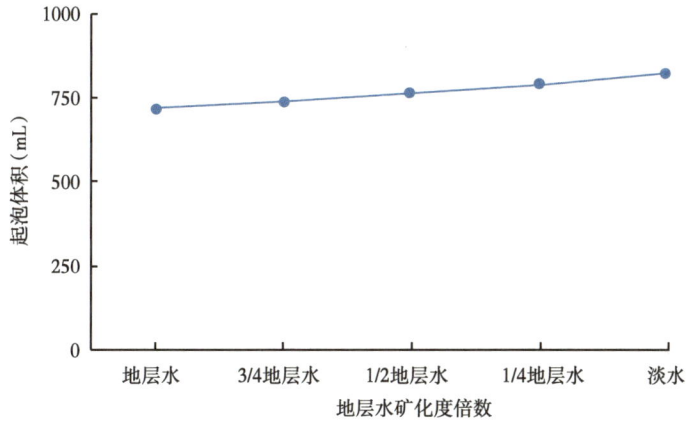

图 3.3.3 地层水矿化度对起泡体积的影响

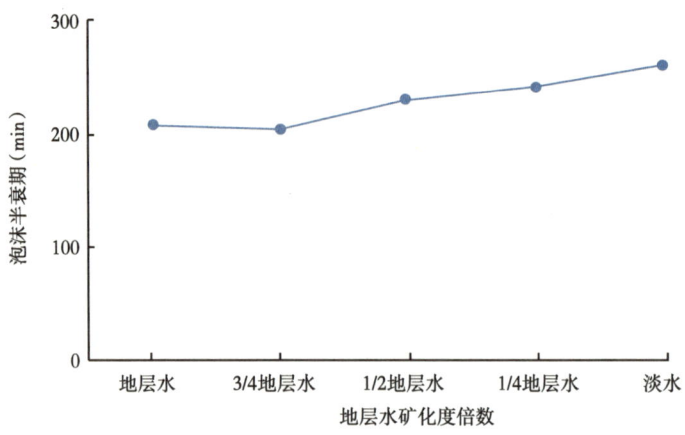

图 3.3.4 地层水矿化度对泡沫半衰期的影响

新疆油田 CO_2 试验区地层水矿化度为 16895mg/L，通过实验可发现，在新疆油田油藏条件下，地层水矿化度对泡沫体系具有一定的影响，起泡体积和半衰期随着矿化度的增加在一定程度都减小，但是减少幅度不大，说明该泡沫体系具有一定的耐盐性，满足油藏调剖要求。

3.3.2.3　老化稳定性评价

泡沫属于热力学不稳定体系，泡沫的稳定性是指泡沫存在时间长短，通过延长泡沫体系老化时间来评价其稳定性。采用模拟地层水配样，配制 100mL 浓度为 0.3%NP-1+0.03%DY-1 的泡沫体系 5 组放置于恒温箱中，根据不同的老化时间依次取出，注入高温高压泡沫发生仪中进行性能评价（实验结果见表 3.3.5 和表 3.3.6）。

表 3.3.5　时间对泡沫体系起泡体积的影响　　　　　　　　（单位：mL）

时间（d）	未老化	1	3	7	15
起泡体积	712	694	683	654	625

表 3.3.6　时间对泡沫体系半衰期的影响　　　　　　　　（单位：min）

时间（d）	未老化	1	3	7	15
泡沫半衰期	206	187	175	167	150

实验结果表明，泡沫体系的半衰期和起泡体积都随着老化时间的增加而降低，但是降低幅度较小，老化 15d，起泡体积从 712mL 降低至 625mL，半衰期由 206min 降低至 150min，两者降低幅度不大。由此说明该泡沫体系具有良好的稳定性，能够满足油藏调剖的要求（图 3.3.5 和图 3.3.6）。

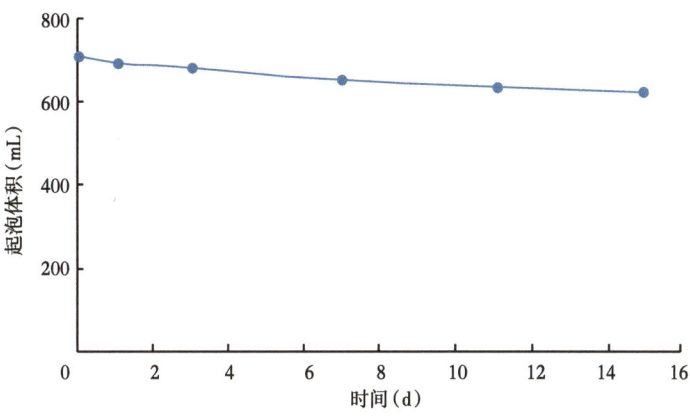

图 3.3.5 老化时间对起泡体积的影响

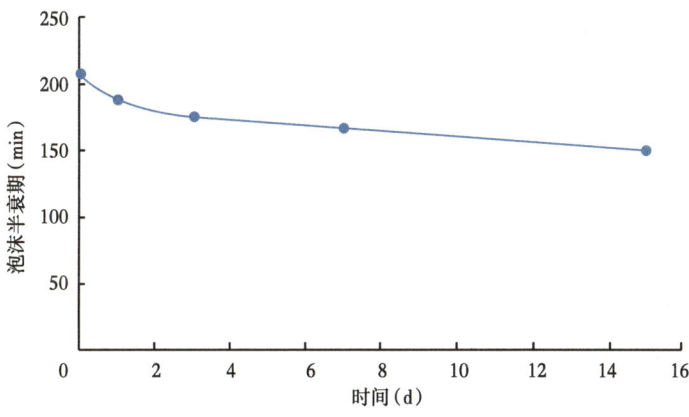

图 3.3.6 老化时间对泡沫半衰期的影响

通过泡沫体系配方筛选及常规性能评价，最终确定泡沫体系为 0.3%NP-1+0.03%DY-1，该体系在 26MPa、67℃条件下起泡体积为 712mL，半衰期为 206min，具有良好的耐温性、耐盐性及老化稳定性。

3.4 化学辅助调控体系的控窜及驱油实验

3.4.1 弱凝胶的封堵性、耐冲刷性评价

选取编号 3-0 天然岩心，采用实验筛选出的弱凝胶体系配方：HPAM 浓度为 800~1200mg/L+ 交联剂不同浓度为 300mg/L，进行岩心流动实验，岩心基本参数及实验结果见表 3.4.1 和表 3.4.2。

表 3.4.1　岩心基本参数

岩心编号	岩心直径（cm）	岩心长度（cm）	孔隙度（%）	渗透率（mD）	孔隙体积（cm³）
3-0	2.52	8.47	9.89	11.03	4.18

表 3.4.2　岩心封堵性实验结果

流量（mL/min）	段塞尺寸（PV）	渗透率（mD）	封堵后渗透率（mD）	封堵率（%）
0.5	0.32	11.03	0.95	91.39

可以看出，弱凝胶对天然岩心的封堵率达到 91.39%，具有一定的封堵高渗透大孔道的能力，耐冲刷性良好。

3.4.2　CO_2 泡沫调控岩心流动实验

实验采用的泡沫体系为 0.3%NP-1+0.03%DY-1，在水驱、CO_2 驱完后进行后续泡沫驱实验，注入速度为 0.03mL/min，采用气液交替方式注入，注入段塞为 0.1PV 泡沫液+0.1PVCO_2。

按照调和平均排序的方法依次对岩心进行排序，结果见表 3.4.3。岩心的总长度为 29.98cm，总孔隙体积为 41.85cm³，调和平均渗透率为 3.17mD，含油饱和度为 47.19%。

表 3.4.3　岩心排序表

岩心编号	直径（cm）	长度（cm）	孔隙度（%）	水测渗透率（mD）
3-3	3.79	7.81	12.13	2.34
3-2	3.80	7.25	10.32	1.57
3-4	3.77	7.06	15.76	18.46
3-1	3.81	7.86	11.48	7.07

实验过程共分为三个阶段，依次是水驱、CO_2 驱和 CO_2 泡沫驱，记录实验过程中含水率、采出程度、驱替压差以及气液比等动态数据的变化，实验数据见表 3.4.4，如图 3.4.1 和图 3.4.2 所示。

表 3.4.4　泡沫驱动态数据

注入量（PV）	注入流体	注入流速（mL/min）	采出程度（%）	含水率（%）	气油比（m³/m³）	驱替压差（MPa）
0.1	水	0.03	13.68	0	65.89	3.01
0.2	水	0.03	23.56	0	72.36	4.45
0.3	水	0.03	30.67	0	84.42	5.21

续表

注入量 (PV)	注入流体	注入流速 (mL/min)	采出程度 (%)	含水率 (%)	气油比 (m^3/m^3)	驱替压差 (MPa)
0.4	水	0.03	36.49	21.79	79.54	5.56
0.5	水	0.03	41.23	66.30	83.71	4.12
0.6	水	0.03	43.35	89.47	84.94	3.04
0.7	水	0.03	44.14	96.41	75.36	2.76
0.8	水	0.03	44.23	97.79	76.43	2.69
0.9	气	0.03	44.97	94.23	92.54	2.94
1.0	气	0.03	46.88	73.01	77.26	3.45
1.1	气	0.03	49.49	43.14	78.90	3.87
1.2	气	0.03	54.73	29.97	82.03	3.96
1.3	气	0.03	61.30	15.14	196.24	2.54
1.4	气	0.03	68.21	6.35	282.47	1.87
1.5	气	0.03	70.55	36.40	569.41	1.45
1.6	气	0.03	71.32	48.31	2874.36	1.41
1.7	气	0.03	71.79	71.69	6914.24	1.38
1.8	泡沫液	0.03	72.14	68.36	6726.64	2.97
1.9	气	0.03	72.80	47.57	3456.41	3.53
2.0	泡沫液	0.03	76.22	36.54	896.34	4.45
2.1	气	0.03	77.33	58.63	2248.3	3.17
2.2	泡沫液	0.03	79.04	64.24	1536.48	3.96
2.3	气	0.03	79.96	42.14	2978.36	3.44
2.4	泡沫液	0.03	80.34	65.54	1836.96	3.68
2.5	气	0.03	80.42	79.96	5452.12	3.25

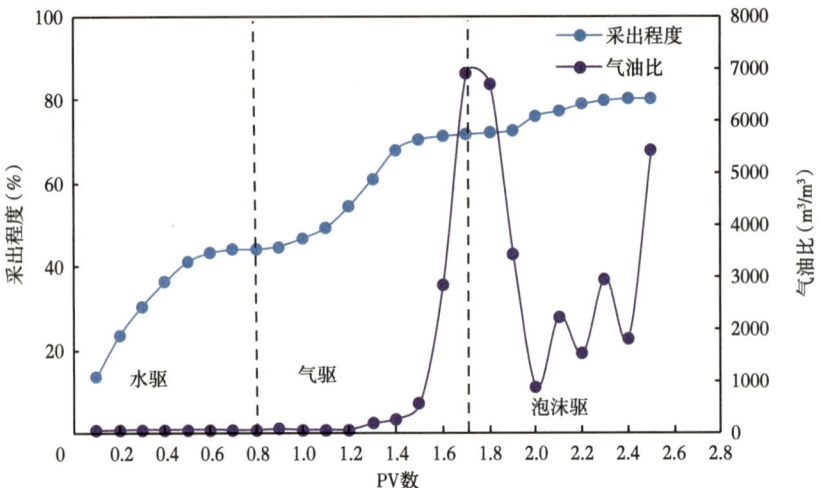

图 3.4.1 采出程度、气油比随注入 PV 变化

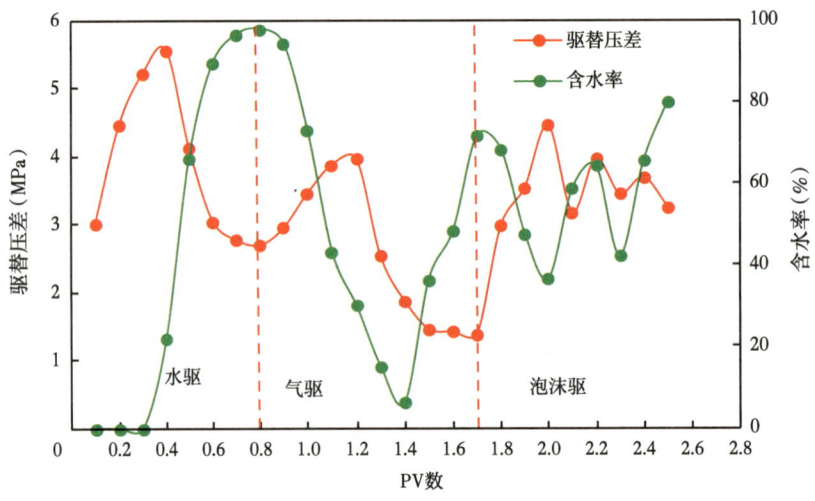

图 3.4.2 含水率、驱替压差随注入 PV 变化

实验结果表明，水驱至 0.37PV 时开始突破，突破时采收率为 33.28%，水驱至 0.8PV 时，含水率达到 97.79%，水驱采收率为 44.23%。此时转 CO_2 驱，注入 CO_2 至 0.46PV 时，气体开始突破，突破时累计采收率为 57.78%，气驱至 0.9PV 时，出口端只出气不出油，累计采收率为 71.79%，较水驱提高 27.56%。然后用 CO_2 泡沫进行后续驱替，可发现，注入泡沫段塞后，气油比明显下降，驱替压差升高，注入 4 个段塞共 0.8PV 后，出口端不再出油，累计采收率为 80.42%，泡沫驱阶段提高采收率 8.63%。

3.5 化学辅助砾岩油藏注 CO_2 调控方案设计

选择了 530 井区 CO_2 试验区 80513 井组、80475A 井组、80557 井组 3 个典型井组，开展了弱凝胶优势通道封堵与 CO_2 泡沫控制气窜施工方案设计。

3.5.1 80513 井组

80513 井组包含一口注入井 80513 井及 80492 井、80512 井、80532 井、80533 井、80514 井和 80206 井六口生产井。该井组从 2012 年 6 月投产，2017 年 8 月开始试注 CO_2，基础数据见表 3.5.1 和表 3.5.2。

表 3.5.1 射孔数据

井号	层位	射孔井段顶（m）	射孔井段底（m）	砂层厚度（m）
80513	$S74^1$	2568.5	2569.5	1.0
80513	$S74^2$	2575.0	2576.5	1.5
80513	$S74^3$	2579.5	2581.5	2.0
80513	$S74^4$	2588.0	2589.0	1.0
80513	$S74^5$	2591.5	2593.0	1.5
80513	$S74^6$	2593.0	2596.0	3.0
80513	$S74^7$	2601.0	2603.0	2.0
80513	S75	2611.0	2614.0	3.0

表 3.5.2 油层数据

井名	层位	有效厚度（m）	孔隙度（%）	含油饱和度（%）	渗透率（mD）
80513	$S74^1$	1.0	11.15	44.80	8.39
80513	$S74^2$	1.5	11.15	44.80	8.39
80513	$S74^3$	2.0	11.15	44.80	8.39
80513	$S74^4$	1.0	11.15	44.80	8.39
80513	$S74^5$	1.5	11.15	44.80	8.39
80513	$S74^6$	3.0	11.15	44.80	8.39
80513	$S74^7$	2.0	11.15	44.80	8.39
80513	S75	3.0	10.11	44.80	5.27

根据 80513 井吸水剖面测试结果，作出吸水剖面图（图 3.5.1）。可以看出，$S74^5$、$S74^6$ 和 S75 小层吸水强度与其余小层差异明显，优先使用弱凝胶封堵 $S74^5$、$S74^6$ 和 S75 层优势通道，再利用泡沫控制气窜。

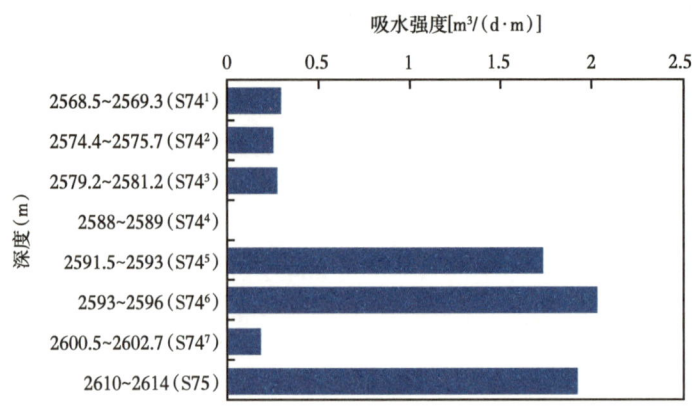

图 3.5.1 80513 井吸水强度分析图

根据优势通道分析结果，对 80513 井注采井组，采用弱凝胶封堵优势通道 + 泡沫控制气窜的复合调驱方案。

（1）优势通道封堵弱凝胶用量。

优势通道封堵采用 HPAM/ 有机酚醛弱凝胶体系，配方为：HPAM 浓度为 800~1200mg/L+ 交联剂浓度为 300mg/L。

弱凝胶调剖剂用量用式（3.5.1）确定：

$$V = \pi r^2 h \phi (1 - S_{or}) \quad (3.5.1)$$

计算得到 $V \approx 118 \text{m}^3$。

式中 V——堵剂配制量，m^3；

r——设计封堵半径 5~10m，取 8 m；

h——封堵 $S74^5$、$S74^6$、$S75$ 层，合计为 7.5m；

ϕ——封堵层平均孔隙度，为 11.15%；

S_{or}——剩余油饱和度，按 30% 计算。

（2）泡沫流度控制体系用量。

CO_2 气体流度控制采用 SDS 泡沫体系，配方为 0.3% SDS + 0.03% HYJ。

泡沫用量用式（3.5.2）确定：

$$V = \pi r^2 h \phi (1 - S_{or}) \quad (3.5.2)$$

计算得到：$V \approx 1650 \text{m}^3$。

式中 r——设计处理半径，为 30m；

h——调驱目的层厚度，$S74^5$、$S74^6$、$S75$ 层，合计 7.5m；

ϕ——孔隙度，为 11.15%；

S_{or}——剩余/残余油饱和度，按 30% 计算。

CO_2 泡沫总体积 1650 m³，采用交替注入方式，按气液比 1:1，所需起泡液的体积为 825m³。

（3）备料。

80513 井组用料清单见表 3.5.3。

表 3.5.3　80513 井组堵剂用料清单

化学剂名称	化学剂浓度	用量	规格要求
HPAM	800mg/L	94.4kg	固态，有效含量 95% 以上
有机酚醛	300mg/L	35.4L	液态，浓度为 1%
起泡剂 SDS	0.3%	2.475t	固态，有效含量 95% 以上
稳泡剂 HYJ	0.03%	0.248t	固态，有效含量 95% 以上

（4）施工方案。

最大井底注入压力必须小于 0.8 倍的地层破裂压力，该区地层破裂压力在 45MPa 左右，因此注入压力应低于 36MPa。施工方案见表 3.5.4。

表 3.5.4　80513 井组施工方案表

井号	80513		
封堵层段	S74⁵、S74⁶、S75 层（2591.5~2596m、2611~2614m）		
堵剂总量	凝胶体系 118m³+ 泡沫体系 1650m³（起泡液的体积为 825 m³）		
堵剂组成	HPAM/ 有机酚醛凝胶体系 +SDS 泡沫体系		
封堵半径	凝胶体系 10m	注入压力（MPa）	<36
	泡沫体系 30m		
挤注排量（m³/h）	2	日注	凝胶体系 48 m³
	3		泡沫体系 72 m³
施工时间（d）	15	注入方式	油管注入/气液交替注入
施工设备	井场配液池（带搅拌器）、水泥车、调驱泵		

（5）施工步骤。

①按《调堵水施工标准》进行操作，接油管施工；

②按设计工艺参数连续注入，严格控制施工排量，确保施工排量和施工压力低于设计的最高值；

③每天配制所需的堵剂，充分搅拌保证堵剂完全溶解和混合均匀；

④每天配液 48~72m³，每罐液体循环 60~120min，满足井场注入要求；

⑤挤注完堵剂后，立即注入相应的顶替液；借鉴现场试验经验，顶替量一般为整个堵剂用量的 15%，计算出顶替量为 17.7m³；

⑥关井候凝 2d 后，恢复生产；

⑦及时提交施工总结。

（6）施工质量要求。

①严格按 QHSE 标准执行；

②严格按照《中国石油天然气集团公司石油与天然气井下作业井控规定》《中国石油天然气集团公司关于进一步加强井控工作的实施意见》及本油田的相关井控规定进行施工；

③施工前先进行井口、井场调查：井口配件是否齐全，有无刺漏，井场是否满足施工条件，若存在问题，应整改合格后再进行施工；

④施工前后按设计要求取全取准各项测试资料；

⑤配液用储罐及转液罐车必须清洗干净，不得有油污；

⑥配液时要求堵剂混合均匀，不能产生鱼眼或结块，保证堵剂有充分的溶胀时间；

⑦要求连续注入，严格按设计控制施工压力；

⑧配液时应在技术人员的指导下严格按配方设计要求配液；

⑨资料录取严格按照《资料录取管理办法》执行；

⑩措施作业时严格执行企业、行业安全生产法律、法规和安全规章制度以及甲方的安全生产制度，严格按照 QHSE 作业程序和工作指南进行工作；

⑪措施作业时严格执行环境管理体系文件，以免措施作业对环境造成污染。

（7）环境保护及安全注意事项。

①配液必须依照配方要求（配液用罐干净不漏并且配液用水无脏物）；

②泵入过程中，如有管线刺漏发生，应首先放压整改；

③高压管汇区在挤注过程中禁止有人走动或停留；

④配液、施工要严格按设计要求操作，堵剂要在规定时间内挤注完毕；

⑤现场技术人员必须保证严格按照施工组织设计施工；现场 HSE 要确保施工安全，杜绝事故发生；

⑥重视环境保护，在作业完成后清理井场卫生；施工产生的废渣废料回收干净。

3.5.2　80475A 井组

80475A 井组包含注入井 80475A 井及 80205 井、80203 井、8027 井和 5049 井四口生产井。该井组从 2015 年 11 月开始投产，基础数据见表 3.5.5 和表 3.5.6。

表 3.5.5　射孔数据

井号	层位	射孔井段顶（m）	射孔井段底（m）	砂层厚度（m）
80475A	$T_2k_1^1$	2579.0	2579.5	0.5
80475A	$T_2k_1^2$	2580.0	2580.5	0.5
80475A	$T_2k_1^3$	2581.0	2583.5	2.5
80475A	$T_2k_1^4$	2592.0	2592.5	0.5
80475A	$T_2k_1^5$	2594.0	2595.5	1.5
80475A	$T_2k_1^6$	2597.5	2600.5	3.0
80475A	$T_2k_1^7$	2602.0	2603.0	1.0
80475A	$T_2k_1^8$	2606.0	2608.5	2.5
80475A	$T_2k_1^9$	2610.5	2613.0	2.5
80475A	$T_2k_1^{10}$	2616.5	2617.5	1.0
80475A	$T_2k_1^{11}$	2619.0	2621.5	2.5
80475A	$T_2k_1^{12}$	2631.5	2633.5	2.0

表 3.5.6　油层数据

井名	层位	有效厚度（m）	孔隙度（%）	含油饱和度（%）	渗透率（mD）
80475A	$T_2k_1^1$	0.5	10.63	44.80	6.83
80475A	$T_2k_1^2$	0.5	10.63	44.80	6.83
80475A	$T_2k_1^3$	2.5	10.63	44.80	6.83
80475A	$T_2k_1^4$	0.5	10.63	44.80	6.83
80475A	$T_2k_1^5$	1.5	10.63	44.80	6.83
80475A	$T_2k_1^6$	3	10.63	44.80	6.83
80475A	$T_2k_1^7$	1	10.63	44.80	6.83
80475A	$T_2k_1^8$	2.5	10.63	44.80	6.83
80475A	$T_2k_1^9$	2.5	10.63	44.80	6.83
80475A	$T_2k_1^{10}$	1	10.63	44.80	6.83
80475A	$T_2k_1^{11}$	2.5	10.63	44.80	6.83

根据80475A井吸水剖面测试，作出吸水剖面图（图3.5.2），从图中可以看出，$T_2k_1^9$、$T_2k_1^{11}$小层吸水强度与其余小层差异明显，优先调堵$T_2k_1^9$、$T_2k_1^{11}$层。

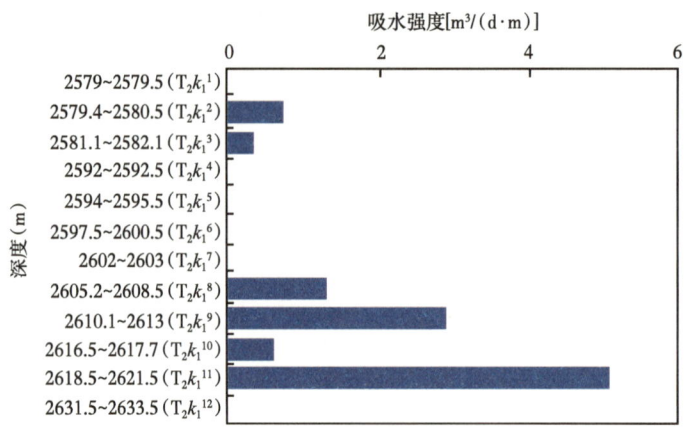

图 3.5.2　80475A 井吸水强度分析图

根据优势通道分析结果，对 80475A 井注采井组，采用弱凝胶封堵优势通道+泡沫控制气窜的复合调驱方案。

（1）优势通道封堵弱凝胶用量。

优势通道封堵采用 HPAM/有机酚醛弱凝胶体系，配方为 HPAM 浓度为 800~1200mg/L+交联剂浓度为 300mg/L。调剖剂用量 $V \approx 88m^3$。

（2）泡沫流度控制体系用量。

CO_2 气体流度控制采用 SDS 泡沫体系，配方为 0.3% SDS+0.03% HYJ。泡沫用量 $V \approx 1240m^3$。

CO_2 泡沫总体积 $1240m^3$，采用交替注入方式，按气液比 1：1，所需起泡液的体积为 $620m^3$。

（3）备料。

80475A 井组用料清单见表 3.5.7。

表 3.5.7　80475A 井组堵剂用料清单

化学剂名称	化学剂浓度	用量	规格要求
HPAM	800mg/L	70.4kg	固态，有效含量 95%以上
有机酚醛	300mg/L	26.4L	液态，浓度为 1%
起泡剂 SDS	0.3%	1.86t	固态，有效含量 95%以上
稳泡剂 HYJ	0.03%	0.19t	固态，有效含量 95%以上

（4）施工方案。

最大井底注剂压差必须小于 0.8 倍的地层破裂压力，该区地层破裂压力在 45MPa 左右，因此挤注压力应低于 36MPa。施工方案见表 3.5.8。

表 3.5.8 80475A 井组施工方案表

井号	80475A		
封堵层段	$T_2k_1^9$、$T_2k_1^{11}$（2610.1~2613m、2618.5~2621.5m）		
堵剂总量	凝胶体系 88m³+ 泡沫体系 1240m³（起泡液的体积为 620m³）		
堵剂组成	HPAM/ 有机酚醛凝胶体系 +SDS 泡沫体系		
封堵半径	凝胶体系 10m	注入压力（MPa）	<36
封堵半径	泡沫体系 30m	注入压力（MPa）	<36
挤注排量（m³/h）	2	日注	凝胶体系 48m³
挤注排量（m³/h）	3	日注	泡沫体系 72m³
施工时间（d）	11	注入方式	油管注入 / 气液交替注入
施工设备	井场配液池（带搅拌器）、水泥车、调驱泵		

（5）施工步骤。

①按《调堵水施工标准》进行操作，接油管施工；

②按设计工艺参数连续注入，严格控制施工排量，确保施工排量和施工压力低于设计的最高值；

③每天配制所需的堵剂，充分搅拌保证堵剂完全溶解和混合均匀；

④每天配液 48~72m³，每罐液体循环 60~120min，满足井场注入要求；

⑤挤注完堵剂后，立即注入相应的顶替液；借鉴现场试验经验，顶替量一般为整个堵剂用量的 15%，计算出顶替量为 17.7m³；

⑥关井候凝 2d 后，恢复生产；

⑦及时提交施工总结。

（6）施工质量要求。

①严格按 QHSE 标准执行；

②严格按照《中国石油天然气集团公司石油与天然气井下作业井控规定》《中国石油天然气集团公司关于进一步加强井控工作的实施意见》及本油田的相关井控规定进行施工；

③施工前先进行井口、井场调查：井口配件是否齐全，有无刺漏，井场是否满足施工条件，若存在问题，应整改合格后再进行施工；

④施工前后按设计要求取全取准各项测试资料；

⑤配液用储罐及转液罐车必须清洗干净，不得有油污；

⑥配液时要求堵剂混合均匀，不能产生"鱼眼"或结块，保证堵剂有充分的溶胀时间；

⑦要求连续注入,严格按设计控制施工压力;

⑧配液时应在技术人员的指导下严格按配方设计要求配液;

⑨资料录取严格按照《资料录取管理办法》执行;

⑩措施作业时严格执行企业、行业安全生产法律、法规和安全规章制度及甲方的安全生产制度,严格按照 QHSE 作业程序和工作指南进行工作;

⑪措施作业时严格执行环境管理体系文件,以免措施作业对环境造成污染。

(7)环境保护及安全注意事项。

①配液必须依照配方要求(配液用罐干净不漏并且配液用水无脏物);

②泵入过程中,如有管线刺漏发生,应首先放压整改;

③高压管汇区在挤注过程中禁止有人走动或停留;

④配液、施工要严格按设计要求操作,堵剂要在规定时间内挤注完毕;

⑤现场技术人员必须保证严格按照施工组织设计施工,现场 HSE 要确保施工安全,杜绝事故发生;

⑥重视环境保护,在作业完成后清理井场卫生,施工产生的废渣废料回收干净。

3.5.3 80557 井组

80557 井组包含一口注入井 80557 井及 80556 井、80611 井、80580 井、80536 井和 50535 井五口生产井。该井组从 2012 年 9 月开始投产,基础数据见表 3.5.9 和表 3.5.10。

表 3.5.9 射孔数据

井号	层位	射孔井段顶(m)	射孔井段底(m)	砂层厚度(m)
80557	$S74^1$	2632.5	2633.5	1.0
80557	$S74^2$	2638.5	2640.0	1.5
80557	$S74^3$	2640.0	2643.0	3.0
80557	$S75^1$	2644.5	2645.5	1.0
80557	$S75^2$	2656.5	2658.5	2.0
80557	$S75^3$	2659.5	2661.0	1.5
80557	$S75^4$	2663.0	2664.5	1.5
80557	$S75^5$	2665.0	2666.5	1.5
80557	$S75^6$	2669.0	2670.5	1.5
80557	$S75^7$	2670.5	2673.5	3.0

表 3.5.10 油层数据

井名	层位	有效厚度（m）	孔隙度（%）	含油饱和度（%）	渗透率（mD）
80557	S74^1	1.0	11.15	44.80	8.39
80557	S74^2	1.5	11.15	44.80	8.39
80557	S74^3	3.0	11.15	44.80	8.39
80557	S75^1	1.0	10.11	44.80	5.27
80557	S75^2	2.0	10.11	44.80	5.27
80557	S75^3	1.5	10.11	44.80	5.27
80557	S75^4	1.5	10.11	44.80	5.27
80557	S75^5	1.5	10.11	44.80	5.27
80557	S75^6	1.5	10.11	44.80	5.27
80557	S75^7	3.0	10.11	44.80	5.27

根据 80557 井吸水剖面测试，作出吸水剖面图（图 3.5.3），可以看出，S75^3、S75^6 层位为主力小层，优先调驱 S75^3、S75^6 层。

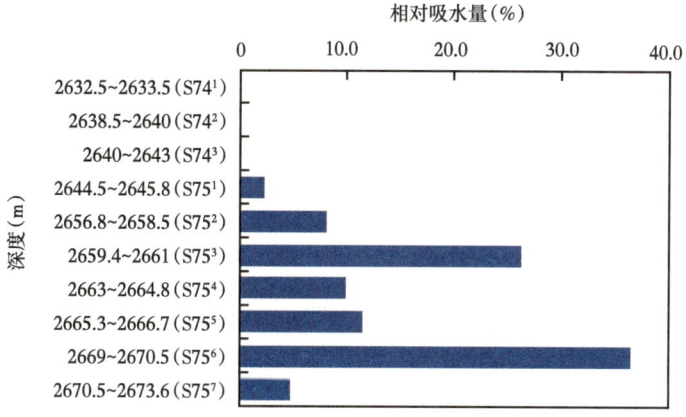

图 3.5.3 80557 井吸水强度分析图

CO_2 气体流度控制采用 SDS 泡沫体系，配方为 0.3% SDS + 0.03% HYJ。

（1）泡沫流度控制体系用量。

泡沫用量 $V \approx 1200 m^3$。CO_2 泡沫总体积 1200m^3，采用交替注入方式，按气液比 1∶1，所需起泡液的体积为 600m^3。

（2）备料。

80557 井组备料清单见表 3.5.11。

表 3.5.11　80557 井组泡沫体系备料清单

化学剂名称	化学剂浓度（%）	用量（t）	规格要求
起泡剂 SDS	0.3	1.8	固态，有效含量 95% 以上
稳泡剂 HYJ	0.03	0.18	固态，有效含量 95% 以上

（3）施工方案。

最大井底注剂压差必须小于 0.8 倍的地层破裂压力，该区地层破裂压力在 45MPa 左右，因此挤注压力应低于 36MPa。实施 CO_2 泡沫调驱，不动管柱，采用气液交替注入的方式，调驱施工的日注入量、挤注排量等参数见表 3.5.12。

表 3.5.12　80557 井组调驱施工设计表

井号	80557		
调驱层位	$S75^3$、$S75^6$ 小层		
调驱半径（m）	30	起泡液用量（t）	600
调驱剂	CO_2 泡沫	注入压力（MPa）	<36
挤注排量（m³/h）	3.0	日注（m³）	72
施工时间（d）	8	注入方式	气液交替注入
施工设备	井场配液池（带搅拌器）、水泥车、调驱泵		

（4）施工步骤。

①按《泡沫调堵水施工标准》进行操作，接油管施工；

②按设计工艺参数连续注入，严格控制施工排量，确保施工排量和施工压力低于设计的最高值；

③每天配制所需的泡沫，充分搅拌保证堵剂完全溶解和混合均匀；

④每天配液 72m³，每罐液体循环 60~120min，满足井场注入要求；

挤注完堵剂后，立即注入相应的顶替液；借鉴现场试验经验，顶替量一般为整个堵剂用量的 15%，计算出顶替量为 17.7m³；

⑤及时提交施工总结。

（5）施工质量要求。

①严格按照《中国石油天然气集团公司石油与天然气井下作业井控规定》《中国石油天然气集团公司关于进一步加强井控工作的实施意见》及本油田的相关井控规定进行施工；

②严格按调驱工艺设计进行施工；

③施工前先进行井口、井场调查：注气井口配件是否齐全，有无刺漏，井场是否满足施工条件，若存在问题，应整改合格后再进行施工；

④泡沫调驱前后按设计要求取全取准各项测试资料;

⑤配液用储罐及转液罐车必须清洗干净,不得有油污;

⑥配液时要求起泡液混合均匀;

⑦要求连续注入,严格按设计控制施工压力;

⑧配液时应在技术人员的指导下严格按配方设计要求配液;

⑨泡沫调驱后下入管柱恢复注气,管柱设计要求测试工具能够顺利下至油层底界15m以下,以满足以后测试要求;

⑩施工作业后三日内提交施工小结;

⑪资料录取严格按照《资料录取管理办法》执行;

⑫措施作业时严格执行企业、行业安全生产法律、法规和安全规章制度及甲方的安全生产制度,严格按照QHSE作业程序和工作指南进行工作;

⑬措施作业时严格执行环境管理体系文件,以免作业对环境造成污染;

⑭措施作业一个月后,测吸气剖面。

(6)环境保护及安全注意事项。

①配液时尽可能避免吸入口中,不慎沾在皮肤上,立即用清水冲洗;

②配液、施工用水要求干净,无脏物。配液用罐及所有贮罐,要求干净不漏。严格按配方要求配液;

③挤注过程中如发现管线刺漏,应先放压后整改,严禁带压作业;

④挤注过程中高压管汇区不得有人走动或停留;

⑤配液、施工要严格按设计要求操作,要在规定时间内挤注完毕;

⑥整个施工过程要求组织严密,分工明确,若出现与设计不符现象,现场技术人员有权责令整改,确保施工安全,不发生任何事故;

⑦注意环境保护,做到废液回收,施工完成后搞好井场卫生。

4 化学辅助凝析气藏注天然气调控技术与应用

凝析气藏是一种特殊、复杂的气藏,在原始地层条件下流体呈气相状态存在,有油藏和气藏的双重特征,经济开采价值很高。为了提高凝析油产量,凝析气藏一般采用注天然气保压开采方式,随着生产的不断进行,产油量大幅度降低,气油比大幅度上升,气窜问题十分突出。

本书创新性提出凝析气藏采用"天然气+起泡剂溶液"交替注入技术,形成天然气泡沫有效控制气窜。在分析某凝析气藏气窜特征和井组气窜规律基础上,开展化学辅助注天然气调控体系研发及应用性能评价、化学辅助天然气调控体系的注入参数优化、典型井组施工方案设计及现场应用分析。取得的研究成果,对于改善凝析气藏注气开发效果,具有十分重要的意义。

4.1 油藏地质特征及气窜规律分析

4.1.1 典型油藏地质特征

某凝析气藏是我国最大的整体采用高压循环注气开发的凝析气藏。该凝析气藏埋藏深度 5000m 左右,地层温度 138℃,原始地层压力 56MPa,现地层压力为 38.03MPa,矿化度为 184200mg/L,凝析气藏呈现高温高压高矿化度的特征,原始凝析油含量:$595\sim671g/m^3$,最大反凝析压力为 20~32MPa,最大反凝析液量为 17.2%~33.32%。

随着生产的不断进行,产油量大幅度降低,气油比大幅度上升,气窜问题十分突出。例如,某注气井,由于存在层间渗透率差异,与投产初期相比,在相同注气压力 32MPa 下的吸气能力增加 233%。

对应的生产井,于 2000 年 11 月 3 日投产,初期日产油 158t,日产气 $23.4\times10^4m^3$,气油比为 $1478.5m^3/t$,至 2018 年 11 月 8 日,日产油 30t,日产气 $2308.5\times10^4m^3$,气油比为 $14180.8m^3/t$。根据示踪剂检测结果分析,示踪剂从注气井均可以到达与其对应的采气井,且示踪剂运移速度大都在 6.3m/d 左右,这说明注采气井之间的连通性较好,储层平面整体连通,气窜严重,稳产形势严峻,亟须开展调控措施。

为了控制气体重力超覆和黏性指进、提高波及效率，采用天然气泡沫控制气窜技术，以达到调整注入剖面、改善流度比、扩大波及体积、提高驱替效率的目的。天然气泡沫控制气窜技术是一项新技术，即按一定的气液比注入天然气和起泡剂溶液，气体与起泡剂溶液在地层形成泡沫体系。一方面，天然气泡沫的阻力因子显著增加，控制了注入气的流度，减缓了黏性指进现象，大幅度提高注入气的波及效率。另一方面，起泡剂具有表面活性，消除气锁和水锁，能够提高微观驱油效率。从而降低天然气产出速度，提高凝析油产量。泡沫体系不仅控制气窜效果好，而且增油潜力巨大。

4.1.2 典型井组的气窜规律分析

本节分析了注气井的油气层非均质性和对应生产井气油比、产油量、生产动态，并对注采井组开展了示踪剂测试分析。

4.1.2.1 注气井油气层非均质性分析

某注气井测井数据见表4.1.1。

表 4.1.1 某注气井测井数据

层系	小层	深度层段（m）	厚度（m）	自然伽马（API）	密度（g/cm³）	中子孔隙度（%）	声波时差（μs/ft）	孔隙度（%）	渗透率（mD）	含油饱和度（%）	解释结论
E_{III}	E_{III-1}	5151.0~5153.0	2.0	46	2.48	4	61	11.7	12.23	55	差气层
E_{III}	E_{III-1}	5153.0~5155.5	2.5	41	2.60	1	64	4.9	2.47		干层
E_{III}	E_{III-2}	5155.5~5160.0	4.5	49	2.38	10	70	17.3	107.6	78	气层
E_{III}	E_{III-2}	5160.0~5163.0	3.0	32	2.73	0	54	0.1	0.3		干层
E_{III}	E_{III-2}	5163.0~5172.0	9.0	47	2.26	12	74	22.6	161.69	83	气层
E_{III}	E_{III-3}	5172.0~5176.0	4.0	49	2.26	13	73	23.5	661.11	27	高水淹层
E_{III}	E_{III-3}	5176.0~5180.5	3.5	50	2.41	10	68	13.6	0.1	31	干层

由测井数据可知，E_{III-2}层5155.5~5160m段、E_{III-2}层5163~5172m段、E_{III-3}层5172~5176m段，为高渗透层段，为主要的气层、水淹层，选用这三个层位为主力措施层段。

4.1.2.2 动态分析对应生产井气油比、产油量、生产

2013年7月7日起，注气井在古近系E_{III-2}顶部实施注气作业。2016年后注入气沿储层快速推进，导致受效井气窜严重，气油比急剧上升，凝析油产量大幅下降。

生产井1生产初期，油压33.73MPa，日产油155t、日产气$24.78 \times 10^4 m^3$，气油比1599m^3/t；截至2020年7月20日，油压23.7MPa，日产油24t、日产气$35.64 \times 10^4 m^3$，气油比15268 m^3/t，该井生产情况见表4.1.2，如图4.1.1所示。

表 4.1.2　生产井 1 生产情况

日期	日产油量（t）	日产气量（m³）	气油比（m³/t）
2018 年 11 月 8 日	30	425425	14180.83
2019 年 12 月 30 日	24	356442	14851.75
2020 年 7 月 20 日	24	356400	14850.00

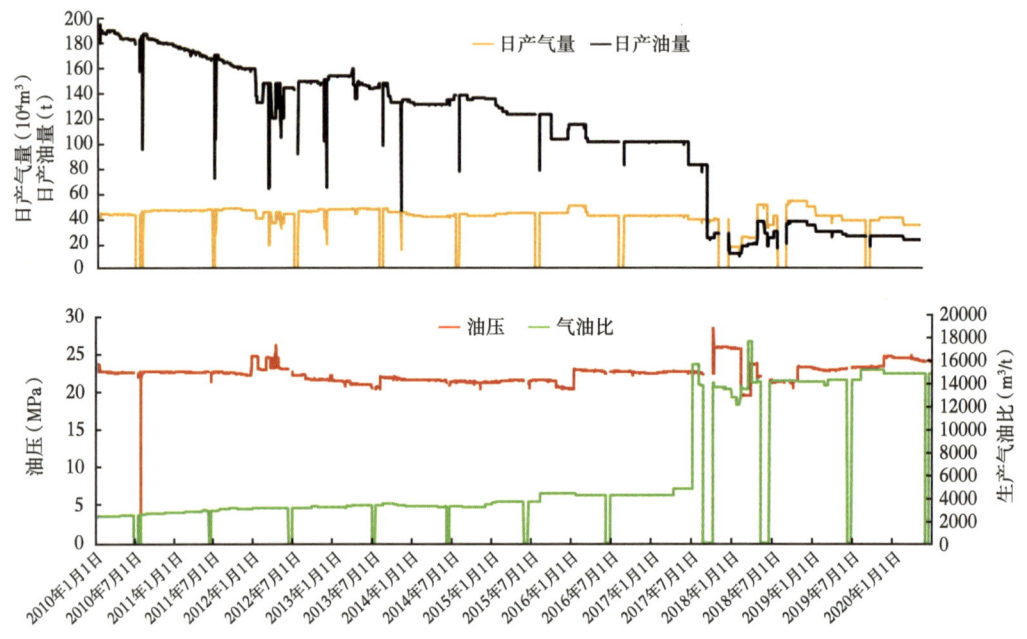

图 4.1.1　生产井 1 生产曲线

生产井 2 生产初期，油压 20.8MPa，日产油 57.72t、日产气 $15.77 \times 10^4 m^3$，气油比 2732 m³/t；截至 2020 年 7 月 20 日，油压 13.7MPa，日产油 22t、日产气 $23.28 \times 10^4 m^3$，气油比 10585m³/t。生产井 2 生产情况见表 4.1.3，如图 4.1.2 所示。

表 4.1.3　生产井 2 生产情况

日期	日产油量（t）	日产气（m³）	气油比（m³/t）
2019 年 1 月 1 日	30	288361	9612.03
2020 年 1 月 1 日	28	341571	12198.96
2020 年 7 月 20 日	22	232870	10585.00

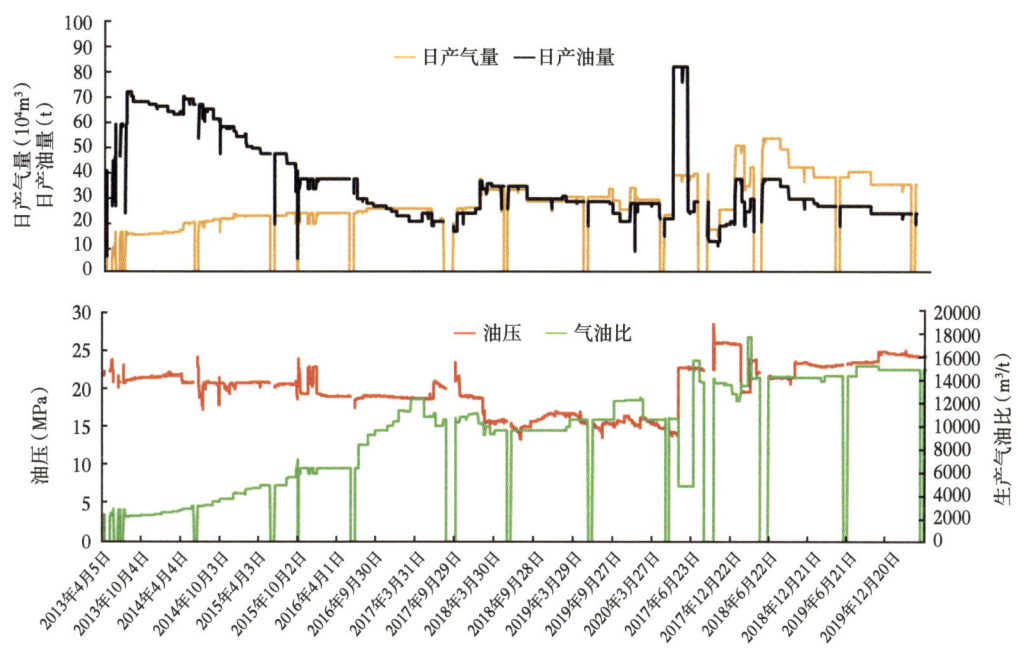

图 4.1.2 生产井 2 生产曲线

生产井 3 生产初期，油压 18.5MPa，日产油 40t、日产气 $17.13 \times 10^4 m^3$，气油比 $4281.75 m^3/t$；截至 2020 年 1 月 1 日，油压 12.6MPa，日产油 39t、日产气 $16.61 \times 10^4 m^3$，气油比 $4259.54 m^3/t$。

随着生产的不断进行，以上受效井产油量大幅度降低，气油比大幅度上升，气窜严重，稳产形势严峻，急需开展调控措施。

4.1.2.3 注采井组示踪剂测试分析

从 2020 年 9 月 8 日开始监测至 2020 年 9 月 24 日结束，井组见剂情况详见表 4.1.4。

表 4.1.4 该井组示踪剂产出基本情况表

注剂井	注入日期	注入示踪剂名称	监测油井	监测响应情况
注气井	9月8日	绿色固体微颗粒分散相示踪剂	生产井 1	△
			生产井 2	△
			生产井 3	△

注："△"表示监测到示踪剂明显响应。

根据示踪剂产出曲线图与储层层数或通道关系的一般性判断原则，即示踪剂产出曲线的峰数与层数或通道相对应，由此可知该井组的响应油井间都为 1 个峰响应特征。

采用油气井距离(m)与示踪剂峰值时间(d)的比值来评价注入气的推进速度,部分见剂井方向推进速度较快(表4.1.5)。

表 4.1.5 井组固体示踪剂突破参数

井组	响应油井	井距(m)	突破时间(d)	速度(m/d)	颗粒数(颗)	最大颗粒直径(μm)
注气井	生产井 1	1484.0	7	212.0	17	13.62
	生产井 2	742.0	7	106.0	10	13.64
	生产井 3	1989.2	7	284.2	10	12.01

本次对注采井组进行示踪监测,从设计、注入施工、取样到检测分析都严格执行相关要求,使工作得以顺利完成,监测工作是成功的。结论及建议如下:

(1)该注气井与三口生产井有微颗粒产出,气井的连通关系明确。

(2)大孔道发育优势方位为南西,与构造主体走向一致,南西也是气窜方向。

(3)生产井 1 井方向为主大孔道带发育方向,生产井 3 井方向为北东向大孔道生产井 1 井向南西延伸的尾部,开度变小生产井 2 井方向的大孔道为主大孔道的分支,开度相对较小。

(4)生产井 3 井有 10 个大孔道带,生产井 1 井有 7 个大孔道带,生产井 2 井有 16 个大孔道带,总体看,生产井 1 井是大孔道开度最大,其次为生产井 3 井,再次为生产井 2 井。

(5)建议生产井 1 井采取针对大孔道的封堵、调整措施。

4.2 化学辅助调控体系的研发

针对凝析气藏的高温、高压特征,研发耐高温高压天然气泡沫调控体系,并开展应用性能评价。

4.2.1 实验条件

(1)实验温度:常温 25℃、研究区块油藏温度 138℃;

(2)实验压力:常压 0.1 MPa、研究区块油藏压力 38.03 MPa;

(3)实验气体:模拟注入天然气组分配置气体,注入组分及组成见表 4.2.1,装置如图 4.2.1 所示。

表 4.2.1 注入天然气的组分及组成

组分	摩尔分数(%)	组分	摩尔分数(%)	组分	摩尔分数(%)
甲烷	88.52	异戊烷	0.0949	氮气	3.192
乙烷	4.476	正戊烷	0.0834	氧气	0.3465
丙烷	1.261	己烷	0.0899	二氧化碳	1.356
异丁烷	0.2241	庚烷	0.0564	硫化氢	0.0000
正丁烷	0.2928	辛烷及更重组分	0.0050	取样含空气	—

图 4.2.1 模拟天然气

（4）配液体系：模拟采出水，离子及化学剂组成见表 4.2.2 和表 4.2.3。

表 4.2.2 模拟采出水离子组成

离子组成	K^++Na^+	Ca^{2+}	Mg^{2+}	Cl^-	SO_4^{2-}	HCO_3^-	总矿化度
含量(mg/L)	1263	66.4	7.45	2080	12.09	0	3428.94

表 4.2.3 模拟采出水化学剂组成

成分	$MgCl_2 \cdot 6H_2O$	$CaCl_2$	KCl	NaCl	Na_2SO_4
用量(g/L)	6.23	0.19	0.49	2.82	0.02

4.2.2 起泡剂优选

4.2.2.1 常温下起泡性能

用模拟采出水配置浓度为 0.1%、0.2%、0.3%、0.4% 和 0.5% 的起泡剂溶液，在常温常压下利用吴茵搅拌器进行起泡实验，记录起泡体积和半衰期，并计算综合指数。实验结果见表 4.2.4，如图 4.2.2 和图 4.2.3 所示。

表 4.2.4 不同类型起泡剂在常压下的发泡实验结果

起泡剂	浓度（%）	V（mL）	t（min）	综合指数（mL·min）
起泡剂 A	0.1	230	31	5347.5
	0.2	430	42	13545
	0.3	460	53	18285
	0.4	560	61	25620
	0.5	600	77	34650
起泡剂 B	0.1	90	12	810
	0.2	140	19	1995
	0.3	130	26	2535
	0.4	150	32	3600
	0.5	163	39	4767.75
起泡剂 C	0.1	210	31	4882.5
	0.2	240	84	15120
	0.3	275	92	18975
	0.4	310	79	18367.5
	0.5	260	62	12090
起泡剂 D	0.1	120	16	1440
	0.2	130	22	2145
	0.3	140	25	2625
	0.4	170	31	3952.5
	0.5	180	39	5265
起泡剂 E	0.1	160	32	3840
	0.2	260	46	8970
	0.3	310	56	13020
	0.4	315	60	14175
	0.5	320	62	14880
起泡剂 F	0.1	130	18	1755
	0.2	145	26	2827.5
	0.3	151	31	3510.75
	0.4	162	37	4495.5
	0.5	177	41	5442.75

续表

起泡剂	浓度（%）	V（mL）	t（min）	综合指数（mL·min）
起泡剂 G	0.1	110	16	1320
	0.2	130	23	2242.5
	0.3	140	28	2940
	0.4	150	34	3825
	0.5	160	46	5520
起泡剂 H	0.1	40	16	480
	0.2	50	21	787.5
	0.3	70	23	1207.5
	0.4	45	15	506.25
	0.5	30	8	180
起泡剂 I	0.1	146	22	2409
	0.2	152	27	3078
	0.3	159	31	3696.75
	0.4	167	36	4509
	0.5	171	41	5258.25

图 4.2.2　起泡液在烘箱中老化

(a) 起泡剂A筛选实物图

(b) 起泡剂C筛选实物图

(c) 起泡剂D筛选实物图

(d) 起泡剂F筛选实物图

图 4.2.3　部分起泡剂筛选实物图

由图 4.2.4 不同类型起泡剂的起泡体积柱状图可知，在常温常压下，起泡剂 A 效果最好，在浓度为 0.5% 时，起泡体积可以达到 600 mL，其余起泡剂的起泡体积较低。

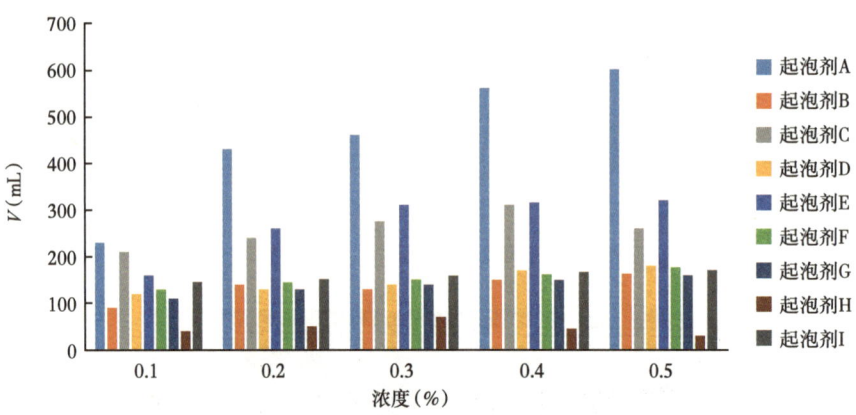

图 4.2.4　不同类型起泡剂的起泡体积柱状图

由图 4.2.5 不同类型起泡剂的半衰期柱状图可知，起泡剂 A 的泡沫半衰期依然很好，同时起泡剂 C 在浓度 0.2%~0.4% 时，半衰期表现最好。

由图 4.2.6 不同类型起泡剂综合指数柱状图可知，起泡剂 A 的综合指数在浓度 0.5% 时远高出其他起泡剂，同时，起泡剂 C 在浓度 0.2%~0.4% 时也有良好的综合指数表现，因此，选用起泡剂 A 和起泡剂 C 在油藏下进行浓度筛选和进一步的复配。

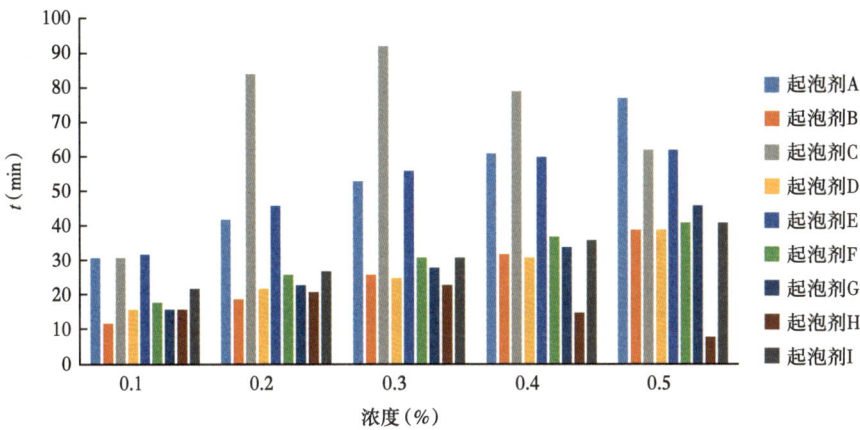

图 4.2.5　不同类型起泡剂的半衰期柱状图

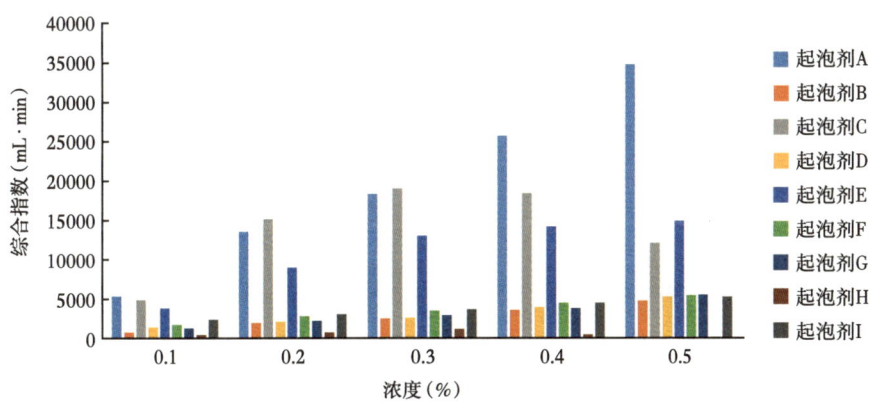

图 4.2.6　不同类型起泡剂综合指数柱状图

4.2.2.2　在油藏条件下评价泡沫质量实验步骤

（1）用模拟天然气将 YP-1 型高温高压泡沫工作液性能测试装置内的空气排净，使腔体内充满模拟天然气后密封；

（2）向 YP-1 型高温高压泡沫工作液性能测试装置内泵注 100mL 的起泡剂溶液；

（3）加热至地层温度 138℃后，充入模拟天然气至预定压力，高速搅拌 60s，记录起泡体积和半衰期，计算综合指数。

4.2.2.3　高温高压起泡剂的复配

在凝析气藏地层（温度 138℃、压力 38.03MPa）条件下将起泡剂 A、起泡剂 C 溶液及 0.1%~0.5% 的起泡剂 A 和 0.1%~0.5% 起泡剂 C 的复配溶液，进行起泡实验，记录起泡体积和半衰期，计算综合指数。

（1）起泡剂 A。

浓度分别为 0.1%、0.2%、0.3%、0.4% 和 0.5% 的起泡剂 A 的泡沫性能测试实验结果见表 4.2.5，如图 4.2.7 所示。

表 4.2.5　起泡剂 A 的泡沫性能测试结果

起泡剂	浓度（%）	V（mL）	t（min）	综合指数（mL·min）
起泡剂 A	0.1	130	39	3802.5
	0.2	410	41	12607.5
	0.3	440	57	18810
	0.4	500	63	23625
	0.5	550	76	31350

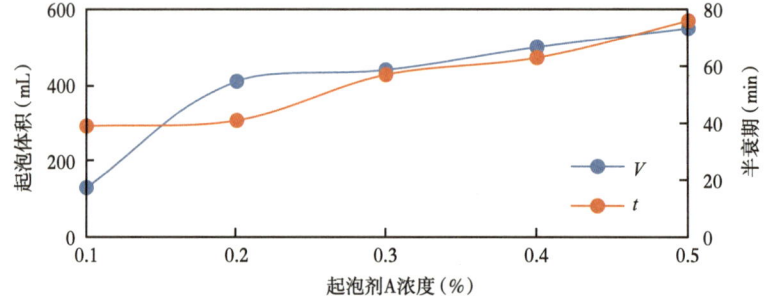

图 4.2.7　起泡剂 A 起泡体积和半衰期实验结果

起泡剂 A 在地层条件下的表现良好，起泡体积较常温常压下有所下降，但仍能保持较好的效果，半衰期在高压下略有增加，起泡体积和半衰期随浓度的增大总体呈现上升趋势，在 0.5% 浓度时，起泡体积为 550 mL，半衰期 76 min，综合指数 31350 mL·min。

（2）起泡剂 C。

浓度分别为 0.1%、0.2%、0.3%、0.4% 和 0.5% 的起泡剂 C 的实验结果见表 4.2.6，如图 4.2.8 和图 4.2.9 所示。

表 4.2.6　起泡剂 B 的起泡结果

起泡剂	浓度（%）	V（mL）	t（min）	综合指数（mL·min）
起泡剂 C	0.1	120	31	2790
	0.2	195	98	14332.5
	0.3	235	83	14628.75
	0.4	220	75	12375
	0.5	190	69	9832.5

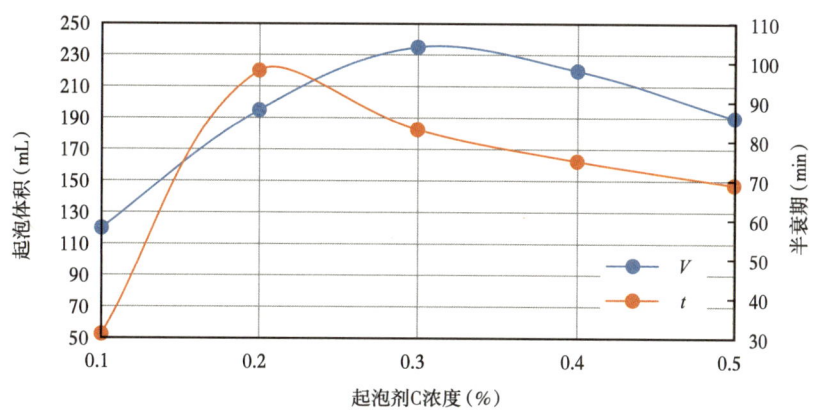

图 4.2.8　起泡剂 C 起泡体积和半衰期实验结果

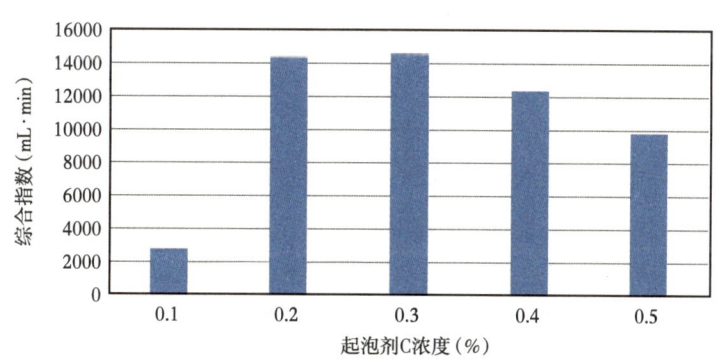

图 4.2.9　起泡剂 C 综合指数与浓度的关系

起泡剂 C 在油藏条件下的起泡体积并不理想,但是半衰期较常温常压下还略有增加,起泡剂 C 的起泡体积和半衰期都呈现先增大后减小的趋势,起泡剂 C 浓度在 0.2% 和 0.3% 时,泡沫的综合指数最大,分别为 14332.5 mL·min 和 14332.5 mL·min。

(3) 起泡剂 A 和起泡剂 C 的复配。

浓度分别为 0.1%、0.2%、0.3%、0.4% 和 0.5% 的起泡剂 A 和浓度分别为 0.1%、0.2%、0.3%、0.4% 和 0.5% 的起泡剂 C 进行交叉复配实验,实验结果见表 4.2.7 和表 4.2.8。

表 4.2.7　起泡剂 A 和起泡剂 C 复配的起泡体积　　　　（单位：mL）

起泡剂 A 浓度（%） \ 起泡剂 C 浓度（%）	0.1	0.2	0.3	0.4	0.5
0.1	270	305	330	330	290
0.2	400	440	460	460	420

续表

起泡剂A浓度(%) \ 起泡剂C浓度(%)	0.1	0.2	0.3	0.4	0.5
0.3	425	490	530	500	450
0.4	470	560	580	560	500
0.5	560	590	530	600	570

表 4.2.8 起泡剂 A 和起泡剂 C 复配的半衰期 （单位：min）

起泡剂A浓度(%) \ 起泡剂C浓度(%)	0.1	0.2	0.3	0.4	0.5
0.1	46	78	72	63	58
0.2	51	86	77	69	65
0.3	58	91	86	72	67
0.4	63	96	99	81	74
0.5	69	119	107	92	83

实验结果表明，0.5% 起泡剂 A 和 0.2% 起泡剂 C 的复配体系泡沫的起泡体积和半衰期均为最好，起泡体积为 590 mL，半衰期为 119 min，泡沫的综合指数达到了 52657.5 mL·min，故选择 0.5% 起泡剂 A+0.2% 起泡剂 C 为该凝析气藏的泡沫体系。

4.2.3 稳泡剂筛选

4.2.3.1 实验药品

影响泡沫稳定性的因素颇多，不少问题存在争议，需根据经验和实验结果相结合来配制稳定的泡沫。

本文选取的稳泡剂有稳泡剂 A、稳泡剂 B、稳泡剂 C，稳泡剂的实物图如图 4.2.10 所示。

(a) 稳泡剂A　　　　　　　(b) 稳泡剂B　　　　　　　(c) 稳泡剂C

图 4.2.10 实验用稳泡剂实物图

4.2.3.2 实验结果

在实验过程中发现，稳泡剂 B 在高温高压条件下会分解，故排除使用稳泡剂 B。

将 0.1%、0.2%、0.3%、0.4% 和 0.5% 的稳泡剂加入用模拟采出水配置的起泡剂溶液中，在凝析气藏条件下开展稳泡剂筛选起泡实验，记录起泡体积和半衰期，并计算综合指数。实验结果见表 4.2.9，如图 4.2.11 和图 4.2.12 所示。

表 4.2.9 不同稳泡剂的起泡结果

稳泡剂类型	浓度（%）	V（mL）	t（min）	综合指数（mL·min）
稳泡剂 A	0.1	590	121	53542.5
	0.2	590	129	57082.5
	0.3	570	131	56002.5
	0.4	560	130	54600
	0.5	550	132	54450
稳泡剂 C	0.1	500	139	52125
	0.2	480	142	51120
	0.3	440	145	47850
	0.4	440	145	47850
	0.5	420	149	46935

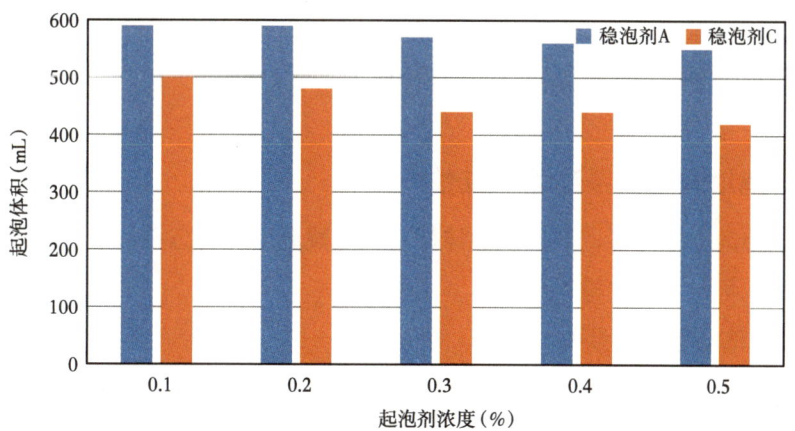

图 4.2.11 不同类型稳泡剂的起泡体积柱状图

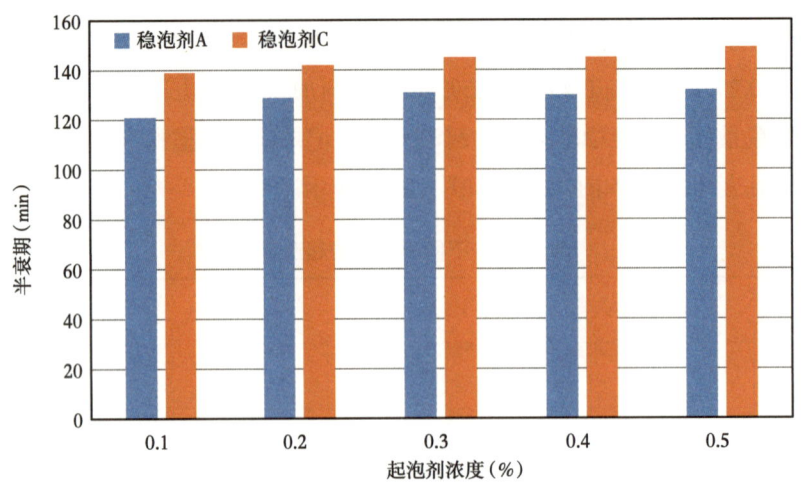

图 4.2.12 不同类型稳泡剂的半衰期柱状图

根据实验结果可知,稳泡剂的加入明显延长了泡沫半衰期,但是起泡体积略有下降,浓度为 0.1% 和 0.2% 的稳泡剂 A 加入,不但可以保持较高的起泡体积,而且能提高泡沫半衰期。稳泡剂 C 虽能大幅度提高半衰期,但是泡沫体积降低较多,综合指数相较于稳泡剂 A 相差较多。

4.2.4 化学辅助调控体系的优化配方

综上所述,优选适用于该凝析气藏的天然气泡沫体系配方为:0.5% 起泡剂 A+0.2% 起泡剂 C+0.2% 稳泡剂 A。100mL 起泡液的起泡体积为 590 mL,泡沫半衰期 129min,综合指数 57082.5mL·min,该泡沫体系具有良好的发泡能力。

4.3 化学辅助调控体系综合性能评价

4.3.1 化学辅助调控体系油藏适应性评价

针对筛选出的泡沫体系,评价该泡沫体系在油藏温度和动态压力下的起泡性能,研究其耐温、耐盐、耐压及老化稳定性。

4.3.1.1 温度对泡沫性能的影响

温度是影响泡沫半衰期的一个重要参数。利用高温高压泡沫工作液性能测试装置,在压力 38.03MPa、不同温度下(18℃、38℃、58℃、78℃、98℃、118℃和138℃),测量天然气泡沫体系(0.5% 起泡剂 A+0.2% 起泡剂 C+0.2% 稳泡剂 A 的地层水配液)的耐温性能，记录起泡体积和半衰期，计算综合指数。实验结果见表 4.3.1，如图 4.3.1 和图 4.3.2 所示。

表 4.3.1　温度对泡沫体系与半衰期的影响

温度（℃）	18	38	58	78	98	118	138
起泡体积（mL）	610	610	610	600	600	590	590
半衰期（min）	93	99	104	117	121	126	129
综合指数（mL·min）	42547.5	45292.5	47580	52650	54450	55755	57082.5

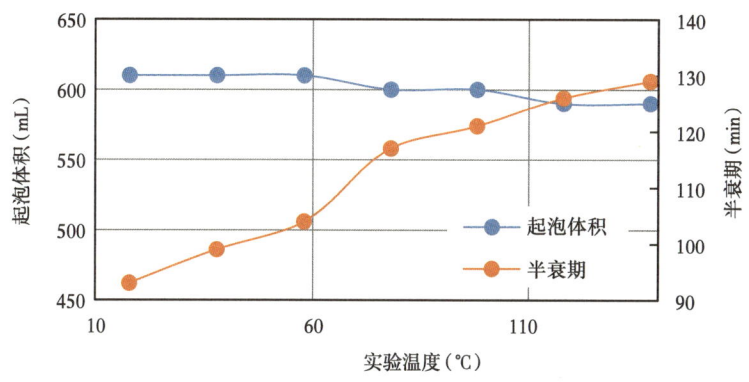

图 4.3.1　温度对起泡性能的影响

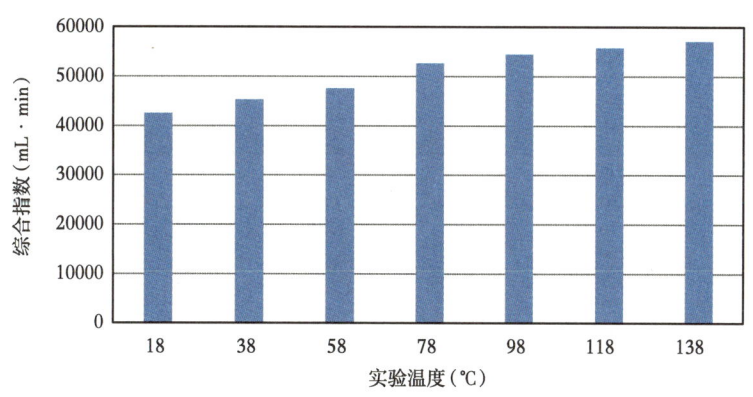

图 4.3.2　综合指数与温度的关系

在地层压力（38.03MPa）条件下，随着实验温度的升高，相较于 18℃时，地层温度（138℃）条件下泡沫体系的起泡体积仅降低了 20mL，但半衰期提高了 36min，此时该泡沫体系的综合指数为 57082.5mL·min，表现出了比低温条件下更好的泡沫质量，表明了该泡沫体系的耐温性良好。

4.3.1.2 压力对泡沫性能的影响

在油藏温度138℃条件下，通过改变高温高压泡沫液性能测试装置的压力（0.1MPa、10MPa、20MPa、30MPa、38.03MPa），记录起泡体积和半衰期，计算综合指数，评价泡沫体系的耐压性。实验结果见表4.3.2，如图4.3.3和图4.3.4所示。

表4.3.2　压力对含泡沫性能影响实验结果

压力（MPa）	0.1	10	20	30	38.03
起泡体积（mL）	610	600	590	590	590
半衰期（min）	96	104	113	125	129
综合指数（mL·min）	43920	46800	50002.5	55312.5	57082.5

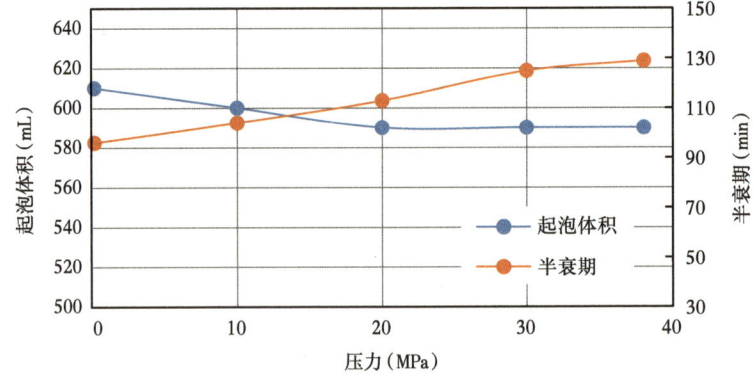

图4.3.3　起泡体积、半衰期与压力关系

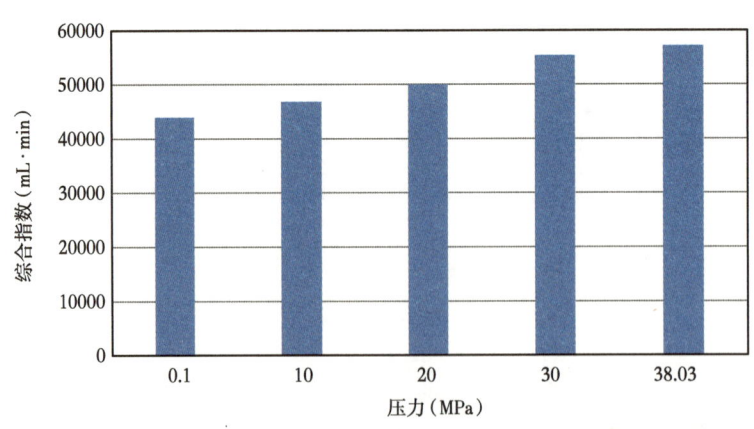

图4.3.4　综合指数与压力的关系

实验结果表明，随着实验压力的增加，天然气泡沫的各项指标变化较小，起泡体积降低，半衰期和综合指数增加。在温度达到地层压力（38.03 MPa）时，该泡沫体系的综合指数达到最大值为 57082.5 mL·min，此时的起泡体积和半衰期分别为 590 mL、129 min，表明该泡沫的耐压性好，在高压条件下表现出比常温常压更好的泡沫性能，在该凝析气藏条件下更能充分发挥其性能。

4.3.1.3 矿化度对泡沫性能的影响

该凝析气藏为含底水凝析气藏，天然气泡沫体系在控制气窜的过程中，会不可避免地接触到高矿化度地层水（气藏实际地层水离子组成和模拟地层水化学剂组成分别见表 4.2.2 和表 4.2.3），其中的高矿化度对天然气泡沫性能具有一定的影响，因此，有必要对筛选出的泡沫体系进行耐盐性评价，本节主要评价研究该区块不同比例的地层水对天然气泡沫的影响。实验结果见表 4.3.3，如图 4.3.5 和图 4.3.6 所示。

因地层水矿化度过高，配制过程中易形成沉淀，在加试剂前在蒸馏水中通入 CO_2 气体，在通气的状态下加入各试剂，并且每入一种试剂待其完全溶解后再加入另一种试剂，以保证地层水均质通明，无沉淀。

表 4.3.3 矿化度对起泡性能的影响

地层水含量（%）	0	25	50	75	100
起泡体积（mL）	590	440	390	350	290
半衰期（min）	129	103	76	48	36
综合指数（mL·min）	57082.5	33990	22230	12600	7830

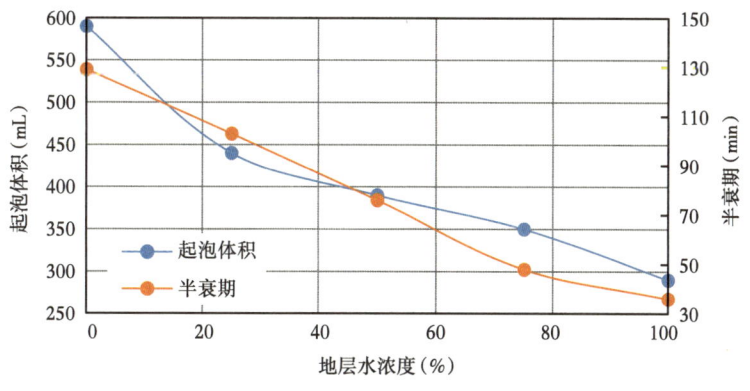

图 4.3.5 地层水矿化度对泡沫质量的影响

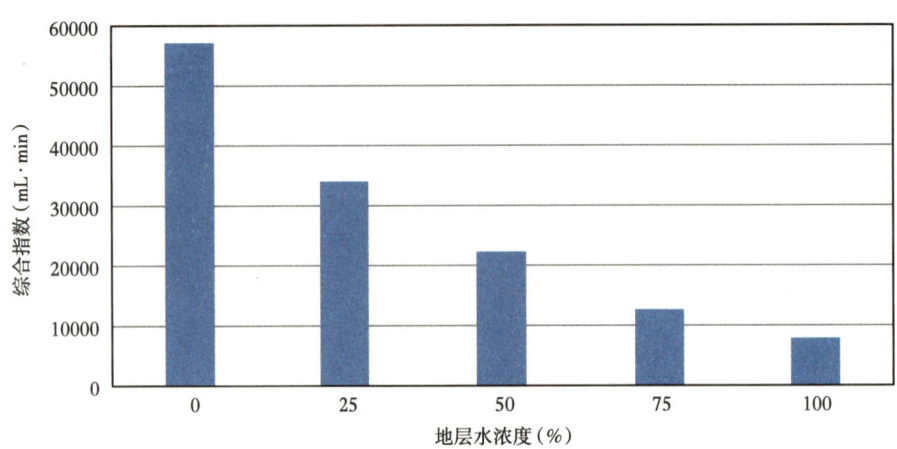

图 4.3.6 综合指数与地层水浓度的关系

实验结果表明,天然气泡沫体系的起泡体积和半衰期随着地层水矿化度倍数的增加呈现降低的趋势。在地层水配液的情况下,该泡沫体系的起泡体积、半衰期和综合指数分别为 290mL、36min 和 7830mL·min。从整体上来看,在地层水矿化度条件下的泡沫性能有下降,但仍可以保持较好的发泡性能,说明在地层水矿化度条件下,该天然气泡沫体系的起泡性能比较良好。

4.3.1.4 泡沫体系的稳定性评价

由于泡沫为热力学不稳定体系,天然气泡沫在地层内形成后,需要考虑其在地层中调驱的有效时间。将溶液放置在高温(138℃)恒温箱中老化不同时间后取出,在高温高压条件下进行发泡实验,评价泡沫体系的老化稳定性,实验结果见表 4.3.4,如图 4.3.7 所示。

实验结果表明,泡沫体系的起泡体积和半衰期均随老化时间的延长而降低,但降幅不大。从未老化到老化 60d,泡沫体系的起泡体积由 590mL 降至 470mL,半衰期由 129min 降至 81 min,仍能保持良好的泡沫效果,说明该天然气泡沫体系在油藏条件下具备良好的稳定性,可实现较长时间的有效调剖。

表 4.3.4 泡沫体系稳定性评价实验结果

老化时间(d)	0	3	5	10	20	30	45	60
起泡体积(mL)	590	580	560	550	530	520	500	470
半衰期(min)	129	120	107	101	99	93	87	81
综合指数(mL·min)	57082.5	52200	44940	41662.5	39352.5	36270	32625	28552.5

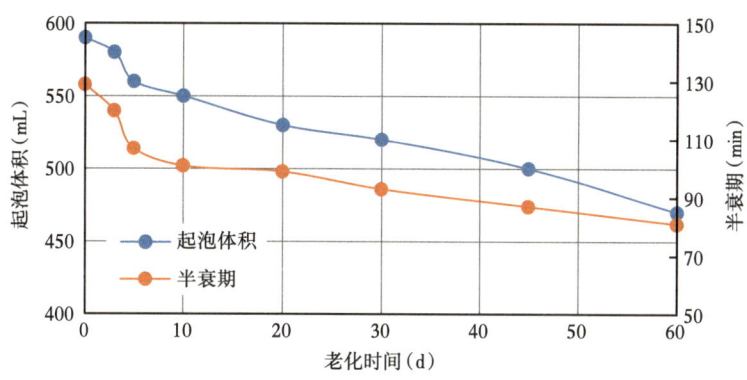

图 4.3.7 泡沫体系稳定性评价实验结果

4.3.2 凝析油对化学辅助调控体系的影响

4.3.2.1 凝析油的组分分析

取少量凝析油样，放入色谱仪中进行组分分析，测试结果见表 4.3.5，如图 4.3.8 所示，C_1—C_7 含量为 15.494%，C_{7+} 含量为 84.508%，其中 C_8 含量最高，达到了 11.906%。

表 4.3.5　凝析油油样组分测试分析结果

序号	名称	质量分数（%）	摩尔分数（%）	序号	名称	质量分数（%）	摩尔分数（%）
1	C_1	0	0	22	C_{20}	3.674	2.261
2	C_2	0.005	0.029	23	C_{21}	3.127	1.834
3	C_3	0.085	0.335	24	C_{22}	2.516	1.409
4	iC_4	0.113	0.338	25	C_{23}	2.077	1.113
5	nC_4	0.264	0.790	26	C_{24}	1.517	0.779
6	iC_5	0.353	0.851	27	C_{25}	1.147	0.566
7	nC_5	0.433	1.044	28	C_{26}	0.721	0.342
8	C_6	1.477	2.981	29	C_{27}	0.591	0.270
9	C_7	5.258	9.126	30	C_{28}	0.401	0.177
10	C_8	7.820	11.906	31	C_{29}	0.361	0.154
11	C_9	6.528	8.852	32	C_{30}	0.223	0.092
12	C_{10}	6.810	8.324	33	C_{31}	0.203	0.081
13	C_{11}	6.083	6.768	34	C_{32}	0.116	0.045
14	C_{12}	6.211	6.341	35	C_{33}	0.141	0.053
15	C_{13}	6.698	6.318	36	C_{34}	0.062	0.023
16	C_{14}	7.254	6.359	37	C_{35}	0.033	0.012
17	C_{15}	6.812	5.577	38	C_{36}	0.019	0.007

续表

序号	名称	质量分数（%）	摩尔分数（%）	序号	名称	质量分数（%）	摩尔分数（%）
18	C_{16}	5.853	4.495	39	C_{37}	0	0
19	C_{17}	5.954	4.306	40	C_{38}	0	0
20	C_{18}	4.960	3.389	41	C_{39}	0	0
21	C_{19}	4.100	2.655	42	C_{40+}	0	0

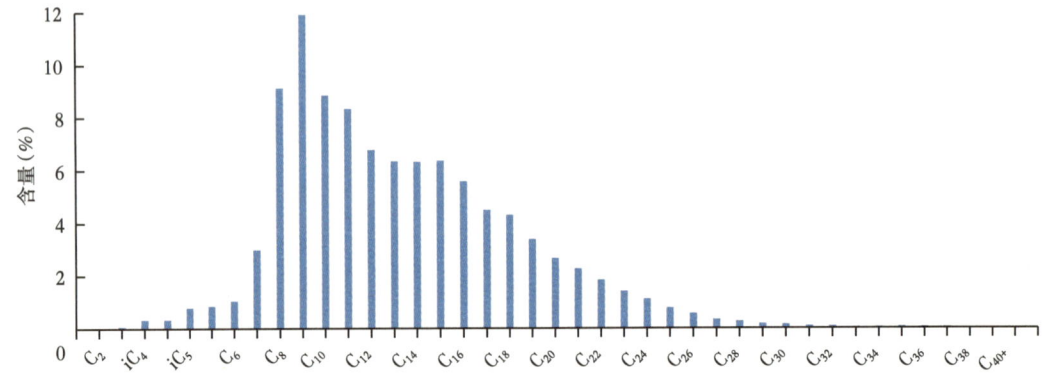

图 4.3.8　凝析油碳数摩尔分数分布图

4.3.2.2　凝析油的配置

针对设计的实验内容和研究区块的剩余储量，配制凝析油含量为 270g/m³ 的凝析气样品，代表高含凝析油的凝析气体系。

配样流体：现场脱气油样。

配样条件：温度 138℃，地层压力 38.03MPa。

配样设备：高温高压配样器（耐温 180℃、耐压 80MPa），如图 4.3.9（a）所示，BH-2 型气体增压系统如图 4.3.9（b）所示。

 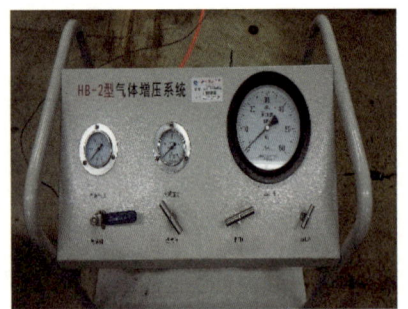

(a) 高温高压配样器　　　　(b) BH-2 型气体增压系统

图 4.3.9　配样设备

配置凝析油含量：现采出井凝析油含量 270g/m³。

配置比例（GOR）：地面条件下天然气与凝析油之比为 2950.37。

配样参考标准：石油天然气行业推荐标准 SY/T 5542—2009 油藏流体物性分析方法。

凝析气样品配置过程如下：

（1）在室温条件下将天然气样品经气体压缩机增压至配样压力 38.03 MPa，并恒压转移 V_{g1} cm³ 的天然气样品到液压活塞式中间容器里，转样的体积由液压泵的读数差值确定，由式（4.3.1）折算至标准状态下的体积 V_{gsc}。

$$V_{gsc} = V_{g1} \frac{pZ_{g1}T_{sc}}{T_1 p_{sc}} \tag{4.3.1}$$

式中　V_{gsc}——标准状态下天然气样品的体积，cm³；

V_{g1}——压力为 p、温度为 T_1 时天然气样品的体积，cm³；

Z_{g1}——压力为 p、温度为 T_1 时天然气样品的偏差系数；

p——配样压力，MPa；

T_1——室内温度，K；

p_{sc}，T_{sc}——标准状态下的压力与温度，分别为 0.101MPa 和 293K。

（2）根据凝析油含量 δ_0，计算 V_{gsc} 体积的天然气样品中所需加入的油体积 V_{osc}，由式（4.3.2）和式（4.3.3）计算。

$$V_{osc} = V_{gsc}/GOR \tag{4.3.2}$$

$$GOR = \rho_0/\delta_0 \times 10^6 \tag{4.3.3}$$

式中　V_{osc}——所需的脱气油体积，cm³；

GOR——地面条件下的天然气与凝析油体积之比；

ρ_0——地面条件下的脱气油密度，g/cm³；

δ_0——凝析油含量，g/m³。

（3）将过量（大于 V_{osc}）的脱气油样装入垂直放置的高温高压配样容器中，从下部注入液压活塞泵，排出配样容器上部空间的空气。

（4）将装有天然气样品的中间容器与配样器连接，采用双泵法将天然气样品恒压 38.03MPa 转到配样容器中。

（5）将配样容器恒压 38.03MPa 加热到 138℃，并充分搅拌 24h，使天然气饱和脱气油。

（6）将配样器垂直放置并静置 24h，从上部管线放出少量凝析气样，经冷水浴气液分离后测量气油比 GOR，再换算为凝析油含量。若实配样品凝析油含量与拟配样品的偏差在 5% 以内，则配样合格，排出过量的油后即可实验待用。

（7）若实测的凝析油含量过低或者过高，则需要根据实际情况加入天然气样品或者脱气油样，搅拌充分并静置后再测试气油比，直到达到要求为止。

4.3.2.3 凝析油对化学辅助凝析气藏注气调控体系的影响

原油会附着在泡沫表面上，影响乳化作用，减少气泡所能承受的力，从而导致提前消泡。原油会使得天然气泡沫质量明显降低，含油饱和度越高，这种不稳定作用就越强，本节研究不同条件下凝析油含量对泡沫质量的影响。

（1）凝析油含量对相同质量起泡液的影响。

向 50mL、60mL、70mL、80mL、90mL 的 5 瓶模拟地层水中加入相同质量的泡沫体系药品（0.5% 起泡剂 A+0.2% 起泡剂 C+0.2% 稳泡剂 A），放入恒温箱老化 24h 后，分别向泡沫体系中加入 50mL、40mL、30mL、20mL、10mL 凝析油（图 4.3.10），利用吴茵搅拌器搅拌 1min，记录最后的起泡体积（mL）与半衰期（min），实验结果见表 4.3.6，如图 4.3.11 所示。

在与凝析油混合后，泡沫呈现淡黄色，泡沫质量较没有凝析油时变差，但是泡沫在含油饱和度较低的区域起泡体积仍能保持 400mL，仍具有控窜的能力，但是在含油饱和度高的区域，泡沫质量低。该泡沫体系具有典型的遇油消泡、遇水稳定的特点。

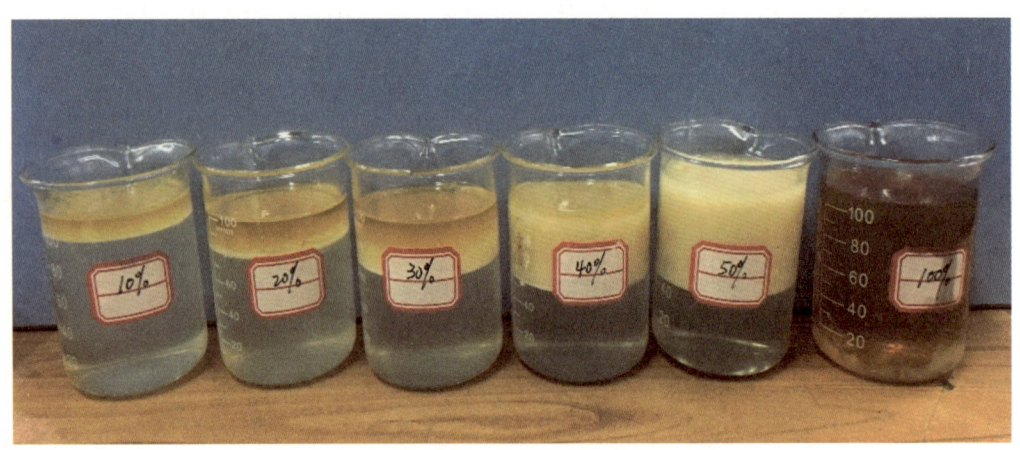

图 4.3.10　凝析油含量对相同质量起泡液的影响对比

表 4.3.6　凝析油含量对相同质量起泡液的影响

凝析油含量[%（质量分数）]	10	20	30	40	50
起泡体积（mL）	400	380	300	280	210
半衰期（min）	29	29	28	25	25

(2)凝析油含量对相同浓度起泡液的影响。

配置浓度为 0.5% 起泡剂 A+0.2% 起泡剂 C+0.2% 稳泡剂 A 的起泡体系,分别取 90mL、80mL、70mL、60mL、50mL、40mL、30mL、20mL 的起泡体系,老化后分别向瓶中加入凝析油 10mL、20mL、30mL、40mL、50mL、60mL、70mL、80mL(图 4.3.12),加入搅拌机,同时通入天然气气体搅拌 1min,记录最后的起泡体积(mL)与半衰期(s),实验结果如图 4.3.13 所示。

图 4.3.11　10% 凝析油含量起泡图

图 4.3.12　凝析油含量对相同浓度起泡液的影响

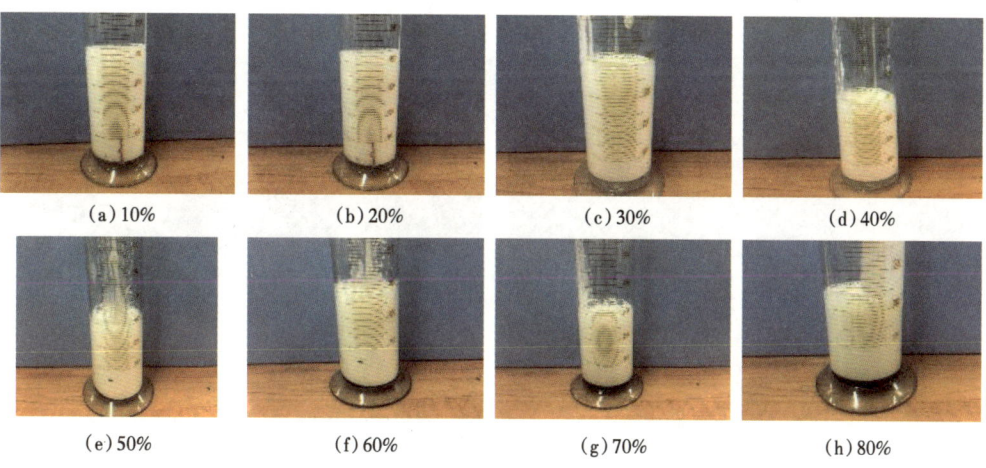

图 4.3.13　不同凝析油含量起泡图

分别取相同浓度的泡沫体系,泡沫体系在含油饱和度小于 40% 时为水包油型乳液,含油饱和度 40% 和 50% 时为中相微乳液,含油饱和度大于 50% 时为油包水型乳液,在不同含油饱和度的泡沫体系中,均存在乳化现象,可以降低界面张力、提高采收率。

4.3.3 化学辅助调控体系微观结构表征

为了研究天然气泡沫在常温常压和地层条件下的微观结构,本节采用环境扫描电子显微镜对该泡沫体系(0.5%起泡剂A+0.2%起泡剂C+0.2%稳泡剂A)在不同环境下起泡的泡沫进行观察、对比,得到天然气泡沫微观结构。

通过电子显微镜扫描观察0.5%起泡剂A+0.2%起泡剂C泡沫体系在两种不同条件下起泡后,放大100、300、1000、2000倍的泡沫液的微观结构,实验结果如图4.3.14至图4.3.17所示。

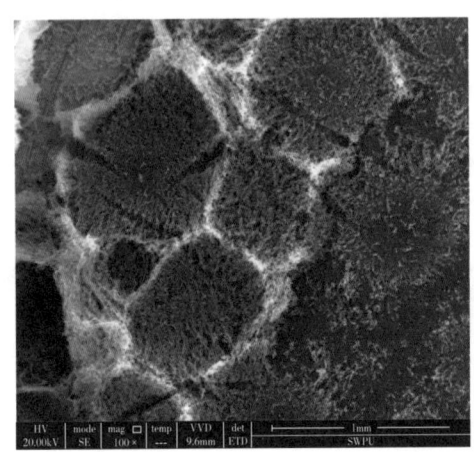
(a)常温常压下起泡

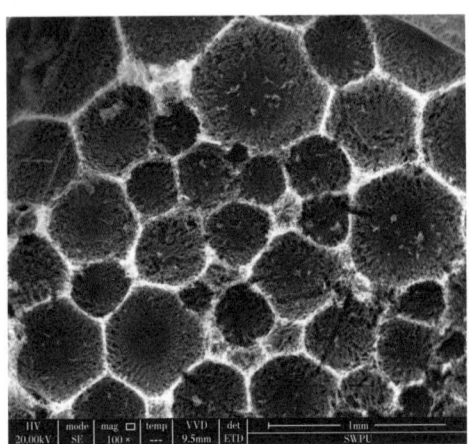
(b)高温高压下起泡

图4.3.14 放大100倍图像

(a)常温常压下起泡

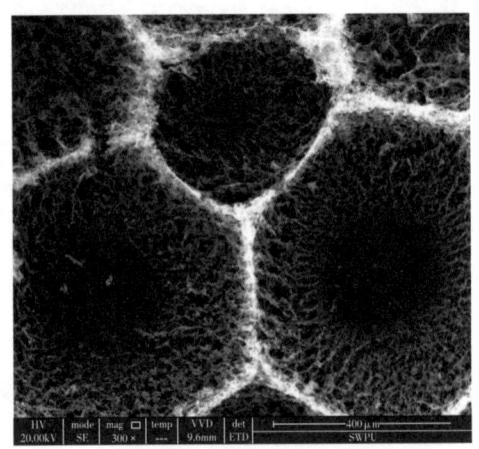
(b)高温高压下起泡

图4.3.15 放大300倍图像

(a)常温常压下起泡

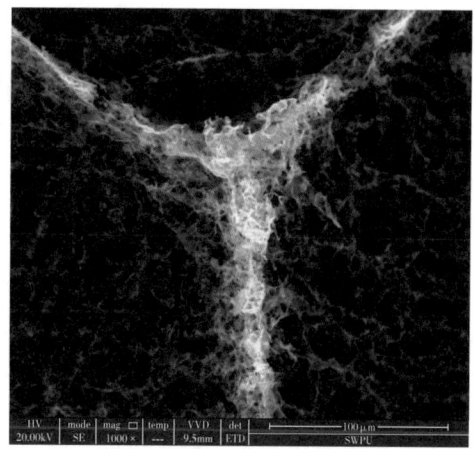
(b)高温高压下起泡

图 4.3.16　放大 1000 倍图像

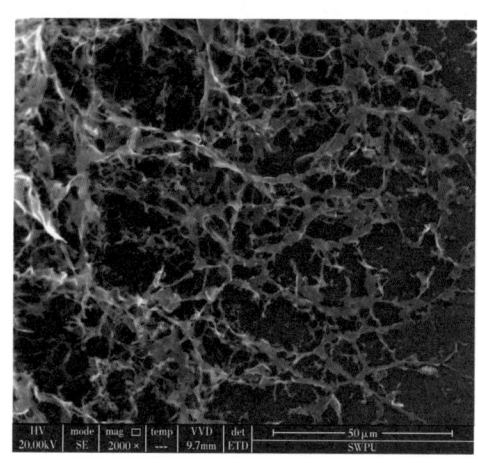
(a)常温常压下起泡

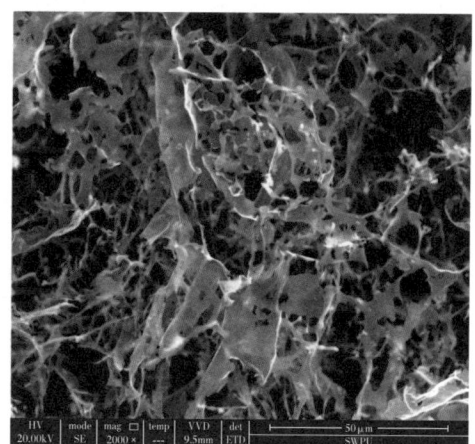
(b)高温高压下起泡

图 4.3.17　放大 2000 倍图像

观察泡沫体系放大 100 倍的图像（图 4.3.14）可以看出，在单位面积内，高温高压条件下的泡沫气泡更多，说明在此条件下单个气泡体积小，泡沫更细腻，且从图中可以看出，泡沫形状较均匀，此结构使泡沫体系更平衡，不易产生物质交换，更为稳定；针对单个气泡，高温高压条件下，泡沫骨架更为紧实、均匀，可以支撑的力更多，气泡不易破裂，说明该泡沫体系在高温高压条件下更能发挥其控制气窜的作用。

观察泡沫体系放大 300 倍的图像（图 4.3.15）中的泡沫骨架可以发现，高温高压条件下的泡沫骨架集中在起泡连接处，可以承受更多的压力，在控制气窜的过程中，多余的气体会被紧密的骨架包裹，变大形成气泡，气泡不会过大破裂。

观察泡沫体系放大 1000 倍的图像（图 4.3.16），可以清晰地看出，常温常压条件下，泡沫结构在泡沫骨架旁延展，骨架疏松，与高温高压条件下的泡沫结构形成鲜明对比。

针对泡沫液膜，通过观察泡沫体系放大 2000 倍的图像（图 4.3.17）可以看出，高温高压条件下起泡的泡沫中液膜厚于常温常压条件下起泡的泡沫液膜，这说明高温高压条件下泡沫可捕获更多的气体且不易破裂，可与紧密的骨架相互配合，共同增强泡沫控制气窜的能力。

4.3.4 化学辅助调控体系的流变性

4.3.4.1 剪切稀释性

该天然气泡沫体系的剪切稀释性实验结果如图 4.3.18 所示，在不同条件下起泡，该天然气泡沫体系的黏度都随着剪切速率的升高而降低，表现出剪切稀释性。在相同剪切速率条件下，高温高压条件下的泡沫黏度更大，在不会影响泡沫在地层中渗流的前提下提高了控制气窜效果。在剪切速率较低的远井地带，泡沫可以充分发挥其高黏度的特性，深度调驱；在剪切速率较高的进井地带，泡沫黏度小，不影响渗流，有良好的流动性，有利于扩大波及效率。

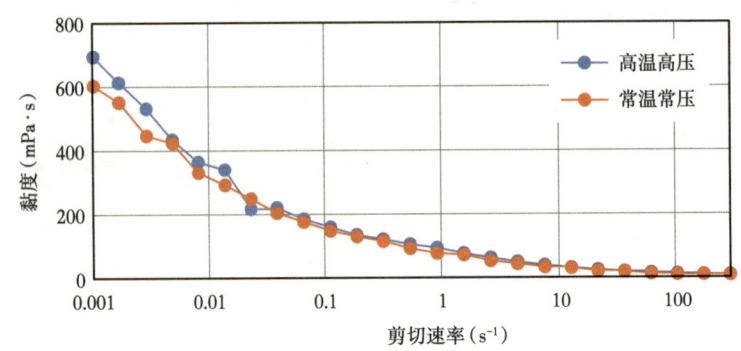

图 4.3.18 黏度与剪切速率的关系

4.3.4.2 黏弹性

黏弹性包括弹性和黏性行为，使用损耗模量（G''）来表示泡沫体系的黏性大小，储能模量（G'）来表示泡沫体系的弹性大小，该天然气泡沫体系的黏弹性实验结果如图 4.3.19 所示。

在实验频率范围内，两种模量都随着频率的增加而增加，在相同频率条件下，高温高压和常温常压条件下泡沫的储能模量（G'）和损耗模量（G''）的数值基本无差别。即在高温高压条件下，不会增加天然气泡沫本身的黏性，也不会降低天然气泡沫本身的弹性。两种条件下天然气泡沫的损耗模量均大于储能模量（$G''/G' > 1$），表明体系主要表现出泡沫黏性行为，并具有一定的弹性行为，黏性行为有利于提升天然气泡沫的稳定性，从而提高采收率。

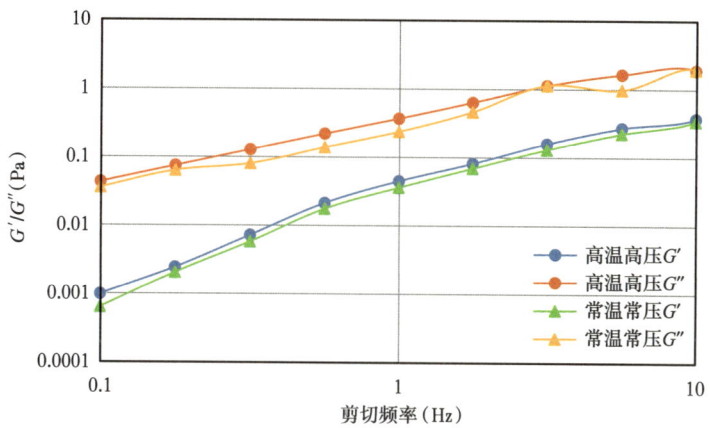

图 4.3.19　天然气泡沫储能模量和损耗模量与频率的关系

4.3.5　化学辅助调控体系/天然气的表面张力

4.3.5.1　温度对表面张力的影响

在油藏压力条件下，设置 20℃、138℃两个温度点，开展温度对表面张力的影响实验研究。压力一定时，起泡剂溶液和天然气间的表面张力与温度的变化关系见表 4.3.7，如图 4.3.20 所示。

表 4.3.7　温度对起泡剂/天然气的表面张力的影响

压力（MPa）	温度（℃）	表面张力（mN/m）
0.1	20	15.64
	138	20.75
10	20	6.12
	138	10.98
20	20	5.58
	138	9.12
30	20	5.3
	138	9.4
38.03	20	5.03
	138	7.94

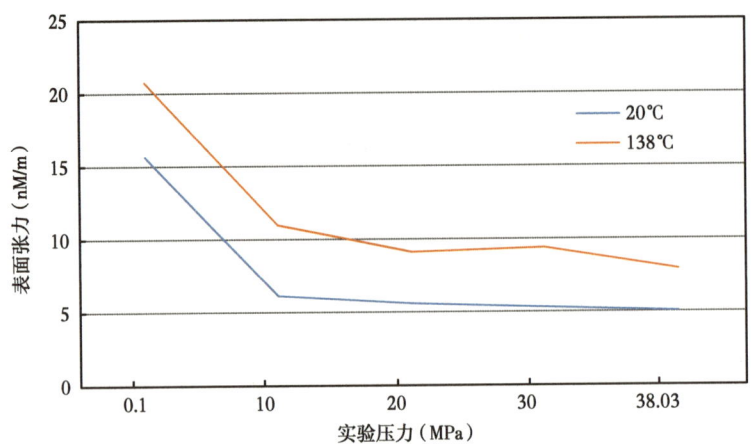

图 4.3.20　温度对起泡剂／天然气的表面张力的影响

实验结果表明，相同压力下，20℃时起泡剂溶液和天然气间的表面张力值均低于138℃时的表面张力值；当压力一定时，随着温度的升高，泡沫体系和天然气之间的表面张力随之增大。分析其原因：温度升高使天然气密度减小，气液两相密度差变大，导致表面张力增大；温度升高能够加快天然气分子的热运动，使分子间的距离变大，作用力减弱，导致表面张力增大。

4.3.5.2　压力对表面张力的影响

设置温度为地面注入温度20℃和油藏温度138℃，压力变化梯度为0.1MPa、10MPa、20MPa、30MPa、38.03MPa，开展压力对表面张力的影响实验研究，温度一定时，起泡剂溶液和天然气间的表面张力随压力的变化见表4.3.8，如图4.3.21所示。

表 4.3.8　压力对起泡剂／天然气的表面张力的影响

温度（℃）	压力（MPa）	表面张力（mN/m）
20	0.1	15.68
	10	6.12
	20	5.92
	30	5.93
	38.03	4.81
138	0.1	20.27
	10	11.21
	20	9.35
	30	8.91
	38.03	8.37

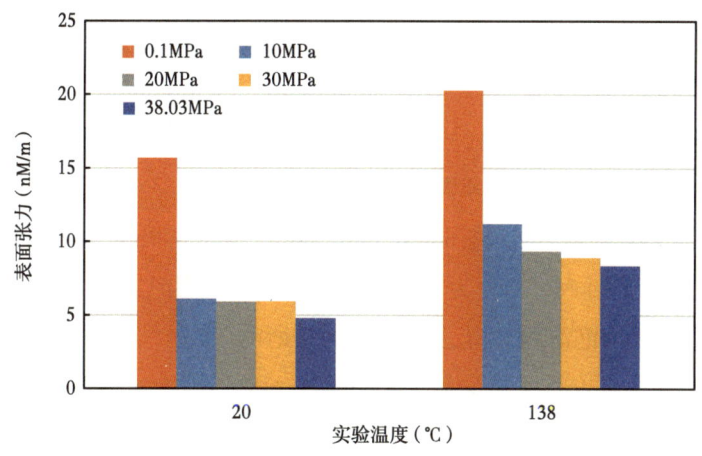

图 4.3.21 压力对起泡剂/天然气的表面张力的影响

可以看出，当温度一定时，起泡剂溶液和天然气间的表面张力随着压力的升高均呈现逐渐下降的趋势。其中，当压力由 0.1MPa 升至 10MPa 时的表面张力下降幅度最大，由 10MPa 升压至 38.03MPa 的过程中，几个压力点的表面张力下降幅度较缓。分析其原因，该天然气临界压力 4.6MPa、临界温度 199.5K，实验温度高于临界温度，在达到临界压力前，天然气为非超临界态，随着压力的升高，分子间的作用力增强，天然气的密度不断增大，气液两相间的密度差不断减小，因此表面张力显著降低；达到临界压力后，天然气呈超临界状态，密度近液体，且有更好的扩散性，此时气液两相差异的影响减弱，故表面张力的降幅不大。由此可以看出，在一定范围内，压力越高，表面张力越小，越有利于提高起泡剂在天然气中的溶解性。

4.4 化学辅助调控体系的控窜及驱油实验

本节开展了化学辅助凝析气藏注气调控体系岩心流动实验，确定泡沫的封堵性能以及其在渗流条件下的发泡性能、调剖性能，确保注得进、堵得住、有效果，从而指导现场应用。

4.4.1 单根岩心阻力因子测定

（1）单根人造岩心。

采用单根人造岩心，岩心长 7.5cm，干重 70.28g，饱和水后 78.66g，孔隙体积 8.38cm^3，孔隙度 22.76%，岩心水测渗透率 52mD。

在注入速度为 1.0mL/min 时，注气稳定时入口压力为 12.79MPa，出口压力为

12.73MPa，交替注入起泡液，稳定时入口压力为 14.40MPa，出口压力为 12.80MPa，泡沫的阻力因子为 26.67，出口端取样的泡沫细腻稳定，如图 4.4.1 所示。

（2）天然岩心。

采用现场提供的 9 号天然岩心，岩心长 7.14cm，干重 69g，饱和水后 76.76g，孔隙体积 7.76cm^3，孔隙度 22.14%，岩心水测渗透率 436.9mD。

在注入速度为 1.0mL/min 时，注气稳定时入口压力为 13.99MPa，出口压力为 13.96MPa，交替注入起泡液，稳定时入口压力为 14.55MPa，出口压力为 13.97MPa，泡沫的阻力因子为 52.67，出口端取样的泡沫细腻稳定，如图 4.4.2 所示。

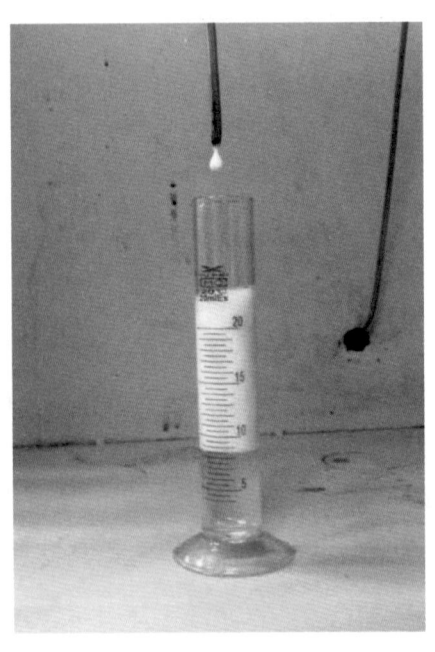 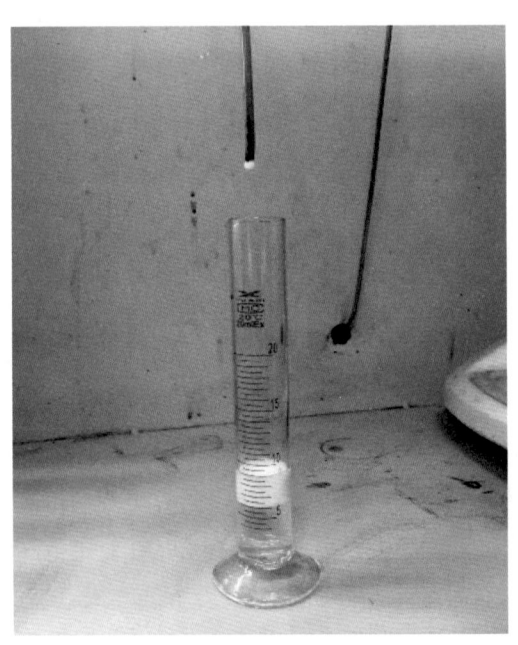

图 4.4.1　人造岩心流动试验出口端取样实物图　　图 4.4.2　天然岩心流动试验出口端取样实物图

实验结果表明：高渗透层的阻力因子比低渗透层的更高，泡沫体系可以充分发挥"堵高不堵低"的功能，在注气开采的过程中有效地封堵天然气的高渗透气窜通道，控制气窜。

4.4.2　并联岩心剖面改善率测定

根据研究区块油藏特征，开展两根岩心并联的室内物理模拟实验，研究该天然气泡沫体系在相同条件下，分别对高渗透岩心和低渗透岩心的封堵效果。

（1）实验装置。

物理模拟实验设备和岩心流动实验类似，增加了气体流量控制检测仪，如图 4.4.3 所示。

（2）实验步骤。

①测量两根岩心干重，以恒定流速饱和地层水，直至岩心两端压差稳定后，测量岩心湿重，并计算岩心孔隙体积及渗透率，按照图4.4.4连接两根岩心；

②以恒定流速（1mL/min）同时向高渗透、低渗透岩心注入天然气，此过程模拟油藏的气驱过程，直到两根岩心均有天然气流出并且压力示数表达到稳定；

③以恒定流速（1mL/min）模拟泡沫驱的过程，向高渗透、低渗透岩心注入泡沫体系配方液（0.5%起泡剂A+0.2%起泡剂B+0.2%稳泡剂A）2.0PV；

④以恒定流速（1mL/min）进行后续注气实验，直到两根岩心均有天然气流出并且压力示数表达到稳定，计算高渗透、低渗透岩心分流率。

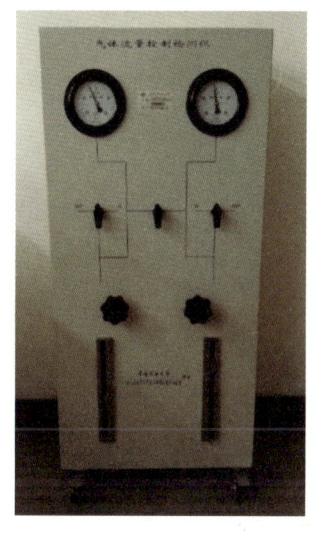

图4.4.3　气体流量控制检测仪

图4.4.4　并联岩心链接方式

（3）分流率参数计算公式。

$$分流率 = \frac{单根岩心出水量}{总出水量} \times 100\% \quad (4.4.1)$$

（4）泡沫室内流动性能公式。

使用吸气剖面改善率 η 作为泡沫室内流动性能评价指标，η 为泡沫调驱前后高渗透、低渗透层吸气比之差与调驱前高渗透、低渗透层吸气比的商，即：

$$\eta = \frac{\left(\dfrac{Q_{hb}}{Q_{ib}} - \dfrac{Q_{ha}}{Q_{ia}}\right)}{\dfrac{Q_{hb}}{Q_{ib}}} \times 100\% \tag{4.4.2}$$

式中　Q_{hb}——高渗透层调驱前的吸气流量，mL/min；

Q_{ha}——高渗透层调驱后的吸气流量，mL/min；

Q_{ib}——低渗透层调驱前的吸气流量，mL/min；

Q_{ia}——低渗透层调驱后的吸气流量，mL/min。

（5）实验结果。

采用两根天然岩心，岩心基本参数见表 4.4.1。

表 4.4.1　岩心基本参数

岩心编号	长度（cm）	干重（g）	湿重（g）	孔隙体积（cm³）	孔隙度（%）	水测渗透率（mD）
12 号（A）	7.44	71	78	7.00	19.16	126.3
9 号（B）	7.14	69	76.76	7.76	22.14	436.9

泡沫体系注入前为纯气驱，注入参数见表 4.4.2。

表 4.4.2　注入泡沫体系前驱替结果

岩心编号	入口压力（MPa）	出口压力（MPa）	出口流量（mL/min）	分流率（%）
12 号（A）	13.61	13.58	0.07	7
9 号（B）	13.61	13.49	0.93	93

注入 2.0PV 的泡沫体系后再恒速注气，实验结果见表 4.4.3。

表 4.4.3　注入 2.0PV 泡沫后驱替结果

岩心编号	入口压力（MPa）	出口压力（MPa）	出口流量（mL/min）	分流率（%）	阻力因子
12 号（A）	13.81	13.44	0.82	82	12.33
9 号（B）	13.81	9.29	0.18	18	37.67

并联岩心注入泡沫体系前后出口端取样如图 4.4.5 和图 4.4.6 所示，其中左侧为与岩心 B（高渗透岩心）连通的管道，右侧为与岩心 A（低渗透岩心）连通的管道。

 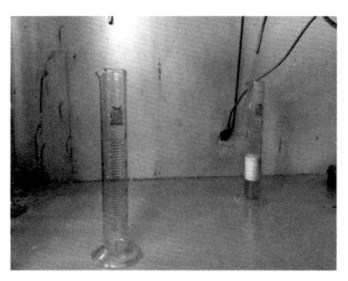

图 4.4.5　注入泡沫前　　　　　　　图 4.4.6　注入泡沫后

左边：高渗透大量出液　　　　　　　右边：低渗透大量出液

实验结果表明：

①岩心 A（低渗透岩心）的分流率由注入泡沫体系前的 7% 提升至 82%，岩心 B（高渗透岩心）的分流率由注入泡沫体系前的 93% 降为 18%，计算得到该天然气泡沫控窜体系吸气剖面改善率为 98.3%。注入泡沫体系后，低渗透岩心的出液量反而比高渗透岩心的出液量多，该泡沫体系有效地阻止了天然气在高渗透层中的窜流。注天然气过程中，交替注入起泡液，对天然气气窜进行调控的封堵效果良好。

②岩心 B（高渗透岩心）的阻力因子为 37.67，岩心 A（低渗透岩心）的阻力因子仅为 12.33，在相同的注入条件下，高渗透层的阻力因子比低渗透层的更高，泡沫体系对于高渗透层的封堵尤为显著，在注气开采的过程中可以有效地封堵天然气在地层中的高渗透气窜通道，控制气窜。

③注入泡沫体系前，高渗透岩心出液量很大，而低渗透岩心出液量很少；注入泡沫体系后，高渗透岩心被封堵，出液量明显减少，而低渗透岩心有大量的泡沫流出，并伴随着大量气体，实验结果可以看出，泡沫体系能有效封堵高渗透层，并有效启动低渗透层。

4.4.3　并联岩心调驱效果测试

并联岩心实验结果如图 4.4.7 所示，见表 4.4.4。

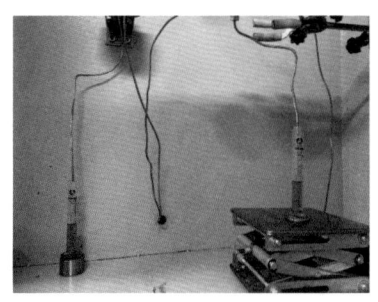 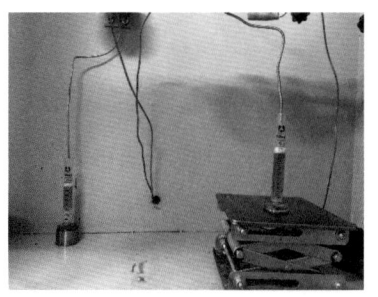

(a) 衰竭及气驱后开采出口端　　　　(b) 泡沫驱及后续气驱后开采出口端

图 4.4.7　实验结果图

表 4.4.4　并联岩心调驱实验结果

孔隙度（%）	渗透率（mD）	级差	采收率（%）						泡沫驱阻力因子
			衰竭开采	气驱	泡沫驱	后续气驱	总*	平均	
12.47	647.5	5.82	44.83	17.54	5.73	6.47	74.57	73.20	30.2
11.82	111.5		42.69	4.65	6.98	17.51	71.83		6.4

* 指衰竭开采 + 气驱 + 泡沫驱 + 后续气驱的总采收率。

高渗透岩心的衰竭开采采收率和气驱采收率均大于低渗透率岩心，气驱阶段高渗透岩心采收率达到了 17.54%，低渗透岩心只有 4.65%，开始泡沫驱时高渗透率岩心的分流率比较大，优先驱替高渗透率岩心中的原油；低渗透率岩心在泡沫驱采收率和后续气驱采收率均大于高渗透岩心，这是因为泡沫在高渗透率岩心中能够形成有效封堵，迫使高渗透率岩心分流率下降，驱替出更多低渗透率岩心中的油，泡沫封堵后低渗透岩心的泡沫驱和后续气驱的采收率达到了 24.49%，泡沫可以有效提升低渗透率岩心采收率。

4.4.4　化学辅助调控体系的注入参数优化

本节进一步对泡沫体系的控窜和驱油效果进行研究，筛选适合的注入参数，为现场应用奠定基础。

4.4.4.1　气液比对流度控制效果影响

在油藏温度压力条件下，衰竭开采后以 0.20mL/min 的速度气驱至气油比快速上升，随后以 0.20mL/min 的速度注入 4 种不同气液比（3:1、2:1、1:1、1:2）的泡沫体系（总注入量为 0.5PV），最后再以 0.20mL/min 的速度进行连续气驱。不同气液比条件下流度控制实验结果见表 4.4.5，如图 4.4.8 和图 4.4.9 所示。

表 4.4.5　不同气液比条件下泡沫流度控制实验结果

岩心编号	长度（cm）	直径（cm）	孔隙度（%）	渗透率（mD）	气液比	采收率（%）					泡沫驱阻力因子
						衰竭开采	气驱	泡沫驱	后续气驱	总	
1	8.31	2.48	9.82	413	3:1	48.56	7.67	10.87	9.63	76.73	24.5
2	6.89	2.49	15.71	489	2:1	47.28	12.25	9.8	13.27	82.6	29.4
3	8.45	2.53	11.3	445	1:1	46.03	11.87	11.23	12.34	81.47	33.7
4	8.62	2.51	10.05	399	1:2	44.87	8.61	10.12	7.76	71.36	20.3

可以看出，四种不同气液比条件下采收率在岩心驱替过程中的变化趋势一致：在衰竭开采、气驱和泡沫驱阶段的采收率大致相同；在后续气驱阶段，不同气液比条件下的后续气驱都表现出了较好的提高采收率效果，以气液比为 2:1 和 1:1 时泡沫驱提高采收率效果最佳，分别达到了 13.27% 和 12.34%。但是当气液比为 1:2 时，实验过程中阻力因子为 20.3，远低于气液比为 1:1 时的泡沫阻力因子，控制气窜效果没有达到最佳，使得突破后

再注入的气体无法起到驱替的作用,易沿着气窜通道窜出。这是因为气体占比过大时,导致液膜表面的表面活性剂浓度较低,泡沫稳定性变差容易破灭,导致气体容易发生气窜,不利于流度控制;而气液比相对较小时,形成的泡沫体积小、数量少,阻力因子大于30,直接影响泡沫流度控制效果,故气液比应在合理范围内才能发挥最佳的流度控制效果。根据实验结果采用气液比为1∶1开展后续实验研究。

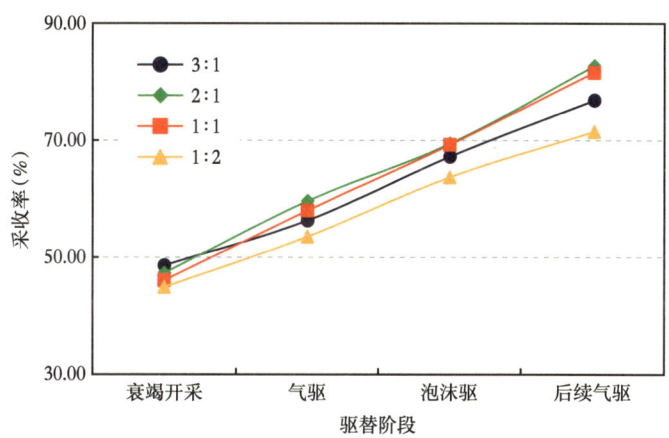

图 4.4.8　不同气液比条件下驱油实验结果

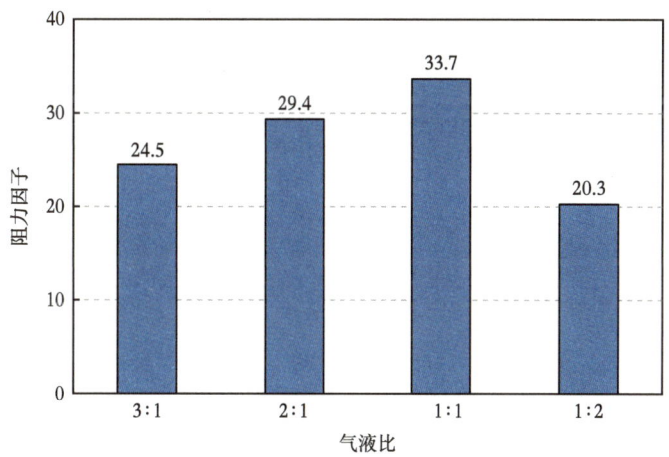

图 4.4.9　不同气液比条件下泡沫流度控制实验结果

4.4.4.2　注入速度对流度控制效果的影响

泡沫体系段塞的注入速度是影响泡沫驱的一个重要参数。衰竭开采后以 0.2mL/min 速度气驱至气油比快速上升,设置气液比 1∶1,改变段塞注入速度:0.1mL/min、0.2mL/min、0.3mL/min、0.4mL/min、0.5mL/min,注入 0.50PV 天然气泡沫体系,最后再次以相同注入速度进行连续气驱。不同注入速度下的流度控制实验结果见表 4.4.6，如图 4.4.10 和图 4.4.11 所示。

表 4.4.6　不同泡沫注入速度条件下泡沫流度控制实验结果

岩心编号	长度（cm）	直径（cm）	孔隙度（%）	渗透率（mD）	泡沫注入速度（mL/min）	采收率（%）				泡沫驱阻力因子
						衰竭开采	气驱	泡沫驱	后续气驱	总*
5	8.27	2.49	9.82	461	0.1	43.44	19.72	9.74	6.89	79.79	30.4
6	7.84	2.49	15.71	415	0.2	43.05	20.93	9.93	8.52	82.43	33.5
7	8.36	2.52	11.3	431	0.3	42.93	21.54	10.67	9.37	84.52	36.2
8	8.12	2.51	10.05	398	0.4	41.32	18.23	10.06	4.73	74.34	27.3
9	7.96	2.5	12.37	428	0.5	40.96	17.87	11.12	4.82	74.77	23.6

＊指衰竭开采＋气驱＋泡沫驱＋后续气驱的总采收率。

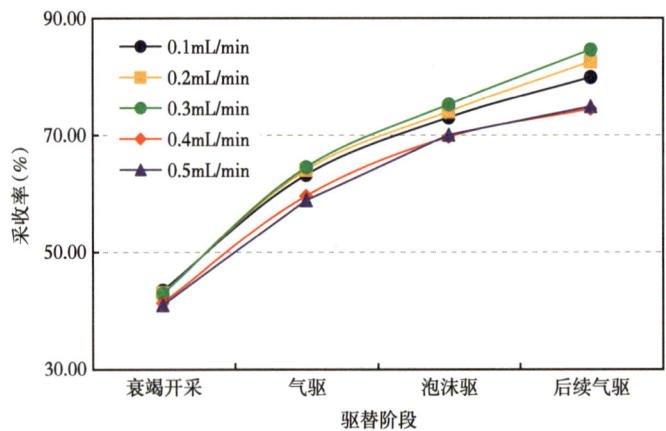

图 4.4.10　不同注入速度条件下驱油实验结果

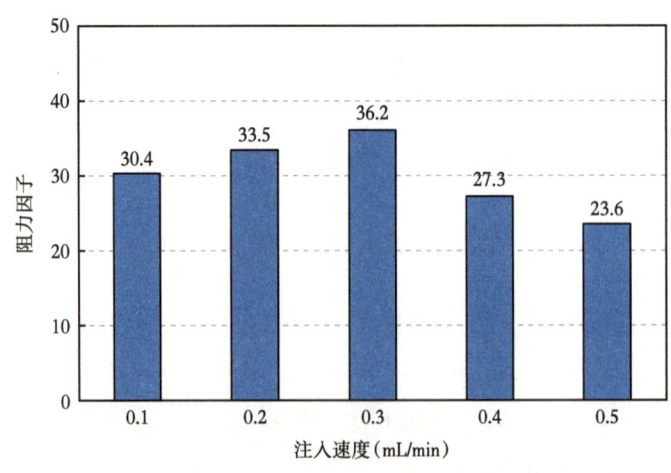

图 4.4.11　不同注入速度条件下泡沫流度控制实验结果

灵敏度，地层本底（背景）数值影响最低检测限。当本底数值较大时，示踪剂的投入量主要由能否掩盖本底数值来决定；当本底数值较小时，示踪剂的投入量主要由分析仪器的最低检测限和灵敏度确定。

根据最大平均稀释体积公式：

$$V_p = \pi R^2 HC\phi a \tag{4.5.1}$$

式中　V_p——示踪剂最大稀释体积，m^3；

　　　R——井距，m；

　　　H——气层平均厚度，m；

　　　ϕ——孔隙度；

　　　a——扫及效率；

　　　C——等吸气厚度系数。

根据式（4.5.1），可以计算出本次示踪监测井组所需的示踪剂的最大稀释体积。注气井组示踪剂类型及用量见表4.5.1，选择与注气井距离最远的生产井3井之间的井距作为参数选择依据。

表4.5.1　该组示踪剂最大稀释体积计算参数表

井组	参数						
	π	井距（m）	平均气层厚度（m）	等吸气厚度系数	平均地层孔隙度	扫及效率	示踪剂最大稀释体积（$10^4 m^3$）
注气井	3.14	1322.00	17.5	0.8	0.2113	0.5	811.68

再利用式（4.5.2）即可求得所投放示踪剂的用量为29.22kg。

$$A = SV_p \mu \tag{4.5.2}$$

式中　A——示踪剂的注入量，kg；

　　　S——示踪剂检测灵敏度，10^{-6}mg/L；

　　　V_p——示踪剂最大稀释体积，m^3；

　　　μ——余量系数，取值1.8。

4.5.1.2　微颗粒分散相示踪剂注入参数

按照注入压力应接近投放示踪剂前注入压力或略高于原注入压力的原则，综合考虑现场井口设施和示踪剂溶液配制等因素，对注入参数进行优化选择，见表4.5.2。按照计算得到的示踪剂用量将绿色微颗粒分散相示踪剂配制成溶液，利用泵车从井口将示踪剂溶液注入井内。

表 4.5.2　注气井示踪剂投注各项参数表

井号	示踪剂种类	施工地点	注入方式	注入压力（MPa）	示踪剂用量（kg）
注气井	绿色微颗粒分散相示踪剂	井口	正注	小于 35	29.22

4.5.2　化学辅助调控体系施工设计

对某注气井组开展了天然气泡沫施工方案设计。注气井井场周围 2km 范围内是村庄、农田和公路。该井于 2013 年 7 月 7 日投注古近系（5375.82~5768.10m），初期角阀开度 8mm，注压 35MPa，油压 32MPa，日注气量 $18×10^4m^3$。2020 年 6 月后该井角阀开度 50mm，注压 35.3MPa，油压 34.3MPa，日注气量 $68.11×10^4m^3$，累计注气 $7.29×10^8m^3$。

4.5.2.1　基础数据

（1）注气井基础数据。

注气井基础数据见表 4.5.3。

表 4.5.3　注气井基础数据

井号	注气井	井别	注气井	井型	导眼＋水平井
井口装置	KQ78-65/70				
开钻日期	2012 年 12 月 24 日	完钻日期	2013 年 4 月 9 日	完井日期	2013 年 5 月 2 日
完钻层位	导眼井 K 层 水平井 E 层	完钻井深（m）	导眼井 5246 水平井 5770	完井方式	筛管完井
地面海拔（m）	969.92	补心高（m）	9.0	套补距（m）	8.9
油补距（m）	8.20	目前人工井底（m）	5770	投产日期	2013 年 7 月 7 日
套管程序：339.70mm×806.00m+244.50mm×4896.16m+177.80mm×3530.01m+139.70mm×（3530.01~5130.82）m+139.70mm×（5130.82~5375.82）m+ 筛管段 139.70mm×（5375.82~5768.10）m					
套管尺寸（mm）	下入井段（m）	钢级	壁厚（mm）	螺纹类型	水泥返高（一级）	水泥返高（二级）
339.70	0.00~806.00	N-80QE	12.19	偏梯	地面	
244.50	0.00~4896.16	WSP-140	11.99	BC	地面	
177.80	0.00~3530.01	TP110SS	10.36	TPCQ	20	
139.70	3530.01~5130.82	TP110	9.17	TPCQ	3065	
139.70	5130.82~5375.82	P110	9.17	BC	3065	
筛管 139.70	5375.82~5768.10	BG110-3Cr	9.17	BC		
油管程序：完井管柱图如图 4.5.1 所示。					

（2）井身结构。

注气井套管程序如下：

ϕ339.70mm×806.00m+ϕ244.50mm×4896.16m+ϕ177.80mm×3530.01m+ϕ139.70mm×(3530.01~5130.82)m+ϕ139.70mm×(5130.82~5375.82)m+(筛管段)ϕ139.70mm×(5375.82~5768.10)m。

（3）井身结构示意图。

井身结构如图4.5.1所示。

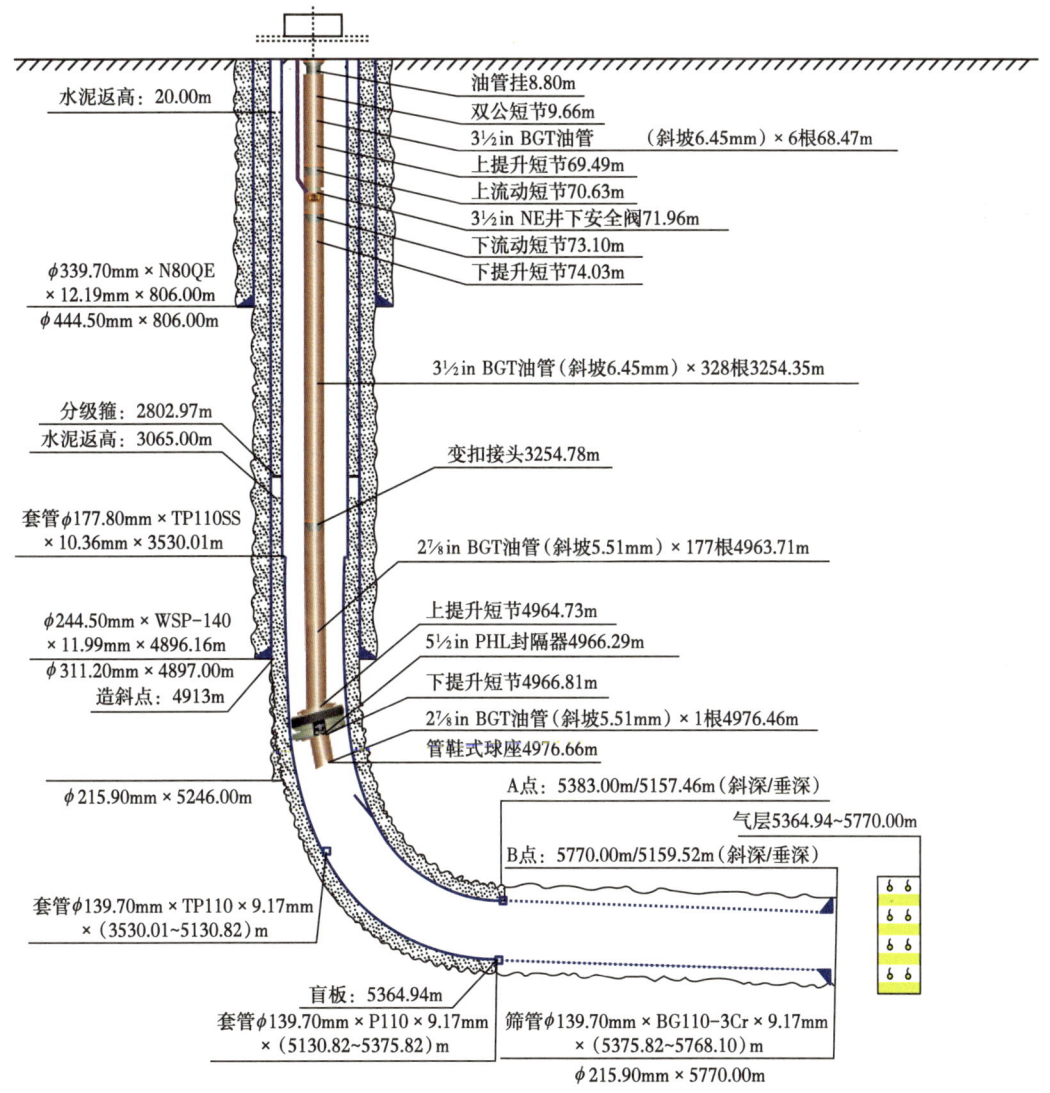

图4.5.1 注气井井身结构示意图

（4）井内管柱。

其中，油管内容积为：3½in 油管 3180.32m×4.54L/m+2⅞in 油管（4976.66−3180.32）m×3.02L/m≈19.86m³。

管鞋以下套管容积为：5½in（套管+筛管）(5770−4976.66) m×11.57L/m≈9.18m³。

井筒容积＝油管内容积+管鞋以下套管容积≈29.04m³。

注气井完井管柱见表 4.5.4。

表 4.5.4　注气井完井管柱图

管柱图	序号	名称	内径（mm）	外径（mm）	螺纹类型	数量（根）	油补距 8.20m	
							长度（m）	下深（m）
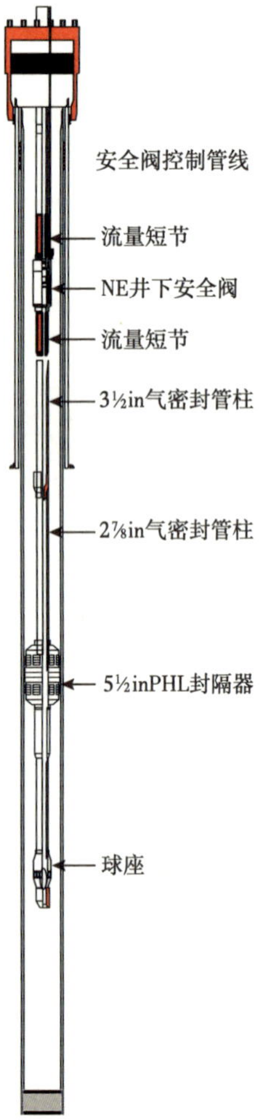	1	油管挂	74.00	265.00	3½in EUE B×3½inFOX B	1	0.60	8.80
	2	双公短油管	76.00	88.90	3½in FOX P×3½in BGT1 P	1	0.86	9.66
	3	油管（斜坡6.45mm）	76.00	88.90	3½in BGT1 B×P	6	58.81	68.47
	4	上提升短节	76.00	88.90	3½in BGT1 B×3½in FOX P	1	1.02	69.49
	5	上流动短节	73.15	103.32	3½in FOX B×P	1	1.14	70.63
	6	井下安全阀	69.85	134.62	3½in FOX B×P	1	1.33	71.96
	7	下流动短节	73.15	103.32	3½in FOX B×P	1	1.14	73.10
	8	下提升短节	76.00	88.90	3½in FOX B×3½in BGT1 P	1	0.93	74.03
	9	油管（斜坡6.45mm）	76.00	88.90	3½in BGT1 B×P	328	3180.32	3254.35
	10	螺纹接头	62.00	108.00	3½in BGT1 B×2⅞in BGT1 P	1	0.43	3254.78
	11	油管（斜坡5.51mm）	62.00	73.02	2⅞in BGT1 B×P	177	1708.93	4963.71
	12	上提升短节	62.00	73.02	2⅞in BGT1 B×2⅞in FOX P	1	1.02	4964.73
	13	5½in PHL封隔器	59.94	114.68	2⅞in FOX B×P	1	0.44	4965.17
							1.12	4966.29
	14	下提升短节	62.00	89.00	2⅞in FOX B×2⅞in EUE P	1	0.52	4966.81
	15	油管（斜坡5.51mm）	62.00	73.02	2⅞in EUE B×P	1	9.65	4976.46
	16	管鞋式球座	38.00 / 59.00	99.00	2⅞in EUE B×管鞋	1	0.20	4976.66

（5）区域井位图。

根据注气井所在区域井位图、油水分界面示意图资料分析，注气井对应的受效油气井为生产井1井、生产井2井和生产井3井（图4.5.2和图4.5.3）。

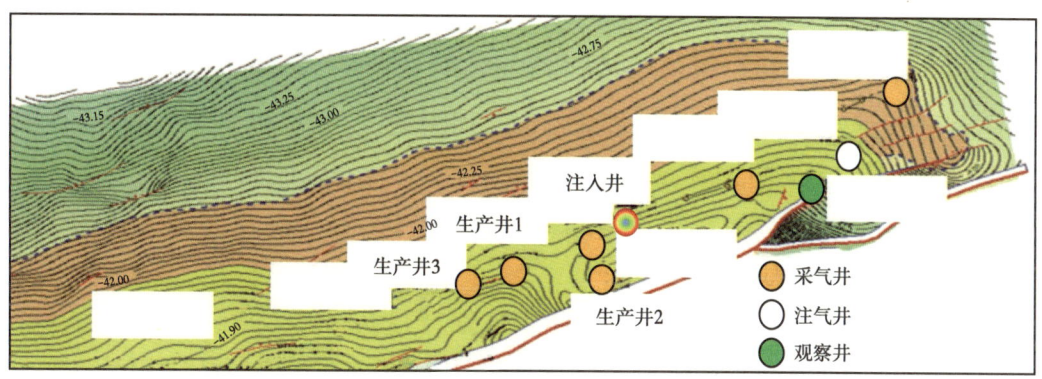

图4.5.2 井组所在区域井位示意图

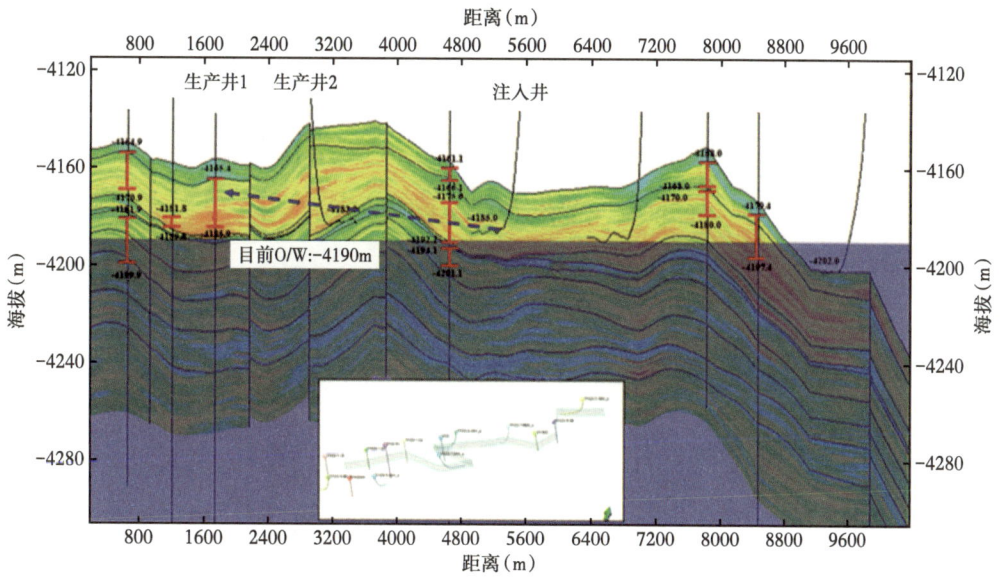

图4.5.3 注气井所在区域油水分界面示意图

4.5.2.2 泡沫控制气窜施工方案

（1）设计注入量。

本次控制气窜技术采用天然气泡沫调整非均质性和控制气体流度，从而达到控制气窜目的。

根据地质要求试注层位为古近系，井段5375.82~5768.10m（斜深）/5157.46~5159.62m（垂深）。对于注气井，$E_{Ⅲ-2}$ 层5155.5~5160m段、$E_{Ⅲ-2}$ 层5163~5172m段、$E_{Ⅲ-3}$ 层5172~5176m段，为高渗透层段，起泡液用量计算公式为

$$V=\pi r^2 h \phi E_V (1-IPV) \quad (4.5.3)$$

$$V=3.14\times 38^2 \times 17.5 \times 21.13\% \times 60\% \times (1-10\%) \approx 9058 m^3$$

式中　r——设计处理半径，根据泡沫调驱现场应用经验，一般选择20~50m，本次设计取38m（井距的2.5%）；

　　　h——$E_{Ⅲ-2}$ 层5155.5~5156m段、$E_{Ⅲ-2}$ 层5163~5172m段、$E_{Ⅲ-3}$ 层5172~5176m段等高渗透层，总厚度为17.5m；

　　　ϕ——孔隙度，$E_{Ⅲ-2}$ 层和 $E_{Ⅲ-3}$ 平均孔隙度为21.13%；

　　　E_V——泡沫的体积波及系数，因地层非均质性，泡沫在地层中的体积波及系数一般为50%~70%，取60%；

　　　IPV——地层存在微小孔隙，CMC高分子不能进入微小孔隙，用量减少，聚合物HPAM一般为5%~30%，CMC分子尺寸比HPAM小，取10%。

（2）起泡液用量与预期效果。

通过对泡沫调驱现场应用的文献调研，结合该注采井组的动态特征，对井组的泡沫控制气窜的预期效果与注入量的关系进行了初步评价，预期结果见表4.5.5。

表4.5.5　不同泡沫规模的预期应用效果

处理半径（m）	井间距（1484m）比例（%）	地下泡沫量（m³）	井场液量（m³）	化学剂用量（t）	预期效果
22	1.35	3040	1520	100.87	（1）注气井在相同注气压力下注气量降低1%~3%，或注入压力上升1~1.5MPa； （2）注气井示踪剂测试，注气流动方向改变，5155.5~5156m段、5163~5172m段、5172~5176m段的吸气量降低1%~3%
38	2.56	9058	4529	300.54	（1）注气井在相同注气压力下注气量降低2%~5%，或注入压力上升2~3MPa； （2）注气井示踪剂测试，注气流动方向改变，155.5~5156m段、5163~5172m段、5172~5176m段的吸气量降低1%~5%； （3）对应的3口受效生产井气油比下降，其中受效最好的生产井气油比下降2%~5%

（3）化工料用量。

考虑到投入成本，兼顾应用效果，优化后设计泡沫量为9000m³左右，气液比1:1，起泡液用量为4500m³，配方：5%起泡剂A+2%起泡剂B+0.2%稳泡剂A，即起泡剂A用量225t，起泡剂B用量90t，稳泡剂A用量9t。因现场不具备复配条件，所以将起泡剂A、

起泡剂 B 和稳泡剂 A 按比例复配好后，直接用罐车拉运至现场。复配后的混合起泡剂中起泡剂 A 占 69.44%，起泡剂 B 占 27.78%，稳泡剂 A 占 2.78%。

（4）井场配液与注入流程。

①井场配液方法（以 25m³ 为例）。

用 1.8t 混合起泡剂配置 25m³ 起泡液，充分搅拌均匀后注入。

表 4.5.6　井场配液表（以 25m³ 为例）

材料名称	混合起泡剂浓度	每罐加药量（t）	入井液有效浓度（药剂质量/液体总体积）
混合起泡剂	7.2%	1.8	起泡剂 A 5% 起泡剂 B 2% 稳泡剂 A 0.2%

②泡沫驱施工参数。

天然气泡沫控制气窜层位为 E_{III-2} 层 5155.5~5160m 段、E_{III-2} 层 5163~5172m 段、E_{III-3} 层 5172~5176m 段，分 4 段交替注入起泡液、天然气，预计施工 31d，日注入量、挤注排量等施工参数见表 4.5.7。

表 4.5.7　注气井注天然气泡沫泵注程序表

序号	施工步骤	注入体积（m³）	排量（m³/d）	注入时间（d）	泵压（MPa）	备注
1	低挤起泡液	1800	180	10		
2	注天然气	25×10⁴	12.5×10⁴	2		
3	低挤起泡液	900	180	5		
4	注天然气	25×10⁴	12.5×10⁴	2	＜35	控压控排量施工
5	低挤起泡液	900	180	5		
6	注天然气	25×10⁴	12.5×10⁴	2		
7	低挤起泡液	900	180	5		
8	正常注天然气					

注：（1）施工前首先进行起泡液试挤，若试挤不进液则停止施工；

（2）密切关注油套压力，严格控制油套压力，根据油压现场调整平衡压力；

（3）本井注入层压力系数 0.764，存在压力亏空，注液过程可能倒灌地层，注入过程严格控制施工排量；

（4）正常情况下按设计施工，出现异常情况，由甲方、项目负责人和设计人员紧急协商调整；

（5）本井 7in 套管 0~20m，2802.97~3065.00m 井段为空套管，在施工作业时注意井下安全；

（6）本井 2019 年 10 月 22 日测试流压，工具串落井，长度 5.5m，鱼顶位置不明，落鱼工具串：钢丝（ϕ3.2mm×0.2m）+钢丝绳帽（ϕ38mm×0.2m）+压力计 2 支（ϕ38mm×0.8m）+钨钢加重杆（ϕ42mm×3.4m）+导锥（ϕ42mm×0.1m），最大外径大于球座的内径，注意有可能造成憋堵；

（7）流体注入过程应连续进行，防止发生注入设备故障、配液不及时等，造成注入中断。

若起泡液试注过程注压较低或无注压,影响对起泡液进入地层后的效果判断,则更改泡沫液注入方式,采用起泡液与天然气混合注入方式注入。天然气泡沫控制气窜预计累计施工 25d,日注入量、挤注排量等施工参数见表 4.5.8。

表 4.5.8 注气井泡沫驱施工参数

调驱层位	E_{III-2} 层 5155.5~5160m 段、E_{III-2} 层 5163~5172m 段、E_{III-3} 层 5172~5176m 段		
调驱半径(m)	38	起泡液总量(m^3)	4500
药剂名称	天然气起泡剂	注入压力(MPa)	<35
挤注排量(L/min)	125	日注液量(m^3)	180
施工时间(d)	注起泡剂累计施工 25d	注入方式(油管注入,与天然气混注)	注入方式:示踪剂+注气 123.4×10⁴sm^3/d+注 4500m^3 泡沫液(气液混注)+示踪剂+正常注气 泵注程序:1d 示踪剂+25d 气液混注+1d 示踪剂+正常注气 注液量:180m^3/d 注气量:49356sm^3/d,按换算倍数 274.2,折算地下 180m^3/d
施工设备	30m^3 配液罐 6 个(带搅拌器),700 型水泥车和注入泵		

4.5.2.3 施工前准备及要求

(1)材料。

所需材料参数见表 4.5.9。

表 4.5.9 材料参数表

名称	成分	用量(t)	备注
混合起泡剂	起泡剂 A、起泡剂 B、稳泡剂 A	324	按规定运输

(2)井筒准备。

施工前确认井筒完整通畅、井口设施完整、阀门开关灵活、压力表显示等无异常。

(3)配液用水与施工设备。

现场配液用水:由甲方组织清水总量 4500m^3,按 180m^3/d 提供(具体以实际注入情况为准)。

现场设备供电:由甲方协调满足现场设备用电需求。

注入设备:注入泵 1 台,泵车 1 台。

带搅拌器的 30m^3 配液罐:6 个。

承压不小于 45MPa 的高压连接管线及配套接头。

(4)井场布置。

根据施工要求摆放配液设备和注入设备,连接管线、管汇,流程如图 4.5.4 所示。

4 化学辅助凝析气藏注天然气调控技术与应用

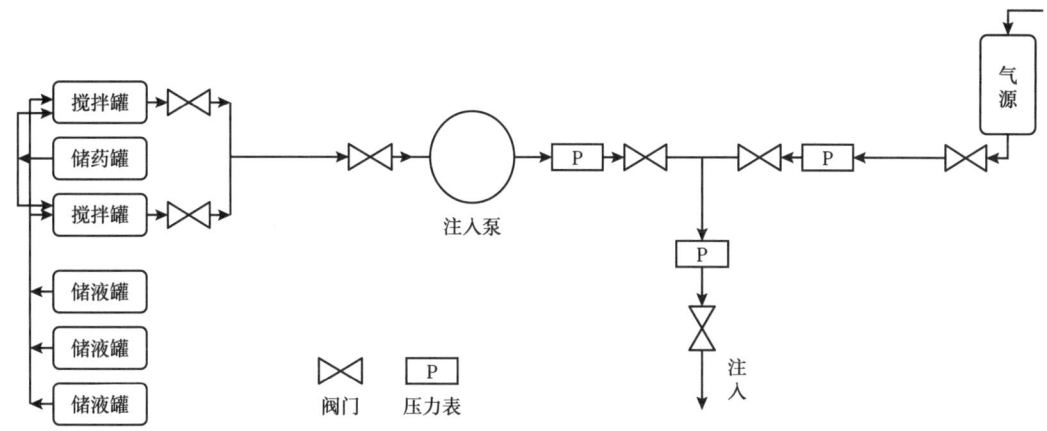

图 4.5.4　施工地面流程图

4.5.2.4　施工步骤

（1）示踪剂测试。

①参与作业人员提前至作业区办理入场培训，通过后组织现场施工。

②组织泵车（带搅拌混输功能）、清水 60m³（水车自卸）到井。

③关闭 10# 阀停止注气，记录油套压力、注气排量。

a. 停止注气前与作业区进行沟通，得到甲方同意后方可实行；

b. 在关阀过程中应按要求穿戴好劳保用品，注意人员站位，平稳操作。

④拆测试阀堵头。

a. 关闭 7# 主阀后完全拆除测试阀堵头前需对 7# 主阀是否关严进行检验；

b. 若 7# 主阀无法有效关闭，则关闭 4# 主阀，确认关闭有效后拆除测试阀堵头；

c. 拆除堵头过程中应按要求穿戴好劳保用品，注意人员站位。

⑤连接 700 型固井水泥车与地面管线，按要求试压 45MPa，稳压 15min，压降小于 0.7MPa 为合格。

a. 连接管线过程中，人员应按要求穿戴好劳保用品，合理操作，注意站位；

b. 试压过程无关人员远离高压区域，防止管线刺漏伤人，如因作业需要停留现场的，时刻保持警惕，注意站位。

⑥将水罐车流程连接至泵车，将罐车内清水倒入水泥车中。

a. 检查确认好管线连接流程；

b. 施工过程做好防漏防溢工作。

⑦再次检查注入流程，打开 7# 主阀，往泵车搅拌罐内加入示踪剂粉末后注入，共计注入示踪剂液体 60m³，排量 100~1000L/min，控制泵压不超过 35MPa。

a. 在关阀过程中应按要求穿戴好劳保用品,注意人员站位,操作平稳;

b. 因现场为高压区域,作业人员应时刻保持警惕,防止管线刺漏伤人,如发现异常,及时撤离至安全区域;

c. 无关人员远离施工现场;

d. 配制示踪剂过程中,人员应按要求穿戴好劳保用品。

⑧示踪剂注入完毕后,泄压,拆管线,恢复井场。

a. 拆管线过程中,人员应按要求穿戴好劳保用品,合理操作,注意站位;

b. 拆管线过程中应注意管线内的残液,防止落地。

⑨恢复正常注气,注入排量与注示踪剂前量保持相同 $[(4\sim50)\times10^4m^3/d]$。

⑩在受效井监测示踪剂。

(2)注泡沫。

①搬迁:设备搬迁前做好与作业区采油队书面交接井的工作,交接内容包括原井、井口、采油树、井口设施是否齐全完好、井场、周围自然状态、环保状况,设备就位后,首先进行自查自改,达到施工要求,申请开工。

②关闭 $10^\#$ 阀停止注气,记录油套压力、注气排量。

a. 停止注气前与作业区进行沟通,得到甲方同意后方可实行;

b. 在关阀过程中应按要求穿戴好劳保用品,注意人员站位,操作平稳。

③拆测试阀堵头。

a. 关闭 $7^\#$ 主阀后完全拆除测试阀堵头前需再次对 $7^\#$ 主阀是否关严进行检验;

b. 若 $7^\#$ 主阀无法有效关闭,则关闭 $4^\#$ 主阀,确认关闭有效后拆除测试阀堵头;

c. 拆除堵头过程中应按要求穿戴好劳保用品,注意人员站位。

④通过三通,分别连接泵车、注入泵与地面管线,按要求试压 45MPa,稳压 15min,压降小于 0.7MPa 为合格,试压合格后泄压,保持流程不变,流程连接如下。

a. 连接管线过程中,人员应按要求穿戴好劳保用品,合理操作,注意站位;

b. 试压过程无关人员远离高压区域,防止管线刺漏伤人,如因作业需要停留现场的,时刻保持警惕,注意站位。

⑤按照起泡液配制要求进行泡沫液配制,搅拌均匀后备用。

a. 起泡液的配制操作严格按照设计进行;

b. 人员应按要求穿戴好劳保用品;

c. 配液过程中注意观察罐面及管线是否有渗漏,如有渗漏及时处理。

⑥关闭注入泵端,打开 $7^\#$ 主阀,转水泥泵车注入流程,利用泵车泵入起泡液进行试注,并取得相关试挤数据,为后期起泡液和天然气混注提供依据,试注过程密切关注油套压力,根据油压现场调整平衡压力。

a. 施工过程中，人员应按要求穿戴好劳保用品，合理操作；

b. 无关人员远离施工区域；

c. 若试挤不进液则停止施工，分析原因并及时处理；

d. 施工过程做好防渗漏工作；

e. 试注前再次检查确认流程连接是否正确；

f. 试注过程注意采油树及注入管线是否有异常。

⑦试注结束，转注入泵注入起泡液。

a. 试注过程正常，试注完成后，泄水泥泵车端压力，关闭地面管线闸阀，拆水泥车端管线。倒注入泵注入流程，打开地面闸阀，打开 7# 主阀，按工艺参数连续注入，严格控制施工排量，确保施工排量和施工压力在设计范围内；

b. 若试注过程注入压力较低或无压力，影响对起泡液进入地层后的效果判断，则更改泡沫液注入方式，采用起泡液与天然气混合注入方式注入。泄水泥泵车端压力，关闭地面管线闸阀，拆水泥车端管线，倒注入泵注入流程。报甲方协调，打开 10# 生产阀，恢复注气流程，调节注气排量至 49356m³/d，打开地面闸阀，打开 7# 主阀，按工艺参数连续注入，严格控制施工排量，确保施工排量和施工压力在设计范围内；

（a）本井注入层压力系数 0.764，存在压力亏空，注液过程可能倒灌地层。试注起泡液过程中，若无泵压或泵压较低，调整起泡液注入方式；

（b）密切关注油套压力，根据油压现场调整平衡压力；

（c）正常情况下按设计施工，出现异常情况，由甲方、项目负责人和设计人员紧急协商调整；

（d）流体注入过程应连续进行，为防止发生注入设备故障、配液不及时等造成注入中断，采取相应措施：（1）施工前准备 6 个配液罐；（2）发生设备故障，及时组织泵车施工，直至设备故障排除；

（e）泡沫液注入期间做好日常对采油树、注入管线、设备等巡检；

（f）施工过程中，人员应按要求穿戴好劳保用品，合理操作，注意站位，无关人员远离高压区域。

⑧在施工过程中，每隔 30min 记录一次井口泵压、套压、温度及注入量等关键参数，并做好详细的施工记录。

a. 人员应按要求穿戴好劳保用品；

b. 人员应尽量远离高压区域，注意合理站位；

⑨再次开展示踪剂测试 [注气排量与 4.5.2.4 节示踪剂测试期间一致]，测定示踪剂的推进速度（天然气的气窜速度），分析控制气窜效果。

⑩泡沫液注入施工结束，提前与作业区联系，卸掉泵端压力，提高注气排量，恢复作

业前注气水平。

4.5.3 现场应用及效果评价

4.5.3.1 措施前井间示踪剂监测施工效果评价

从图 4.5.5 可以看出,3 口响应井产出颗粒呈现不同频率波形,出现多个波峰波谷,3 口井形态各异,各具特色,每一个波峰都代表了一次固体微颗粒的突破,也就是一个大孔道带内的固体微颗粒的接力脉冲式突破的表现。有几个波峰就代表了有几个大孔道带。

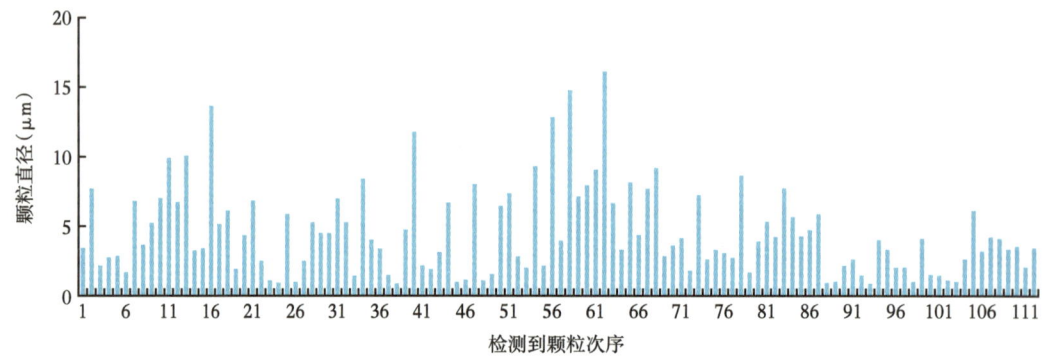

(a)生产井1固体微颗粒多种粒径分布图

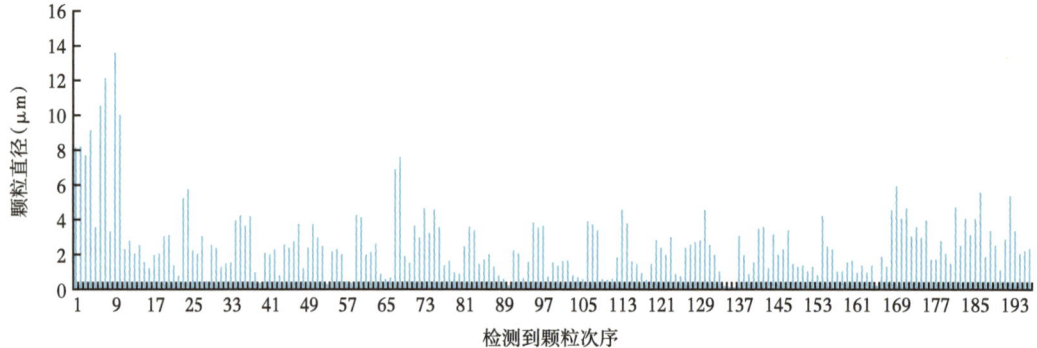

(b)生产井2固体微颗粒多种粒径分布图

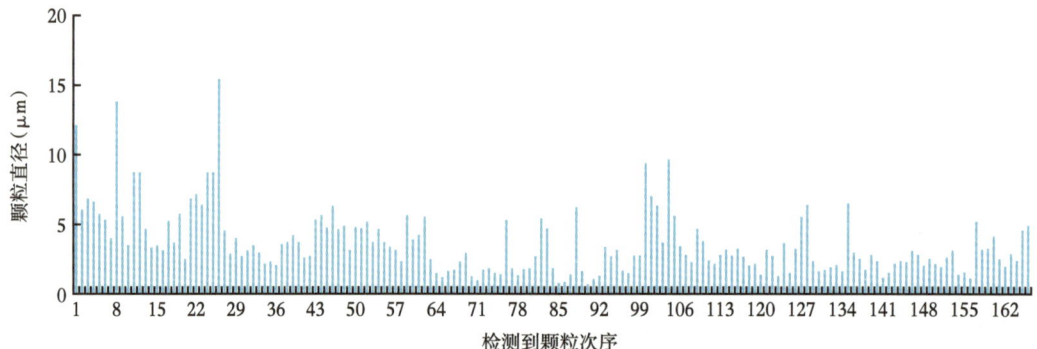

(c)生产井3固体微颗粒多种粒径分布图

图 4.5.5 多种粒径固体微颗粒分布图

生产井 3 井有 10 个大孔道带，生产井 1 井有 7 个大孔道带，生产井 2 井有 16 个大孔道带，总体看，生产井 1 井大孔道开度最大，其次为生产井 3 井，再次为生产井 2 井（图 4.5.5）。

4.5.3.2 措施后井间示踪剂监测施工效果评价

生产井 1 在 2020 年 10 月 8 日—11 月 10 日监测固体微颗粒数量比 2020 年 9 月 8 日—10 月 6 日监测时少，峰型减少变成 6 个，固体微颗粒直径也都小于 3μm，整体组成 6 个大孔道带，6 个大孔道带开度比较均一（图 4.5.6）。

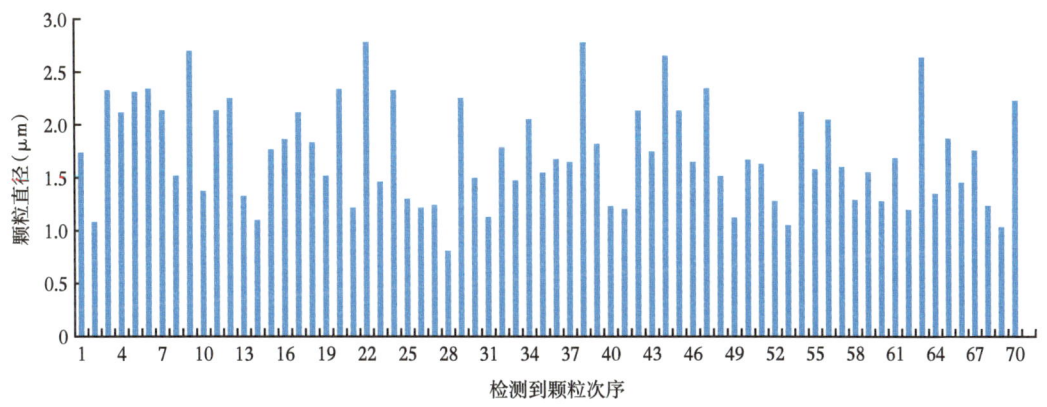

图 4.5.6　生产井 1 固体微颗粒多种粒径分布图（2020 年 10 月 8 日—11 月 10 日）

生产井 2 在 2020 年 10 月 8 日—11 月 10 日监测固体微颗粒数量比 2020 年 9 月 8 日—10 月 6 日监测时少，第一个峰明显得到抑制，峰型减少变成 3 个，最后面的峰型齿化变得平滑，固体微颗粒直径也都小于 4μm，主体颗粒直径小于 2μm，整体组成 3 个大孔道带，3 个大孔道带开度比较均一，第三个大孔道带最为均一。但是该井离注气井较近，驱替效果不太明显（图 4.5.7）。

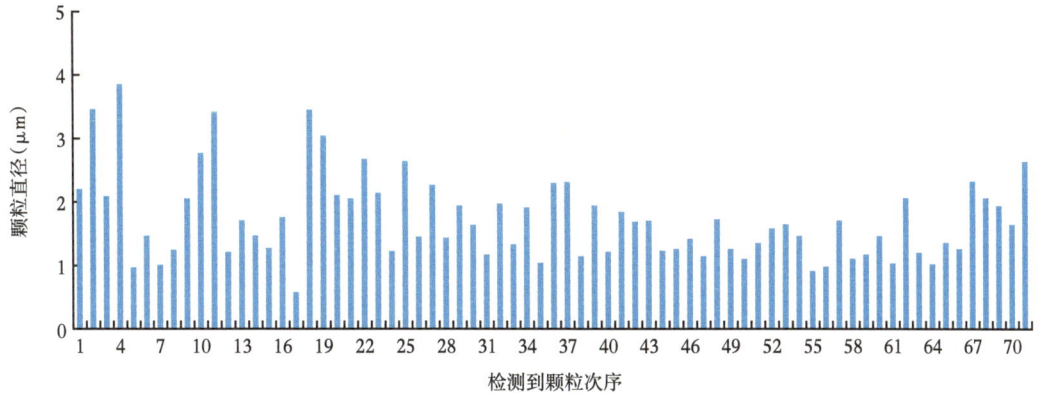

图 4.5.7　生产井 2 固体微颗粒多种粒径分布图（2020 年 10 月 8 日—11 月 10 日）

生产井 3 于 2020 年 10 月 8 日—11 月 10 日监测固体微颗粒数量比 2020 年 9 月 8 日—10 月 6 日监测时少，峰型也变成 1 个，固体微颗粒直径也都小于 3μm，整体组成一个大孔道带（图 4.5.8）。

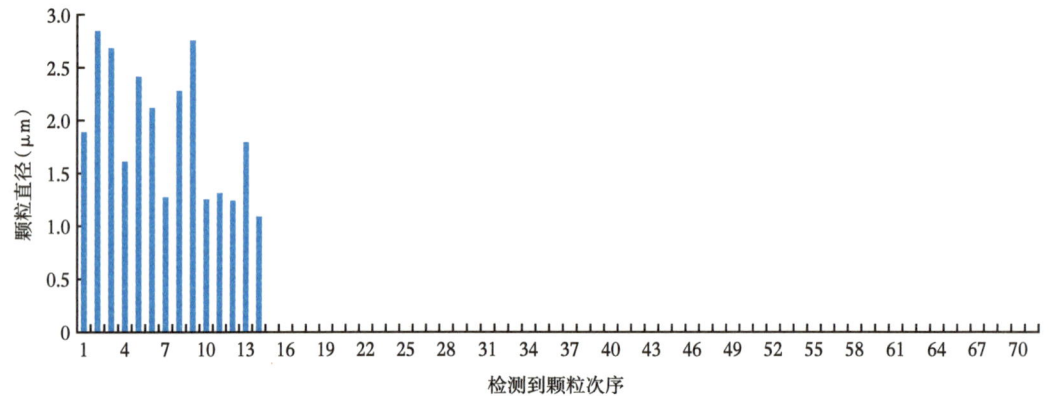

图 4.5.8　生产井 3 固体微颗粒多种粒径分布图（2020 年 10 月 8 日—11 月 10 日）

本次对注采井组进行示踪监测，从设计、注入施工、取样到检测分析都严格执行相关要求，使工作得以顺利完成，监测工作是成功的。结论及建议如下：

（1）注气井与生产井 1 井、生产井 2 井、生产井 3 井有微颗粒产出，气井的连通关系明确。

（2）大孔道发育优势方位为南西，与构造主体走向一致，南西也是气窜方向。

（3）经过泡沫驱调整，原来的大孔道得到抑制，注气流场改变，原有的流线转向、变化，增大了波及体积，注入气从其他的通道波及。

（4）生产井 3 井有 1 个大孔道带，生产井 1 井有 6 个大孔道带，生产井 2 井有 3 个大孔道带，总体看生产井 2 井是大孔道开度最大，其次为生产井 1 井，再次为生产井 3 井。

（5）通过调剖前后两次监测结果对比，表明了注气井剖面得到了调整，大孔道得到了抑制，达到了泡沫调驱的效果。

4.5.3.3　天然气泡沫控制气窜应用效果评价

（1）注气井施工情况。

①注示踪剂：2020 年 9 月 8 日 16：40 注入示踪剂 30m³，清水 17.5m³。

②注入清水：9 月 17 日 20：00—20：30，试压 45MPa，稳压 30min，20：30—22：00 无压降；注入清水 21m³，泵压 30.5MPa，无压降，排量 14m³/h。

③注泡沫液：

2020 年 9 月 18 日—10 月 8 日，泡沫液施工共 21d。

9 月 18 日 16：36，起泵；17：15 试注泡沫液。

9月19日11：00开始气液混注。

9月21日00：00因油压过高，暂停注气，只注泡沫液。

9月21日8：00—10月9日00：00注泡沫液和气液同注交替施工。

泡沫液情况：累计注入泡沫液4525.1m³（其中清水4199.05m³，药剂326.05t，配置浓度7.2%）。

注气情况：累计注入天然气437419m³。

清水情况：到井清水8车共192.4m³，累计到井清水4334.18m³。

④注示踪剂：10月9日00：08注入示踪剂30m³，清水30m³。

（2）注气井泵压曲线。

注气井泵压曲线如图4.5.9所示。

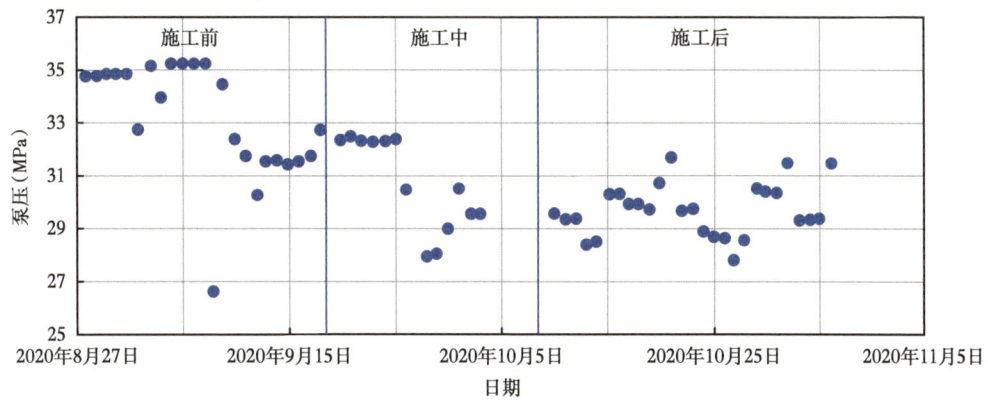

图4.5.9 泵压变化曲线

单独注泡沫液时没有压力，在气液混注时油压迅速上升。在多次注泡沫液—混注—注泡沫液的过程中，后一次气液混注的油压均大于前一次气液混注时的油压，相同流量下的压力不断升高。说明了通过注入天然气泡沫液后，对注气井的高渗透条带产生了封堵，达到了控制气窜的目的。

（3）施工前后注气井注气量、油压对比。

施工前后注气井注气量、油压对比如图4.5.10所示。

施工前：2020年9月10—17日，平均注气量697373m³，平均油压31.05MPa；

施工期间：2020年9月19日—10月9日，施工最高油压为32.3MPa，最高爬坡压力上升了1.25MPa；

施工后：2020年10月10日—11月2日，平均注气量303091m³，平均油压29.56MPa；

施工后，油压基本相同的条件下，注气量降低幅度达到56.54%，节约了注气成本，从注气井角度看，天然气泡沫的封堵是有效的。

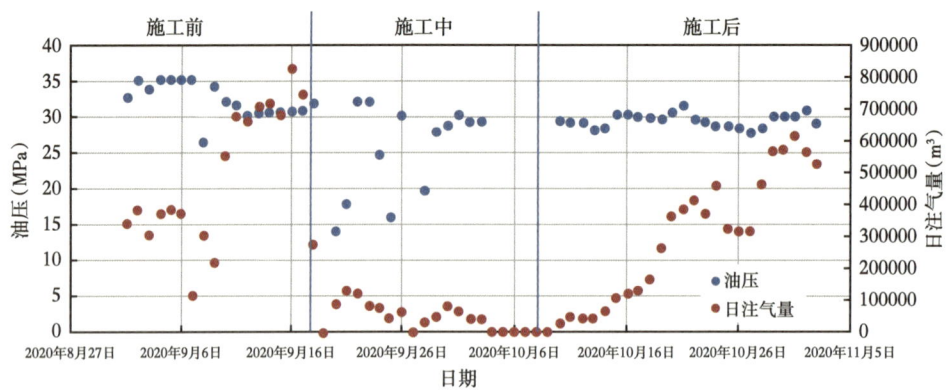

图 4.5.10　油压与日注气量变化

（4）施工前后注气井吸气指数对比。

天然气泡沫施工后，正逢冬季"停注保供"，注气不久就关井了，由于注气量是在不同压力下统计的，注气量的降幅评价指标不太科学，故对该井施工前后的吸气指数进行了统计分析。

$$J_Q = \frac{Q}{\Delta p} \tag{4.5.4}$$

式中　J_Q——吸气指数；

　　　Q——日注气量，m^3；

　　　Δp——井底流压与地层压力差，MPa。

施工前后注气井吸气指数对比如图4.5.11所示。结果表明，吸气指数从施工前的平均 $14.95 \times 10^4 m^3/(d \cdot MPa)$，降低为施工后的平均$8.31 \times 10^4 m^3/(d \cdot MPa)$，吸气指数降低了44.41%，施工前的吸气指数$(10~20) \times 10^4 m^3/(d \cdot MPa)$ 到施工后普遍低于$12 \times 10^4 m^3/(d \cdot MPa)$。

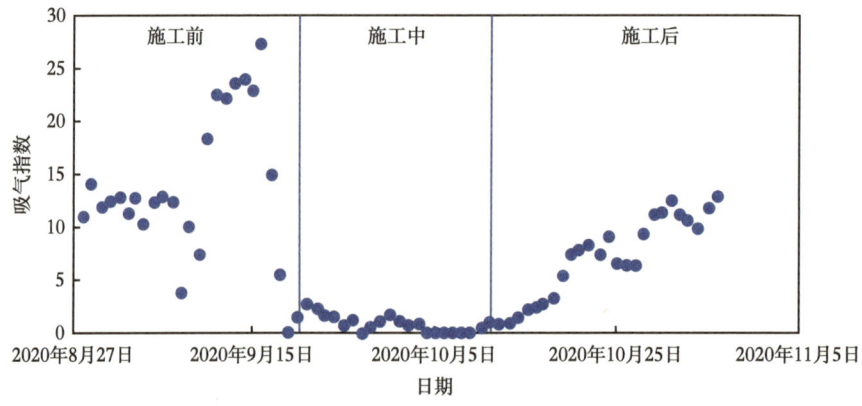

图 4.5.11　吸气指数变化情况

（5）生产受效井分析。

注气井对应 3 口生产井：生产井 1 井、生产井 2 井、生产井 3 井。

注气井在施工后，2020 年 11 月 14 日限注停关井 83 天，2021 年 2 月 7 日恢复注气，又于 2021 年 3 月 1 日停注，导致地层能量降低，对泡沫施工效果造成一定的影响。

①生产井 1 井。

该井距注气井水平段末端 80m。施工后生产井 1 井见效明显（图 4.5.12 和表 4.5.10）。

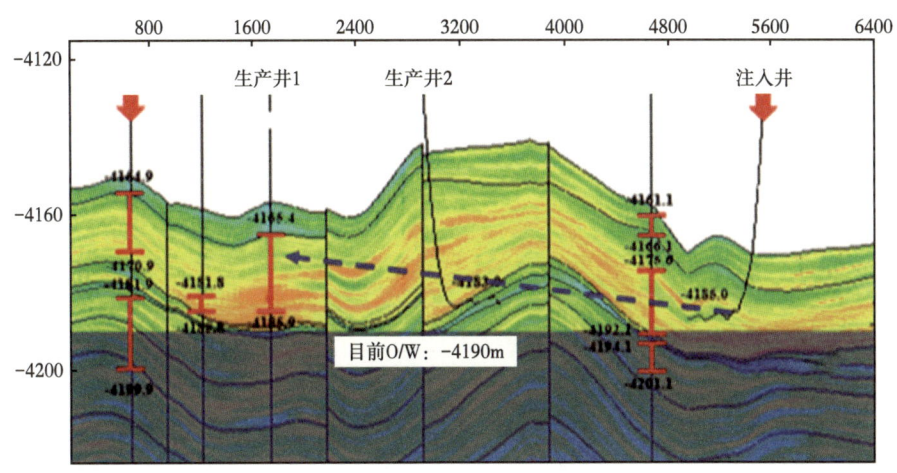

图 4.5.12　油水界面及井位图

表 4.5.10　生产井 1 泡沫施工前后生产数据

施工前后	日期	计量产液（t）	计量产气（m³）	气油比（t/m³）	含水率（%）
施工前	2020 年 1 月 1 日	48.15	377949	7849	10.16
	2020 年 1 月 2 日	48.18	376539	7815	10.17
	2020 年 2 月 5 日	78.66	395625	5030	16.53
	2020 年 2 月 6 日	78.69	395715	5029	16.54
	2020 年 2 月 7 日	78.66	395676	5030	16.53
	2020 年 6 月 17 日	45.99	375021	8154	9.7
	2020 年 6 月 18 日	45.3	374487	8267	9.57
	2020 年 6 月 19 日	48.84	375936	7697	10.33
	2020 年 6 月 22 日	51.6	379269	7350	10.88
	2020 年 6 月 23 日	45.12	376020	8334	9.55
	2020 年 6 月 24 日	45.3	375705	8294	9.57
	2020 年 6 月 25 日	74.28	391896	5276	15.62

续表

施工前后	日期	计量产液(t)	计量产气(m³)	气油比(t/m³)	含水率(%)
施工前	2020年6月26日	58.41	382695	6552	12.31
	2020年6月27日	58.29	382542	6563	12.28
	2020年6月28日	58.44	380550	6512	12.31
	2020年7月21日	59.61	377403	6331	12.55
	2020年7月22日	59.64	378816	6352	12.56
	2020年7月23日	59.64	378666	6349	12.56
	2020年7月25日	50.34	27030	537	10.62
	2020年7月26日	50.73	26808	528	10.69
	2020年7月27日	50.52	26586	526	10.66
	2020年7月28日	54.54	381267	6991	12.12
	2020年7月29日	59.82	376623	6296	12.6
施工后	2020年10月8日	95.16	353166	3711	19
	2020年10月9日	90.39	353103	3906	18.98
	2020年10月10日	90.39	352767	3903	18.98
	2020年11月10日	89.37	359898	4027	18.78
	2020年11月11日	89.28	360102	4033	18.76
	2020年11月12日	89.55	360102	4021	18.81
	2020年11月13日	89.61	360156	4019	18.82

生产井 1 泡沫施工前后生产情况如图 4.5.13 所示。

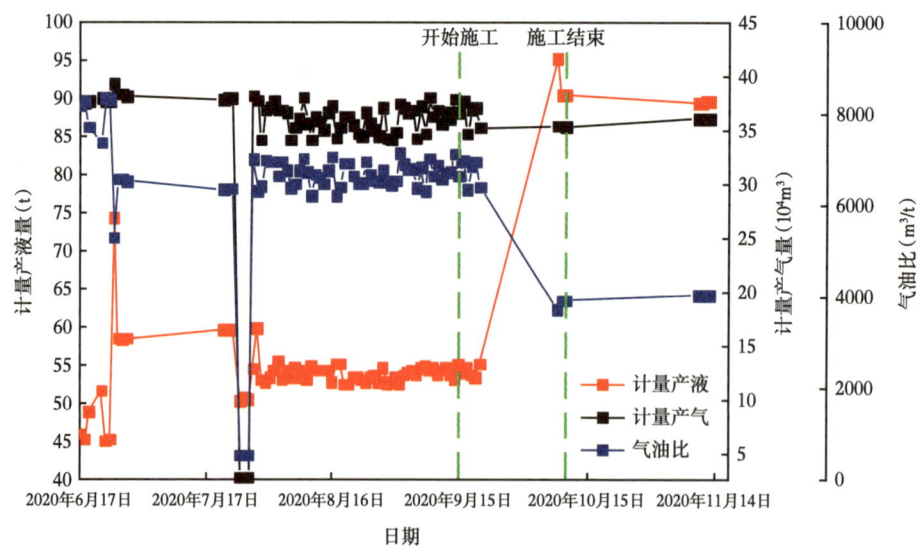

图 4.5.13 生产井 1 泡沫施工前后生产情况

施工前：2020年6月17日—9月10日，平均产液量54.245t，平均产气量320406m³，平均气油比5939m³/t。

施工后：2020年10月10日—11月13日，平均产液量90.536t，平均产气量357420m³，平均气油比3946m³/t。

相较于调驱前，在保持正常注气条件下，产液量上升了36.291t，上升了66.9%；气油比降低了1933m³/t，降低了33.6%。

②生产井2井。

该井在施工后长期的注气开采中取得了一定效果（表4.5.11）。

表4.5.11 生产井2施工后生产情况

日期	2020年9月17日	2020年11月16日	2020年12月16日	2020年12月17日	2020年12月18日	2021年3月4日
日产油量（t）	22	23	23	25	27	27

在施工后，日产油量不断上升，从施工前的22t/d，增加到施工后的27t/d，由此可以得到，在泡沫施工结束后，仍能保持一定的效果，使受效井增产。

③生产井3井。

生产井3井与本注气井的距离很远，因而措施的受效程度较小，本次施工未见效。

注气与注水开发不同，注气的主体进入生产井1井，气体膨胀性极大，极少部分进入生产井3井，该井虽检测到示踪剂，气驱速度由284.2m/d降低到198.9m/d，仅仅说明了有气体膨胀进入，但没有实现有效驱替和增油。

5 化学辅助稠油油藏注 N_2 调控技术与应用

稠油油藏注蒸汽开发极易发生汽窜，汽窜主要是由于蒸汽的低密度和低黏度、油藏的非均质性，进而导致重力超覆和指进现象。重力超覆是注蒸汽过程中，一定干度的蒸汽注入油层后，由于重力的分异作用，蒸汽总是向油层顶部聚集，形成蒸汽超覆带，在稠油热采中普遍存在重力超覆现象。黏性指进是驱替流体前缘呈指状进入被驱替相的现象，是多相渗流的重要特征之一，它产生于多孔介质中的低黏流体驱替高黏流体的过程，在稠油热采开发过程中，油藏内普遍存在黏性指进现象。重力超覆和黏性指进现象的发生，导致蒸汽波及系数小，采收率较低。

在蒸汽驱基础上，注入 N_2 辅助蒸汽驱能够扩大蒸汽波及体积、降低原油黏度和改善驱油效果，提高波及效率。N_2 辅助蒸汽驱能够减缓蒸汽超覆作用，提高油层的动用程度，以提高采收率，同时能够有效降低生产井的含水率。单纯蒸汽驱过程中蒸汽产生超覆，热损失大，利用 N_2 辅助蒸汽的开采方式，可在一定程度上降低油层顶部热损失，改善蒸汽波及不均的问题。但是 N_2 仍然会沿着蒸汽的窜流通道发生气窜，使得汽窜通道也成为气窜通道。

因此，在稠油油藏蒸汽驱开发的过程中，需要采取化学辅助 N_2 调控措施，氮气泡沫调驱技术是减少蒸汽指进、调整剖面矛盾、提高波及体积的一个重要手段。氮气泡沫既可以提高注入流体的波及体积，又可以提高洗油效率、增加地层驱动能量，氮气泡沫调驱技术具有聚合物驱、气驱和表面活性剂驱三种驱替方式的综合作用，可以从根本上改善热采开发效果，具有良好的推广应用前景。

本章以典型稠油油藏为例，介绍化学辅助稠油油藏注 N_2 调控体系的配方研发、综合性能、注入参数优化及现场应用效果。

5.1 稠油油藏汽窜特征及技术对策

5.1.1 稠油油藏地质特征

风城油田位于准噶尔盆地西北缘北端，距克拉玛依区东北约 130km，行政隶属新疆克拉玛依市。该区北以哈拉阿拉特山为界，东与夏子街接壤，西邻乌尔禾镇，地面海拔280~530m，平均约380m。由于差异风化作用，地形起伏较大，形成了"风成城"之称的风蚀地貌。

本地区属大陆干旱气候，温度为 −40~40℃，降雨量少，蒸发量大。区内有国家4A级风景区"世界魔鬼城"和"国家级公益林"（图 5.1.1）。

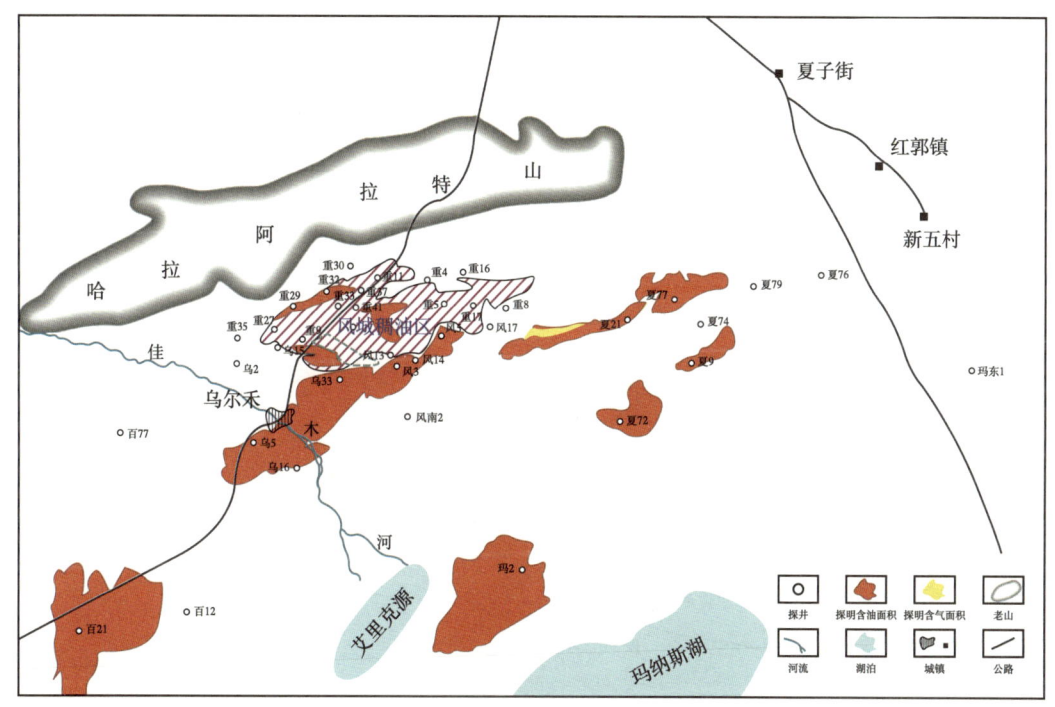

图 5.1.1 风城油田地理位置图

根据岩性和电性特征，结合区域地层划分情况，风城油田自下而上地层依次沉积了二叠系、三叠系、侏罗系、白垩系和局部古近系—新近系、第四系。稠油油藏主要分布在侏罗系，其中侏罗系下统八道湾组和上统齐古组为主力含油储层，整体构造形态均为被断裂切割的南倾单斜，地层倾角5°~10°，断裂附近倾角变陡（图 5.1.2）。全区发育北东向和北西向两组30余条断裂，绝大部分为大角度逆断裂，断距在15~50m之间，断裂发育具有继承性。

稠油常规主力开发区块为重32、重18井区。其中，重32井区开发侏罗系齐古组油藏，油藏类型为受断裂控制的、局部存在底水的构造岩性超稠油油藏，属辫状河流相沉积，自下而上发育 J_3q_3、$J_3q_2^{2-3}$、$J_3q_2^{2-1}+J_3q_2^{2-2}$ 三套开发层系，油层岩性均以中砂岩、细砂岩为主，胶结程度疏松，储集空间为原生粒间孔，平均油层原始地层温度为17℃，原始地层压力为2.1MPa，压力系数0.987，地面原油密度0.953g/cm^3，50℃时地面脱气原油黏度15839mPa·s。重18井区开发侏罗系八道湾组、齐古组油藏。其中，八道湾组油藏类型为受断裂控制的带边水的构造岩性超稠油油藏,属辫状河流相沉积,自下而上发育 J_1b_4、J_1b_{2+3}、J_1b_1 三套开发层系,油层岩性以中—细砂岩、含砾砂岩、砂砾岩为主,泥质胶结为主,胶结程度疏松—中等,孔隙类型主要为原生粒间孔,油层原始地层温度 22.4℃,原始地层压力 4.45MPa,压力系数 0.987,地面原油密度 0.961g/cm³,50℃下地面脱气原油黏度为 15341mPa·s;齐古组油藏类型为受断裂控制的带顶水、边水的构造岩性超稠油油藏,属辫状河三角洲沉积,发育 J_3q_3、$J_3q_2^{2-3}$ 两套开发层系,油层岩性均以细砂岩和中砂岩为主,胶结疏松,以原生粒间孔为主,原始地层温度为 20℃,原始地层压力为 3.85MPa,压力系数 0.935,地面原油密度 0.962g/cm³,50℃时地面脱气原油黏度 19974mPa·s。油藏各个储层参数见表 5.1.1。

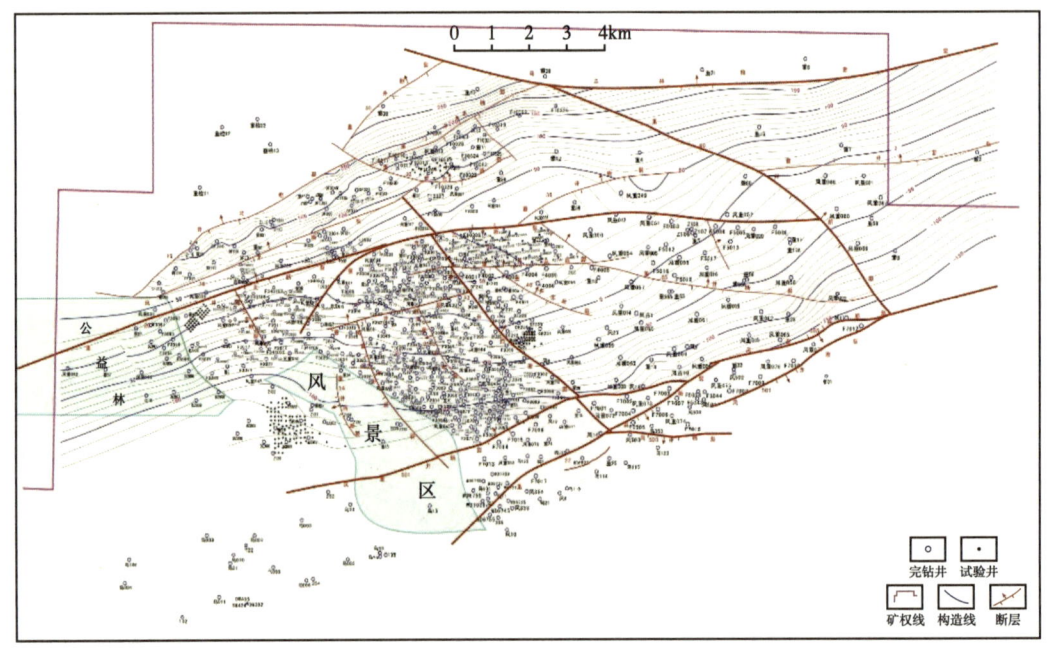

图 5.1.2　风城稠油区侏罗系齐古组 $J_3q_2^{2-3}$ 层顶面构造等值线图

表 5.1.1　风城油田稠油常规开发区油藏参数表

区块	层位	埋深（m）	有效厚度（m）	孔隙度（%）	渗透率（mD）	含油饱和度（%）	50℃地面脱气原油黏度（mPa·s）	原始地层压力（MPa）
重 32	$J_3q_2^{2-1}+J_3q_2^{2-2}$	190	22.3	31.0	3650	71.4	22563	1.89
	$J_3q_2^{2-3}$	215	10.4	30.0	3173	69.5	13741	2.13
	J_3q_3	235	7.6	29.0	1786	68.0	12896	2.32
重 18	J_3q	358	12.2	29.9	1001	63.0	19974	3.85
	J_1b	429	14.3	27.0	527	67.3	15341	4.45

5.1.2 蒸汽驱汽窜规律

在重32和重18井区前期热采试验取得较好效果的基础上，2008年重32井区齐古组超稠油油藏投入规模开发，2011年重18井区齐古组、八道湾组超稠油油藏投入规模开发。全区动用含油面积27.58km²，动用地质储量6898×10⁴t，采用水平井+直井立体井网模式，共部署投产油井3735口（水平井681口，直井3054口），产能337.36×10⁴t（表5.1.2），开发初期均采用蒸汽吞吐方式开发。

表5.1.2 稠油常规开发区各区块开发情况表

区块	井数（口）	产能（10⁴t）	动用面积（km²）	地质储量（10⁴t）
重32井区	971	99.63	8.38	2581.48
重18井区	2764	237.73	19.2	4316.52
合计	3735	337.36	27.58	6898.00

随着高轮次吞吐效果的逐渐变差，重32井区已逐步开展了蒸汽吞吐转蒸汽驱、驱泄复合开发的研究与现场试验。2011年以来，重32井区先后开展了48井组直井小井距试验、8井组VHSD、18井组原井网HHSD和4井组立体HHSD先导试验，重18井区开展了4井组VHSD先导试验，截至2019年11月各类转换开发方式共82井组。

截至2019年11月，重32井区、重18井区累计注汽10518.7×10⁴t，累计产液9672.4×10⁴t，累计产油1148.1×10⁴t，采出程度16.6%，综合油汽比0.109，累计采注比0.92，综合含水率88.1%（表5.1.3）。2019年11月，风城油田稠油常规开发区开井数2435口，注汽水平34987t/d，产液水平24221t/d，产油水平1657t/d，月度油汽比0.047，采注比0.69，含水率93.2%。

表5.1.3 风城油田侏罗系超稠油油藏常规开发区累计生产数据表

区块	总井数（口）	开井数（口）	累计注汽量（10⁴t）	累计产液量（10⁴t）	累计产油量（10⁴t）	油汽比	采注比	动用储量（10⁴t）	采出程度（%）
重32	971	557	3848.7	3561.0	475.0	0.123	0.93	2581.5	18.4
重18	2764	1878	6670.0	6111.4	673.1	0.101	0.92	4316.5	15.6
合计	3735	2435	10518.7	9672.4	1148.1	0.109	0.92	6898.0	16.6

老区进入高轮次开采，周期生产效果变差，井间窜流严重。由于原油黏度高，储层非均质性强，原始地层压力低，导致蒸汽吞吐开发周期生产时间短，平均周期生产90天，油井转轮频繁。周期生产指标显示，重32井区在10轮之后，重18井区8轮之后油汽比下降至0.1以下（图5.1.3和图5.1.4）。随着开发年限不断增加，周期产油逐轮降低，截至2019年12月油井平均轮次已达14.5轮（其中重32井区14.1轮，重18井区14.6轮），油

汽比低至 0.06 以下，效益日益变差。同时伴随着高轮次油井注采不平衡，井间窜扰严重，蒸汽热利用率低等问题，共同制约油井周期开发效果。

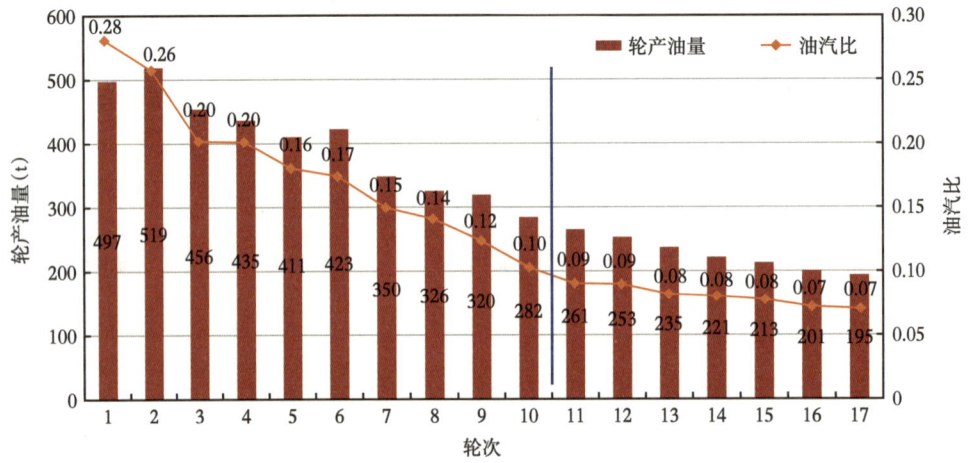

图 5.1.3　稠油常规开发区重 32 井区周期指标变化图

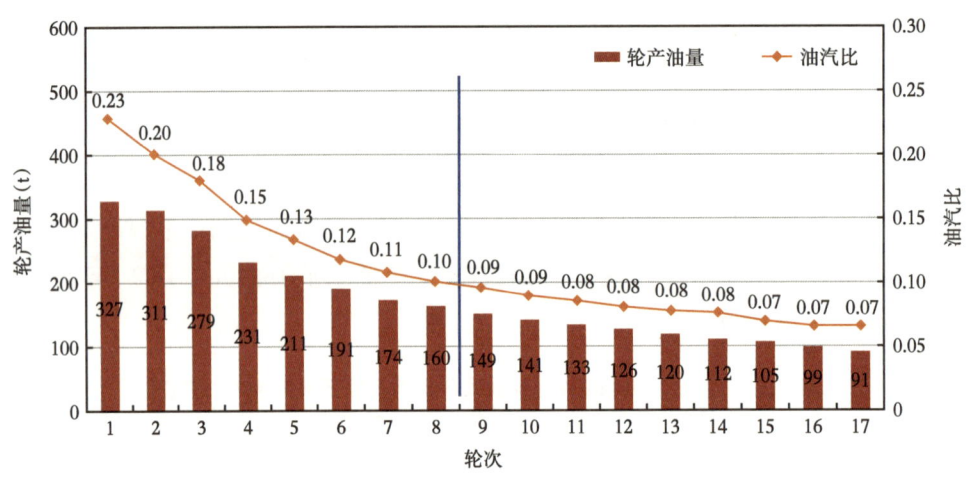

图 5.1.4　稠油常规开发区重 18 井区周期指标变化图

油井剖面动用程度低。直井受储层纵向渗透性差异、射孔跨度及蒸汽超覆影响，剖面动用程度低，随轮次增加，超覆现象加剧。从直井吸汽、产液资料分析结果看（图 5.1.5、表 5.1.4 和表 5.1.5），在吞吐开发阶段，井筒附近各油层均能得到动用，但由于受各层物性纵向条件的差异及生产过程中蒸汽超覆的影响，油层在纵向上动用程度差异较大，上部的吸汽百分比和产液百分比高于下部，油层上部动用程度达到 80% 以上，纵向剩余油主要集中分布在油层中部、下部。提高蒸汽在油层下部的波及体积，改善油层纵向动用是提高单井采出程度和油藏采收率的主要途径。

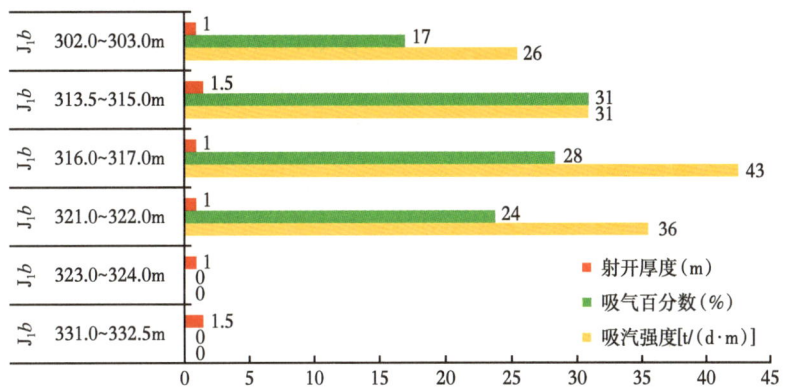

图 5.1.5 重 18 井区 F22030 井八道湾组吸汽剖面图

表 5.1.4 重 18 井区直井吸汽产液测试资料统计表

层位	吸汽测试剖面统计			产液测试剖面统计		
	统计层数	统计动用层数	层数动用程度（%）	统计层数	统计动用层数	层数动用程度（%）
$J_3q_2^{2-3}$	23	21	91	12	9	75
J_3q_3	5	3	60	8	6	75
J_1b_1	1	1	100	11	9	82
J_1b_{2+3}	28	26	93	42	35	83
J_1b_4	33	19	58	31	18	58

表 5.1.5 重 32 井区直井吸汽产液测试资料统计表

层位	吸汽测试剖面统计			产液测试剖面统计		
	统计层数	测试部位	层数动用程度（%）	统计层数	测试部位	层数动用程度（%）
$J_3q_2^{2-1}+J_3q_2^{2-2}$	13	上部	81.6	12	上部	100
		中部	100		中部	53.3
		下部	42.4		下部	11.5
$J_3q_2^{2-3}$	15	上部	100	17	上部	100
		中部	100		中部	100
		下部	72.4		下部	57.1
J_3q_3	20	上部	100	16	上部	100
		中部	100		中部	86
		下部	78.1		下部	72.4

水平井受物性和注汽工艺限制，水平段动用程度低，是水平井未发挥生产优势的主要制约因素。从水平井井温测试资料分析结果看（图 5.1.6 和表 5.1.6），水平段受物性差异和 A、B 两点注汽影响而呈现出选择性吸汽，单点加热范围 40~60m，水平段动用模式可分为 4 种类型（表 5.1.6），其中平台型和峰台复合型水平井开发效果相对较好，占比 14.8%，双峰型次之，占比 35.2%，单峰型较差，占比达到 50%，水平段动用程度相对较差。通过统计周期吞吐轮次在 5~10 轮的水平井 82 井次，对比不同井温测试形态下对应的周期产油、油汽比情况，进一步验证平台型水平井周期产油、油气比最高，双峰型、峰台复合型水平井周期产油、油气比居中，单峰型水平井周期产油、油气比最低。因此改善水平井水平段动用，实现由单峰型、双峰型向峰台复合型和平台型转变是提升水平井开发效果的重要途径。

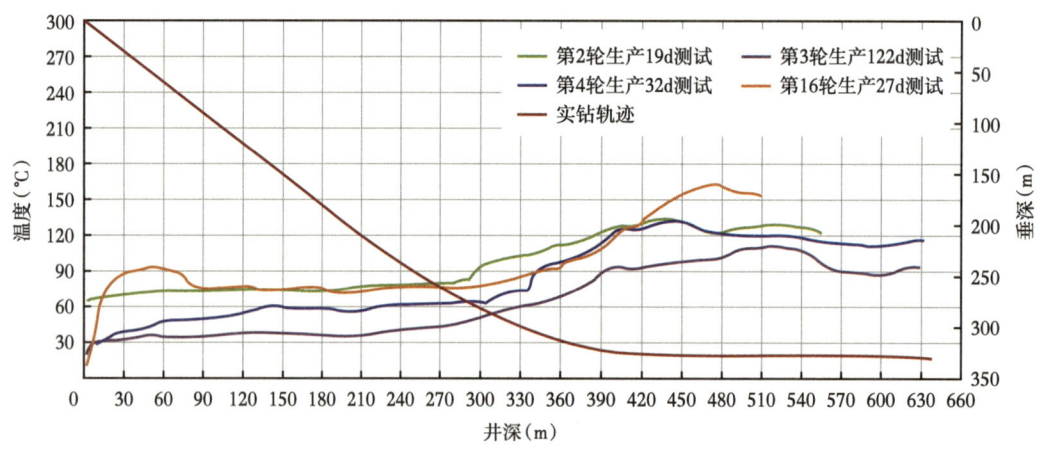

图 5.1.6　重 18 井区 FHW32054 井温测试剖面图

表 5.1.6　水平井井温曲线类型统计表

温度曲线类型	动用程度（%）			统计占比（%）	平均动用程度（%）	周期产油（t）	油汽比
	平均	最小	最大				
单峰型	34.8	9.5	76.2	50	42.8	288	0.077
双峰型	43.9	5.7	69	35.2		465	0.124
峰台复合型	66.7	34.7	87.6	3.7		589	0.157
平台型	63.6	29.2	91.4	11.1		777	0.207

5.1.3　注 N_2 存在问题及控制气（汽）窜技术对策

氮气泡沫流体是一种非牛顿流体，其选择性封堵的特性可以有效解决稠油油藏多轮次吞吐后期平面、剖面矛盾。氮气泡沫调驱技术是指注蒸汽过程中伴蒸汽注入氮气和泡沫配方体系，提高注入蒸汽的波及体积和洗油效率的方法。该工艺既可以在蒸汽吞吐井，也可以在蒸汽驱井组进行应用。主要有以下作用，一是氮气泡沫具有对非均质的选择性，氮气和泡沫配方体系伴随蒸汽注入油层后，优先进入高渗透通道，形成高强度的致密泡沫带，提高驱替压力，迫使后续蒸汽转向富含油的低渗透带，提高该部分的动用程度；二是氮气泡沫具有对流体的选择性，泡沫配方体系在残余油饱和度较高、孔渗性较低的油层起泡性较差，甚至不具备起泡性能，而在残余油饱和度较低、孔渗性较高的油层具有很好的起泡性能；三是由于泡沫溶液中表面活性剂能够降低界面张力，可以乳化原油，形成水包油型乳状液，降低原油黏度，改善稠油的流动能力，提高洗油效率；四是氮气的压缩系数高，弹性能量大，注入氮气不仅能减少注汽量，而且能增大油层的弹性能量。

氮气泡沫调驱既具有聚合物驱的流度控制能力和对油层非均质的调节作用，又具有表面活性剂驱的降低油水界面张力、乳化降黏、提高洗油效率的作用。泡沫体系良好的非均质调整性能同表面活性剂提高洗油效率有机结合起来，使泡沫体系具有封堵、调驱、降黏、洗油的综合作用。

因此，伴蒸汽进行氮气泡沫调驱技术，既可以提高注入流体的波及体积，又可以提高洗油效率，增加地层驱动能量，氮气泡沫调驱技术具有聚合物驱、气驱和表面活性剂驱三种驱替方式的综合作用，可以从根本上改善热采多轮次吞吐开发效果，具有良好的推广应用前景。

5.2 化学辅助稠油油藏注 N_2 调控体系的配方研发

针对典型油藏的地质特征，研发适合注入水配液的 N_2 泡沫体系配方，开展泡沫体系油藏适应性评价。

5.2.1 实验条件

（1）实验温度：95℃；
（2）实验压力：油藏压力 9.26MPa；
（3）实验气体：N_2，纯度为 99.2%，四川广汉劲力气体有限公司；
（4）配液体系：实际注入水、模拟注入水，离子组成和化学剂组成分别见表 5.2.1 和表 5.2.2。

表 5.2.1　模拟注入水离子组成

离子组成	K⁺+Na⁺	Ca^{2+}	Mg^{2+}	Cl^-	SO_4^{2-}	HCO_3^-	总矿化度
含量（mg/L）	3589.4	1429	49	13500	2380	792	21739.4

表 5.2.2　模拟注入水化学剂组成

成分	$MgCl_2 \cdot 6H_2O$	$CaCl_2$	KCl	NaCl	Na_2SO_4	$NaHCO_3$	总矿化度
含量（g/L）	0.41	3.96	4.36	7.49	3.52	1.09	20.83

5.2.2　起泡剂的筛选

用油藏模拟注入水配制浓度为 0.1%、0.2%、0.3%、0.4% 和 0.5% 的起泡剂溶液，在油藏温度 95℃下老化 72h，8 种起泡剂（IG-1 至 IG-8）老化后的情况如图 5.2.1 所示。

图 5.2.1　起泡剂 IG-1 至 IG-8 老化实物图

利用吴茵搅拌器开展常压下单一起泡剂的优选实验，记录起泡体积和半衰期，计算综合指数。实验结果见表 5.2.3，如图 5.2.2 至图 5.2.4 所示。

表 5.2.3 不同类型起泡剂在常压下的发泡实验结果

起泡剂名称	浓度（%）	0.1	0.2	0.3	0.4	0.5
IG-1	泡沫体积（mL）	250	260	300	300	350
	半衰期（min）	37	46	79	133	187
	综合指数（mL·min）	6937.5	8970	17775	29925	49087.5
IG-2	泡沫体积（mL）	220	200	180	150	200
	半衰期（min）	13	19	21	37	48
	综合指数（mL·min）	2145	2850	2835	4162.5	7200
IG-3	泡沫体积（mL）	50	120	160	160	190
	半衰期（min）	4	6	12	17	19
	综合指数（mL·min）	150	540	1440	2040	2707.5
IG-4	泡沫体积（mL）	450	540	610	700	830
	半衰期（min）	33	42	56	71	79
	综合指数（mL·min）	11137.5	17010	25620	37275	49177.5
IG-5	泡沫体积（mL）	200	210	250	230	270
	半衰期（min）	4	5.5	9	10	13
	综合指数（mL·min）	600	866.3	1687.5	1725	2632.5
IG-6	泡沫体积（mL）	180	220	230	290	250
	半衰期（min）	8	19	48	61	54
	综合指数（mL·min）	1080	3135	8280	13267.5	10125
IG-7	泡沫体积（mL）	350	440	450	480	550
	半衰期（min）	21	29	46	57	37
	综合指数（mL·min）	5512.5	9570	15525	20520	15262.5
IG-8	泡沫体积（mL）	260	300	315	340	350
	半衰期（min）	25	52	73	111	146
	综合指数（mL·min）	4875	11700	17246.3	28305	38325

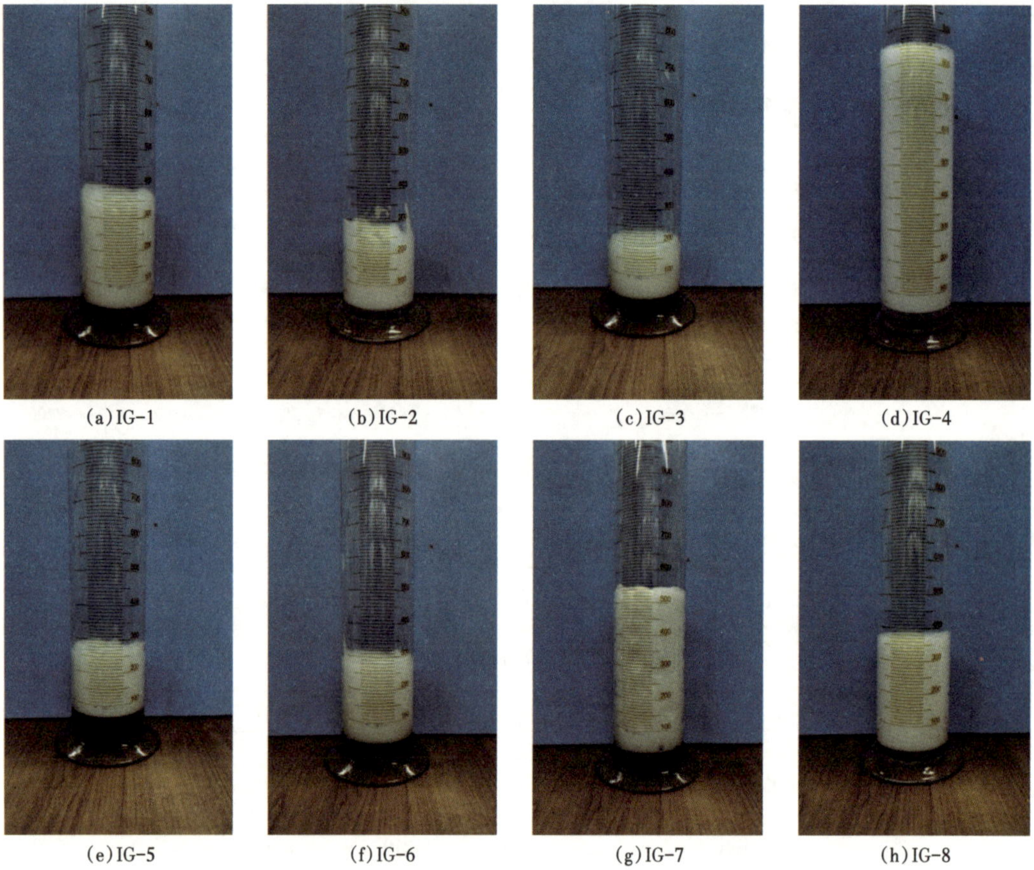

化学辅助注气调控技术与应用

(a) IG-1　　(b) IG-2　　(c) IG-3　　(d) IG-4

(e) IG-5　　(f) IG-6　　(g) IG-7　　(h) IG-8

图 5.2.2　不同类型起泡剂的起泡实物图

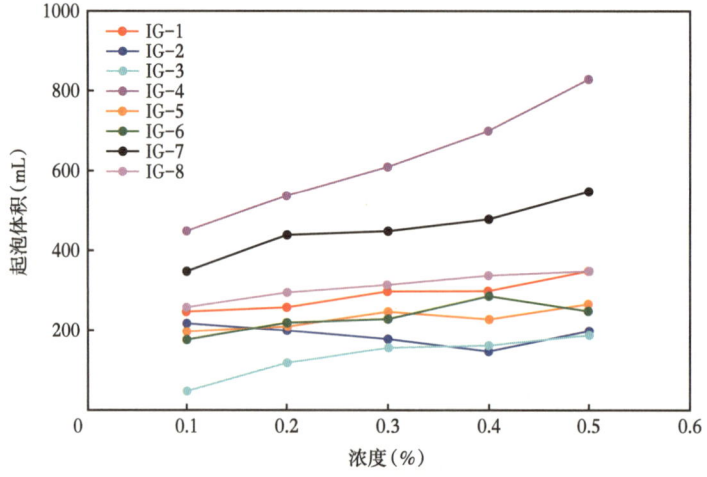

图 5.2.3　起泡剂类型及浓度对起泡体积的影响

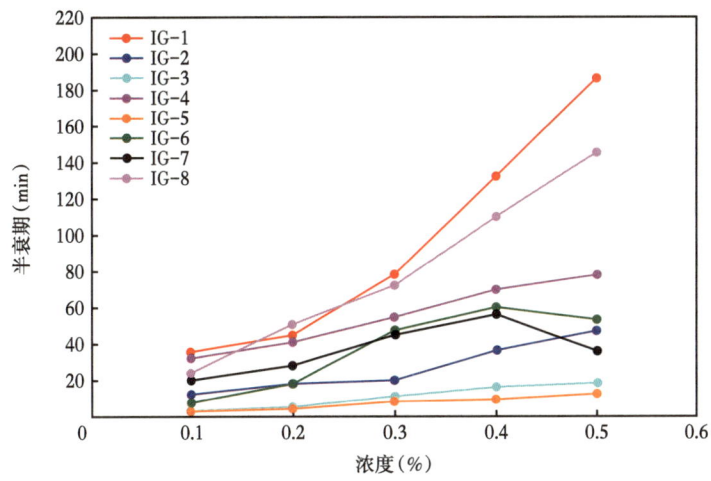

图 5.2.4　起泡剂类型及浓度对半衰期的影响

如图 5.2.3 所示，采用模拟注入水配置起泡剂溶液，多数类型起泡剂的起泡体积随起泡剂浓度的增加而增加，相比于其他类型的起泡剂，IG-4 的起泡能力最为突出，在浓度为 0.5% 时，起泡高度达到 830mL；IG-7 的起泡能力次之，在浓度为 0.5% 时，起泡高度达到 550mL；IG-3 起泡剂的起泡能力最差，随着起泡剂浓度的增加，最大起泡体积不超过 200mL。

如图 5.2.4 所示，多数类型起泡剂的泡沫半衰期随着起泡剂浓度的增大而增大，而 IG-6 和 IG-7 的泡沫半衰期是随起泡剂浓度的增大先增大后减小。其中 IG-1 的泡沫半衰期最长，在浓度为 0.5% 时，达到了 187min；其次是 IG-8，在浓度为 0.5% 时，泡沫半衰期达到 146min；IG-3 和 IG-5 的泡沫半衰期最短，都不超过 20min，并且浓度的变化对半衰期的影响很小。

因此，在后续的实验中，将起泡体积最高的 IG-4 和半衰期较长的 IG-1 和 IG-8 进行复配，进一步进行浓度优化，筛选出起泡性能好且半衰期长的氮气泡沫体系。

5.2.3　起泡剂复配

单一表面活性剂作为发泡剂使用时，其各项泡沫性能、指标通常不全都理想，而将两种在不同方面泡沫性能良好的表面活性剂复配可以起到增效作用。其中表面活性剂的复配可以分为：阴离子—阳离子、阴离子—两性型、两性型—阳离子、甜菜碱—两性型、聚氧乙烯—非离子型等。在两种表面活性剂具有特定结构时才可能发生协同效应。但传统观点认为阴离子型和阳离子型起泡剂在水溶液中相互作用会产生沉淀或絮状络合物，从而产生负效应甚至使表面活性剂失去活性，然而经研究发现，在一定条件下的阴—阳离子表面活性剂复配体系具有很高的表面活性，显示出极大的增效作用。并且认为阴—阳离子型表面活性剂混合之后形成了"新的络合物",会表现出优异的表面活性和各方面的增效作用。

选取阴离子型表面活性剂 IG-1 和阳离子型表面活性剂 IG-4 进行复配,两性离子表面活性剂 IG-8 和阳离子型表面活性剂 IG-4 进行复配。用模拟注入水配制 100 mL 不同浓度的复配体系起泡剂溶液,在地层温度 95℃下老化 72h,开展常压下复配起泡剂的优选实验,记录起泡体积和半衰期,并计算综合指数,结果见表 5.2.4 和表 5.2.5,如图 5.2.5 和图 5.2.6 所示。

表 5.2.4　IG-1+IG-4 复配结果

浓度(%)	0.1+0.1	0.1+0.2	0.1+0.3	0.1+0.4	0.1+0.5	0.2+0.1	0.2+0.2
起泡体积(mL)	170	400	460	530	540	140	150
泡沫半衰期(min)	43	79	106	67	62	47	55
浓度(%)	0.2+0.3	0.2+0.4	0.3+0.1	0.3+0.2	0.3+0.3	0.4+0.1	0.4+0.2
起泡体积(mL)	300	500	150	160	270	200	210
泡沫半衰期(min)	81	115	51	64	87	60	69

表 5.2.5　IG-8+IG-4 复配结果

浓度(%)	0.1+0.1	0.1+0.2	0.1+0.3	0.1+0.4	0.1+0.5	0.2+0.1	0.2+0.2
起泡体积(mL)	350	470	530	560	760	480	550
泡沫半衰期(min)	107	86	49	37	22	96	42
浓度(%)	0.2+0.3	0.2+0.4	0.3+0.1	0.3+0.2	0.3+0.3	0.4+0.1	0.4+0.2
起泡体积(mL)	640	690	490	530	570	460	490
泡沫半衰期(min)	33	19	79	31	12	61	29

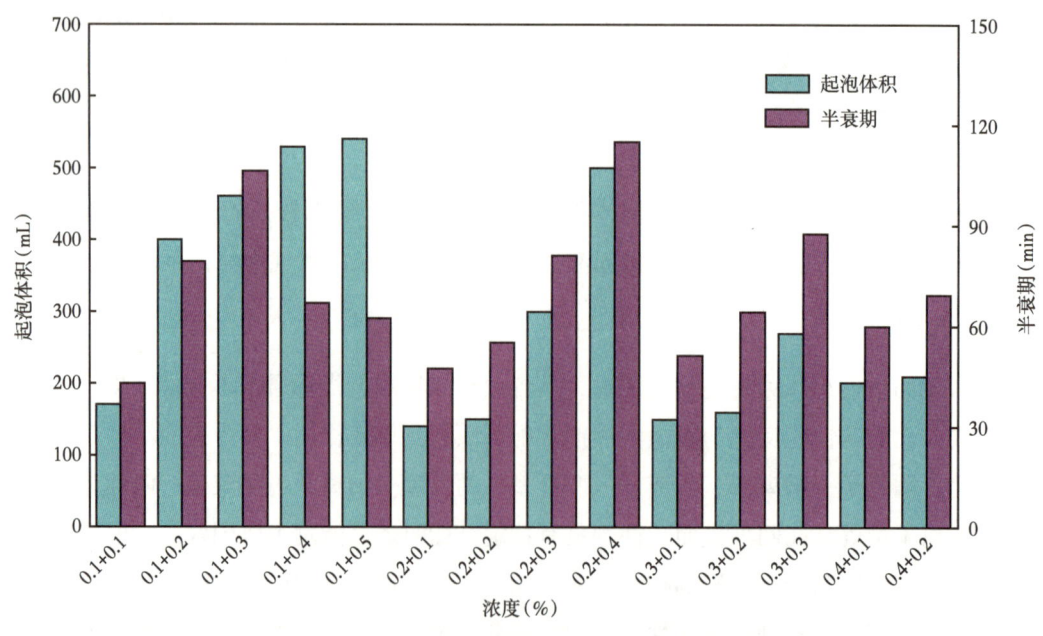

图 5.2.5　IG-1+IG-4 不同浓度组合对泡沫性能的影响

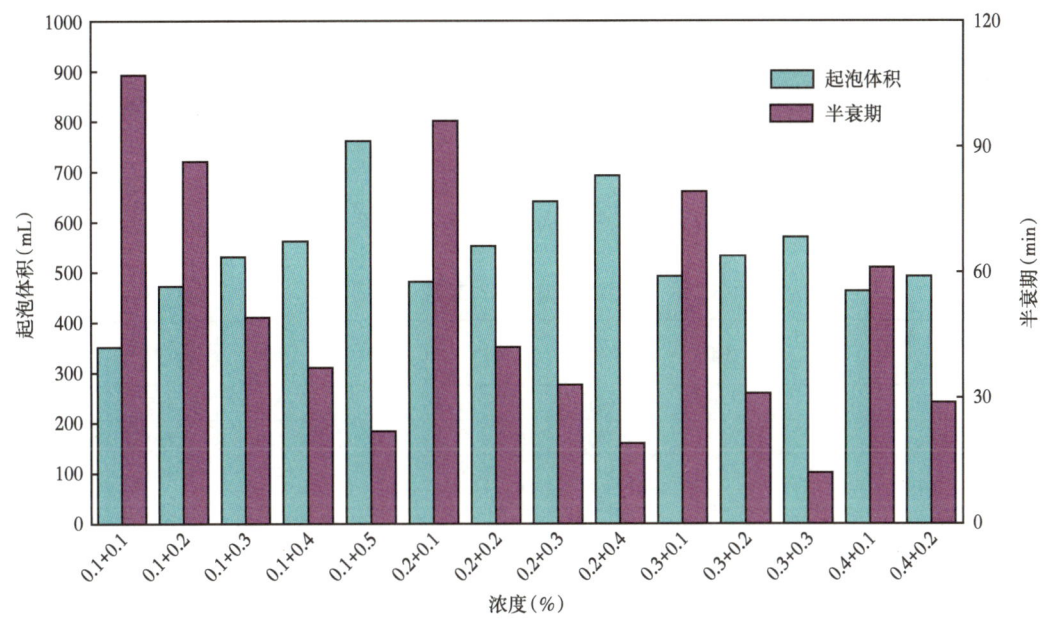

图 5.2.6　IG-8+IG-4 不同浓度组合对泡沫性能的影响

实验结果表明，在 IG-1 和 IG-4 的复配体系中，随着 IG-4 的浓度增大，泡沫的起泡体积增大，IG-4 表现出突出的起泡能力。当 0.1%IG-1+0.5%IG-4 复配时，体系的泡沫体积最大，达到 540mL，但半衰期仅有 62min；当 0.2%IG-1+0.4%IG-4 复配时，泡沫的起泡体积为 500mL，半衰期为 115min，泡沫性能最佳。在 IG-8 和 IG-4 的复配体系中，随着 IG-4 浓度的增大，起泡体积也在增大，但半衰期在减小，当 0.1%IG-8+0.5%IG-4 复配时，起泡体积达到最大值为 760mL，但半衰期仅有 22min；当 0.1%IG-8+0.1%IG-4 复配时，半衰期达到最大值为 107min，但起泡体积仅有 350mL。因此综合分析实验结果，最终确定泡沫体系复配组合为 0.2%IG-1+0.4%IG-4。

5.2.4　稳泡剂的优选

稳泡剂有很多种，大致可以分为两类：一类是通过活性物质产生的协同作用，加快分子间的运动，从而提高表面吸附强度来使泡沫变得更稳定；另一类通过增加溶液的黏度减缓排液使得泡沫的稳定性增加。选用 WP-1、WP-2、WP-3 和 WP-4 四种稳泡剂开展稳泡剂的实验，4 种稳泡剂实物如图 5.2.7 所示。

配制 100mL 的 0.2%IG-1+0.4%IG-4 的起泡剂溶液，分别加入 4 种不同浓度的稳泡剂，用 Warning Blender 搅拌法起泡，测量不同浓度的稳泡剂对泡沫体系 0.2%IG-1+0.4%IG-4 起泡体积和半衰期的影响，计算综合指数，结果见表 5.2.6 和表 5.2.7，如图 5.2.8 和图 5.2.9 所示。

图 5.2.7　稳泡剂实物图从左到右依次为 WP-1~WP-4

表 5.2.6　不同浓度稳泡剂对起泡体积的影响　　　　　　　　（单位：mL）

浓度（%） 稳泡剂	0.01	0.02	0.03	0.04	0.05	0.06	0.07	0.08
WP-1	505	495	485	460	435	415	395	385
WP-2	515	500	490	485	470	450	430	415
WP-3	510	505	500	500	490	475	460	435
WP-4	490	485	470	465	430	405	390	370

表 5.2.7　不同浓度稳泡剂对半衰期的影响　　　　　　　　（单位：mL）

浓度（%） 稳泡剂	0.01	0.02	0.03	0.04	0.05	0.06	0.07	0.08
WP-1	115	118	121	125	128	132	134	135
WP-2	114	117	123	126	130	134	136	138
WP-3	117	120	126	135	141	142	145	149
WP-4	112	115	118	121	122	124	127	128

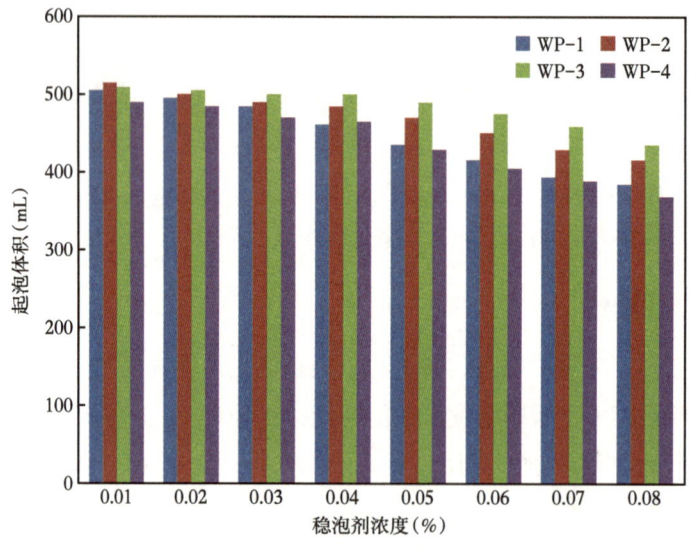

图 5.2.8　稳泡剂浓度对起泡体积的影响

通过实验数据可以看出：在泡沫体系中加入了稳泡剂后，泡沫体系的起泡体积随着稳泡剂浓度的升高略有下降，但下降幅度并不明显。其中加入 WP-4 稳泡剂后起泡体积下降了 120mL；加入 WP-3 稳泡剂后起泡体积下降了 75mL。

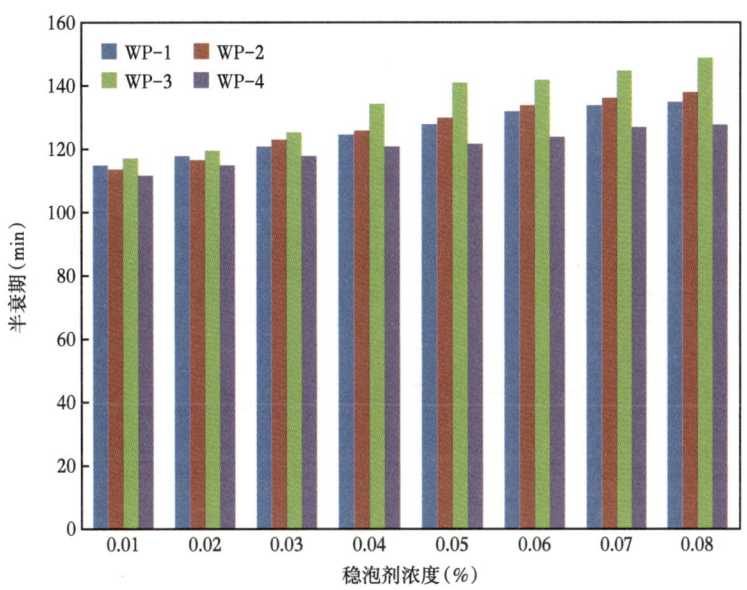

图 5.2.9　稳泡剂浓度对半衰期的影响

通过实验数据可以看出：与不加稳泡剂的泡沫体系相比，加入稳泡剂后泡沫体系的半衰期随稳泡剂浓度的升高呈现上升趋势。其中加入 WP-1 后半衰期仅从 115min 提升到了 135min；而 WP-3 稳泡剂的效果最好，半衰期上升了 32min，上升幅度有 27.4%，半衰期达到 149min。当加入 WP-3 浓度在 0.03%~0.05% 的范围内半衰期上升幅度最显著，分别增加了 9min 和 6min，因此综合考虑稳泡剂的稳泡效果和经济因素，选取 0.04%WP-3 作为后续实验泡沫体系中加入的稳泡剂浓度。

5.2.5　化学辅助调控体系的优化配方

通过上述筛选实验，得出适合油藏的氮气泡沫体系的配方为：0.2% 起泡剂 IG-1+0.4% 起泡剂 IG-4+0.04% 稳泡剂 WP-3。

5.3　化学辅助稠油油藏注 N_2 调控体系综合性能评价

5.3.1　化学辅助调控体系的油藏适应性评价

5.3.1.1　耐温性评价

氮气泡沫体系在从注入井进入到地层的过程中，从地面条件到地层条件，起泡剂溶液所经历的温度是在时刻变化的，而泡沫是热力学上的不稳定体系，在不同的温度下泡沫的性能会发生变化，所以有必要对氮气泡沫体系进行耐温性评价。配制 100mL 起泡剂溶液，在不同温度下老化 72h 后起泡，实验数据见表 5.3.1，如图 5.3.1 所示。

表 5.3.1 耐温性实验结果

温度（℃）	20	30	40	50	60
起泡体积（mL）	500	495	485	470	455
泡沫半衰期（min）	140	138	133	127	121
综合指数（mL·min）	52500	51232	48379	44767	41291

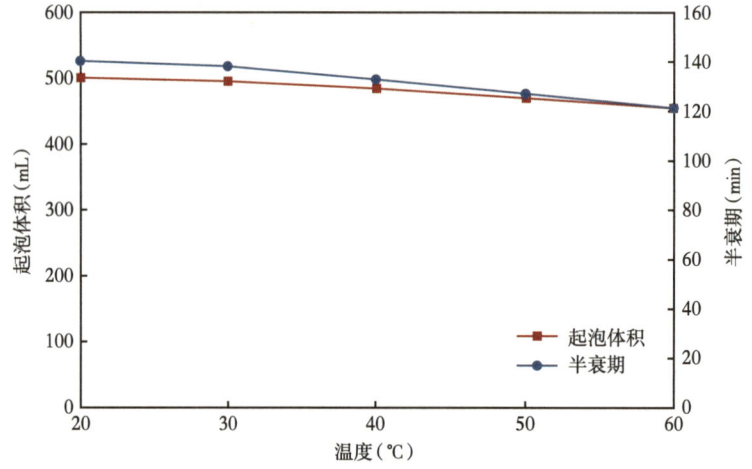

图 5.3.1 温度对泡沫性能的影响

通过实验结果可以看出：泡沫体系在不同温度下老化 72h 后，泡沫性能随着温度的升高并没有发生剧烈的变化，泡沫性能较为稳定。温度从 20℃升高到 60℃，起泡体积减小 45mL，下降幅度为 9%，半衰期降低了 19min，下降幅度约为 14%，表明该泡沫体系的泡沫性能随温度的变化不大，具有较好的耐温性。

5.3.1.2 耐盐性评价

油藏地层水中具有一定矿化度，矿化度对 N_2 泡沫性能具有一定的影响，有必要对筛选的泡沫体系进行耐盐性评价。本节主要评价油藏不同比例的地层水对 N_2 泡沫体系泡沫性能的影响，结果见表 5.3.2，如图 5.3.2 所示。

表 5.3.2 耐盐性实验结果

矿化度	淡水	1/4 地层水	1/2 地层水	3/4 地层水	地层水
起泡体积（mL）	650	625	580	545	495
泡沫半衰期（min）	168	161	154	150	143
综合指数（mL·min）	81900	75469	66990	61312	53088

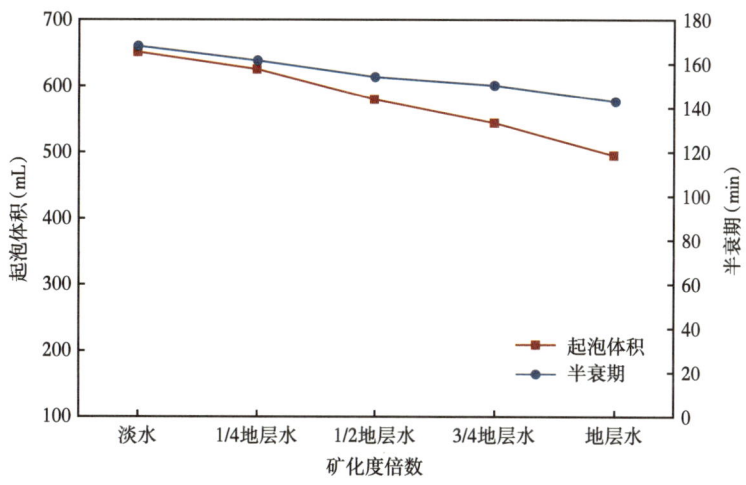

图 5.3.2　地层水矿化度对泡沫性能的影响

通过实验结果可以看出：随着配液体系矿化度的升高，N_2 泡沫体系的泡沫性能随地层水矿化度倍数升高呈现下降趋势，但下降幅度不明显，泡沫体系在地层水条件下比在淡水条件起泡体积下降了 155mL，半衰期减少了 25min，下降幅度分别为 23.8% 和 14.9%。说明该泡沫体系在地层水条件下仍能保持良好的起泡性能，矿化度对泡沫体系的泡沫性能影响较小。

5.3.1.3　耐油性评价

原油会对泡沫的稳定性产生不同程度的影响，一般发生在 Plateau 边界处。当原油接触到泡沫后会乳化形成小油珠，并在进入液膜后，会在液膜中扩散挤出液膜中的液体，形成一层油膜，使得表面活性剂分子和界面张力在边界处的平衡被打破，吸附在水气界面的表面活性剂分子减少，导致油膜处在极不稳定状态，加快液膜的排液，最终液膜破裂。

实验用含有不同原油比例的油水混合液配制 100mL 起泡剂溶液，起泡体系为：0.2%IG-1+0.4%IG-4+0.04%WP-3+25mg/LSW。在油藏温度下老化 72h 进行起泡实验，测量起泡体积和半衰期，计算综合指数，结果见表 5.3.3，如图 5.3.3 所示。

表 5.3.3　耐油性实验结果

含油饱和度（%）	5	10	15	20	30	40	50
起泡体积（mL）	495	465	400	320	240	180	115
泡沫半衰期（min）	140	133	119	105	81	54	32
综合指数（mL·min）	51975	46384	35700	25200	14580	7290	2760

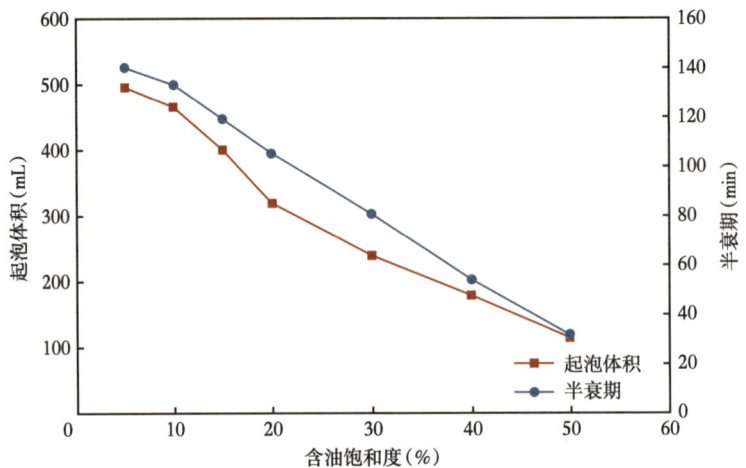

图 5.3.3　含油饱和度对泡沫性能的影响

可以看出：随着含油饱和度的升高，泡沫性能发生剧烈的变化，呈现出较为明显的下降趋势，体现了泡沫本身良好的"遇油消泡"的性能。当含油饱和度小于 15% 时，起泡体积在 400mL 以上，半衰期在 120min 以上，综合指数大于 35000mL·min，泡沫性能的下降幅度分别为 19% 和 15%，说明在低含油饱和度下，泡沫仍然具有良好的起泡性能和稳定性；当含油饱和度大于 40% 时，起泡体积已经降至 200mL 以下，基本不具备起泡能力，半衰期也大幅缩短，泡沫极不稳定。因此，该泡沫体系在低含油饱和度的条件下具有较好的起泡能力，能够满足调驱的需要。

5.3.1.4　稳定性评价

施工现场在配置好 N_2 泡沫以后，由于施工方案的不同和泡沫注入时间不同，也会对泡沫性能产生一定的影响，因此就需要泡沫体系在静置相当长的一段时间后泡沫性能不会发生剧烈的变化并且在注入地层后也能保持良好的泡沫性能，所以要对泡沫体系在老化不同时间后的稳定性进行评价。

配制 100mL 起泡剂溶液，老化不同的时间后进行发泡实验，测量起泡体积和半衰期，计算综合指数，实验结果见表 5.3.4，如图 5.3.4 和图 5.3.5 所示。

表 5.3.4　稳定性实验结果

老化时间（d）	未老化	5	15	30	45	60
起泡体积（mL）	505	490	455	435	415	380
泡沫半衰期（min）	145	139	129	121	110	101
综合指数（mL·min）	54918.8	51082.5	44021.3	39476.3	34237.5	28785

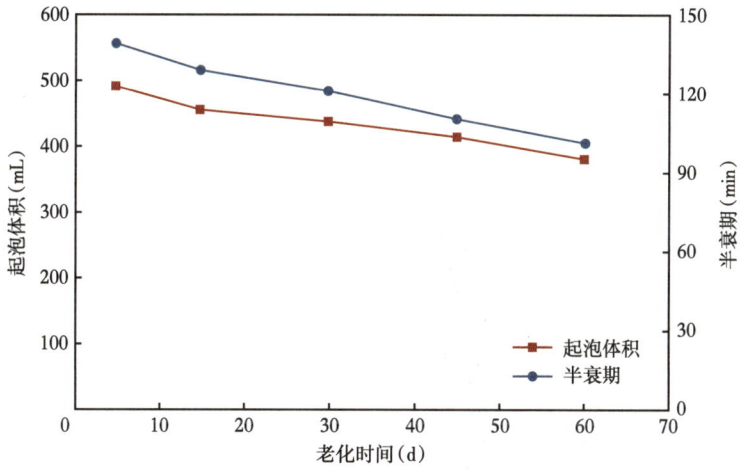

图 5.3.4　老化时间对泡沫性能的影响

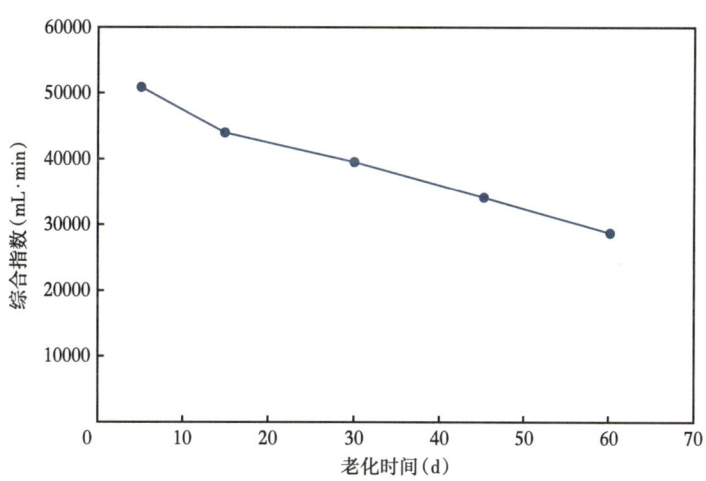

图 5.3.5　老化时间对泡沫综合指数的影响

通过实验数据可以看出：随着老化时间的增加泡沫性能呈现下降趋势，在油藏温度条件下泡沫体系老化 60d 后，起泡体积为 380mL，半衰期为 101min，相比于老化前，起泡体积下降了 125mL，半衰期降低了 44min。泡沫体系性能没有发生剧烈变化，说明该泡沫体系具有良好的老化稳定性。

5.3.1.5　油藏温度压力下的起泡性能评价

根据起泡性能评价结果，故本节对筛选出的泡沫体系（0.2%IG-1+0.4%IG-4 和 0.2%IG-1+0.4%IG-4+0.04%WP-3+25mg/LSW）在油藏温度压力条件下的起泡性能进行对比和评价。

（1）实验步骤。

①利用N_2气瓶将高温高压泡沫工作液性能测试装置内空气排净；

②向高温高压泡沫工作液性能测试装置内泵入一定量（100mL）的起泡剂溶液；

③加热至实验温度后，充入N_2至预定压力，高速搅拌3min，记录起泡体积和半衰期，计算综合指数。

（2）实验结果及分析。

图5.3.6 油藏温度压力条件下起泡实物图

从图5.3.6可以看出：在油藏温度压力条件下，两种泡沫体系的起泡体积有一定差距，0.2%IG-1+0.4%IG-4折算后的起泡体积为475mL，半衰期为124min，综合指数44175mL·min；而0.2%IG-1+0.4%IG-4+0.04%WP-3+25mg/LSW折算后的起泡体积为530mL，半衰期为167min，综合指数66382mL·min。说明在油藏条件下，0.2%IG-1+0.4%IG-4+0.04%WP-3+25mg/LSW泡沫体系的泡沫性能更好，形成的泡沫浓密且稳定。

5.3.2 化学辅助调控体系的流变性评价

5.3.2.1 化学辅助稠油油藏注气调控体系的剪切稀释性

从图5.3.7可以看出：在油藏温度下，剪切作用会对体系黏度产生严重影响，随着剪切速率的增大，两种N_2泡沫体系的黏度均大幅降低。泡沫体系表现出典型的剪切稀释性，这是因为泡沫是非牛顿流体，剪切作用会对其产生较大影响，在剪切应力的作用下，泡沫会发生形变，并且剪切速率越大，泡沫所受到的剪切应力就越强，导致泡沫发生破裂，黏度下降。

在较低剪切速率下，稳泡剂的加入对泡沫体系的黏度有较为明显的提升，但随着剪切速率的增大两种泡沫体系的黏度变得基本无差别。当剪切速率为$4.482s^{-1}$和$7.579s^{-1}$时，0.2%IG-1+0.4%IG-4+0.04%WP-3+25mg/LSW体系的黏度分别为147.06mPa·s和129.44mPa·s，0.2%IG-1+0.4%IG-4体系的黏度分别为149.09mPa·s和125.28mPa·s，由于稳泡剂的加入而使泡沫体系在地层中发生的黏度变化，不会对泡沫在地层内的渗流情况造成影响。泡沫体系的剪切稀释特性有助于增强其在油层近井地带（高剪切速率）的流动性和远井地带（低剪切速率）的调驱能力，从而扩大波及效率、实现深部调驱，达到提高原油采收率的目的。

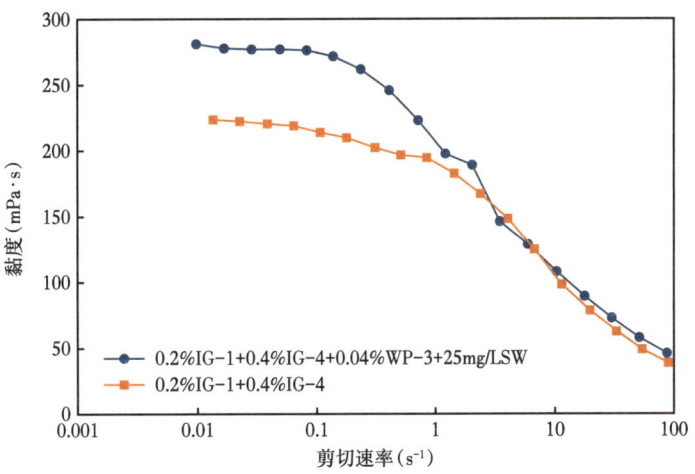

图 5.3.7　N_2 泡沫黏度与剪切速率的变化关系曲线

5.3.2.2　化学辅助稠油油藏注气调控体系的黏弹性

黏弹性为流体黏性及弹性的综合性质，分别用黏性模量（G''）和弹性模量（G'）来表示泡沫流体黏性和弹性的大小。

从图 5.3.8 可以看出：在 0.1~10Hz 的频率范围内，氮气泡沫的两种模量均随着频率的升高而呈现出上升的趋势。在同一频率下，稳泡剂的加入对泡沫的黏性模量和弹性模量的数值大小有一定的影响。两种泡沫的黏性模量均高于弹性模量（$G''/G' > 1$），因此泡沫表现出较好的黏性行为，并具有一定的弹性行为。在多孔介质的流动过程中，泡沫的黏度占主要作用并能够增强泡沫体系的稳定性，有利于采收率的进一步提高。

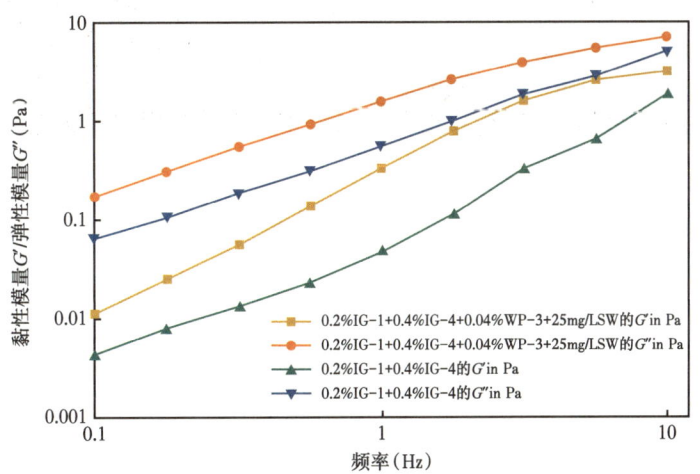

图 5.3.8　N_2 泡沫弹性模量和黏性模量随频率的变化关系

5.3.3 化学辅助调控体系的微观结构表征

在岩石孔隙中泡沫的渗流是十分复杂的过程，它涉及泡沫在多孔介质中生成、运移、破灭和再生机理，深入研究泡沫微观结构具有重要意义。目前冷冻断裂刻蚀技术，是一种有效的直接观察精细结构的现代分析方法。

为探究泡沫体系的微观结构，本节使用环境扫描电子显微镜两种不同的氮气泡沫体系进行对比和分析，得到泡沫体系的微观结构。

首先采用注入水配制两种不同的氮气泡沫体系 0.2%IG-1+0.4%IG-4 和 0.2%IG-1+0.4%IG-4+0.04%WP-3+25mg/L SW。完成对两种泡沫体系的备样工作，利用液氮对泡沫样品进行冷冻制样，采用环境扫描电子显微镜对油藏条件下泡沫的微观结构进行观察，最后对得到的泡沫结构微观图像进行对比和分析。

（1）0.2%IG-1+0.4%IG-4 的氮气泡沫体系。

从图 5.3.9 可以看出，利用电子显微镜对复配起泡剂 IG-1+IG-4 的泡沫微观结构进行扫描和观察，泡沫分子呈现不规整的网状结构，连接较为紧密，液膜有絮状特征且伴有一定孔洞结构，泡沫分子间规律性较弱。

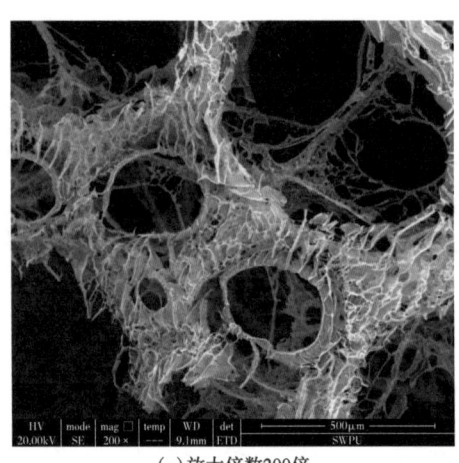 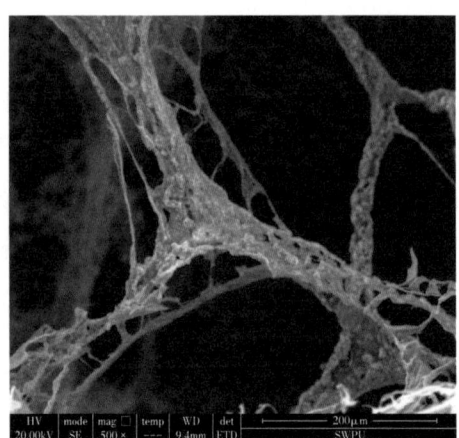

(a) 放大倍数200倍　　　　　　　　　　(b) 放大倍数500倍

图 5.3.9　IG-1+IG-4 泡沫微观结构

（2）0.2%IG-1+0.4%IG-4+0.04%WP-3+25mg/L SW 的氮气泡沫体系。

从图 5.3.10 看出，利用电子显微镜扫描 IG-1+IG-4+25mg/L SW 与 WP-3 复配体系的泡沫微观结构，图中圆圈表示用液氮冷冻的液膜抽真空后的结构形态。可以看出，与 IG-1+IG-4 的泡沫体系相比，气泡分子层层堆积，呈现出致密的空间网状结构且液膜有明显絮状特征。同时由于稳泡剂的加入并附着于液膜上，液膜厚度明显加厚、交联程度加强并且具有一定黏弹性，使泡沫排液能力降低，具有更长的泡沫半衰期。

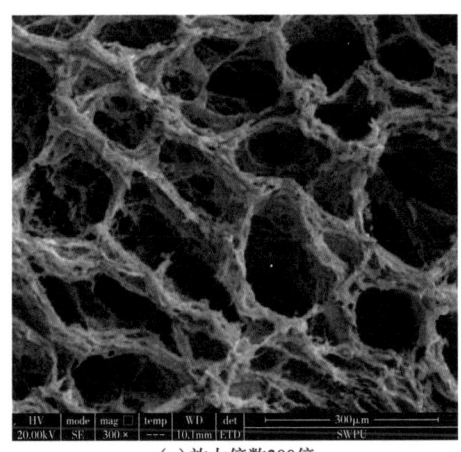 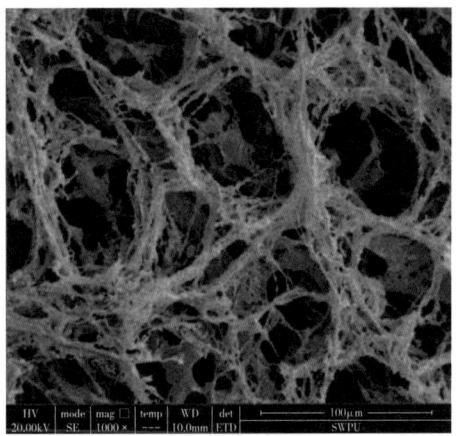

(a)放大倍数300倍　　　　　　　　(b)放大倍数1000倍

图 5.3.10　IG-1+IG-4+WP-3+25mg/L SW 泡沫微观结构

5.3.4　化学辅助调控体系表面活性

实验用品：化学辅助稠油油藏注气调控体系溶液。

实验仪器：HARKE-A 表/界面张力仪、1000mL 烧杯、玻璃棒、恒温水浴、高温高压反应釜。

实验步骤：

（1）把仪器放在平稳无振动的地方，观察立柱上的水准泡，调节地脚螺母，直至把仪器调到水平状态。

（2）将配置好的起泡剂溶液放入恒温水浴中加热至 50℃，恒温 30min 达到热平衡。

（3）把被测溶液倒在小玻璃杯中，高度 20~25mm，将其放在托盘的适当位置上，按"向上键"，使铂金环进入液体 5~7mm，稳定 15min 后，开始测表面张力。

（4）考虑到液体在环下部的黏附及液体的变形，实际的表面张力 δ 应由测得的表面张力值 M 乘以系数 F，即 $\delta = M \cdot F$；M 为膜破裂时读数，mN/m；F 为仪器系数：

$$F = 0.0725 + \sqrt{0.03678 M / R^2 (\rho_0 - \rho_1) + \rho}$$

$$\rho = 0.04535 - 1.679 R_w / R$$

（5.3.1）

式中　ρ_0——下相 25℃时的密度，g/mL；

ρ_1——上相 25℃时的密度 g/mL；

R_w——铂丝的半径，0.3mm；

R——铂丝环的平均半径，9.55mm。

由图 5.3.11 溶液表面张力随浓度变化曲线可以看出，50℃时氮气泡沫高温调剖驱油体系的临界胶束浓度约为 0.6%，平衡表面张力为 38.0mN/m。

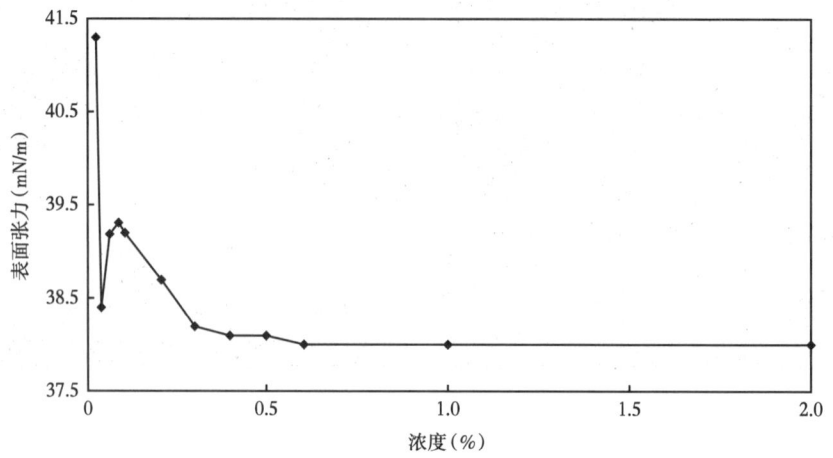

图 5.3.11　溶液表面张力随浓度变化曲线

5.4　化学辅助稠油油藏注 N_2 调控体系注入参数优选

图 5.4.1　实验使用的原油

通过化学辅助稠油油藏注气调控体系的岩心流动实验，研究多孔介质中化学辅助稠油油藏注气调控体系的调控效果和驱油效果。

（1）实验温度：95℃；

（2）实验水样：风城油田地层水；

（3）砂子类型：石英砂，具有不同粒径的石英砂；

（4）原油：95℃条件下实测黏度为 1900mPa·s，油样如图 5.4.1 所示。

5.4.1　化学辅助调控体系的气液比优选

在起泡剂溶液的注入过程中，氮气与起泡液之间的比例会影响气—液之间接触的程度，从而直接影响泡沫的性能和综合指数，因此需要对气液比进行筛选。实验选用人造岩心在油藏温度下进行，选择气液比 1∶3、1∶2、1∶1、2∶1、3∶1 进行实验，采用阻力因子来评价泡沫的封堵能力。

阻力因子的定义为

$$RF = \frac{\Delta p_g}{\Delta p_j} \tag{5.4.1}$$

式中　Δp_j——水测渗透率时岩心两端的压差，MPa；

Δp_g——泡沫驱时岩心两端的压差，MPa。

（1）实验步骤。

①测量人造岩心直径、长度和干重，按实验流程图连接好各个设备；

②将人造岩心饱和水，称量湿重，计算岩心的孔隙度；

③设置注入速度 0.5mL/min 进行水测渗透率，记录岩心两端稳定后的基础压差，计算岩心的渗透率；

④按照气液比 1∶3 注入起泡剂溶液和 N_2 段塞，记录岩心两端稳定后的工作压差，计算泡沫的阻力因子；

⑤更换岩心，改变气液比，重复步骤①～④。

（2）实验结果。

人造岩心基本参数见表 5.4.1，不同气液比下泡沫阻力因子的实验结果见表 5.4.2。

表 5.4.1　人造岩心基本参数

岩心编号	长度（cm）	直径（cm）	孔隙体积（cm³）	孔隙度（%）	原始水测渗透率（mD）
1	9.06	2.51	10.62	23.70	102.59
2	9.07	2.50	11.54	25.93	96.28
3	9.12	2.52	9.68	21.29	103.27
4	9.06	2.51	12.26	27.36	101.77
5	9.04	2.51	10.55	23.59	95.83

表 5.4.2　不同气液比下泡沫阻力因子的实验结果

岩心编号	气液比	水驱岩心两端压差（MPa）	泡沫驱岩心两端压差（MPa）	阻力因子
1	1∶3	0.046	0.91	19.7
2	1∶2	0.045	1.72	38.2
3	1∶1	0.047	2.99	63.7
4	2∶1	0.048	2.28	47.6
5	3∶1	0.045	1.48	32.9

图 5.4.2 和图 5.4.3 分别是气液比为 1∶1 和 1∶3 时出口端的泡沫实物图，可以看出不同气液比下岩心出口端泡沫性质有较大差异。

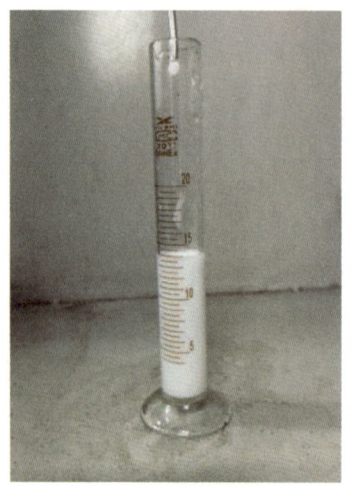 

(a) 出口泡沫正视图　　　　　　　　(b) 出口泡沫俯视图

图 5.4.2　气液比 1∶1 时出口端

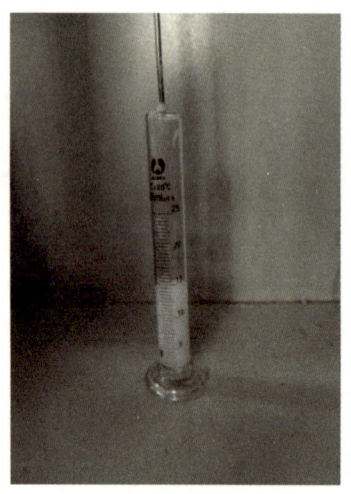 

(a) 出口泡沫正视图　　　　　　　　(b) 出口泡沫俯视图

图 5.4.3　气液比 1∶3 时出口端

如图 5.4.4 所示，在气液比从 1∶3 增加到 3∶1 的过程中，阻力因子先增大后减小。泡沫的阻力因子在气液比为 1∶1 时，达到最大值 63.7；气液比为 1∶3 的时候，阻力因子为最小值 19.7，此时的泡沫很不稳定，容易破裂，原因可能是随着气体注入量的降低，气—液间的接触变得不充分，影响泡沫的性能。因此，优选最佳的气液比为 1∶1。

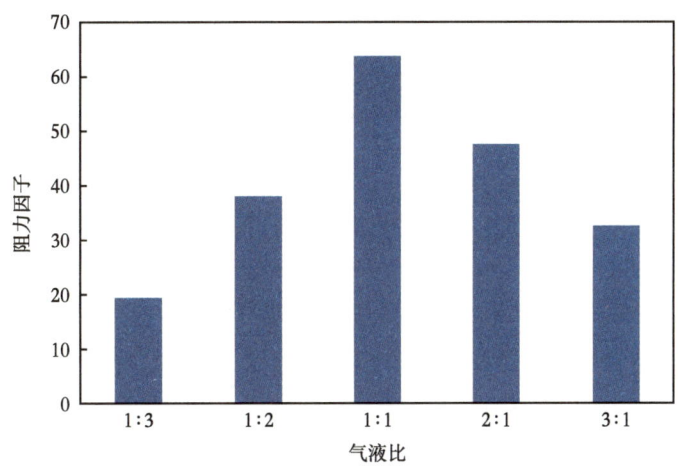

图 5.4.4 气液比与泡沫阻力因子的关系

5.4.2 化学辅助调控体系的段塞尺寸优选

采用起泡液/N_2交替注入的方式时，段塞尺寸的大小影响到气体与液体接触的频率，进而对泡沫的性能及稳定性产生非常大的影响。按照气液比 1∶1 开展驱替实验，注入速度保持在 0.5 mL/min。

（1）实验步骤。

①烘干岩心称取干重，测量岩心的长度和直径，按实验流程图连接好实验装置；

②将岩心抽真空饱和水，称量岩心湿重，计算岩心孔隙度；

③设置注入速度 0.5 mL/min 进行水测渗透率，记录岩心两端稳定后的基础压差，计算岩心的渗透率；

④按照气液比 1∶1 以交替注入的方式注入 0.1PV 起泡液和 0.1PV 的 N_2，记录实验过程中岩心两端的压力变化，计算阻力因子；

⑤改变段塞尺寸，重复步骤①～④。

（2）实验结果。

人造岩心基本参数见表 5.4.3，不同段塞尺寸下泡沫阻力因子的实验结果见表 5.4.4。

表 5.4.3 人造岩心基本参数

岩心编号	长度（cm）	直径（cm）	孔隙体积（cm³）	孔隙度（%）	原始水测渗透率（mD）
6	9.05	2.50	11.73	26.42	105.69
7	9.02	2.51	12.14	27.21	110.35
8	9.06	2.53	9.62	21.13	97.27

表 5.4.4　不同段塞尺寸下泡沫阻力因子的实验结果

泡沫体系	岩心编号	段塞尺寸（PV）		注入轮次	压差（MPa）		阻力因子
		N_2	起泡剂溶液		基础压差	工作压差	
0.2%IG-1+0.4%IG-4+0.04%WP-3+25mg/LSW	6	0.10	0.10	6	0.048	2.80	58.4
	7	0.20	0.20	3	0.059	3.11	52.7
	8	0.30	0.30	2	0.051	2.27	44.5

图 5.4.5 为段塞尺寸与泡沫阻力因子的关系。结果表明：泡沫阻力因子受段塞尺寸和注入周期的影响，随着段塞尺寸的增大，阻力因子减小，封堵能力减弱。当段塞尺寸为 0.1PV 起泡剂溶液 +0.1PV 的 N_2 时，阻力因子达到最大值为 58.4，明显好于段塞尺寸为 0.2PV+0.2PV 的 3 个周期和 0.3PV+0.3PV 的 2 个周期。原因可能是注入段塞小，有助于气体与起泡剂溶液充分接触，产生的泡沫性能好，稳定不易破裂。因此，推荐小段塞多周期的注入方式。

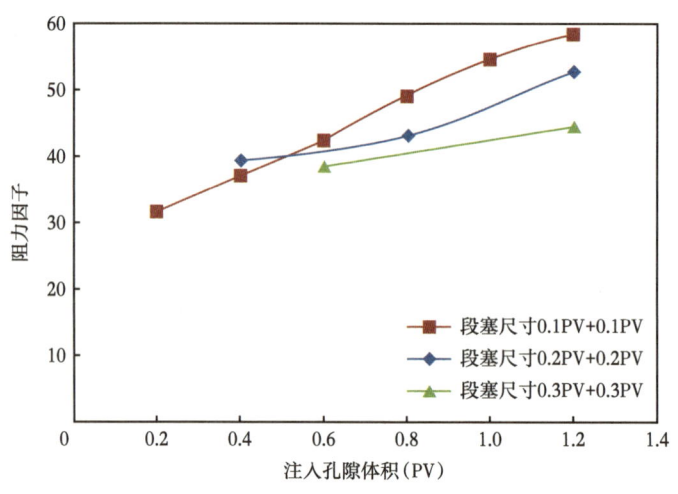

图 5.4.5　段塞尺寸与泡沫阻力因子的关系

5.4.3　化学辅助调控体系的注入速度优选

注入速度是影响泡沫调驱的一个重要参数，注入速度过慢可能导致气体和起泡液无法充分接触，使得生成的泡沫的性能较差，注入速度过快可能导致液体窜流，影响调驱效果。因此，本节开展了不同注入速度下的泡沫阻力因子的测定，注入速度选择 0.10mL/min、0.20mL/min、0.30mL/min、0.50mL/min、1.00mL/min。

（1）实验步骤。

①选取人造岩心，将岩心烘干，测量岩心直径、长度和干重等基本参数；

②使用 BH-2 型岩心抽空加压饱和实验装置将岩心抽真空饱和水，称量岩心湿重，计算岩心孔隙度；

③以 0.1mL/min 速度进行水测渗透率，记录岩心两端稳定时的压差；

④设置泡沫体系溶液的注入速度为 0.1mL/min，N_2 注入速度为 0.1mL/min，气液比为 1∶1，泡沫液段塞尺寸为 0.1PV，N_2 段塞尺寸为 0.1PV，总段塞尺寸为 1.2PV，记录实验过程中岩心两端稳定时压差，根据公式（5.4.1）计算泡沫阻力因子；

⑤重复步骤①~④，计算不同注入速度下（0.10mL/min、0.20mL/min、0.30mL/min、0.50mL/min、1.00mL/min）泡沫的阻力因子。

（2）实验结果。

人造岩心基本参数见表 5.4.5，不同注入速度下泡沫阻力因子的实验结果见表 5.4.6。

表 5.4.5 人造岩心基本参数

岩心编号	长度（cm）	直径（cm）	孔隙体积（cm³）	孔隙度（%）	原始水测渗透率（mD）
9	9.04	2.52	11.43	25.36	103.77
10	9.01	2.50	11.54	26.11	93.18
11	9.06	2.50	10.57	23.78	97.42
12	9.06	2.51	10.26	22.90	107.53
13	9.05	2.51	11.55	25.81	105.46

表 5.4.6 不同注入速度下泡沫阻力因子的实验结果

岩心编号	注入速度（mL/min）	水驱岩心两端压差（MPa）	泡沫驱岩心两端压差（MPa）	阻力因子
9	0.10	0.019	0.51	26.8
10	0.20	0.024	1.03	43.2
11	0.30	0.032	1.96	61.3
12	0.50	0.046	2.74	59.6
13	1.00	0.081	3.86	47.7

图 5.4.6 为注入速度与泡沫阻力因子的关系。可看出，阻力因子随注入速度增加先增加后减小，注入速度在 0.10~0.30mL/min 的范围内阻力因子上升较快，当注入速度为 0.30mL/min 时，阻力因子达到最大值为 61.3。在注入速度较小的时候，气体与起泡液没有充分接触，形成的泡沫稀疏且不稳定，导致阻力因子偏小；随着注入速度的增大，气体与液体充分接触，搅拌得更加充分，形成的泡沫浓密且稳定性好不易破裂；由于泡沫在孔

道中流动具有较高的表观黏度,当注入速度进一步增大时,过高的注入速度使泡沫在高剪切应力的作用下变疏,进而降低了泡沫的阻力因子。

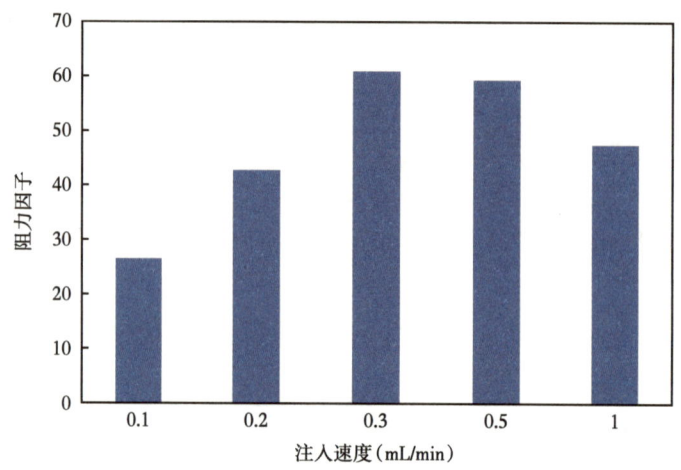

图 5.4.6　注入速度与泡沫阻力因子的关系

5.4.4　渗透率级差对化学辅助调控体系的影响

(1) 实验步骤。

①选取人造岩心,测量岩心的长度、直径,称取岩心干重等基本参数;

②用岩心抽空加压饱和装置,将岩心抽真空饱和水,称取岩心的湿重,计算岩心的孔隙度;

③以 0.3mL/min 的速度进行水驱,记录岩心两端稳定时的压差并计算岩心的水测渗透率和渗透率级差;

④以恒定流速 0.3mL/min 向高渗透、低渗透岩心中饱和原油,饱和至高渗透、低渗透岩心出口端不出水,计算岩心的含油饱和度;

⑤以恒定流速 0.3mL/min 进行水驱油,驱替至岩心出口端不再出油为止,计算水驱采收率;

⑥按照优化的注入参数,以气液比 1∶1,设置 0.3mL/min 的注入速度向岩心中交替注入起泡剂溶液和氮气,计算泡沫驱采收率;

⑦后续水驱至含水率达到 98% 为止,计算后续水驱采收率。

(2) 实验结果与分析。

实验所用岩心基本参数见表 5.4.7,并联岩心驱替实验结果见表 5.4.8,如图 5.4.7 和图 5.4.8 所示。

5 化学辅助稠油油藏注 N_2 调控技术与应用

表 5.4.7 双并联岩心基本参数

序号	岩心编号	渗透率类型	长度（cm）	直径（cm）	孔隙体积（cm³）	孔隙度（%）	渗透率（mD）	渗透率级差	含油饱和度（%）
1	14	高渗透	9.05	2.52	10.34	22.92	147.60	2.92	65.28
	15	低渗透	9.06	2.53	11.51	25.28	50.49		64.29
2	16	高渗透	9.05	2.51	10.72	23.95	145.34	5.25	66.13
	17	低渗透	9.04	2.51	12.12	27.11	27.67		68.54
3	18	高渗透	9.02	2.50	13.67	30.89	155.23	8.67	70.45
	19	低渗透	9.08	2.52	12.59	27.81	17.91		68.83
4	20	高渗透	9.12	2.52	11.42	25.12	151.72	11.53	67.51
	21	低渗透	9.04	2.52	11.26	24.99	13.16		65.63

表 5.4.8 不同渗透率级差条件下的驱油实验结果

序号	岩心编号	渗透率级差	水驱驱油效率（%）	水驱总驱油效率（%）	泡沫驱驱油效率（%）	后续水驱驱油效率（%）	提高驱油效率（%）
1	14	2.92	47.41	34.52	7.41	13.33	20.74
	14		21.62		14.86	17.57	32.43
2	16	5.25	50.52	30.08	10.81	12.47	23.28
	17		9.63		18.29	17.62	35.91
3	18	8.67	48.35	24.98	9.57	15.72	25.29
	19		1.62		23.64	21.33	44.97
4	20	11.53	47.72	23.86	11.37	15.51	26.88
	21		0.00		9.62	10.45	20.07

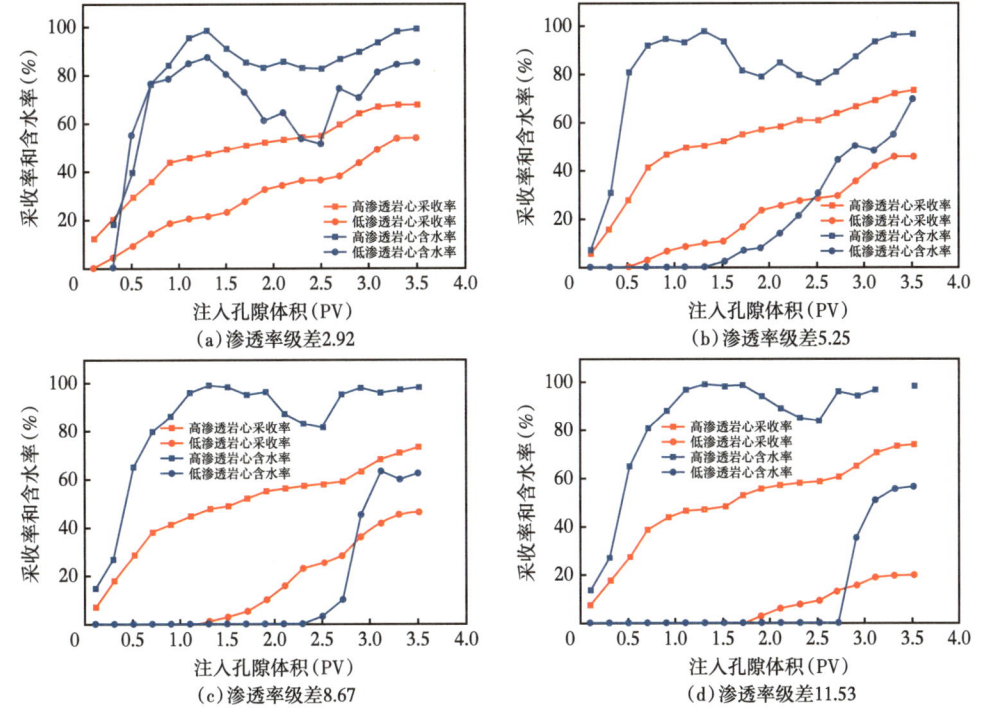

图 5.4.7 渗透率级差 2.92~11.53 的采收率和含水率曲线图

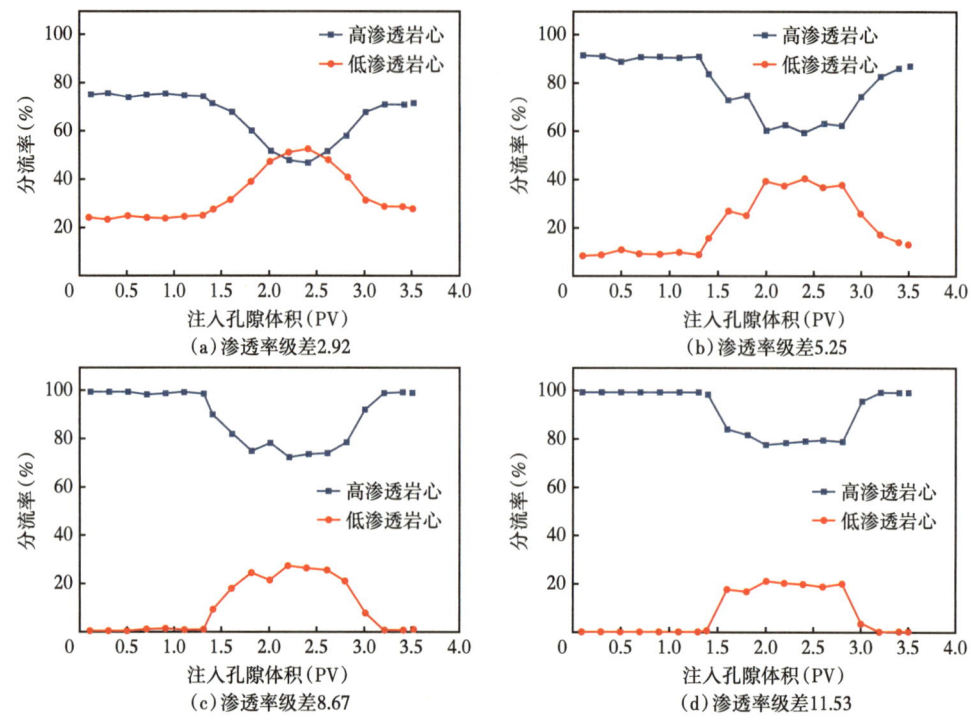

图 5.4.8　渗透率级差 2.92~11.53 的分流率曲线图

在水驱阶段，渗透率级差为 2.92、5.25 和 8.67 时，低渗透岩心均能够有效启动，驱油效率和分流率随着渗透率级差的增大而逐渐降低，高渗透岩心的分流率随着级差的增大而增大。当渗透率级差为 11.53 时，低渗透岩心没有启动。并且高渗透岩心的驱油效率显著高于低渗透岩心的驱油效率。

在泡沫驱和后续水驱阶段，高渗透岩心的驱油效率从渗透率级差 2.92 时的 20.74% 增大到级差 11.53 时的 26.88%，而低渗透岩心的驱油效率随着渗透率级差的增大先增加后减小，在级差为 8.67 时，泡沫驱和后续水驱的驱油效率达到最大值为 44.97%。在渗透率级差为 2.92~8.67 的范围内，低渗透岩心的提高驱油效率均大于高渗透岩心。

在不同渗透率级差条件下，水驱时高渗透岩心的分流率均大于低渗透岩心，说明水驱阶段注入水主要通过高渗透岩心渗流；泡沫驱阶段，高渗透岩心的分流率明显下降，低渗透岩心的分流率增加，说明注入的泡沫体系会优先进入高渗透岩心，在岩心中充分起泡使得高渗透岩心的渗流阻力增大；后续水驱阶段，随着注入水的进入，高渗透岩心中的泡沫会被部分驱替出来，使得高渗透岩心的分流率会逐渐增大，低渗透岩心的分流率逐渐降低。在级差为 2.92 时，泡沫对高渗透岩心有较好的封堵效果，使得高低渗透岩心的分流率发生了明显的变化,让低渗透岩心在分流率上超过高渗透岩心;然而随着渗透率级差的增加,泡沫对高渗透岩心的封堵效果在逐渐减弱,高低渗透率岩心的分流率变化幅度也在逐渐减小。

5.4.5 注入时机对化学辅助调控体系的影响

选择渗透率级差接近9的两组岩心开展岩心流动实验,在水驱进行到高渗透岩心的含水率达到85%和75%的时间节点开始进行泡沫驱。

(1)实验步骤。

①选取人造岩心,测量岩心的长度、直径,称取岩心干重等基本参数;

②用岩心抽空加压饱和装置,将岩心抽真空饱和水,称取岩心的湿重,计算岩心的孔隙度;

③以0.3mL/min的速度进行水驱,记录岩心两端稳定时的压差并计算岩心的水测渗透率和渗透率级差;

④以0.3mL/min的恒定流速向岩心中饱和原油至出口端不出水,计算岩心的含油饱和度;

⑤饱和油后以0.3mL/min的恒定流速进行水驱至高渗透岩心含水率为85%和75%左右,计算水驱采收率;

⑥按照优化的注入参数,以气液比1∶1,注入速度0.3mL/min向岩心中连续注入0.1PV的起泡剂溶液+0.1PV的氮气,交替注入,计算泡沫驱采收率;

⑦后续水驱至含水率达到98%为止,计算后续水驱采收率。

(2)实验结果与分析。

实验所用岩心基本参数见表5.4.9,注入时机对化学辅助调控体系的影响实验结果见表5.4.10,如图5.4.9和图5.4.10所示。

表 5.4.9 岩心基本参数

岩心编号	渗透率类型	长度(cm)	直径(cm)	孔隙度(%)	渗透率(mD)	渗透率级差	注入时机(%)
22	高渗透	9.02	2.50	30.89	155.23	8.67	98.35
23	低渗透	9.08	2.52	27.81	17.91		
24	高渗透	9.15	2.52	28.55	157.74	8.75	86.47
25	低渗透	9.06	2.51	25.27	18.03		
26	高渗透	9.12	2.52	28.13	149.38	8.23	73.61
27	低渗透	9.02	2.50	23.74	18.15		

表 5.4.10　不同注入时机各阶段驱油效率

岩心编号	渗透率级差	水驱驱油效率（%）	水驱总驱油效率（%）	泡沫驱驱油效率（%）	后续水驱驱油效率（%）	提高驱油效率（%）
22	8.67	48.35	24.98	9.57	15.72	25.29
23		1.62		23.64	21.33	44.97
24	8.75	41.72	20.86	15.49	17.31	32.80
25		0.00		19.61	15.42	35.03
26	8.23	34.69	17.35	18.33	18.15	35.48
27		0.00		13.83	9.06	22.89

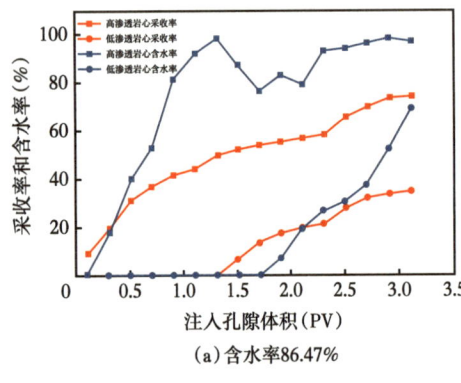
(a) 含水率86.47%

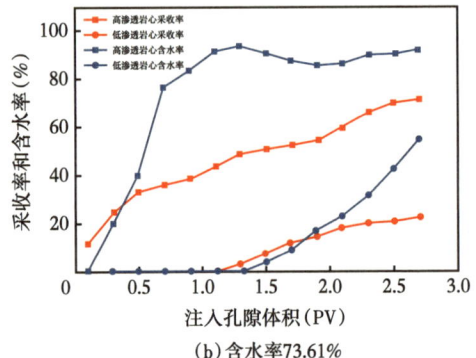
(b) 含水率73.61%

图 5.4.9　不同注入时机下的采收率和含水率

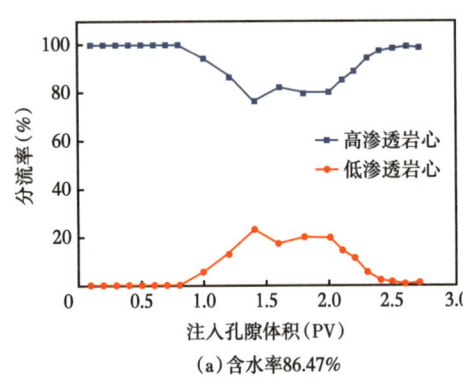
(a) 含水率86.47%

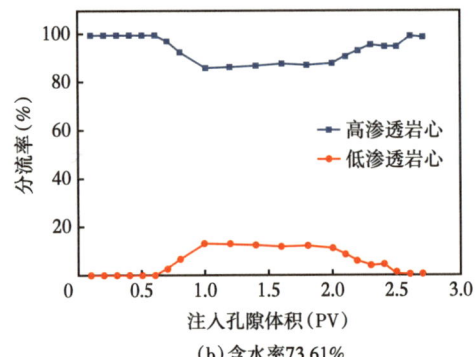
(b) 含水率73.61%

图 5.4.10　不同注入时机下的分流率

可以看出：在渗透率级差变化不大的情况下，高渗透岩心的提高驱油效率随着注入时机的提前逐渐增大，而低渗透岩心的提高驱油效率在逐渐减小，高渗透岩心总的驱油效率呈现出先上升后下降的趋势。当泡沫的注入时机在高渗透岩心含水率73.61%时，低渗透岩心的提高驱油效率为22.89%，比含水率在98.35%时下降了26.08%。对比高低渗透率岩心在注泡沫后的提高驱油效率上，发现随着泡沫注入时机的提前，总的提高驱油效率逐渐减小。

分析原因主要为：低渗透岩心在水驱阶段无法启动，泡沫会沿着高渗透岩心的优势通道进行渗流；另外随着泡沫注入时机的提前，说明岩心中的残余油饱和度相比于水驱完全时的更高，而泡沫有"遇油消泡"的特性，更高的残余油饱和度会对泡沫的稳定性产生一定程度的影响，使高渗透岩心的渗流阻力下降，不能起到良好的流度控制能力，导致对低渗透岩心的启动程度降低，进而驱油效率下降。针对强非均质的岩心，尽管提前泡沫的注入时机使得高渗透岩心的驱油效率升高，但在总的提高驱油效率上呈现出下降的趋势。

5.5 化学辅助稠油油藏注 N_2 调控技术现场应用

5.5.1 制氮设备与工艺配套

（1）常用的制氮方法。

由于氮气的物理、化学性质稳定，适合不同环境，空气中的主要成分是氧气和氮气，分别以分子状态存在，氮气的气源可以从空气中分离，比其他气体来源广泛，价格便宜，注氮气提高采收率工艺对油田所在地理位置及环境无特殊要求，因此，氮气提高采收率方法近年来得到较快的发展。常用的制氮方法有深冷法、分子筛法、膜分离法。

①深冷法。

深冷法是先将空气压缩、冷却并液化，然后通过精馏塔进行分馏。在精馏塔中，空气中的氧气和氮气因沸点不同而被分离。氮气的沸点较低、因此它在塔顶以蒸汽的形式存在；而氧气的沸点较高，因此它在塔顶以液态形式存在。在塔板上，气液相互接触，发生传质和传热交换，从而实现氧气与氮气的分离。

②分子筛法。

分子筛法是一种适宜于中、小型规模的制氮技术，基于分子筛对空气中的氮气、氧气选择性吸附分离而获得氮气或氧气。当空气通过压缩、净化，通过分子筛吸附塔吸附层时，一种组分被优先吸附，使另一组分留在混合气相中，从而生产出氮气或氧气，吸附达到平衡时，利用减压或抽真空方法将分子筛表面吸附的一种气体去除，恢复分子筛的吸附能力，即吸附解析。在实际应用中，为能连续运行、恒定提供所需的气体量，装置需要设置至少两个吸附塔，一个塔吸附，另一个解析。可分为碳分子筛法和沸石分子筛法，沸石分子筛法制氮纯度高、投资高、操作费用高；碳分子筛法制氮纯度低、操作简便、投资少、占地面积小、工艺简单、制氮成本低。

③膜分离制氮方法。

膜分离制氮法是利用选择性渗透原理，分离气体的过程由溶解和扩散两步组成，即混合气体在膜的高压侧表面以不同的溶解度溶于膜内，在膜两侧压力差的推动下，混合气体分子以不同速度向膜的低压侧扩散，渗透速率较快的气体如：水蒸气、CO_2 等，透过膜后在膜透侧富集，而渗透速率相对较慢的气体，如氮气、氩气等在滞留侧富集，从而达到混合气体分离的目的。在用净化空气为原料时，氧气的渗透速率大于氮气，经过膜分离后，高压侧留下的气体是富氮，而透过去的气体是富氧。

（2）制氮方法选择。

对比分析深冷法、分子筛法、膜分离法的装置、工艺、操作、维护、经济、安全性，为制氮设备的选择提供依据。

装置特点：深冷法工艺流程复杂，设备较多，投资高；分子筛法工艺流程简单，设备少投资少，但自控阀门多；膜分离法工艺流程简单，设备少，自控阀门少，但投资高。

工艺特点：深冷法在 $-190 \sim -160 ℃$ 低温下操作，膜分离法和分子筛法在常温下操作。

操作特点：深冷法启动时间长，一般在 15~40h，必须连续运行；膜分离法和分子筛法启动时间短，一般小于 30min，可连续、可间断运行。

维护特点：深冷法设备结构复杂，维护保养技术难度大、费用高；膜分离法和分子筛法设备结构简单，维护保养技术难度低、费用低。

经济适用性：深冷法气体纯度高，可以生产气态、液态氮气，适宜大规模制氮，能耗较高；膜分离法和分子筛法投资小，能耗低，适用于小规模应用。

安全性：深冷法在超低温、高压环境运行，会造成碳氢化合物局部聚集，存在爆炸的可能性；膜分离法和分子筛法常温、高压环境运行，不会造成碳氢化合物局部聚集。

从装置、工艺、操作、维护、经济、安全性综合分析，深冷法不适用于稠油热采氮气泡沫调剖工艺的需要。

（3）制氮设备与工艺配套。

针对河南油田稠油热采区块小、分布散的特点，为满足稠油热采氮气泡沫调剖的工艺需求，配套三套车载式膜分离制氮装置和分子筛制氮装置一套，制氮能力分别为 $600Nm^3/h$、$900Nm^3/h$、$1000Nm^3/h$ 和 $1200Nm^3/h$。主要技术参数见表 5.5.1。

移动制氮装置以柴油为动力，采用膜分离法制氮。膜制氮装置是把空气经过压缩后，通过膜组分离出空气中的氮气，再经过增压系统把压力提升到矿场要求的范围。系统由螺杆式空气压缩机、空气后部冷却器、空气缓冲罐、过滤器、冷干机、活性炭过滤器、膜组、氮气缓冲罐、活塞式增压机、注药泵及控制系统等组成。

表 5.5.1　制氮装置技术参数表

车型	制氮方式	标排（m³/h）	能力（m³/d）	含氧量（%）
600 型车组	膜分离	600	14400	＜5
900 型车组	膜分离	900	21600	＜5
1200 型车组	膜分离	1200	28800	＜5
1000 橇装组	分子筛	1000	24000	＜5

橇装式制氮装置以电为动力，采用碳分子筛变压吸附技术。碳分子筛制氮是利用碳分子筛对氧气和氮气吸附速率不同的原理来分离氮气的，氧气在碳分子筛上的扩散速度大于氮气的扩散速度，使得碳分子筛优先吸附氧气，而氮气集中于不吸附相中，从而在吸附塔流中得到氮气。

5.5.2　配液搅拌罐

通过在罐内进行高速搅拌，使起泡剂能够均匀地溶解在配液体系中，并在罐内进行初步起泡，配液池实物如图 5.5.1 所示。

图 5.5.1　配液池

5.5.3　泡沫发生器

泡沫发生器采用挡板式的结构，让气、液两相从同一个入口进入，在其腔体内有挡板并等间距地焊接在外壳上，阻挡流体和改变流体的流动方向。在末端的挡板后面留有较大的空间，能够使被压缩的流体有足够的膨胀空间，让其能够达到气、液两相充分混合的目的（图 5.5.2）。

5.5.4 配套工艺技术

基于油藏特点和稠油热采氮气泡沫调剖参数、注入方式要求，应配套以下工艺设备，并满足相应的技术要求。

（1）制氮设备。

依据油藏压力和蒸汽注入压力，要求氮气注入压力不低于16MPa。制氮设备能够快速、方便安装移动、制氮成本低、操作安全、简便，适应于野外操作。

（2）地面泡沫发生器。

要求起泡效率高，耐压力不低于16MPa。地面泡沫发生器体积小、质量轻，便于现场安装。

（3）泡沫伴蒸汽滴加装置。

要求计量精度高，耐压力不低于16MPa。泡沫伴蒸汽滴加装置设计为计量注入一体化橇装装置，体积小，安装、移动方便。

图 5.5.2 井口泡沫发生器

5.5.5 现场应用效果

某油田稠油油藏2008—2011年共计实施氮气泡沫调剖342井次（表5.5.2），使用起泡剂溶液泡沫剂共1501.43t，氮气用量 $658.38 \times 10^4 m^3$，总投入费用3067.40万元，增油41654t，原油价格按照成本指标计算，产出总值9767.87万元，总投入产出比1∶3.18，达到了浅薄层稠油热采氮气泡沫调剖的目的。

表 5.5.2 某油田2008—2011年氮气泡沫调剖投入产出计算表

年份	井次	井组增油（t）	起泡剂用量（t）	氮气用量（$10^4 m^3$）	起泡剂单价（万元）	氮气单价（元）	原油单价（万元）	研究费（万元）	投入费用（万元）	产出总值（万元）	投入产出比
2008	10	1350	86.09	16.14	1.18	1.77	0.2345	48	178.15	316.57	1∶1.78
2009	48	5358	223.7	65.96	1.18	1.77	0.2345	73.9	454.61	1256.45	1∶2.76
2010	137	21817	507.32	218.26	1.18	1.77	0.2345	8.5	993.45	5116.08	1∶5.15
2011	147	13129	684.32	358.02	1.18	1.77	0.2345		1441.19	3078.77	1∶2.14
合计	342	41654	1501.43	658.38				130.4	3067.4	9767.87	1∶3.18

6 超临界 CO_2 携带气溶剂辅助注气调控技术

利用高温高压泡沫工作液性能测试装置开展了 CO_2 气溶性泡沫体系研发及泡沫性能影响因素研究、CO_2 气溶性泡沫体系助剂性质及比例优化研究、CO_2 气溶性泡沫体系静态性能综合评价研究，利用高温高压多功能泡沫岩心流动装置开展了 CO_2 气溶性泡沫体系的驱油规律研究，利用 QUANTA 450 型扫描电子显微镜开展了 CO_2 气溶性泡沫体系微观结构研究，并对 CO_2 气溶性泡沫体系的安全环保性及经济可行性进行了分析。

6.1 油藏地质特征及气窜规律分析

6.1.1 油藏地质特征

新疆油田八区 530 井区克下组砾岩油藏位于准噶尔盆地西北缘。油藏含油面积 $24.51km^2$，石油地质储量 $988.40 \times 10^4 t$，可采储量 $237.22 \times 10^4 t$，油藏埋深 1820~2550m，平均 2185.0m，属于低饱和度油藏。

根据八区 530 井区克下组油藏地质特征、开发特征及井况，优选东南扩边区 9 个注采井组作为试验区。试验区含油面积 $1.71km^2$，石油地质储量 $141.27 \times 10^4 t$，储层平均厚度 37.1m，油层厚度 13.8m；储层孔隙度范围在 2.14%~20.31%，平均孔隙度 10.23%；储层平均渗透率 10.2mD，油层渗透率 12.2mD。试验区地层水水型为碳酸氢钠型，矿化度约为 16895.3mg/L；油藏地层温度 67℃，地层油密度 $0.733g/cm^3$，地层油黏度 $2.90mPa \cdot s$。

6.1.2 注气开发现状

由于试验区的地层压力已低于 20MPa，为了保证良好驱替效果，首先关停试验区生产井，待地层压力恢复至混相压力 26MPa 以后，再开井进行生产。在明显气窜后转水气交替注入，为此油藏工程方案设计提出"连续气驱、恢复压力、WAG 调控"三阶段方案。

截至 2017 年 12 月，全区油水井 144 口，开井 66 口。其中油井 103 口，开井 47 口；注水井 41 口，开井 19 口。日产油 65.8t/d，日注水 $284.5m^3/d$。累计产液量 $229.7 \times 10^4 t$，累计产油量 $92.0 \times 10^4 t$，综合含水率 71.11%，采出程度 14.06%；累计注水量 $288.87 \times 10^4 m^3$，累计注采比 1.04。试验区采油井 28 口，注水井 9 口。日产油 14.9t，采油速度 0.49%，含水

率64.28%，累计产油量16.86×10⁴t，累计产水量19.89×10⁴m³，采出程度11.94%，累计注水量1.52×10⁴m³，累计注采比0.03，地层压力17.8MPa，压力保持程度56.3%。

530井区克下组CO_2气驱试验区共有九个井组，分别为80474井组、80475A井组、80494井组、80513井组、80516井组、80534井组、80554井组、80557井组、80578井组。其中80513井组和80534井组已进行CO_2试注，油藏区域及CO_2试注井位如图6.1.1和6.1.2所示。截至2018年11月2日，80513井组累计注入$CO_2$1748.5t，油井液面由1290.3m上升至137.3m，升高1153m，压力升高10.2MPa左右；80534井组累计注入$CO_2$1248.4t，油井液面由1799m上升至109m，升高1690m，压力升高14.9MPa左右。

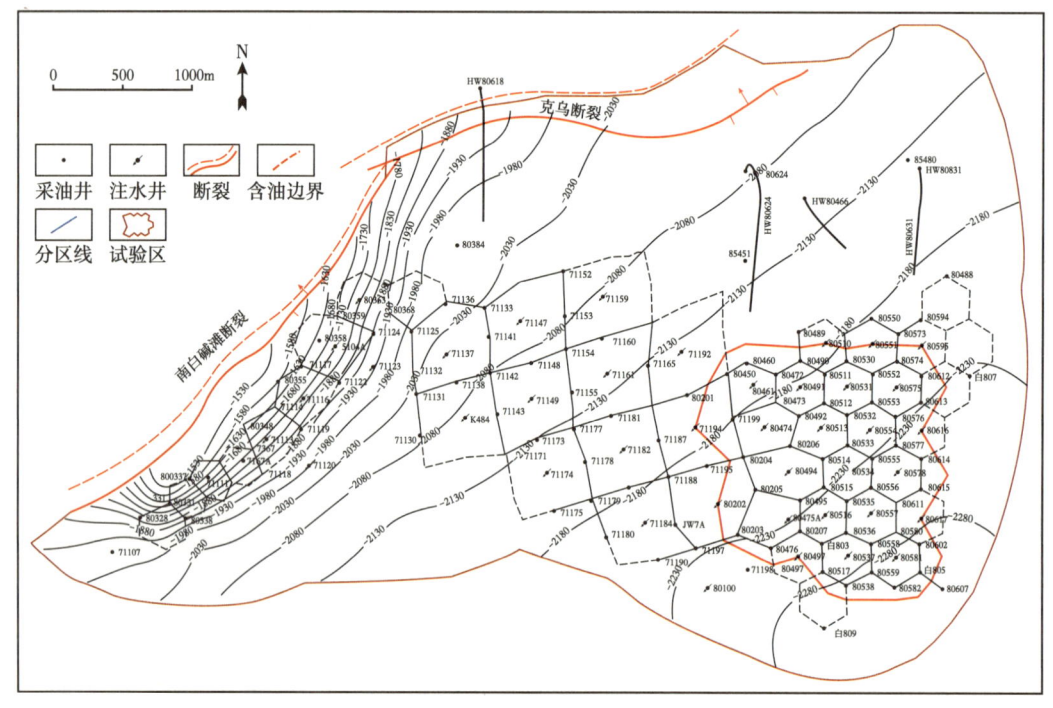

图6.1.1　八区530井区克下组油藏区域分布图

试验区油藏开发主要存在以下问题：

（1）从层间看，试验区储层渗透率韵律类型以复合韵律为主。储层层内渗透率变异系数在0.12~6.26之间，平均为1.38；突进系数在1.00~70.24之间，平均为7.86；级差在1.00~5000.00之间，平均为222.32。总体来说，垂向上，层间差异大，非均质性严重。

（2）由于试验区储层的平均孔隙度10.23%，平均渗透率10.2mD，属于中孔低渗透砂砾岩油藏。因此，受储层非均质性和孔隙结构复杂的影响，剖面动用程度低，各小层吸水剖面分布差异大；由水驱产量递减规律表明（图6.1.3），水窜现象严重。传统水驱提高采收率的方法很难达到良好的开发效果。

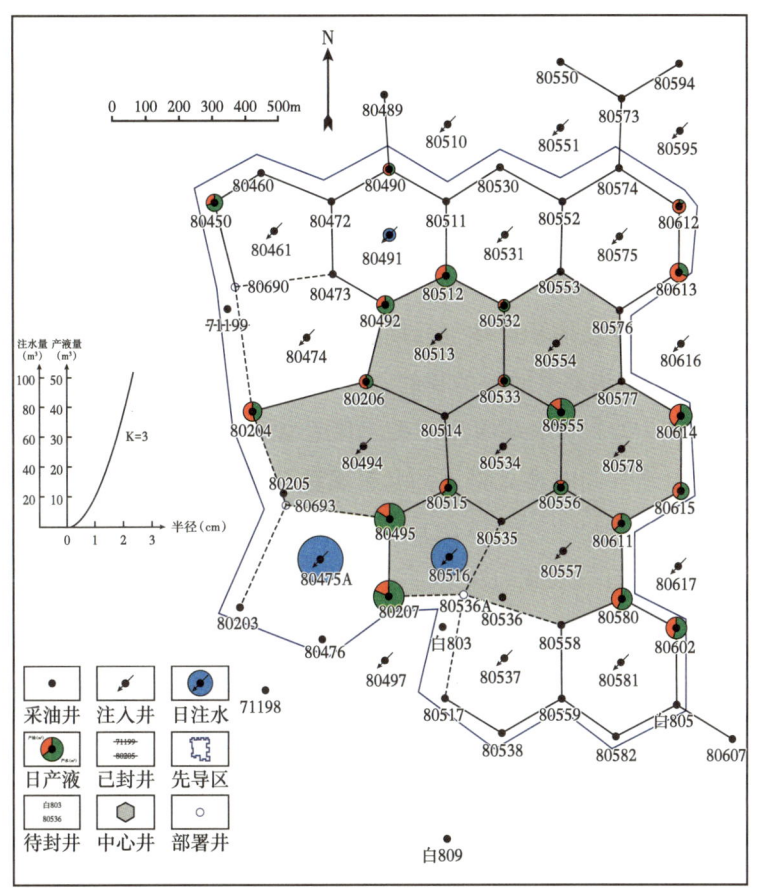

图 6.1.2　八区 530 井区克下组油藏 CO_2 试注井位图

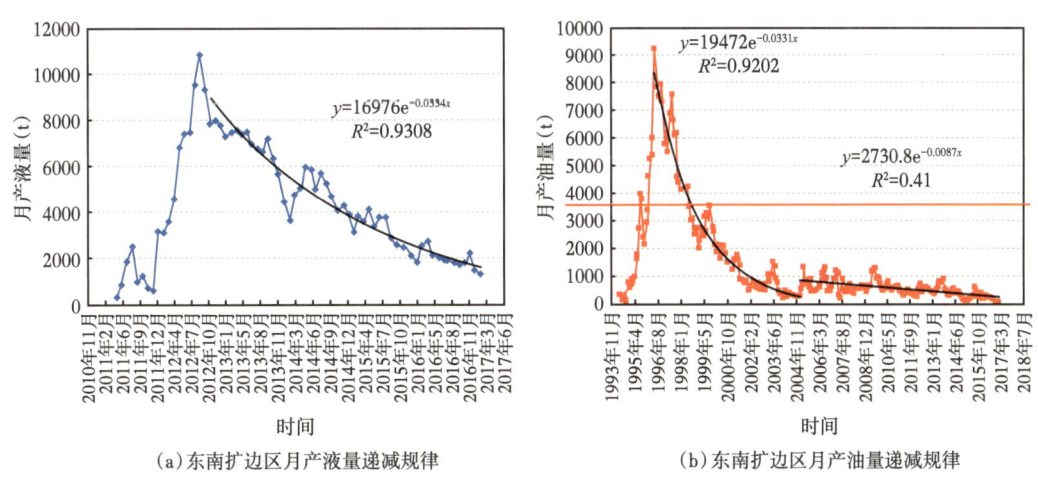

(a) 东南扩边区月产液量递减规律　　(b) 东南扩边区月产油量递减规律

图 6.1.3　水驱产量递减规律图

（3）八区530井区2口井CO_2驱试注结果表明：单井吸CO_2能力较吸水能力大幅增加，80513井注CO_2能力是注水能力的2.5倍左右；80534井注不进水，可以注进CO_2，注CO_2能力可达30 t/d，注CO_2时井间连通性比注水好，且注CO_2恢复地层能量比较明显，注气初期可以快速恢复地层压力。因此，为达到预期采收率，需由水驱转变为CO_2驱的开发方式，以达到提高原油采收率的目的。

（4）由于受试验区储层物性和非均质性的影响，剖面动用程度低，层间差异大，CO_2气驱的过程中会产生气窜现象而导致注气难以均匀推进，从而降低气驱波及体积及驱油效率。因此，为提高原油波及体积，注气后期采用注入泡沫段塞的方式对高渗透层进行封堵，从而控制气窜，达到提高采收率的目的。

（5）常规的泡沫段塞采用水基泡沫体系，利用WAG（Water Alternating Gas）注入方式注入地层，可避免水气同时注入带来的井筒腐蚀问题。然而，水基的表面活性剂段塞作用会影响泡沫体系的连续性，使得CO_2和原油的接触机会变少；气体的重力超覆作用会使CO_2在地层内上浮而与水基泡沫溶液分离，限制泡沫破灭再生的能力。在试验区低渗透油藏和非均质砾岩油藏的条件下，由于单井的吸水能力差，注水压力高，甚至无法注水，导致水溶性表面活性剂溶液注入困难，从而极大限制了水基泡沫体系在低渗透油藏中的应用。

6.1.3 水基泡沫存在的问题及技术对策

常规泡沫调控技术使用的起泡剂多为水溶性表面活性剂，为了避免水气同时注入带来的井筒腐蚀问题，必须采用水气交替方式将起泡剂溶液和CO_2段塞交替注入地层，而交替注入会导致泡沫的连续性、稳定性变差。对于低渗透油藏，由于存在注水困难问题导致其应用受限。

为了解决水气同时注入带来的井筒腐蚀及低渗透油藏注水困难的问题，提出使用可溶于CO_2的气溶性表面活性剂注入地层内，实现CO_2气溶性泡沫调驱。气溶性表面活性剂是一种新型起泡剂，利用其在超临界CO_2中具有一定溶解度，以超临界CO_2作为注入载体将起泡剂注入低渗透油藏内。通过与地层水接触起泡从而生成稳定的泡沫体系，控制气体流度，从而控制气窜、提高CO_2驱的采收率。该种注入方式产生的泡沫与常规水基泡沫相比，在低渗透油藏中具有更好的注入性，不会带来井筒腐蚀问题，且泡沫具有更好的连续性和稳定性，因此气溶性表面活性剂具有良好的研究和应用前景。

针对新疆油田八区530井区克下组砾岩油藏地质及注CO_2开发特征，利用超临界CO_2作为媒介将气溶性起泡剂带入地层，在地层内遇水后发泡，封堵气窜通道，并扩大CO_2驱波及体积。这种方式不仅能够避免井筒的腐蚀，同时，使用CO_2为注入载体，能改善低渗透储层内泡沫的连续性和稳定性。

通过大量的实验筛选适合油藏温度、矿化度和地层压力下发泡的CO_2气溶性起泡剂，评价气溶性泡沫的发泡性能和稳定性，测定气溶性表面活性剂的溶解性，对气溶性泡沫的流变性和微观结构进行研究，完善CO_2气溶性泡沫控制气窜的理论，通过岩心流动实验优化注入参数，开展典型井组气溶性泡沫体系的施工方案设计，为新疆低渗透砾岩油藏CO_2驱气溶性泡沫控制气窜技术的现场应用奠定基础。

6.2 气溶剂辅助注气调控体系的研发

6.2.1 实验条件

（1）实验温度：新疆530井区克下组油藏温度67℃；

（2）实验压力：新疆530井区克下组油藏压力24MPa；

（3）实验气体：CO_2，纯度为99.9%，四川广汉劲力气体有限公司；

（4）配液地层水：新疆530井区克下组油藏实际地层水，新疆油田勘探开发研究院提供。模拟地层水离子组成和化学剂组成见表6.2.1和表6.2.2。

表 6.2.1　试验区模拟地层水离子组成

离子组成	K^++Na^+	Ca^{2+}	Mg^{2+}	Cl^-	SO_4^{2-}	HCO_3^-	总矿化度
含量（mg/L）	6565.3	66.3	34.63	9487.8	27.4	1427.7	16895.3

表 6.2.2　试验区模拟地层水化学剂组成

成分	$MgCl_2 \cdot 6H_2O$	$CaCl_2$	KCl	NaCl	Na_2SO_4	$NaHCO_3$	总矿化度
用量（g/L）	0.29	0.18	9.57	7.77	0.04	1.97	16.89

6.2.2 气溶性起泡剂的优选

6.2.2.1 气溶性起泡剂的选择依据

超临界CO_2的黏度低，密度大，扩散系数为液体的一百倍，具备良好的溶剂性质。然而，超临界CO_2的低介电常数、弱范德华力特点，使得其作为溶剂溶解表面活性剂的能力受到限制。20世纪90年代，Holfling等率先合成了能够在超临界CO_2中有较高溶解度的气溶性起泡剂，主要为含氟表面活性剂。通过相态研究的结果表明，具有较高CO_2气溶性的表面活性剂的分子内需要含有低溶解度参数、低极化度或电子给予作用的路易斯碱性基团的尾链。该特性的尾链可使表面活性剂在超临界CO_2中的溶解性大大提高。该类型的表面活性剂通常含有亲CO_2的官能团，如二甲基硅氧烷、氟碳链、全氟聚醚和全氟烷基、氧丙烯基、聚氧丙烯、脂肪醇醚、叔胺、炔醇和炔二醇等。

其中，二甲基硅氧烷的来源小、价格高、经济性较差，故不考虑进一步研究；具有氟碳链、全氟聚醚或全氟烷烃的氟表面活性剂同样价格昂贵且具有毒性、环境友好性差，因此应用受限。综上，结合国外学者的研究经验，考虑使用价格便宜的碳氢表面活性剂及不含氟支链化 AC-11 的同系物进行 CO_2 泡沫性能评价，从而优选出最佳气溶性起泡剂。

6.2.2.2 实验药品

根据以上选择依据，选用满足条件的几种气溶性表面活性剂作为研究对象开展实验研究，并与目前油田常用的十二烷基硫酸钠（简称 SDS）起泡剂进行对比。具体类型包括：

（1）气溶性表面活性剂。

① AC-11：纯度＞99%，阴离子型表面活性剂。产地：上海，如图 6.2.1（a）所示；

② WY-13：纯度 99.5%，非离子型表面活性剂。产地：江苏，如图 6.2.1（b）所示；

③ YJ-13：纯度 99.5%，非离子型表面活性剂。产地：江苏，如图 6.2.1（c）所示；

④ QR-1529：纯度＞99%，pH 值为中性，非离子型表面活性剂。产地：上海，如图 6.2.1（d）所示；

⑤ QR-1209：纯度＞99%，pH 值为中性，非离子型表面活性剂。产地：上海，如图 6.2.1（e）所示。

（2）非气溶性表面活性剂。

十二烷基硫酸钠（SDS）：纯度 98.5%，阴离子型表面活性剂。临沂绿森化工有限公司，如图 6.2.1（f）所示。

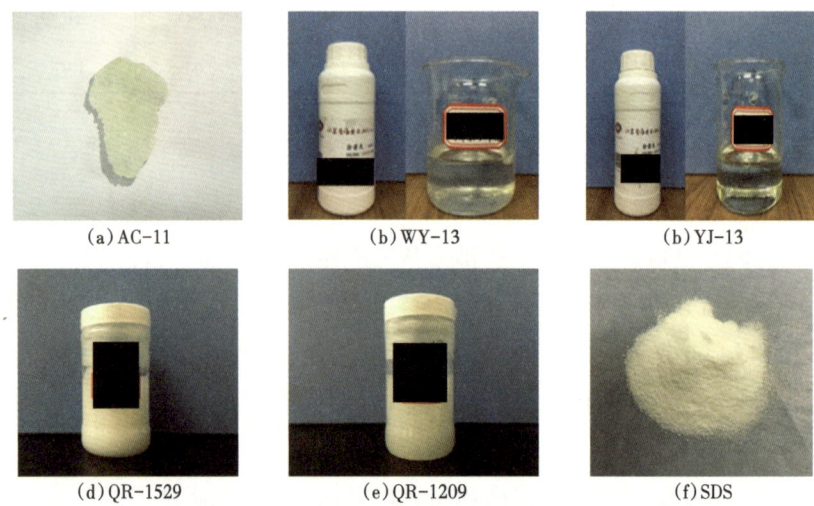

图 6.2.1　实验药品

6.2.2.3 常温常压下的起泡性能评价及筛选

（1）实验方法。

采用 Waring Blender 法，在室温 25℃下，在吴茵搅拌器样品杯中充满纯度 99.9% 的 CO_2，分别配制浓度 0.1%、0.2%、0.3%、0.4% 和 0.5% 的起泡剂溶液 100mL，在油藏 67℃条件下老化 24h 后，置于高速搅拌装置内充分搅拌 2min。记录起泡体积及半衰期，计算泡沫综合指数。

（2）实验结果及分析。

常温常压下的起泡性能评价及筛选结果见表 6.2.3 和表 6.2.4，如图 6.2.2 和图 6.2.3 所示。

表 6.2.3 常温常压下不同类型起泡剂的起泡体积与浓度关系

起泡剂名称	不同浓度起泡剂下的起泡体积（mL）				
	0.1%	0.2%	0.3%	0.4%	0.5%
AC-11	310	450	600	650	780
WY-13	114	200	150	132	126
YJ-13	200	275	200	300	300
QR-1529	290	370	370	400	520
QR-1209	200	200	230	300	320
SDS	240	400	500	500	600

表 6.2.4 常温常压下不同类型起泡剂的半衰期与浓度关系

起泡剂名称	不同浓度起泡剂下的半衰期（s）				
	0.1%	0.2%	0.3%	0.4%	0.5%
AC-11	156	323	378	369	447
WY-13	84	90	96	105	93
YJ-13	61	72	63	79	87
QR-1529	114	146	153	170	170
QR-1209	53	51	59	80	99
SDS	101	264	314	340	377

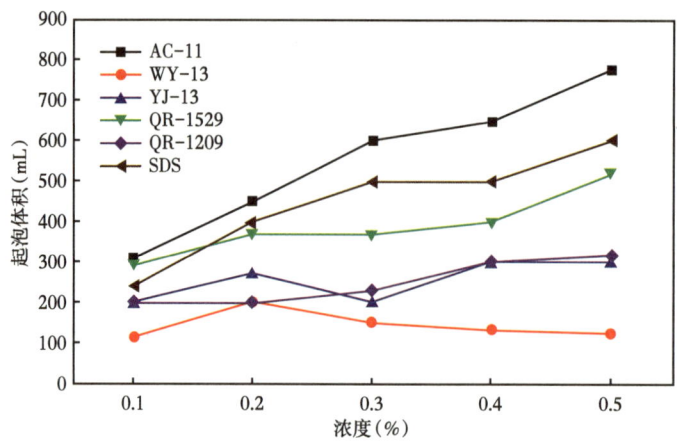

图 6.2.2　常温常压下不同类型起泡剂的起泡体积与浓度关系

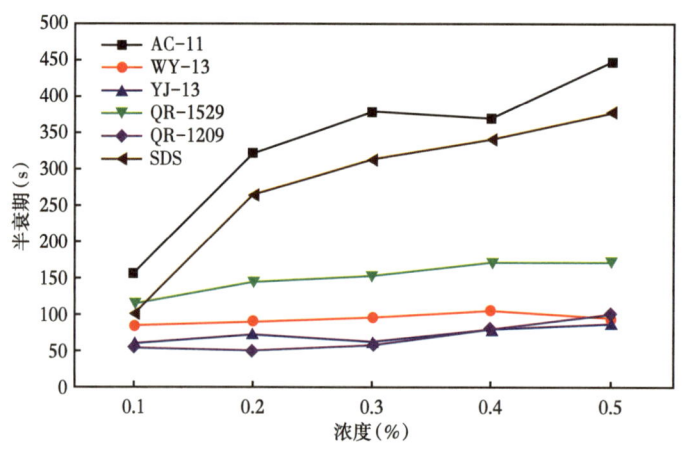

图 6.2.3　常温常压下不同类型起泡剂的半衰期与浓度关系

可以看出，不同类型起泡剂的起泡体积随着浓度的升高整体呈现稳定上升趋势。其中，阴离子型起泡剂 AC-11 的起泡性能最好，随着浓度的升高起泡体积不断上升，浓度 0.5% 时的起泡体积最高为 780mL；其次为阴离子型起泡剂 SDS，随着浓度的升高起泡体积不断上升，浓度 0.5% 时的起泡体积最高为 600mL；非离子型表面活性剂 QR-1529 的起泡体积和浓度的关系与前面二者呈现相同的趋势，浓度 0.5% 时的起泡体积最高为 520mL。其余三种起泡剂：WY-13、YJ-13 和 QR-1209 的起泡效果与 SDS 相比均差距较大，起泡能力较弱。

可以看出，阴离子型起泡剂 AC-11 及 SDS 的泡沫半衰期随着浓度的升高不断升高，AC-11 在浓度 0.5% 时达到最高为 447s，高于油田常用的 SDS 起泡剂的最高泡沫半衰期

377s。非离子型起泡剂的泡沫半衰期随着浓度的升高整体上升幅度不大,其中 QR-1529 的泡沫半衰期最长,在浓度 0.5% 时达到最高为 170s,其余几种起泡剂的泡沫半衰期均较差。

计算泡沫的综合指数,结果见表 6.2.5,如图 6.2.4 所示。泡沫实物如图 6.2.5 所示。

表 6.2.5 常温常压下不同气溶性起泡剂的泡沫综合指数与浓度关系

起泡剂名称	不同浓度起泡剂下的泡沫综合指数（mL·min）				
	0.1%	0.2%	0.3%	0.4%	0.5%
AC-11	36270	109012.5	170100	179887.5	261495
WY-13	7182	13500	10800	10395	8788.5
YJ-13	9150	14850	9450	17775	19575
QR-1529	24795	40515	42457.5	51000	66300
QR-1209	7950	7650	10177.5	18000	23760
SDS	18180	79200	117750	127500	169650

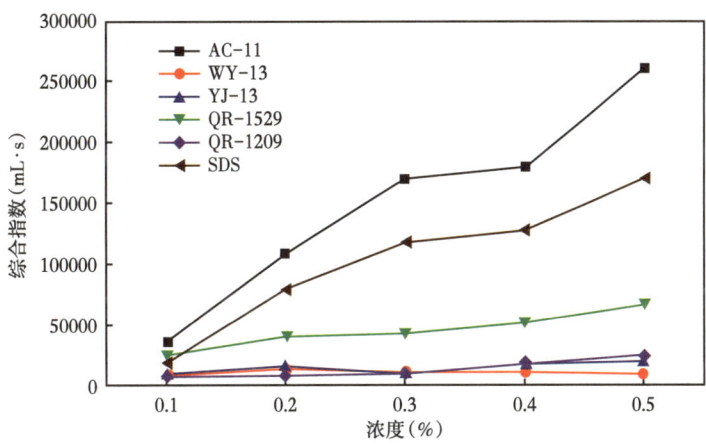

图 6.2.4 常温常压下不同类型起泡剂的泡沫综合指数与浓度关系

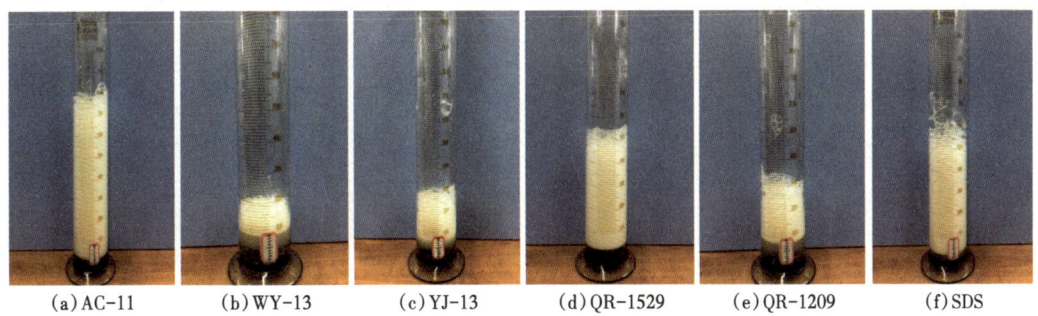

图 6.2.5 常温常压下不同类型起泡剂的发泡实物图

通过对几种类型的起泡剂发泡效果进行比较可以看出，WY-13、YJ-13 和 QR-1209 的发泡效果较差。阴离子型起泡剂 AC-11 在最优浓度 0.5% 时的综合指数最高为 261495mL·s，高于同离子型的浓度 0.5% 的 SDS 综合指数 169650mL·s。非离子型起泡剂中，0.5% 的 QR-1529 的综合指数最高为 66300mL·s，远高于同离子型的其他三种起泡剂的综合指数。

综上所述，选用起泡性能最好的两种气溶性起泡剂 AC-11 和 QR-1529 进行后续的油藏高温高压条件下的浓度筛选实验，以进一步优选出最佳配方。

6.2.2.4 高温高压下的起泡性能评价及筛选

根据常温常压下的起泡性能评价结果，气溶性起泡剂 AC-11（阴离子型）和 QR-1529（非离子型）的泡沫综合指数最高，起泡性能最好。故选用这两种起泡剂开展新疆砾岩油藏高温高压条件下（T=67℃，p=24MPa）的浓度筛选实验，进一步优选最佳配方。

（1）AC-11 气溶性起泡剂。

浓度为 0.1%~0.5% 的 AC-11 起泡剂的起泡性能实验结果见表 6.2.6，如图 6.2.6 至图 6.2.8 所示。

表 6.2.6　AC-11 气溶性起泡剂的起泡性能实验结果（67℃，24MPa）

浓度（%）	0.1	0.2	0.3	0.4	0.5
起泡高度（cm）	17	25.5	37	27	24.3
起泡体积（mL）	333.8	500.7	726.5	530.1	477.1
半衰期（min）	36	44	72	86	120
综合指数（mL·min）	9012.6	16523.1	39231.0	34191.5	42939.0

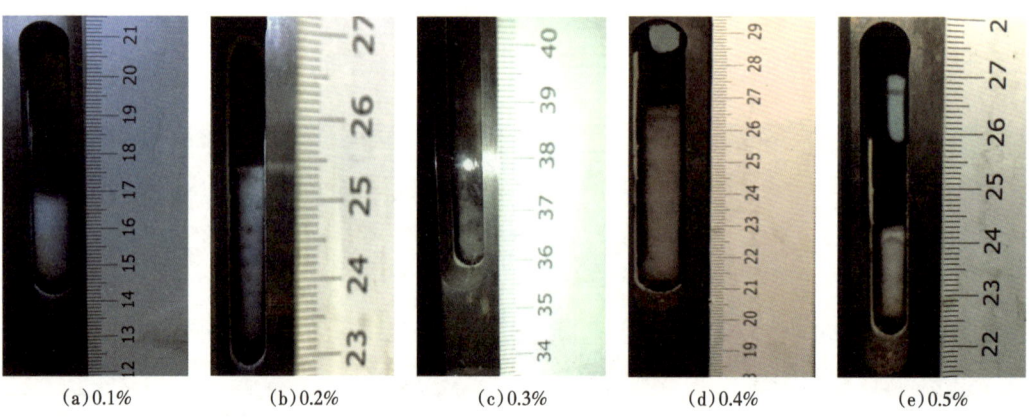

图 6.2.6　浓度为 0.1%~0.5% 的 AC-11 起泡剂的泡沫起泡高度实物图

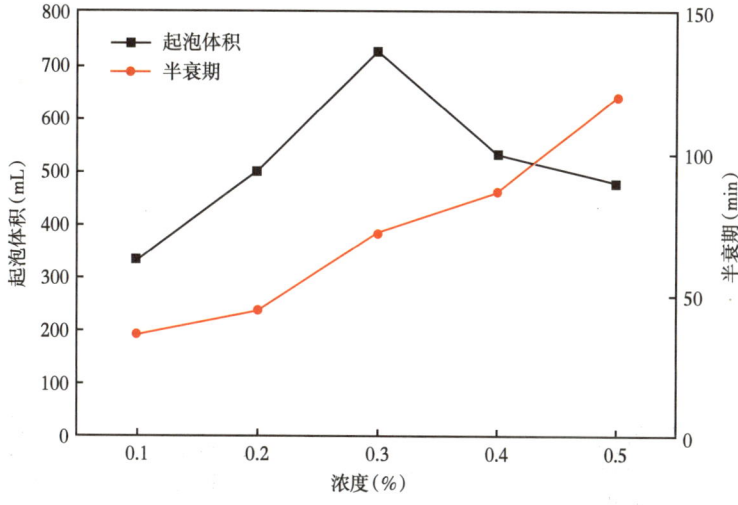

图 6.2.7　AC-11 起泡剂在不同浓度下的起泡情况

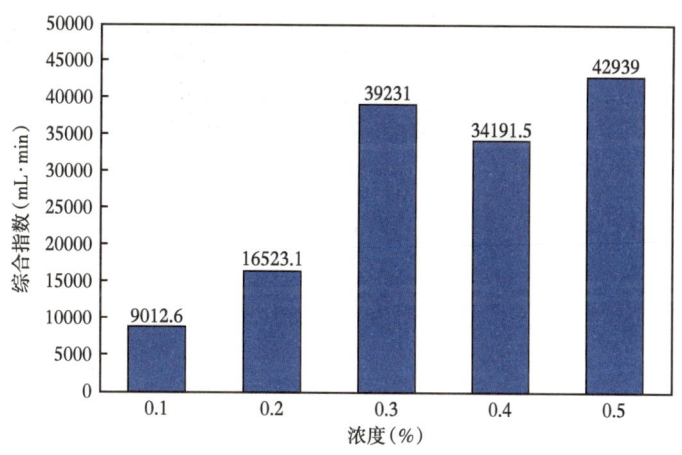

图 6.2.8　AC-11 综合指数与起泡剂浓度的关系

可以看出，AC-11 气溶性起泡剂的起泡体积随着浓度的升高呈现稳定上升后有所下降的趋势，半衰期随着浓度的升高稳定上升。其中，浓度 0.3% 时起泡体积最高为 726.5mL；浓度 0.5% 时半衰期最长为 120min；浓度 0.5% 时的综合指数最高可达 42939.0mL·min。考虑综合指数反映气溶性起泡剂的起泡综合性能，故浓度 0.5% 的 AC-11 起泡效果最为理想，形成的泡沫稠密且状态稳定。

（2）QR-1529 气溶性起泡剂。

浓度为 0.1%~0.5% 的 QR-1529 起泡剂的起泡性能实验结果见表 6.2.7，如图 6.2.9 至图 6.2.11 所示。

表 6.2.7　QR-1529 气溶性起泡剂的起泡性能实验结果（67℃，24MPa）

浓度（%）	0.1	0.2	0.3	0.4	0.5
起泡高度（cm）	11	19.5	33.5	47	40
起泡体积（mL）	215.9	382.9	657.8	922.8	785.4
半衰期（min）	1	20	60	214	134
综合指数（mL·min）	161.9	5743.5	29601.0	148109.4	78932.7

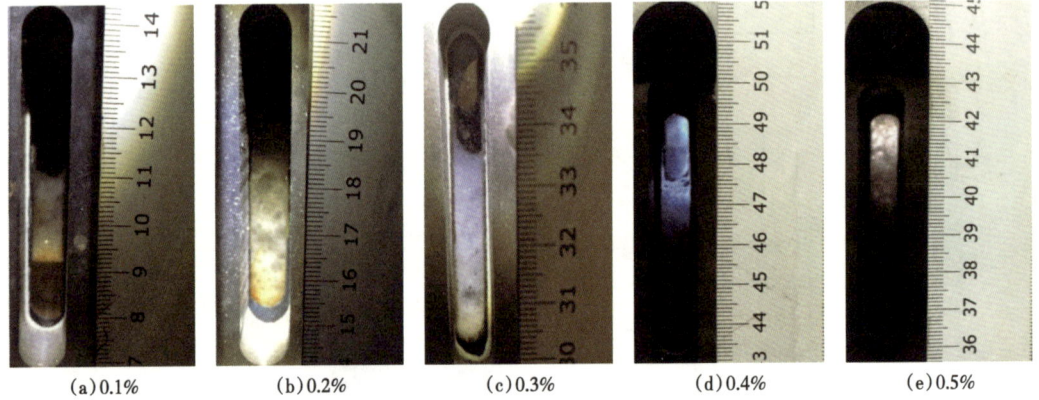

图 6.2.9　浓度为 0.1%~0.5% 的 QR-1529 起泡剂的泡沫起泡高度实物图

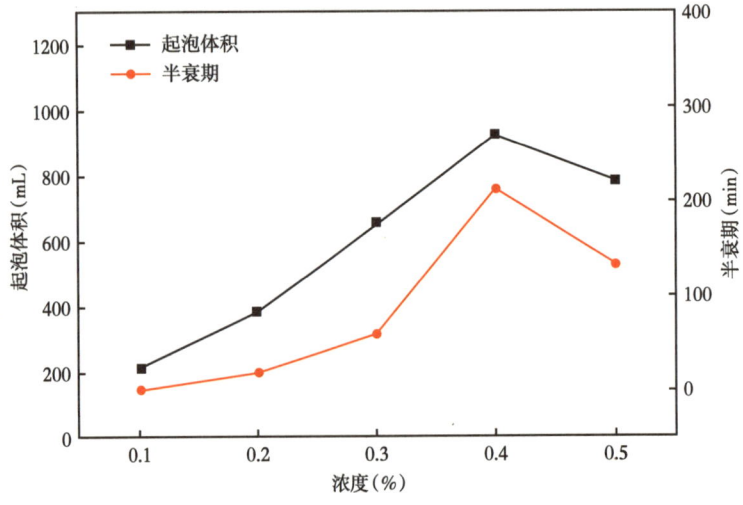

图 6.2.10　QR-1529 起泡剂在不同浓度下的起泡情况

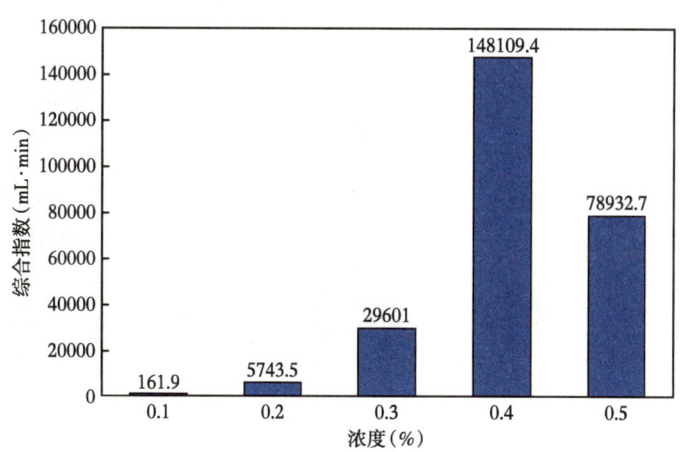

图 6.2.11 QR-1529 综合指数与起泡剂浓度的关系

可以看出，QR-1529 气溶性起泡剂的起泡体积及半衰期均随着浓度的升高呈现先稳定上升后小幅下降的趋势。其中，浓度 0.4% 时的起泡体积最高，为 922.8mL；泡沫半衰期最长，为 214min；综合指数可达 148109.4mL·min。起泡效果最为理想，形成的泡沫稠密且状态稳定。

通过 AC-11、QR-1529 两种气溶性起泡剂在高温高压条件下的浓度筛选实验结果可以看出，浓度 0.4%QR-1529 的起泡体积和泡沫半衰期最为理想，泡沫综合指数最高为 148109.4mL·min，形成的泡沫较为稠密、稳定。故选用 0.4%QR-1529 起泡剂作为最优配方进行后续评价实验。

6.2.3 气溶性起泡剂的溶解性能及助溶剂优选

由于气溶性表面活性剂及超临界 CO_2 自身的理化特点，决定了表面活性剂在超临界 CO_2 中的溶解性能会受到一定限制，因此需要考虑添加助剂进行助溶。根据相似相溶原理，醇类的结构特点使得其更易溶解于超临界 CO_2 中，并加强 CO_2 作为溶剂的极性，从而达到调节溶解能力的目的。据此，使用醇类作为助剂进行助溶，实现气溶性表面活性剂/超临界 CO_2 相行为改变，从而改善表面活性剂在超临界 CO_2 中的溶解性。

6.2.3.1 实验药品

（1）气溶性表面活性剂：详见 6.2.2 节。

（2）助剂：选用的是传统萃取工艺中常用的溶剂，具体包括：①醇 ZJ-1：分析纯，如图 6.2.12（a）所示；②醇 ZJ-2：分析纯，如图 6.2.12（b）所示；③醇 ZJ-3：分析纯，如图 6.2.12（c）所示。三种助剂均为成都市科隆化学品有限公司提供。

(a) ZJ-1　　　　　　　(b) ZJ-2　　　　　　　(c) ZJ-3

图 6.2.12　醇类助剂实物图

6.2.3.2　实验方法

利用浊点法研究超临界 CO_2、气溶性起泡剂及醇助剂间的相行为特征。所谓浊点，是表面活性剂的重要特征参数。表现为表面活性剂溶液温度升高时，体系出现浑浊现象。此时，溶液内胶束间距缩小、排斥力减弱、胶束间聚集增大并沉降，最终相分离。在光散射下呈现明显浑浊现象，该转变温度为浊点温度。

本节利用该法，旨在研究超临界 CO_2、气溶性起泡剂及醇助剂的含量、助剂类型对浊点压力的影响，从而为助剂增溶起泡剂提供一定的数据依据。通过加入已知的超临界 CO_2 及起泡剂用量，保证温度不变的条件下，缓慢降压，观察浊点下的压力值。通过查找超临界 CO_2 在一定温度、压力条件下的密度，计算该条件下起泡剂在超临界 CO_2 中的溶解度。由于超临界 CO_2 体系与水体系在结构和现象上有所不同，因此对浊点法进行实验时需认真观察并进行结果分析。

6.2.3.3　实验步骤

通过肉眼直接观察高压釜可视化窗口，测定气溶性起泡剂在超临界 CO_2 中的浊点压力，实验步骤如下：

（1）称量一定质量的气溶性表面活性剂送入PVT分析系统的平衡釜釜腔内的玻璃筒中；

（2）利用温度调节装置，调节平衡釜内的温度至油藏温度 67℃；

（3）利用手摇泵向平衡釜釜腔内打入硅油，硅油推动玻璃筒内活塞向上，排净釜腔中的空气后，关闭出口端阀门；

（4）打开进气阀门，通入适量的 CO_2，通过对釜体进行旋转，使超临界 CO_2 与表面活性剂充分混合；

（5）继续注入一定量 CO_2，使表面活性剂刚好溶解完全。通过注入 CO_2、利用手摇泵打入硅油控制平衡釜内的体积保持不变（100mL），此时平衡釜腔体内体系澄清，停止打压并平衡一段时间；

（6）关闭平衡釜翻转按钮。少量CO_2通过调节阀排出，以逐渐降低釜中压力，并观察釜中的相态变化。当体系由澄清变浑浊时，记录此时的温度及压力值，该压力即为浊点压力。继续注入少量CO_2，待体系变澄清后，再缓慢降压至浑浊。进行三次测量并取平均值，作为该温度下的浊点压力；

（7）设定不同温度，重复步骤（5）~（6），得到不同温度下的浊点压力值；

（8）关闭加热和翻转装置，冷却实验仪器至常温，排空并清洗平衡釜，结束实验。

6.2.3.4 溶解度计算方法

（1）质量溶解度法。

表面活性剂在超临界CO_2中的溶解质量分数计算公式见式（6.2.1），超临界CO_2的密度根据图6.2.13的图版进行查找并计算。

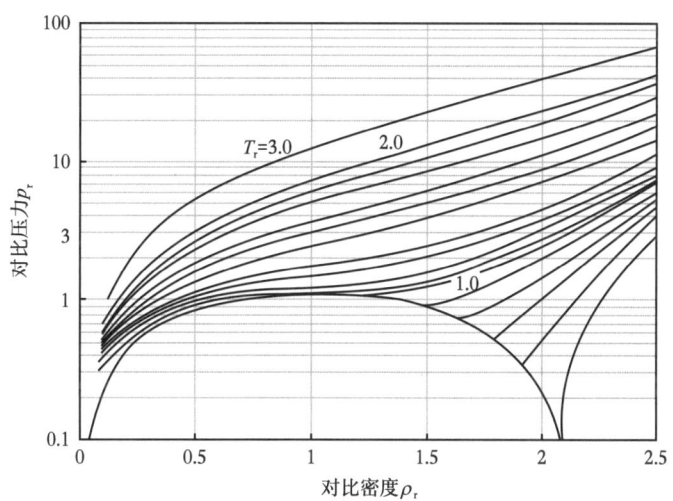

图6.2.13 纯CO_2的密度与温度和压力的关系图版

$p_c=7.383\text{MPa}$，$T_c=304.2\text{K}$；$T_r=T/T_c$，$p_r=p/p_c$

$$\text{溶解质量分数} = \frac{m_{\text{表面活性剂}}}{m_{\text{表面活性剂}} + \rho_{CO_2} V_{CO_2}} \times 100\% \quad (6.2.1)$$

式中 $m_{\text{表面活性剂}}$——气溶性表面活性剂的质量，g；

ρ_{CO_2}——超临界CO_2的密度，g/cm³；

V_{CO_2}——超临界CO_2的体积，cm³。

（2）摩尔溶解度法。

表示气溶性起泡剂在超临界CO_2中的溶解度大小，计算方法如下：

①溶质 QR-1529 的摩尔数。

$$n_{1529} = \frac{m_{1529}}{M_{1529}} \quad (6.2.2)$$

式中　n_{1529}——溶解于超临界 CO_2 中的溶质 QR-1529 的物质的量，mol；
　　　m_{1529}——降压后结晶析出溶质的质量，g；
　　　M_{1529}——QR-1529 的相对分子质量，g/mol。

②溶剂超临界 CO_2 的摩尔数。

$$n_{SC-CO_2} = \frac{\rho_{CO_2} V_{CO_2}}{M_{CO_2}} \quad (6.2.3)$$

式中　n_{SC-CO_2}——溶剂超临界 CO_2 的物质的量，mol；
　　　ρ_{CO_2}——常温常压下 CO_2 的密度，g/cm³；
　　　V_{CO_2}——气体流量计测得常温常压下 CO_2 的体积，cm³；
　　　M_{CO_2}——CO_2 的相对分子质量，g/mol。

（3）溶质 QR-1529 在超临界 CO_2 中的摩尔溶解度 S：

$$S = \frac{n_{1529}}{n_{SC-CO_2}} \quad (6.2.4)$$

6.2.3.5　实验结果及分析

（1）气溶性起泡剂在超临界 CO_2 中的溶解性测定。

测定了几种气溶性起泡剂在不同温度梯度（39℃、46℃、53℃、60℃、67℃、74℃）下的浊点压力。控制加入的气溶性起泡剂的质量相同，均为 0.15g，测得的气溶性起泡剂的浊点压力与温度之间的关系见表 6.2.8，如图 6.2.14 所示。

表 6.2.8　等质量的几种气溶性起泡剂在超临界 CO_2 中的浊点压力与温度的关系

名称	不同温度下的浊点压力（MPa）					
	39℃	46℃	53℃	60℃	67℃	74℃
AC-11	14.49	15.80	16.74	18.11	19.55	20.14
WY-13	15.81	17.75	19.26	20.78	21.33	22.19
YJ-13	16.06	18.11	19.68	21.30	22.51	23.16
QR-1529	14.72	16.18	17.55	19.20	20.21	20.67
QR-1209	15.26	16.94	18.05	18.96	20.28	20.93

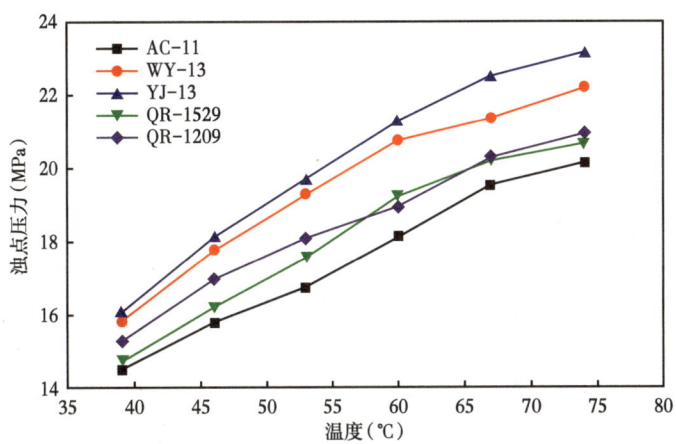

图 6.2.14　等质量的几种气溶性起泡剂在超临界 CO_2 中的浊点压力与温度的关系

可以看出，几种气溶性起泡剂的浊点压力随着温度的升高均呈现逐渐升高的趋势，且浊点压力与温度之间近似呈正相关的关系。由于加入的质量一定、平衡釜内的体积一定（100mL），可以通过比较各气溶性表面活性剂在相同温度下的浊点压力大小来判断溶解性能的优劣。其中，相同温度下的浊点压力越低，说明表面活性剂从超临界 CO_2 中发生相分离而析出时的压力越低，则降压时间越长，溶解性能越好。

通过比较可以看出，在测定的温度范围内，AC-11 的浊点压力最低，溶解性最好；QR-1529 的溶解性次之；YJ-13 的浊点压力最高，溶解性最差。由于在前一节的起泡剂起泡性能评价实验中，优选具有最佳起泡性能的气溶性起泡剂为 QR-1529，考虑 QR-1529 与 AC-11 的浊点压力相近，其溶解性仅次于 AC-11，故选用 QR-1529 作为最佳起泡剂，通过加入合适的助剂助溶，进一步提高其在超临界 CO_2 中的溶解性。

（2）助剂的类型及用量优选。

通过质量溶解度计算法，结合 CO_2 密度图版，可以算得 67℃、20.21MPa 条件下的 QR-1529 在超临界 CO_2 中的溶解质量分数约为 0.375%。说明部分的非离子碳氢表面活性剂在超临界 CO_2 中的溶解性较差，考虑加入适当的醇类助剂来提高非离子表面活性剂在超临界 CO_2 中的溶解性。一方面，醇类助剂的加入，可以解决由于部分表面活性剂本身黏度高而注入困难的问题；另一方面，醇与超临界 CO_2 之间作用，可增强表面活性剂在超临界 CO_2 中的溶解性。

①助剂的类型优选。

通过上述实验，选用起泡、溶解性能二者综合最佳的 QR-1529 作为研究对象，通过加入一定质量的不同醇类助剂，观察其对 QR-1529 的溶解性的影响。首先测定了等质量的 QR-1529 与醇 ZJ-1、醇 ZJ-2、醇 ZJ-3 三种醇类的互溶情况，如图 6.2.15 所示。通过搅拌可以看出，QR-1529气溶性起泡剂与醇 ZJ-1、醇 ZJ-2 不互溶，形成的溶液呈现浑浊不透明状态；但能够很好地溶解于醇 ZJ-3 中，溶液呈澄清透明状态，说明醇 ZJ-3 的加入会对 QR-1529 在超临界 CO_2 中的溶解现象造成影响，无法起到单纯的夹带作用。故 QR-1529 添加醇类助剂后的溶解性评价，不能使用醇 ZJ-3 作为助剂进行助溶。

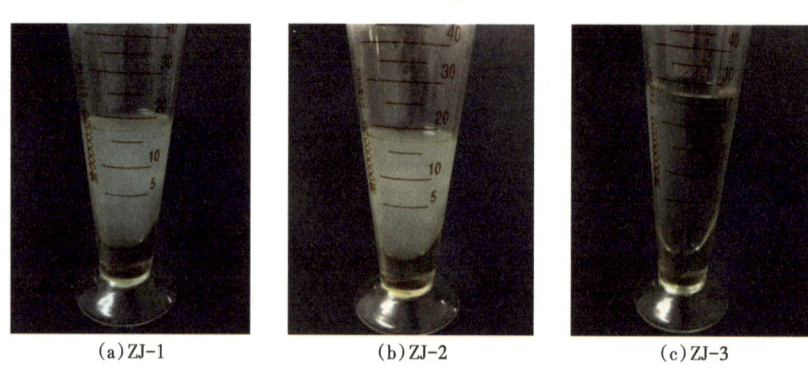

(a) ZJ-1　　　　　　(b) ZJ-2　　　　　　(c) ZJ-3

图 6.2.15　等质量的 QR-1529 与三种醇类助剂的互溶状态（常温常压）

据此，选用 ZJ-1 及 ZJ-2 作为助剂进行助溶实验。以 0.15g 的 QR-1529 在超临界 CO_2 中的溶解性作为空白对照组。由于平衡釜体积一定，当温度一定时可以通过比较加入不同类型的等体积醇类助剂后的浊点压力来比较其增溶作用效果。实验结果见表 6.2.9，如图 6.2.16 所示。

表 6.2.9　等体积醇类助剂对 QR-1529 气溶性起泡剂的浊点压力的影响

名称	浊点压力（MPa）					
	39℃	46℃	53℃	60℃	67℃	74℃
QR-1529	14.72	16.18	17.55	19.20	20.21	20.67
QR-1529+ZJ-1（1mL）	14.33	15.93	17.21	18.57	19.66	20.05
QR-1529+ZJ-2（1mL）	13.65	14.94	16.36	17.89	18.93	19.68

如图 6.2.16 所示，在所测量的温度范围内，随着 ZJ-1 和 ZJ-2 的加入，二者均对 QR-1529 的浊点压力起到了一定的降低效果，但降低程度有一定差别。其中，醇 ZJ-2 对浊点压力的降低程度要明显高于醇 ZJ-1 的降低程度，说明两种醇类助剂相比较而言，醇 ZJ-2 具有更为良好的助溶作用（图 6.2.17）。分析其原因，醇类的加入增强了超临界 CO_2 的极性，提高了 CO_2 作为溶剂的溶解能力，此时醇类主要起助溶剂的作用。醇分子可以影响表面活性剂的胶束性质，能够插入其分子内的疏水链尾端，降低表面活性剂分子的疏水链尾端与胶束间的作用关系及胶束间的聚集和沉降作用，从而改变胶束性质、形成稳定的反胶团。

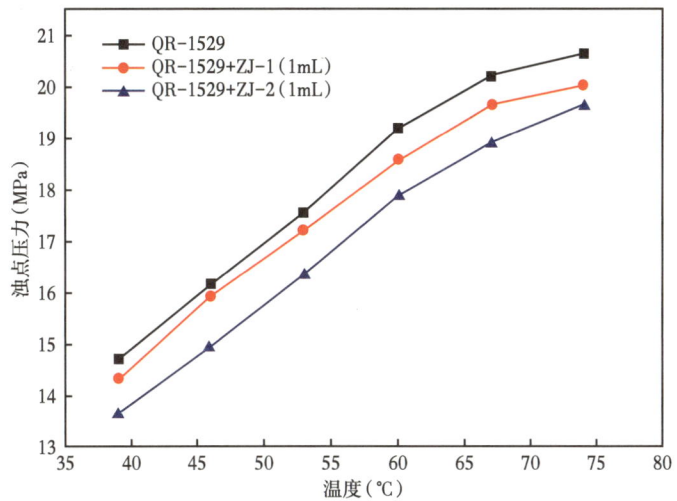

图 6.2.16　等体积醇类助剂对 QR-1529 气溶性起泡剂的浊点压力的影响

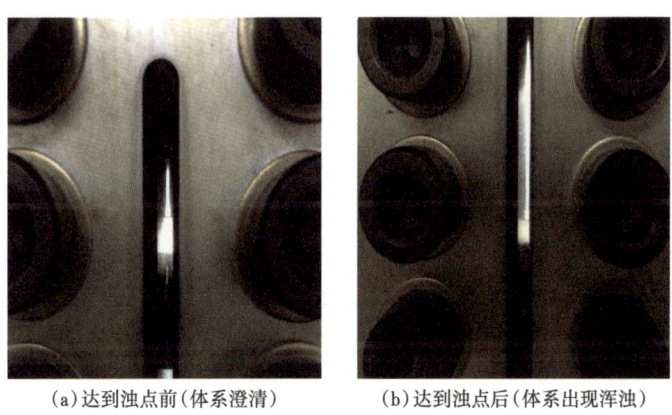

(a) 达到浊点前 (体系澄清)　　(b) 达到浊点后 (体系出现浑浊)

图 6.2.17　加入助剂醇 ZJ-2、达到浊点前后平衡釜内表面活性剂溶液的状态变化 (67℃)

② 助剂的用量优选。

通过助剂类型的优选,最终选择具有更为优良助溶作用的醇 ZJ-2 进行助溶。为进一步确定具有最佳助溶作用的助剂用量,开展如下实验:

为了更好地描述添加不同量的助剂后超临界 CO_2 溶解度的增幅情况,采用助剂的溶解度提携因子 e 进行表征,指一定温度、压力下,添加一定浓度某种助剂的超临界 CO_2 中溶质的溶解度 S_2(p、T、n) 与未加助剂时的溶解度 S_1(p、T、$n=0$) 的比值(其中,T 为温度,℃;p 为压力,MPa;n 为助剂的物质的量浓度,mol/L)。在油藏温度 67℃ 条件下、以醇 ZJ-2 作为助剂时,QR-1529 在含有不同物质的量浓度的醇 ZJ-2 的超临界 CO_2 中的溶解度随压力的变化曲线如图 6.2.18 所示,不同醇 ZJ-2 物质的量浓度下的平均提携因子见表 6.2.10。

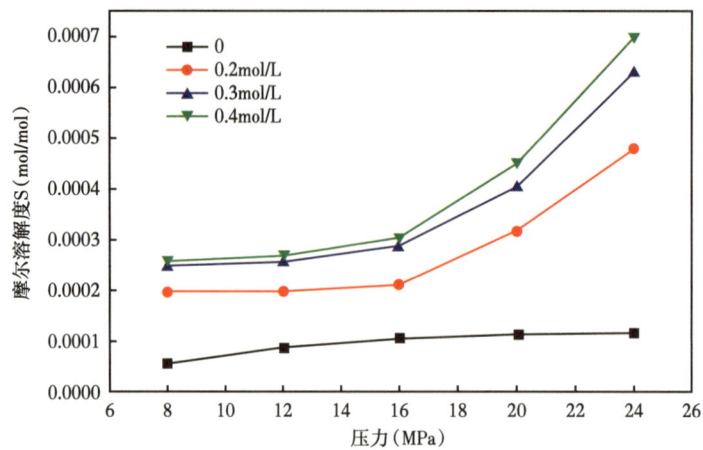

图 6.2.18　QR-1529 在含有不同 ZJ-2 醇浓度的超临界 CO_2 中的溶解度随压力的变化情况（T=67℃）

表 6.2.10　不同醇 ZJ-2 物质的量浓度下的平均提携因子

浓度（mol/L）	0.2	0.3	0.4
平均提携因子	3.4940	4.5649	4.9667

可以看出，未加入助剂之前，各压力点下的 QR-1529 在超临界 CO_2 中的摩尔溶解度均较低。随着助剂醇 ZJ-2 浓度的增加，QR-1529 在超临界 CO_2 中的摩尔溶解度逐渐增大；醇 ZJ-2 物质的量浓度下的平均提携因子也随之增大。当醇 ZJ-2 的物质的量浓度达到 0.4mol/L 时，其在测试压力范围内的平均提携因子为 4.9667。此时平均提携因子的增长随浓度增长的变化幅度不大，可能原因是助剂浓度的增加提高了 CO_2 的密度与极性，由此提高了表面活性剂在 CO_2 中的溶解度。随着助剂浓度增大，密度和极性的增大程度趋近稳定，体系内分子间作用力增幅逐渐减小，故平均提携因子增大的速率减缓。综合不同浓度醇 ZJ-2 的平均提携因子及 QR-1529 在超临界 CO_2 中的溶解度情况，考虑采用醇 ZJ-2 作为助剂，物质的量浓度为 0.4mol/L。

综上，物质的量浓度为 0.4mol/L 的 ZJ-2，折合成质量约为 1g/100mL，即质量分数为 1.0%。因此，最终优选的 CO_2 气溶性泡沫体系配方为 0.4%QR-1529+1.0%ZJ-2。

6.3　气溶剂辅助注气调控体系的综合性能评价

6.3.1　气溶剂辅助注气调控体系的油藏适应性评价

6.3.1.1　温度对体系的影响

温度是影响泡沫半衰期的一个重要参数。利用高温高压泡沫工作液性能测试装置，在不同温度下（39℃、46℃、53℃、60℃、67℃、74℃）通入超临界 CO_2，加压至油藏压力 24MPa，测定泡沫体系的起泡体积及半衰期，计算泡沫综合指数。实验结果见表 6.3.1，如图 6.3.1 和图 6.3.2 所示。

表 6.3.1　温度对 CO_2 气溶性泡沫体系的起泡性能影响

温度（℃）	39	46	53	60	67	74
起泡高度（cm）	52	56	51.5	51	49	45.7
起泡体积（mL）	1021.0	1099.6	1011.2	1001.4	962.1	897.3
半衰期（min）	245	230	219	212	203	188
综合指数（mL·min）	187608.8	189681.0	166089.6	159219.8	146479.7	126519.3

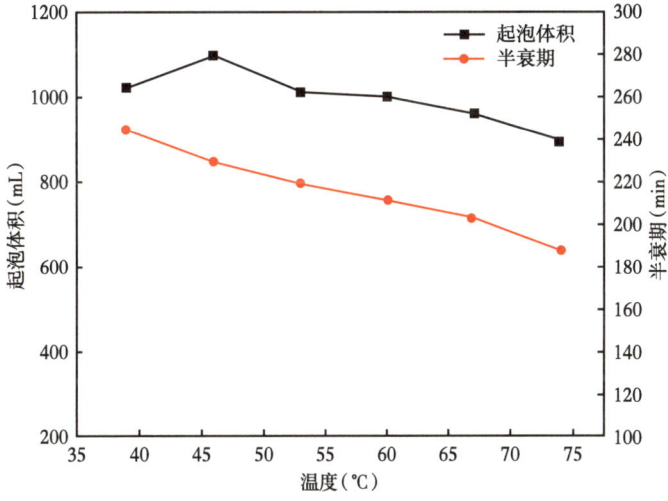

图 6.3.1　CO_2 气溶性泡沫体系的起泡性能与温度的关系

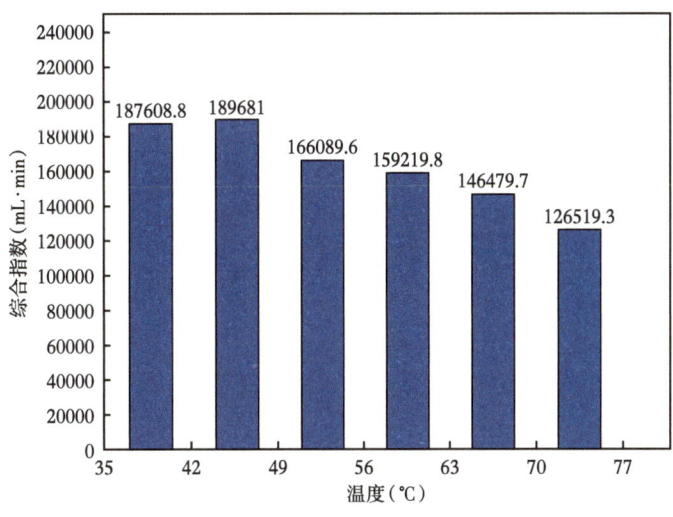

图 6.3.2　CO_2 气溶性泡沫体系的泡沫综合指数与温度的关系

可以看出，在测定的温度范围内，CO_2 气溶性泡沫体系的起泡体积随着温度的升高先增大后逐渐减小，在温度46℃下的起泡体积最高可达1099.6mL；泡沫半衰期随着温度的升高呈现逐渐下降的趋势，在39℃时达到最高泡沫半衰期245min。综合指数同样随着温度的升高呈逐渐下降的趋势，在46℃下达到最高为189681mL·min。因此，温度对于 CO_2 气溶性泡沫体系的起泡性能影响较大，随着温度的升高，CO_2 的密度和极性变小，其作为溶剂的溶解能力由此降低；此外，表面活性剂的浊点压力随着温度的升高而升高，使得其在 CO_2 中的溶解度降低，最终参与起泡的有效含量减少、起泡性能减弱。

6.3.1.2 矿化度对体系的影响

本节主要评价新疆油田530井区试验区不同矿化度比例的地层水对 CO_2 气溶性泡沫体系的起泡性能的影响。根据试验区模拟地层水化学剂组成配制不同矿化度比例的地层水各100mL，在油藏温度67℃及油藏压力24MPa下，利用高温高压泡沫性能测试装置搅拌起泡，记录起泡体积及半衰期，计算综合指数。实验结果见表6.3.2，如图6.3.3和图6.3.4所示。

表 6.3.2　不同比例地层水对 CO_2 气溶性泡沫体系的起泡性能影响

地层水比例	淡水	1/4 地层水	1/2 地层水	3/4 地层水	地层水
起泡高度（cm）	35	38	42	56	49
起泡体积（mL）	687.2	746.1	824.7	1099.6	962.1
半衰期（min）	150	155	169	181	203
综合指数（mL·min）	77310.0	86734.1	104530.7	149270.7	146479.7

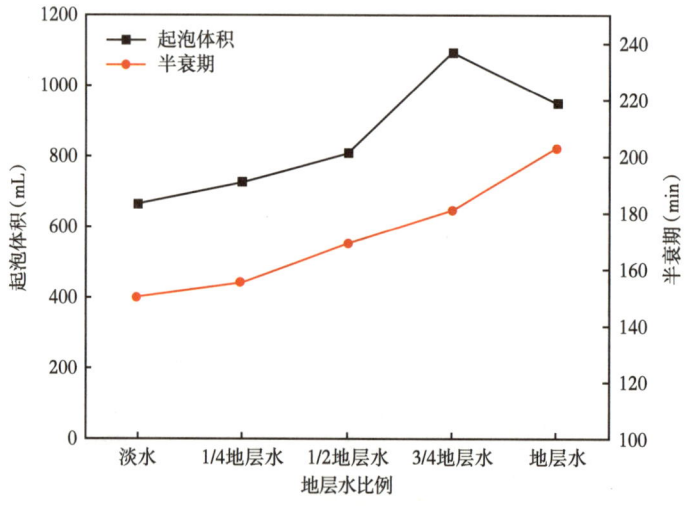

图 6.3.3　CO_2 气溶性泡沫体系的起泡性能与地层水矿化度的关系

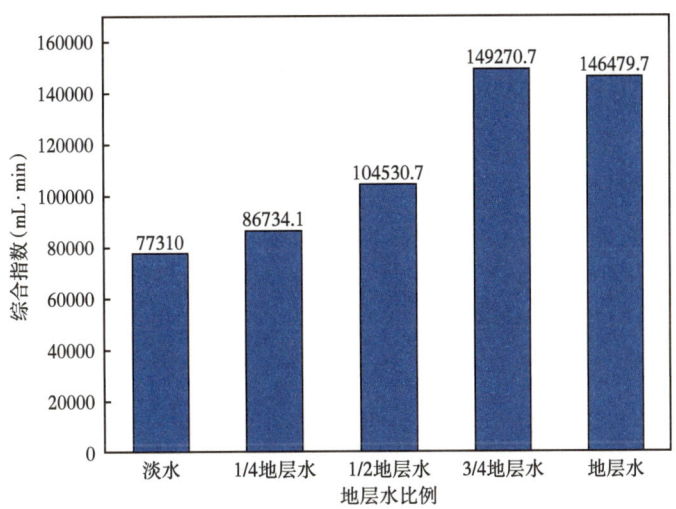

图 6.3.4 CO_2 气溶性泡沫体系的泡沫综合指数与地层水矿化度的关系

可以看出，CO_2 气溶性泡沫体系的起泡体积及综合指数均随着地层水矿化度倍数的增加而呈现先增加后减少的趋势，泡沫半衰期水平随着地层水矿化度倍数的增加而提高。其中，当水质矿化度为 3/4 倍数的地层水矿化度时，泡沫的性能达到最佳，起泡体积、半衰期和综合指数分别为 1099.6mL、181min 和 149270.7mL·min。从整体上来看，在地层水矿化度条件下的泡沫性能略有下降，但降幅不大，说明在地层水矿化度条件下，CO_2 气溶性泡沫的起泡性能比较良好。分析其原因可能为试验区块地层水矿化度不高，而一定盐浓度的地层水条件有助于提升 CO_2 气溶性泡沫体系的起泡性能。

6.3.1.3 压力对体系的影响

在油藏温度 67℃、地层水矿化度 16895.3 mg/L 的条件下，利用高温高压泡沫工作液性能测试装置，通过充入 CO_2 至不同压力（8MPa、12MPa、16MPa、20MPa、24MPa），测定泡沫体系的起泡体积及半衰期，计算综合指数。实验结果见表 6.3.3，如图 6.3.5 和图 6.3.6 所示。

表 6.3.3 压力对 CO_2 气溶性泡沫体系的起泡性能影响

压力（MPa）	8	12	16	20	24
起泡高度（cm）	16	25	32	38	49
起泡体积（mL）	314.2	490.9	628.3	746.1	962.1
半衰期（min）	84	121	153	175	203
综合指数（mL·min）	19794.6	44549.2	72097.4	97925.6	146479.7

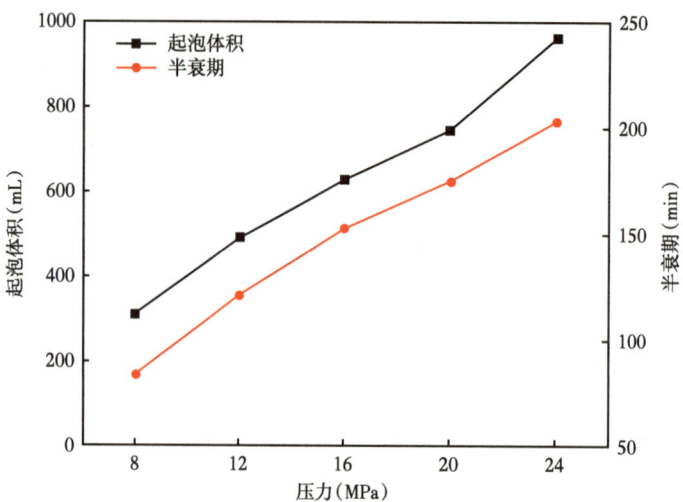

图 6.3.5 CO$_2$ 气溶性泡沫体系的起泡性能与压力的关系

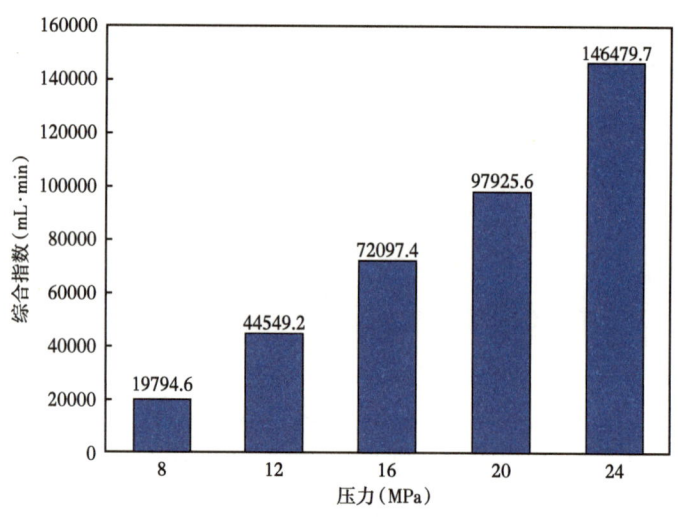

图 6.3.6 CO$_2$ 气溶性泡沫体系的泡沫综合指数与压力的关系

可以看出，CO$_2$ 气溶性泡沫体系的起泡体积、半衰期和综合指数均随着压力的增加而显著增加。在压力为 24MPa 条件下，起泡体积、半衰期和综合指数分别达到最大值为 962.1mL、203min 和 146479.7mL·min。由图 6.3.7 可明显看出，当压力为 8MPa 时，CO$_2$ 泡沫内尚存明显的小气泡；当加压至 24MPa 后，CO$_2$ 泡沫变得更加绵密、细腻，基本看不到小气泡的存在。分析其原因，由于压力的升高，增大了 CO$_2$ 的密度，增加了超临界 CO$_2$ 的极性，使得其作为溶剂的溶解能力得到了提升。此时，超临界 CO$_2$ 的极性与醇类助剂的极性相近，助剂在压力升高的基础上能够更好地发挥其助溶作用，溶解度随着压力的升高而增加，因此表面活性剂能够更多地溶解于超临界 CO_2 中，并被携带，遇水后发泡。因此，在一定范围内，压力的升高能够有效地提高 CO_2 气溶性泡沫体系的起泡性能。

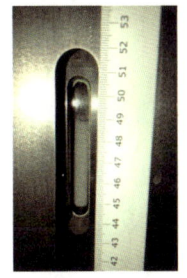

（a）8MPa下的泡沫状态　　（b）24MPa下的泡沫状态　　（c）24MPa下的泡沫体积

图 6.3.7　CO_2 气溶性泡沫体系的起泡实物图

6.3.1.4　体系的稳定性评价

气溶性泡沫体系在地层内形成后，由于泡沫为热力学不稳定体系，需要考虑其在地层内的有效作用时间。通过延长泡沫体系老化时间来评价其稳定性。采用气溶性起泡剂的注入方式，配制五组 100mL 的模拟地层水样及由 CO_2 携带的溶质 0.4%QR-1529+1.0%ZJ-2 置于恒温箱，在油藏温度下老化不同时间后取出，进行高温高压泡沫性能评价。结果见表 6.3.4，如图 6.3.8 所示。

表 6.3.4　老化时间对泡沫体系起泡性能的影响

时间（d）	0	1	3	7	15
起泡体积（mL）	962.1	946.5	921.4	895.0	873.6
半衰期（min）	203	192	184	166	153

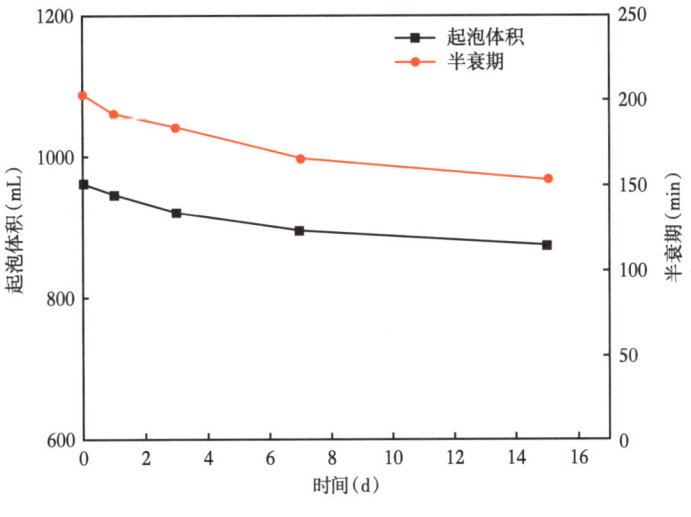

图 6.3.8　老化时间对泡沫体系起泡性能的影响

可以看出，泡沫体系的起泡体积和半衰期均随老化时间的延长而降低，但降幅不大。从未老化到老化15d，泡沫体系的起泡体积由962.1mL降至873.6mL，半衰期由203min降至153min。说明该气溶性泡沫体系在油藏条件下具备良好的稳定性，可实现有效调剖。

6.3.2 气溶剂辅助注气调控体系/CO_2的表面张力测定

由于气溶性起泡剂能够溶解到CO_2中，说明CO_2能够将表面活性剂良好溶剂化，在此基础上能够达到比较好的互溶效果从而形成超临界CO_2微乳液。为了更好反映气溶性起泡剂与CO_2之间的相行为规律，开展气溶性起泡剂与CO_2间的表面张力测定实验，以更加直观地反映和探究在一定压力、温度下两相表面张力的大小与起泡剂在CO_2中的溶解性的关系。

为了使实验具有工程意义，从实际生产的角度出发，考虑在油田生产的过程中，要保证地面注入的CO_2达到其超临界状态，故采用注入CO_2的地面温度为30℃、压力18~20MPa。因此实验选定地面注入温度30℃和油藏温度67℃两个温度点进行实验。

（1）温度对表面张力的影响。

在一定的压力条件下，设置30℃、67℃两个温度点，使用优选泡沫体系0.4%QR-1529+1.0% ZJ-2进行实验。压力一定时，气溶性起泡剂溶液和CO_2间的表面张力与温度的变化关系见表6.3.5，如图6.3.9所示。

表6.3.5 温度对气溶性起泡剂/CO_2的表面张力的影响

压力（MPa）	温度（℃）	表面张力（mN/m）
4	30	12.63
	67	17.16
9	30	2.68
	67	7.92
14	30	2.17
	67	6.11
19	30	1.96
	67	5.45
24	30	1.49
	67	4.88

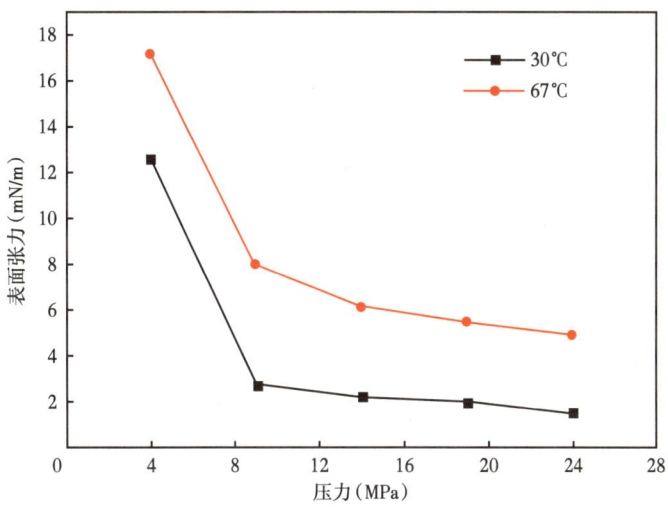

图 6.3.9 温度对气溶性起泡剂 /CO_2 的表面张力的影响

可以看出，相同压力下，30℃时气溶性起泡剂溶液和 CO_2 间的表面张力值均低于 67℃时的表面张力值；当压力一定时，随着温度的升高，QR-1529 溶液体系和 CO_2 之间的表面张力随之增大。分析其原因，温度升高使 CO_2 密度减小，气液两相密度差变大，从而表面张力增大；此外，温度升高能够加快 CO_2 分子的热运动，使分子间的距离变大，作用力减弱，从而表面张力增大。

（2）压力对表面张力的影响。

设置温度为地面注入温度 30℃和油藏温度 67℃，压力变化梯度为 4MPa、9 MPa、14 MPa、19 MPa、24 MPa，使用的泡沫体系为 0.4%QR-1529+1.0% ZJ-2 助剂醇。温度一定时，气溶性起泡剂溶液和 CO_2 间的表面张力随压力的变化见表 6.3.6，如图 6.3.10 所示。

表 6.3.6 压力对气溶性起泡剂 /CO_2 的表面张力的影响

温度（℃）	压力（MPa）	表面张力（mN/m）
30	4	12.63
	9	2.68
	14	2.17
	19	1.96
	24	1.49
67	4	17.16
	9	7.92
	14	6.11
	19	5.45
	24	4.88

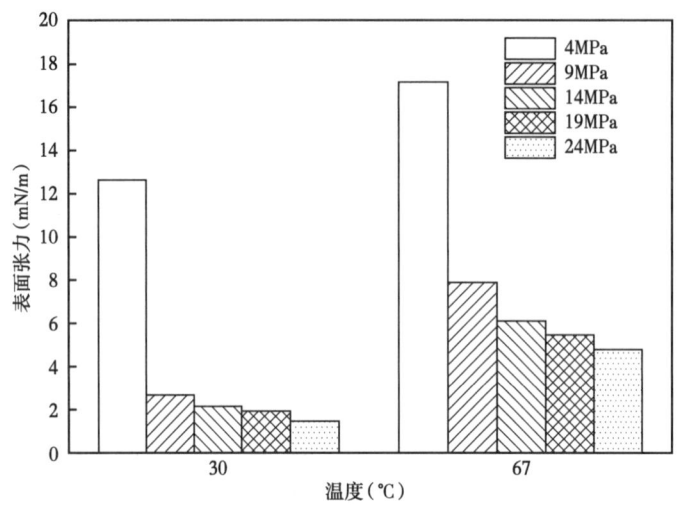

图 6.3.10 压力对气溶性起泡剂 /CO_2 的表面张力的影响

可以看出,当温度一定时,气溶性起泡剂溶液和 CO_2 间的表面张力随着压力的升高均呈现逐渐下降的趋势。其中,当压力由 4MPa 升至 9MPa 时的表面张力下降幅度最大,由 9MPa 升压至 24MPa 的过程中,几个压力点的表面张力下降幅度较缓。分析其原因,CO_2 临界压力 7.38MPa、临界温度 31.1℃,当温度低于临界温度时(地面注入温度 30℃),在达到临界压力前,随着压力的升高,CO_2 被不断压缩,分子间作用力增强、密度增大,气液两相间密度差减小,因此表面张力显著降低,表现在由 4MPa 到 9MPa 的表面张力显著下降;达到临界压力后,由于 CO_2 被逐步液化,使得其气相分子数减少,气相密度增大减慢,因此表面张力的下降减慢。

当温度高于临界温度时(油藏温度 67℃),基本呈现相同的规律。在达到临界压力前,CO_2 为非超临界态,随着压力的升高,分子间的作用力增强,CO_2 的密度不断增大,气液两相间的密度差不断减小,因此表面张力显著降低;达到临界压力后,CO_2 呈超临界状态,密度近液体,且有更好的扩散性,此时气液两相差异的影响减弱,故表面张力的降幅不大。由此可以看出,在一定范围内的压力越高,表面张力越小,越有利于提高起泡剂在 CO_2 中的溶解性。

6.3.3 气溶剂辅助注气调控体系的流变性

为了更好地探究 CO_2 气溶性泡沫在地层中的流动形式,针对两种不同的 CO_2 气溶性泡沫体系(0.4%QR-1529+1.0% ZJ-2 助剂醇和 0.4%QR-1529),测定体系在地层内遇水后生成的泡沫的黏弹性和剪切稀释性,从而分析 CO_2 气溶性泡沫体系的流变性特征,探讨其流变性机理,为开发更好的 CO_2 气溶性泡沫体系提供一定理论基础。

6.3.3.1 气溶性活性剂辅助注气调控体系的剪切稀释性

（1）配制0.4%QR-1529和0.4%QR-1529+1.0% ZJ-2助剂醇溶液两种，使用CO_2气源、在油藏条件下利用高温高压泡沫工作液性能测试装置将两种泡沫体系搅拌起泡，于出口端取CO_2泡沫样，如图6.3.11（a）所示；

（2）设置流变仪的测试温度为油藏温度67℃，将CO_2泡沫样置于流变仪测试筒内，如图6.3.11（b）所示；设置剪切速率范围0.001~300s^{-1}，测试泡沫黏度随剪切速率的变化情况。通过扫描曲线取得黏度随剪切速率变化的数据值，进行对数取点并绘制二者间的关系图，如图6.3.12所示。

（a）高温高压泡沫仪放出的CO_2泡沫样　　　（b）置于流变仪测试筒内的CO_2泡沫样

图6.3.11　CO_2气溶性泡沫体系为0.4%QR-1529+1.0% ZJ-2醇溶液的泡沫样

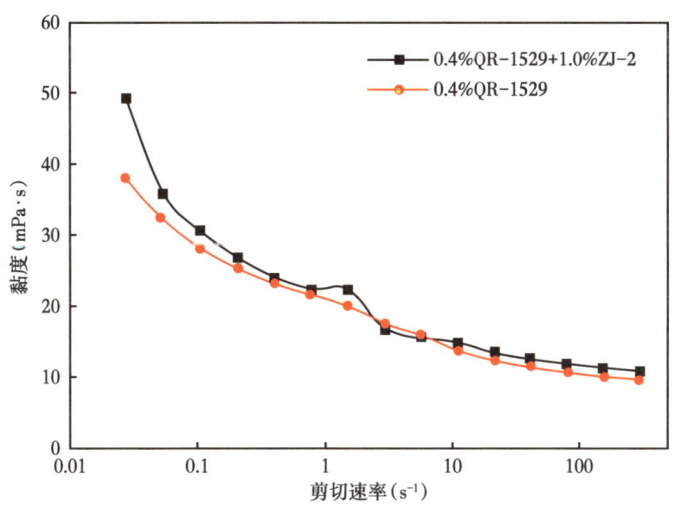

图6.3.12　CO_2气溶性泡沫黏度与剪切速率的关系

可以看出，在油藏温度条件下，两种CO_2气溶性泡沫体系的黏度均随着剪切速率的升高而降低，泡沫体系表现出典型的剪切稀释特性。呈现这种特性是由于泡沫在剪切应力的作用下发生变形,剪切速率越快,应力作用越强,液膜发生形变的程度就越大,从而导致液膜破裂、彼此间交联作用减弱,泡沫黏度下降就越快。

在相同的剪切速率下,醇类助剂的加入使泡沫体系的黏度整体上小幅提高,但两种泡沫体系黏度之间的差别不大,说明醇类助剂的加入对于泡沫黏度的影响较小。当剪切速率为 $5.5913s^{-1}$ 和 $10.85867s^{-1}$ 时,0.4%QR-1529+1.0%乙醇泡沫体系的黏度分别为 $15.65mPa·s$ 和 $14.87mPa·s$,0.4%QR-1529 泡沫体系的黏度分别为 $15.90mPa·s$ 和 $13.77mPa·s$。由此可知,由于醇的加入而使泡沫体系在地层中发生的黏度变化,不会对泡沫在地层内的渗流情况造成影响。泡沫体系的剪切稀释特性有助于增强其在油层近井地带(高剪切速率)的流动性和远井地带(低剪切速率)的调驱能力,从而扩大波及效率、实现深部调驱,达到提高原油采收率的目的。

6.3.3.2　气溶性活性剂辅助注气调控体系的黏弹性

黏弹性为流体的黏滞性及弹性的综合性质,分别用黏性模量(G'')及弹性模量(G')表征泡沫体系的黏性及弹性大小。本实验使用旋转流变仪,通过动态振荡实验测定泡沫样品的黏弹性。

如图 6.3.13 所示,在油藏 67℃、0.1~10Hz 的振荡频率内,CO_2 气溶性泡沫的两种模量均随着频率的增大而呈线性增加的趋势。在同一频率下,醇类助剂加入与否对泡沫的弹性模量和黏性模量的数值大小影响不大,可忽略不计。两种泡沫的黏性模量均高于弹性模量($G''/G'>1$),因此泡沫表现出较好的黏性行为,并具有一定的弹性行为。在地层渗流的过程中,泡沫的黏度占主要作用并能够增强泡沫体系的稳定性,有利于采收率的进一步提高。

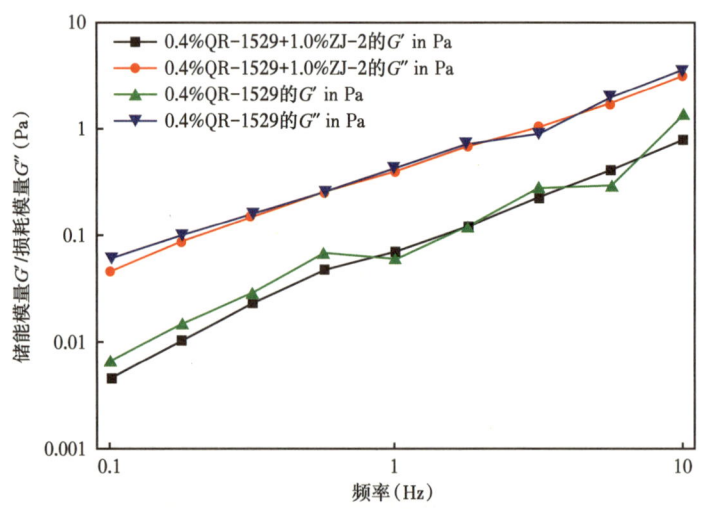

图 6.3.13　CO_2 气溶性泡沫弹性模量和黏性模量随频率的变化关系

6.3.4 气溶剂辅助注气调控体系的微观结构表征

为了探究泡沫微观结构本质及助剂对泡沫微观结构的影响，通过使用扫描电子显微镜，采用冷冻断裂蚀刻技术对不同泡沫体系的微观结构进行观察、对比及分析。

（1）0.4%的QR-1529气溶性起泡剂泡沫体系。

① QR-1529气溶性起泡剂泡沫液的宏观、微观表征。

宏观上，利用地层水配制0.4%QR-1529溶液100mL，溶液呈现澄清透明的状态。泡沫液的宏观形态如图6.3.14所示。

图6.3.14　0.4%QR-1529泡沫体系的泡沫液的宏观形态

微观上，通过电子显微镜扫描观察0.4%QR-1529泡沫体系的泡沫液的微观结构，如图6.3.15所示。

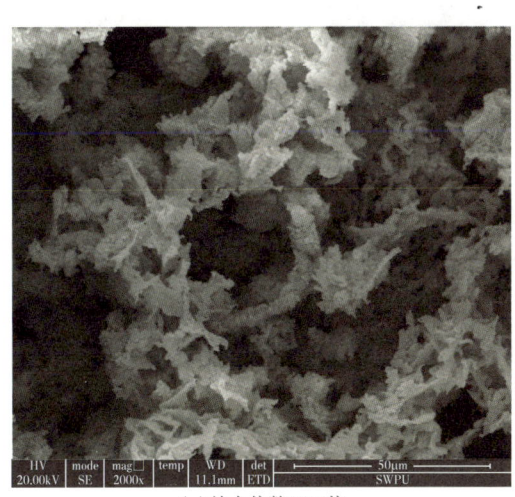
(a)放大倍数2000倍

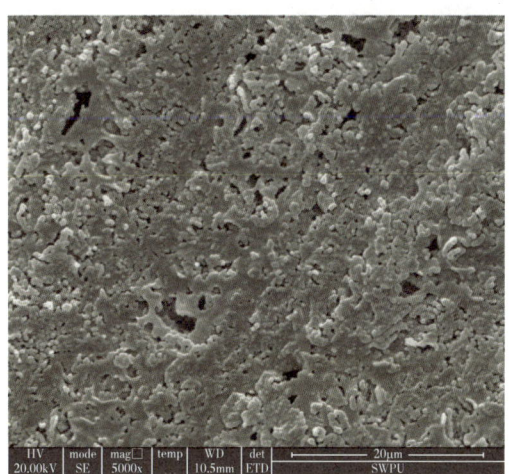
(b)放大倍数5000倍

图6.3.15　0.4%QR-1529泡沫体系的泡沫液微观结构

可以看出,当放大倍数为2000倍时,泡沫液呈现细密的絮状结构,且空间上结构交错有序分布;放大倍数为5000倍时,观察发现泡沫液分子呈现出联系十分紧密的粒状、条状及短棒状结构特征,分布均匀而有序,说明泡沫液的性质均匀稳定,无沉淀生成。

② QR-1529气溶性起泡剂泡沫的宏观、微观表征。

宏观上,在油藏温度、压力条件下,QR-1529起泡剂产生的泡沫质地细腻、有少量空隙,消泡时间较长。起泡剂溶液及泡沫的宏观形态如图6.3.16所示。

图6.3.16　0.4%QR-1529高温高压泡沫的宏观形态

微观上,通过电子显微镜扫描观察QR-1529在油藏温度、压力下起泡后的泡沫微观结构,如图6.3.17所示。

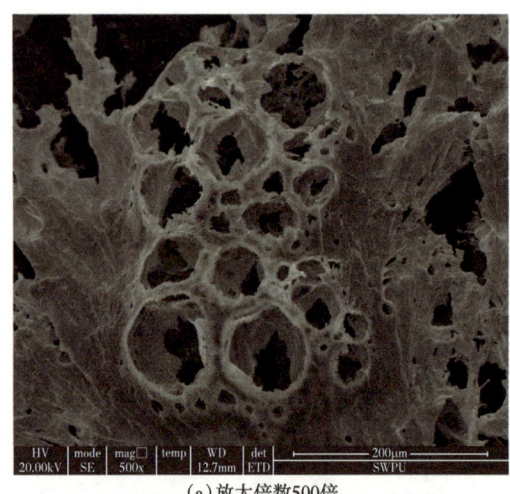
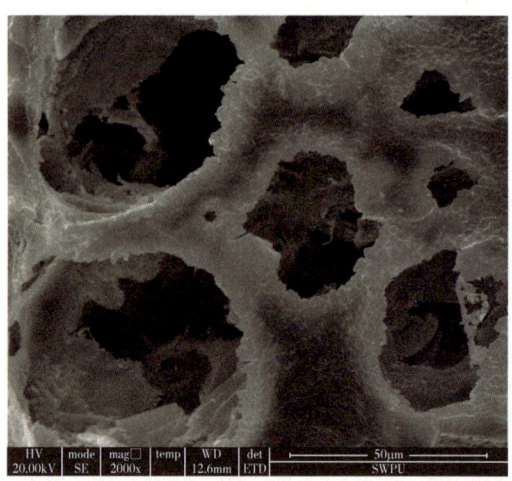

(a)放大倍数500倍　　　　　　　　　　(b)放大倍数2000倍

图6.3.17　0.4%QR-1529泡沫体系的泡沫微观结构

可以看出,在500倍的放大倍数下,起泡后的泡沫呈现出紧密相连的结构。图中圆圈表示用液氮冷冻的液膜抽真空后的结构形态,其中大液膜相互连接、小液膜依附在大液膜之上,共同构成紧密的整体,多呈串状、簇状;在2000倍的放大倍数下,泡沫的形态更加清楚,液膜较厚,表面呈鳞片状有序排列,该结构有利于提高气溶性起泡剂与CO_2的接触面积,提高起泡剂在CO_2中的溶解度,同时有利于增强起泡剂的起泡效果。

(2)0.4%QR-1529+1.0% ZJ-2助剂醇泡沫体系。

① 0.4%QR-1529+1.0% ZJ-2助剂醇泡沫体系的泡沫液的宏观、微观表征。

宏观上,利用地层水配制0.4%QR-1529+1.0% ZJ-2助剂醇溶液100mL,溶液呈现略有浑浊但溶质分布均匀的状态。泡沫液的宏观形态如图6.3.18所示。

图6.3.18 0.4%QR-1529+1.0% ZJ-2助剂醇泡沫体系的泡沫液的宏观形态

微观上,通过电子显微镜扫描观察0.4%QR-1529+1.0% ZJ-2助剂醇泡沫体系的泡沫液微观结构,如图6.3.19所示。

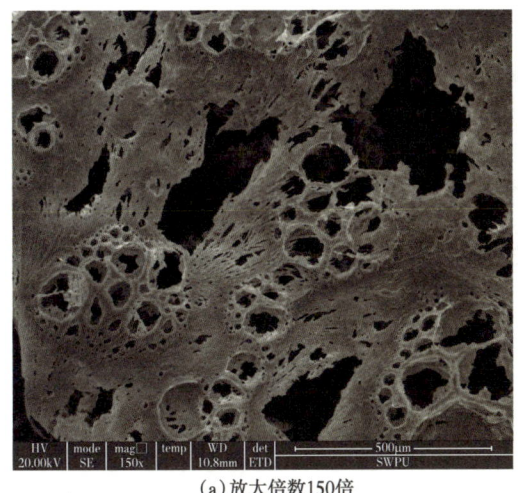 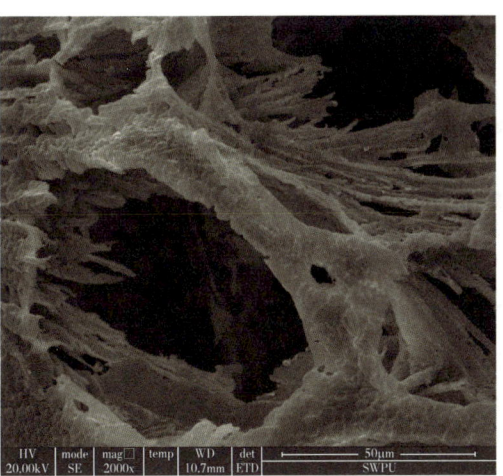

(a)放大倍数150倍　　　　　　　　　　(b)放大倍数2000倍

图6.3.19 0.4%QR-1529+1.0% ZJ-2助剂醇泡沫体系的泡沫液微观结构

可以看出，放大倍数为 150 倍时，泡沫液中存在由于搅拌而产生的气泡，泡沫液膜呈现簇状排列，小液膜依附在大液膜之上；放大倍数为 2000 倍时，观察发现液膜结构呈现出条状、枝状特征，且液膜表面由鳞片状结构组成，各种形态结构之间能够紧密连接、协调分布，说明泡沫液的性质较为均匀稳定，无沉淀生成。

② 0.4%QR-1529+1.0% ZJ-2 助剂醇泡沫体系的泡沫的宏观、微观表征。

宏观上，在油藏温度、压力条件下，泡沫细腻绵密，消泡时间较单一的 0.4%QR-1529 的泡沫消泡时间更长。起泡剂溶液及泡沫的宏观形态如图 6.3.20 所示。

图 6.3.20　0.4%QR-1529+1.0% ZJ-2 助剂醇泡沫体系的高温高压泡沫的宏观形态

微观上，通过电子显微镜扫描观察 0.4%QR-1529+1.0% ZJ-2 助剂醇泡沫体系在油藏温度、压力条件下起泡后的泡沫微观结构，如图 6.3.21 所示。

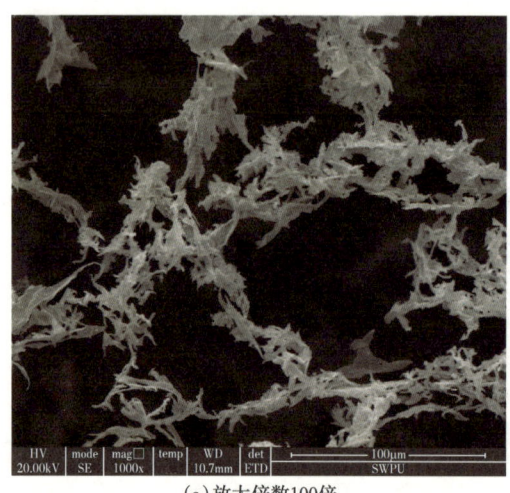
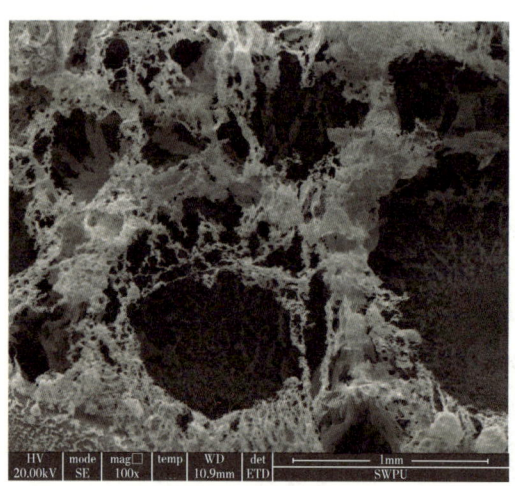

(a) 放大倍数100倍　　　　　　　　　　　(b) 放大倍数1000倍

图 6.3.21　0.4%QR-1529+1.0% 醇 ZJ-2 泡沫体系的泡沫微观结构

可以看出，在 100 倍的放大倍数下，观测发现起泡后的泡沫分子呈现出更加紧密的网状结构，结合了 QR-1529 的层次特点，液膜具有明显的絮状特征且联结程度很强，与单一的 0.4%QR-1529 泡沫体系的泡沫液膜结构相比，液膜厚度明显加厚，泡沫排液能力降低，具有更长的泡沫半衰期；在 1000 倍的放大倍数下，可观察到更加清晰的液膜分子组成，由更加短小的片状、条状分子相互交错紧密地联结在一起，结构更加稳定。分析其加入了一定浓度的醇助剂后，助剂分子可插入起泡剂分子尾部，形成稳定的反胶团结构，这样的结构能够提高气溶性起泡剂与 CO_2 的接触面积，有助于提高气溶性起泡剂在超临界 CO_2 中的溶解性。

6.4 气溶剂辅助注气调控体系岩心流动实验

（1）实验气体：CO_2，纯度为 99.9%，四川广汉劲力气体有限公司。

（2）实验原油：新疆 530 井区克下组地层原油，新疆油田勘探开发研究院提供，油样实测黏度为 18.6mPa·s（25℃），用煤油稀释至目标油藏黏度 2.9mPa·s（67℃），如图 6.4.1 所示。

（3）岩心类型：新疆 530 井区克下组油藏的天然岩心，新疆油田勘探开发研究院提供，如图 6.4.2 所示。

图 6.4.1 实验用原油

图 6.4.2 新疆 530 井区克下组油藏天然岩心

6.4.1 气溶剂辅助注气调控体系封堵性能

气溶剂辅助注气调控体系封堵性能实验所用岩心参数见表 6.4.1，实验结果如图 6.4.3 所示，见表 6.4.2。

表 6.4.1　岩心基本参数

岩心编号	长度（cm）	直径（cm）	孔隙体积（cm³）	孔隙度（%）	原始水测渗透率（mD）
1	8.32	2.52	4.26	10.26	14.41
2	7.88	2.51	4.20	10.78	9.65

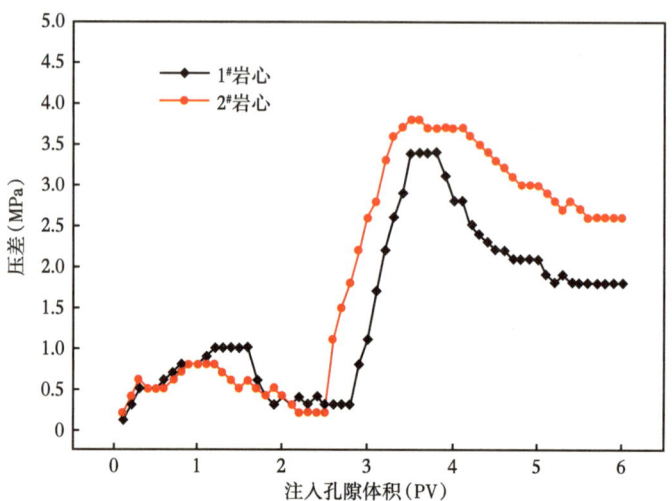

图 6.4.3　压差与注入孔隙体积的关系

表 6.4.2　两种携带起泡剂方式的阻力因子及残余阻力因子

岩心编号	阻力因子	残余阻力因子
1	18.5	13
2	11.3	6

如图 6.4.3 所示，使用 1# 岩心进行的泡沫封堵实验的起泡剂溶液采用传统水基的方式进行携带，使用 2# 岩心进行的泡沫封堵实验的起泡剂溶液采用超临界 CO_2 进行携带。通过两种不同的携带方式进行对比可以看出，采用超临界 CO_2 携带起泡剂进入岩心较传统水基的方式能获得更高的压差，压差上升的幅度更大，说明起泡剂能够和岩心中的水接触发泡从而有效控制气窜，且控制气窜的效果要好于传统水基的注入方式。在后续 CO_2 气驱的过程中，超临界 CO_2 携带起泡剂的注入方式表现出更高的稳定压差并能维持一段时间，说明该注入方式具有更长久、良好的封堵效果。分析其原因，采用 CO_2 携带起泡剂注入岩心时，起泡剂溶液能够与岩心中的水及时接触并发泡，这种方式比水基注入能够收获更早的效果；此外，当泡沫在地层内破裂，由于起泡剂被 CO_2 携带，则可实现泡沫的原位再生，故延长了泡沫的作用时间，有效提高了泡沫的封堵性能。

通常用阻力因子和残余阻力因子评价泡沫的封堵能力,二者分别定义为注入泡沫时岩心两端压差同水驱岩心两端压差之比、泡沫驱后水驱两端压差同注泡沫前水驱两端压差之比。由表 6.4.2 可知,由 CO_2 携带起泡剂进行封堵,其阻力因子及残余阻力因子均高于传统水基携带起泡剂的方式,说明利用 CO_2 携带起泡剂进入地层形成的泡沫封堵具有更高的起泡剂利用率和更好的封堵效果。

6.4.2　并联岩心气溶性泡沫改善吸气剖面实验研究

气溶剂辅助注气并联岩心改善吸气剖面实验用岩心参数见表 6.4.3,实验结果如图 6.4.4 所示,见表 6.4.4。

表 6.4.3　并联岩心基本参数

岩心编号	渗透率类型	长度(cm)	直径(cm)	孔隙体积(cm³)	孔隙度(%)	原始水测渗透率(mD)
7	高渗透	8.62	2.50	5.36	12.66	25.43
8	低渗透	8.30	2.50	4.03	9.89	8.28

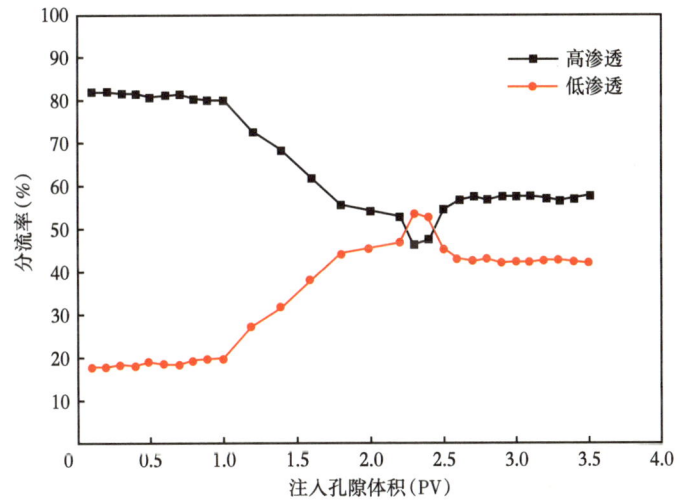

图 6.4.4　并联岩心分流率与注入孔隙体积的关系

表 6.4.4　调驱实验结果

渗透率类型	渗透率极差	分流率(%)		剖面改善率(%)
		调驱前	调驱后	
高渗透	3.07	80.13	52.96	72.08
低渗透		19.87	47.04	

可以看出，在初始注气的过程中，高渗透、低渗透率岩心的分流率分别约为 82% 和 18%。随着 CO_2 气溶性泡沫体系的注入，高渗透率岩心的分流率逐渐降低，低渗透率岩心的分流率逐步升高，当泡沫体系段塞注入完成后（调驱后）的高渗透、低渗透岩心分流率分别为 52.96%、47.04%；继续进行后续 CO_2 气驱至 2.3PV 时，高渗透、低渗透岩心分流率达到最低值、最高值分别为 46.25%、53.75%；后续气驱的过程中，高渗透岩心分流率有所上升，低渗透岩心的分流率有所下降，后二者整体变化水平不大，最终高渗透、低渗透岩心分流率分别为 57.81% 和 42.19%。

通过计算得最终的剖面改善率为 72.08%。由于 CO_2 气溶性起泡剂能够被 CO_2 溶解并携带，在岩心内遇水后发泡，因此当泡沫在岩心内破裂，释放出的起泡剂遇 CO_2 段塞后能够就地实现泡沫再生，故分流率可保持在较为稳定的状态，说明 CO_2 气溶性泡沫体系具有优良的调驱效果。

6.4.3 并联岩心气溶性泡沫的驱油效果实验研究

气溶剂辅助注气并联岩心驱油实验用岩心参数见表 6.4.5，实验结果如图 6.4.5 所示，见表 6.4.6。

表 6.4.5 并联岩心基本参数

岩心编号	渗透率类型	长度（cm）	直径（cm）	孔隙体积（cm³）	孔隙度（%）	原始水测渗透率（mD）	含油饱和度（%）
9	高渗透	7.66	2.50	4.82	12.83	24.37	61.73
10	低渗透	7.83	2.50	3.62	9.42	9.55	56.26

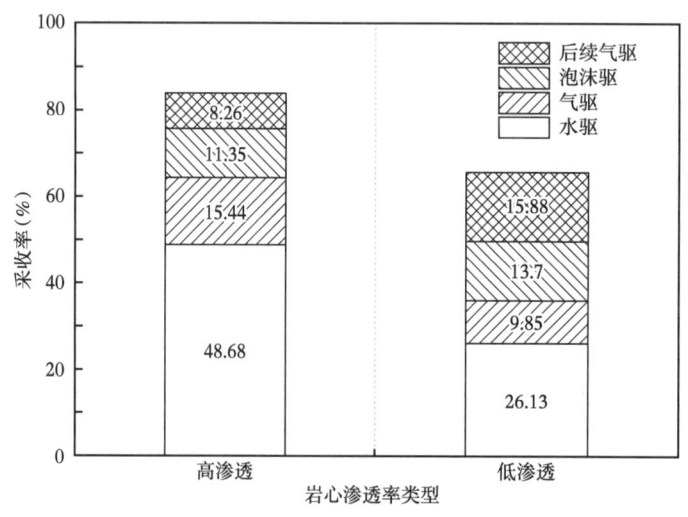

图 6.4.5 并联的高渗透、低渗透岩心采收率情况对比

表 6.4.6 并联岩心驱油实验结果

渗透率类型	水驱采收率（%）	水驱总采收率（%）	气驱采收率（%）	泡沫驱采收率（%）	后续气驱采收率（%）
高渗透	48.68	37.41	15.44	11.35	8.26
低渗透	26.13		9.85	13.70	15.88

由并联岩心驱油实验的结果可以看出，高渗透岩心总采收率83.73%，低渗透岩心总采收率65.56%。其中，高渗透岩心水驱采收率48.68%、气驱采收率15.44%，均高于低渗透岩心，说明在进行CO_2气溶性泡沫调驱之前，高渗透岩心具有更强的分流能力，水和CO_2更易沿分流率高的岩心流动，故优先驱替高渗透岩心中的原油。CO_2气溶性泡沫调驱之后，由于泡沫体系对高渗透岩心进行了有效的泡沫封堵，使得其分流率降低，因此泡沫驱和后续气驱的过程中，更趋于优先驱替低渗透岩心中的原油，故低渗透岩心的泡沫驱采收率13.7%、后续气驱采收率15.88%均高于高渗透岩心。综上所述，验证得到CO_2气溶性泡沫体系具有良好的调驱效果。

6.4.4 气溶剂辅助注气调控体系的参数优化

泡沫流动阻力的大小和泡沫体系本身的性能有关，泡沫体系的性能受到泡沫气液比、注入段塞尺寸、注入轮次等因素的影响。采用岩心驱替实验研究气液比、注入段塞尺寸及注入轮次对泡沫阻力因子的影响。

6.4.4.1 气液比对封堵性能的影响

由于起泡剂不同于传统的水基注入，使用的注入介质为CO_2，在原有气液比概念的基础上进行了改进，以交替注入CO_2和溶有0.4%QR-1529+1.0% ZJ-2助剂醇的CO_2段塞之比作为气液比。采用二者交替注入的方式，设置注入速度均为0.1mL/min，段塞尺寸为0.3PV，设置回压20MPa，选择不同的气液比（3∶1、2∶1、1∶1、1∶2、1∶3）进行岩心驱替实验，结果见表6.4.7和表6.4.8，如图6.4.6所示。

表 6.4.7 岩心基本参数

岩心编号	长度（cm）	直径（cm）	孔隙体积（cm³）	孔隙度（%）	原始水测渗透率（mD）
3#	7.76	2.48	5.30	14.13	16.33
4#	8.15	2.50	4.15	10.37	12.94
5#	8.82	2.51	5.38	12.32	8.61
6#	7.19	2.51	3.18	8.94	13.26

表 6.4.8 气液比对泡沫阻力因子的影响

泡沫体系	岩心编号	气液比	压差（MPa）		阻力因子
			基础压差	工作压差	
0.4%QR-1529+ 1.0% ZJ-2	3#	3∶1	0.28	4.84	17.29
		2∶1	0.24	5.45	22.71
		1∶1	0.21	5.62	26.76
		1∶2	0.26	4.78	18.38
		1∶3	0.24	5.32	22.17
	4#	3∶1	0.45	9.06	19.20
		2∶1	0.41	8.80	24.73
		1∶1	0.43	10.83	25.19
		1∶2	0.45	11.13	21.47
		1∶3	0.50	9.6	20.13

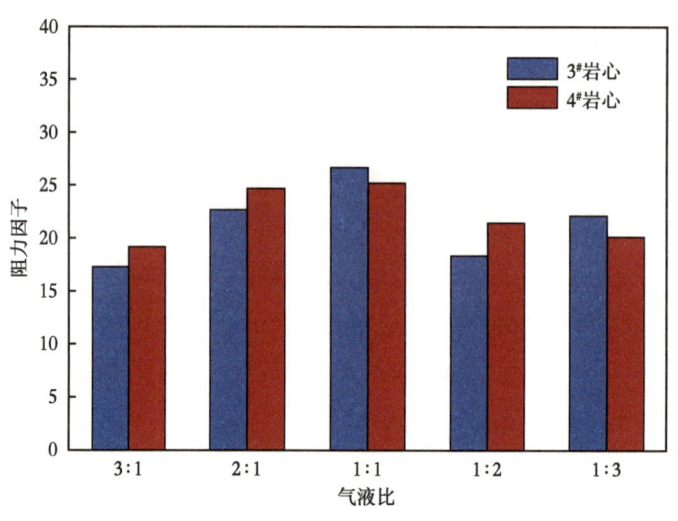

图 6.4.6 泡沫阻力因子与气液比的关系

当气溶性表面活性剂溶液被 CO_2 携带进入岩心，与岩心中的水接触能够生成泡沫。可以看出，随着气液比的减小，两种岩心的阻力因子整体上先增加后减少，在气液比为 1∶1 时，两种岩心的阻力因子到达最大值分别为 26.76 和 25.19。改变气液比，逐渐减少气体的注入体积，阻力因子先增大后减小。分析其原因，气液比较低时，岩心中的 CO_2 量少，可形成的泡沫较少,故封堵能力较弱;气液比过高时,气体的连续流动会使泡沫液膜变薄易破裂,从而导致气窜,减弱封堵能力。因此过大、过小的气液比都不利于发挥泡沫的最佳封堵性能。综上所述,最佳气液比为 1∶1。该气液比结果也符合目前国内 CO_2 气溶性泡沫注入工艺的现场注入参数。

6.4.4.2 段塞尺寸和注入轮次的影响

采用 CO_2 和溶有 0.4%QR-1529+1.0% ZJ-2 助剂醇的 CO_2 交替注入,利用岩心内的水生成泡沫时,段塞尺寸对泡沫的综合性能有较大影响。设置注入速度 0.1mL/min,气液比 1∶1,设置回压 20MPa,进行岩心驱替实验,对段塞尺寸及注入轮次进行优化,测定不同段塞尺寸及注入轮次下的阻力因子,结果见表 6.4.9,如图 6.4.7 所示。

表 6.4.9 段塞尺寸对阻力因子的影响

泡沫体系	岩心编号	段塞尺寸(PV)		注入轮次	压差(MPa)		阻力因子
		CO_2	溶有气溶性起泡剂醇溶液的 CO_2		基础压差	工作压差	
0.4%QR-1529 +1.0% ZJ-2	5	0.10	0.10	6	0.26	10.02	38.54
		0.20	0.20	3	0.35	12.21	34.89
		0.30	0.30	2	0.32	9.56	29.88
	6	0.10	0.10	6	0.60	22.24	37.07
		0.20	0.20	3	0.73	23.51	32.20
		0.30	0.30	2	0.64	17.04	26.63

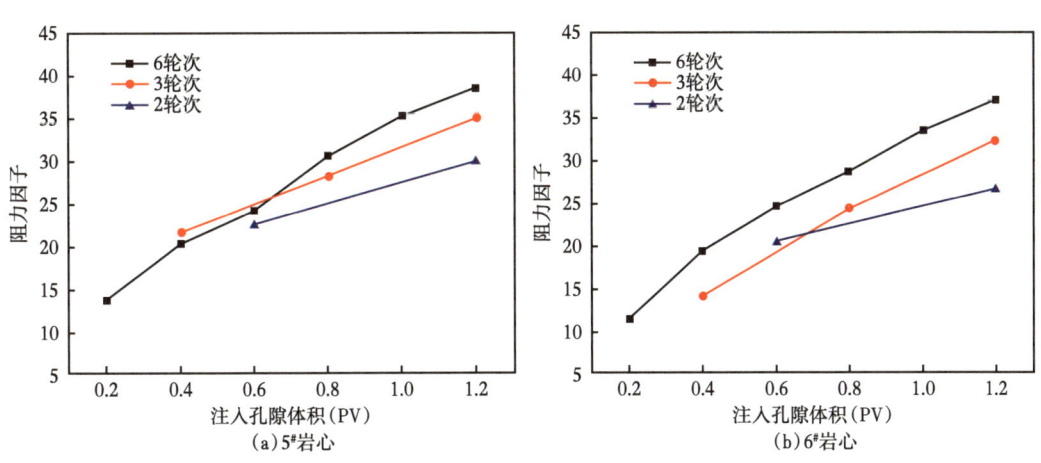

图 6.4.7 泡沫阻力因子与注入孔隙体积及注入轮次的关系

可以看出，两种不同渗透率的岩心，其泡沫阻力因子均随注入轮次的增加而增大。$5^{\#}$岩心注入段塞尺寸0.2PV、交替注入6次后的阻力因子达最大为38.54，封堵效果明显好于注入段塞尺寸0.4PV、交替3次和注入段塞尺寸0.6PV、交替2次的效果；$6^{\#}$岩心段塞交替注入6次后的阻力因子同样达到最大为37.07。分析其原因，在注入总段塞数不变的情况下，注入轮次越多、注入段塞尺寸越小，越有助于气溶性起泡剂在CO_2中的溶解，溶有气溶性起泡剂醇溶液的CO_2与岩心中的水接触就越充分，产生的泡沫越丰富，从而提高了封堵能力。综上，在现场施工允许的条件下，采用小段塞多轮次的注入方式更佳。

6.5 典型井组施工设计及配注工艺技术

通过文献调研可知，目前气溶性泡沫的现场应用实例还很少。2020年，选择新疆油田八区530井区CO_2试验区80513典型井组，开展了CO_2气溶性泡沫控制气窜施工方案设计，并探讨了现场配注工艺技术，设计成果为该技术的现场应用提供一定参考依据。

6.5.1 气溶剂辅助注气调控体系的安全环保性及经济可行性分析

6.5.1.1 气溶性活性剂辅助注气调控体系的安全环保性分析

CO_2气溶性泡沫体系研发中的气溶性起泡剂1529，是一种特殊的超支化醇烷氧基化非离子表面活性剂，价格约为35600元/t，使用的原材料全部为国外进口材料，其特点如下所述。

（1）有效成分大于99%，pH值为中性，水分含量极低（0.7%），极大减少了对生产设备的腐蚀；

（2）碳酸岩和中细砂岩中表面吸附量低，小于0.76mg/g；

（3）CO_2泡沫稳定持久，阻力因子大多数情况下大于15；

（4）该产品用于超临界CO_2驱，具有高效性、高性价比，易于推广绿色环保的超临界CO_2驱技术；

（5）与国外含水的泡沫剂产品相比，具有相同的改善重力超覆和调剖的性能；

（6）不含壬基酚等破坏地下水的有害物质，该产品环保可降解；

（7）该产品经原油乳化测试，并未形成水包油或者油包水乳液，不会影响采油厂后期破乳。

6.5.1.2 气溶性活性剂辅助注气调控体系的经济可行性分析

调研了国内外几种常用的气溶性起泡剂的实际价格及生产厂家，见表6.5.1。

表 6.5.1　国内外常用的气溶性起泡剂基本价格表

起泡剂编号或名称	化合物名称	起泡剂类型	生产厂家	价格（元/t）
1529	超支化醇烷氧基化合物	非离子	中国上海旌浩塑料制品有限公司	35600
1209	烷基聚氧乙烯醚	非离子	中国上海旌浩塑料制品有限公司	35600
$C_{12}E_mP_n$	十二烷醇聚氧乙烯聚氧丙烯醚	非离子	中国上海鳌稞实业有限公司	200000
$C_8P_nE_m$	乙基己醇聚氧丙烯聚氧乙烯醚	非离子	中国上海鳌稞实业有限公司	200000
N-P-8/N-P-10/N-P-12	葡萄糖与脂肪醇缩醛化合物	非离子	江苏海安石油化工厂	45000
N-NP-7c/9c/10c/13c/15c/18c/21c	烷基酚聚氧乙烯醚	非离子	江苏海安石油化工厂	45000
N-NP-10c-H/15c-H/21c-H	烷基酚聚氧乙烯醚磺酸盐	阴—非离子	江苏海安石油化工厂	50000
A-S-12	烷基硫酸钠	阴离子	江苏海安石油化工厂	55000
AOT	磺酸琥珀酸钠	阴离子	美国 Sigma 公司	165000

从表中可以看出，气溶性起泡剂 1529 的价格，与其他气溶性起泡剂相比较而言，具有性价比高、易于推广、经济可行性好的特点，能够适用于新疆油田八区的实际矿场的广泛应用。

6.5.2　典型井组气溶剂辅助注气调控施工设计

6.5.2.1　井组基础数据

80513 井组包含一口注入井 80513 井及 80492 井、80512 井、80532 井、80533 井、80514 井、80206 井六口生产井。其中，80513 井于 2012 年 6 月投产，2017 年 8 月开始试注 CO_2，基础数据见表 6.5.2 和表 6.5.3。

表 6.5.2　80513 井射孔数据

层位	射孔井段顶（m）	射孔井段底（m）	砂层厚度（m）
$S74^1$	2568.5	2569.5	1.0
$S74^2$	2575.0	2576.5	1.5
$S74^3$	2579.5	2581.5	2.0
$S74^4$	2588.0	2589.0	1.0
$S74^5$	2591.5	2593.0	1.5
$S74^6$	2593.0	2596.0	3.0
$S74^7$	2601.0	2603.0	2.0
S75	2611.0	2614.0	3.0

表 6.5.3　80513 井油层数据

层位	有效厚度（m）	孔隙度（%）	含油饱和度（%）	渗透率（mD）
S74^1	1.0	11.15	44.80	8.39
S74^2	1.5	11.15	44.80	8.39
S74^3	2.0	11.15	44.80	8.39
S74^4	1.0	11.15	44.80	8.39
S74^5	1.5	11.15	44.80	8.39
S74^6	3.0	11.15	44.80	8.39
S74^7	2.0	11.15	44.80	8.39
S75	3.0	10.11	44.80	5.27

根据 80513 井吸水、吸气剖面测试结果，作出吸水、吸气剖面图（图 6.5.1 和图 6.5.2）。可以看出，S74^5、S74^6 和 S75 小层吸水强度和相对吸水量与其余小层差异明显、窜流最严重；注气开始后，此前吸水能力极弱的 S74 小层表现出较强的吸气能力，吸气强度达 3.9m^3/(d·m)，而 S74 其余深层段与 S75 层延续了注水阶段末期较强的吸液能力。

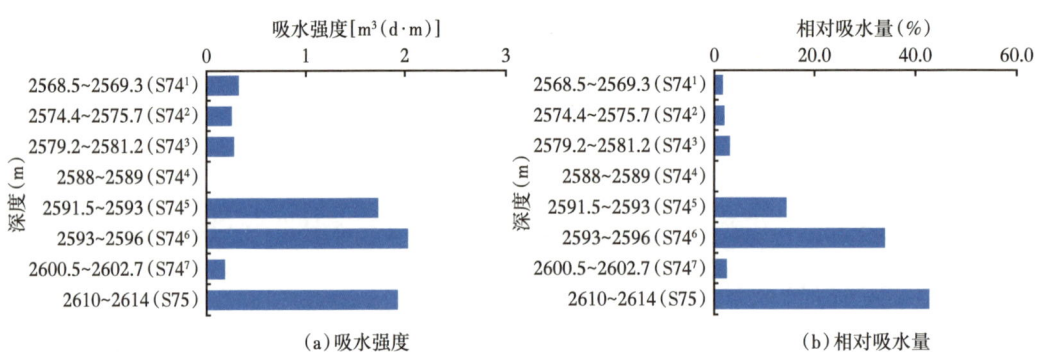

图 6.5.1　80513 井吸水剖面图

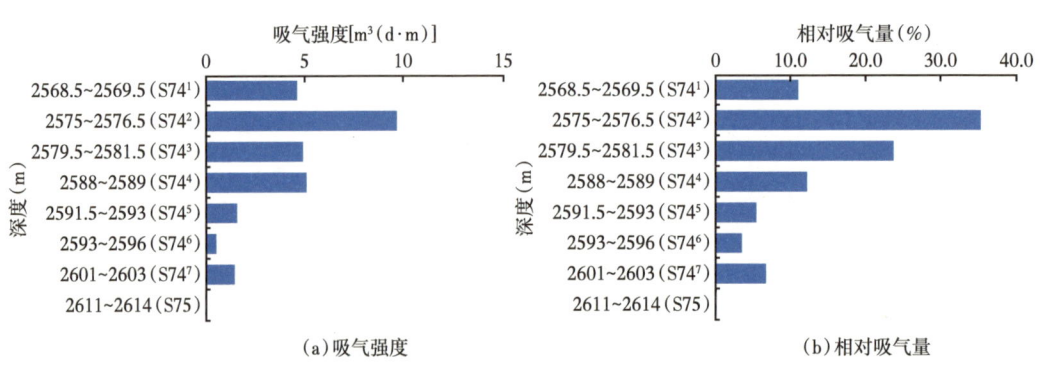

图 6.5.2　80513 井吸气剖面图

由于储层非均质性强、孔隙结构复杂且CO_2黏度低,重力超覆和黏性指进现象严重。随着注气的进行,注入剖面吸气能力发生变化(图6.5.2),起初吸气能力较弱的$S7^4$浅层段的吸气能力剧增,吸气能力较强的$S7^4$深层位和$S7^5$层吸气能力减弱,2575~2576.5($S74^2$)吸气强度接近10m³/(d·m),2575~2576.5($S74^2$)与2579.5~2581.5($S74^3$)的相对吸气量达到59.4%,初步形成优势通道,有发生气窜的隐患。据此,为防止气窜,实现对CO_2气体流度的控制,设计如下CO_2气溶性泡沫体系控制流度方案。

6.5.2.2 CO_2气体流度控制方案设计

采用QR-1529气溶性泡沫体系,配方为0.4%QR-1529+1.0% ZJ-2助剂醇。

(1)气溶性泡沫体系用量。

气溶性泡沫体系用量由式(6.5.1)确定:

$$V = \pi r^2 h \phi (1 - S_{or}) \tag{6.5.1}$$

$$V = 3.1415926 \times 30^2 \times 5.5 \times 11.15\% \times (1 - 30\%)$$
$$\approx 1214 m^3$$

式中 V——气溶性泡沫体系用量,m³;

r——设计处理半径,取值30m;

h——调驱目的层厚度,$S74^1$、$S74^2$、$S74^3$、$S74^4$小层总厚度为5.5m;

ϕ——孔隙度,取值11.15%;

S_{or}——剩余/残余油饱和度,按30%进行计算。

CO_2气溶性泡沫体系总体积1214m³,采用气溶性起泡剂醇溶液与CO_2交替注入的方式,共注入三个轮次,则共需要1214×3=3642m³的CO_2气溶性泡沫体系。

(2)备料。

80513井组备料清单见表6.5.4。

表6.5.4 80513井气溶性泡沫体系备料清单(单注入轮次)

化学剂名称	化学剂浓度(%)	CO_2的质量分数(%)	用量(t)	规格要求
起泡剂QR-1529	0.4	0.3	2.7	液体,有效含量99%以上
ZJ-2助剂醇	1.0	0.6	5.4	液态,分析纯

(3)施工方案。

截至2019年12月,该井注气量为45t/d,折算地下体积约为60m³(换算关系见表6.5.5),相当于2.5m³/h。为了保证顺利注入,施工时的注气量保持不变。

表 6.5.5　不同温度、压力状态下的 CO_2 密度及体积换算关系

状态	温度 (℃)	压力 (MPa)	CO_2 密度 (kg/m³)	体积(m³) (日配注 CO_2 45t)
超临界	31.26	7.38	550	81.82
油藏条件	67.9	24	740	60.81
常温常压	25	0.1	1.97	22842.64

通常施工采用的注入压力要低于地层破裂压力，为实现对 CO_2 气窜通道的快速有效封堵，需要采用较高压力进行注入。由于最大井底注剂压差须小于 0.8 倍的地层破裂压力，该区地层破裂压力在 45MPa 左右，故挤注压力应低于 36MPa。

实施 CO_2 气溶性泡沫调驱，采用不动管柱封窜施工，超临界 CO_2 携带气溶性起泡剂及助剂醇注入油藏，调驱施工的日注入量等参数见表 6.5.6。

表 6.5.6　80513 井调驱施工设计表（单注入轮次）

井号			80513	
调驱层位			$S74^1$、$S74^2$、$S74^3$、$S74^4$ 小层	
封堵半径（m）		30	超临界 CO_2 用量（t）	890
调驱剂		气溶性起泡剂溶液	注入压力（MPa）	<36
注入量 (m³/h)	超临界 CO_2	2.5	日注量（m³） （换算至油藏条件下）	60
	气溶性起泡剂醇溶液	0.07		1.62
施工时间 (d)	超临界 CO_2	20	注入方式	超临界 CO_2、CO_2 气溶性起泡剂醇溶液段塞式交替注入（3 注入轮次）
	气溶性起泡剂溶液	5		
施工设备			配液池（带搅拌器）、水泥车、柱塞泵等	

表 6.5.6 为单注入轮次下的 CO_2 气溶性泡沫体系施工参数，设计采用 3 轮次的封窜施工，每轮次注入气溶性起泡剂醇溶液段塞约 8t，超临界 CO_2 段塞约 890t，共注入药剂 24t，共历时 75d。

（4）施工步骤。

①按泡沫驱施工标准操作，接油管施工；

②配制每天所需的 CO_2 气溶性起泡剂醇溶液，充分搅拌保证体系混合均匀；

③每天配液 1.62m³，每罐液体循环 60~120min；

④使用增压泵注装置和加温设备将液态 CO_2 加温增压至超临界状态后于地面注入，每天注入 45t，达到超临界状态时的体积约为 82m³；

⑤按设计参数段塞式交替注入，严控施工排量及注入压力，保证二者低于设计最高值；

⑥及时提交施工总结。

6.5.3 地面注入工艺及流程

6.5.3.1 地面配液工艺

国内外常用的 CO_2 气溶性起泡剂多为含有亲 CO_2 基团的非离子型起泡剂。由于注入井筒时不注入水,由 CO_2 携带起泡剂与地层中的水接触发泡,因此为使起泡剂溶液能够更好地被 CO_2 在地面携带入井、在井筒中被超临界 CO_2 溶解,施工使用的地面配液工艺需要使起泡剂溶液和 CO_2 在地面达到充分混合,实现高程度的可注入性。

通过对现有的现场配液工艺进行调查研究发现,石油工程领域配液工艺所使用的气液混合方式多以液力搅拌为主。液力搅拌可形成径向混合,使药剂及注入气体在混合器中有充分的时间停留,同时又能避免气液停滞现象的发生;此外,液力搅拌的能耗低,经济适用性较好,这些特点均符合 CO_2 和气溶性泡沫体系在地面的配液要求。通过高压液动力,将 CO_2、气溶性起泡剂醇溶液经叶轮的均匀搅动,最终达到起泡剂充分溶解于 CO_2 当中的目的。因此该配液工艺可适用于 CO_2 和气溶性泡沫体系在地面的充分混溶。

6.5.3.2 注入工艺

目前国内吉林油田 CO_2 驱技术较为先进。矿场实施了 CO_2 超临界循环注入工艺,实现了 CO_2 捕集、输送、注入、采出流体处理和产出气循环注入全过程,建立了低成本的循环注气模式。采用的地面注入温度为 30℃、压力 18~20MPa,取得了较好的应用效果。吉林油田 CO_2 超临界循环注入流程如图 6.5.3 所示。

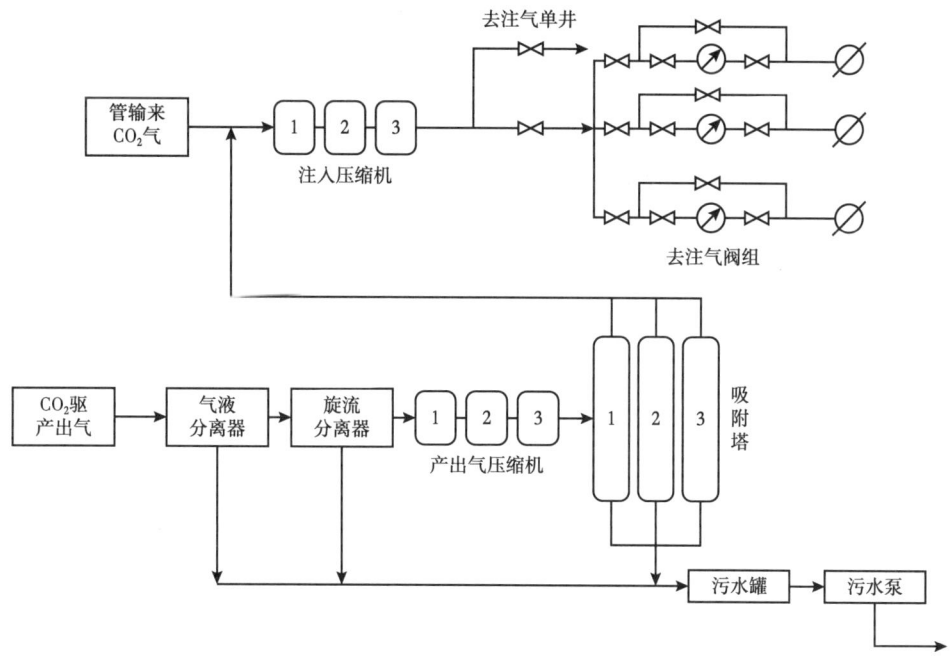

图 6.5.3 吉林油田 CO_2 超临界循环注入流程图

参考吉林油田 CO_2 超临界循环注入工艺，利用低成本的循环注气模式进行超临界 CO_2 注入。由于现场应用使用的 CO_2 通常为液态，为保证地面注入时的超临界状态、保证 CO_2 溶剂化能力的实现，在地面配注过程中需配设 CO_2 加温装置及增压泵注装置，使地面注入温度及压力达到临界条件。

为方便储存及运输，CO_2 来气及经过分离提纯的产出气通过液氨冷却为液态 CO_2；再经供液泵房管输至增压及控温装置，增压压力不小于 CO_2 的临界压力，升温温度不小于 CO_2 的临界温度；CO_2 增压升温至超临界状态后，通过注入泵房泵注与气溶性起泡剂溶液进行混合。

CO_2 气溶性起泡剂和助剂醇溶液分别通过进料泵和柱塞泵以设计注入比例泵注至混合罐内进行混合。为使气溶性起泡剂醇溶液更好地溶解于超临界 CO_2，并被后续携带至地层内，设计采用射流及涡流技术。装置主要是具有高压阀、止回阀的液流喷管，及具有与喷管相对的导流板和绕流板的中心管。运行时，从中心管注入 CO_2，气溶性起泡剂醇溶液通过液流喷管，喷入中心管中相对的导流板上均匀分散；再与注入中心管内的超临界 CO_2 充分混合，气液混合物通过中心管内绕流板做绕流运动，增大气液接触面，从而形成均匀稳定的 CO_2 气溶性流体，由管的另一端流出后注入井筒，在地层内与水作用形成 CO_2 气溶性泡沫。

该注入工艺能够解决现有技术中地面注入工艺流程复杂、成本高，注入装置体积大、现场施工搬运、安装不便的问题，可满足实际矿场的需要。具体地面注入工艺流程如图 6.5.4 所示。

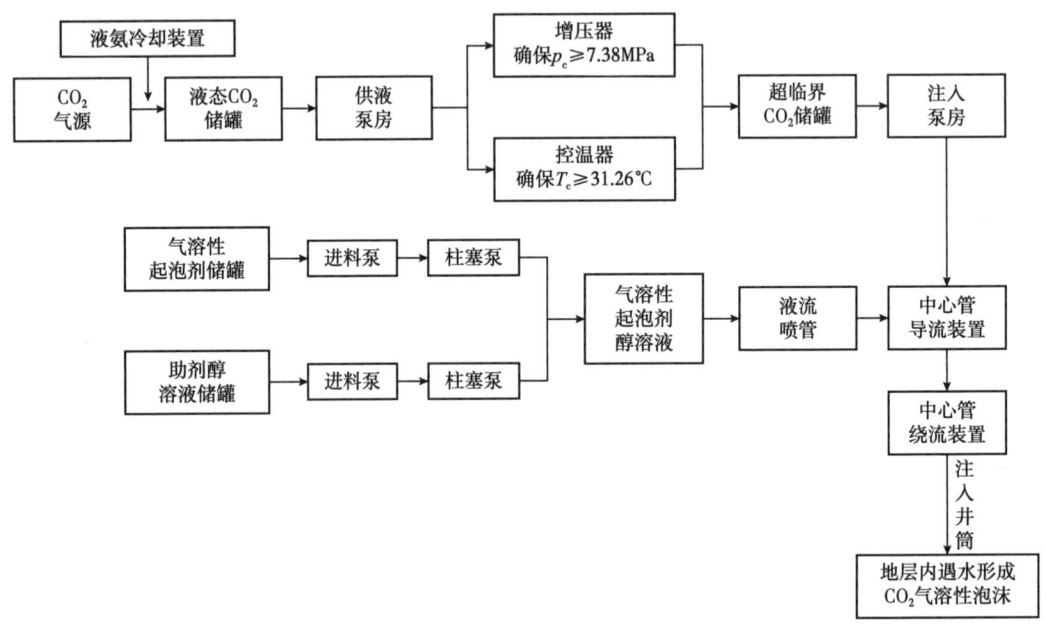

图 6.5.4 CO_2/气溶性泡沫体系的地面注入工艺流程图

注入工艺参数如下：

（1）中心管导流装置及中心管绕流装置内径 60mm，外径 78mm；

（2）设计及操作压力均为 36MPa；

（3）最高介质温度为 350℃；

（4）工作介质为溶有气溶性起泡剂醇溶液的超临界 CO_2；

（5）气体流量在标准状态下为 5~25m^3/min。

7 化学辅助注气调控理论及提高采收率机理

本章开展气体超覆现象表征、化学辅助注气调控及驱油理论研究、化学辅助注气调驱微观机理研究并量化测定 CO_2 泡沫提高波及效率的程度,为进一步拓展化学辅助注气调控技术的应用奠定基础。

7.1 气体重力超覆现象表征

7.1.1 气体超覆基本理论

一般来说,地层圈闭是指储层上倾方向直接与不整合面相切而被封闭所形成的圈闭,即与地层不整合有关的圈闭,在地层圈闭中的油气聚集称为地层油气藏。地层油气藏通常表现为两种形式:一种是与地层超覆有关的油藏,主要分布在斜坡带和潜伏隆起或陡坡带,其特征表现为存在多次沉积间断和地层超覆不整合,自下而上地层逐层向古斜坡超覆;另一种是与地层不整合有关的油藏,主要分布在盆地斜坡地带的边缘,具有下超上剥的特点。前一种即地层超覆油藏。

在油藏注入气体以后,气体可以通过超覆作用上升到油藏顶部,从而驱替油藏顶部的原油。提出该理论的出发点主要是由于气体的密度小于原油和地层水的密度而造成密度差,因此在浮力的作用下气体会上升到油层的顶部。

7.1.2 气体超覆实验模拟

针对吉林油田黑 79 区块油藏特征,基于超覆现象在地层中的表征,制作可视化模型,以便于观察 CO_2 气体超覆现象。

7.1.2.1 模型制作

实验选用两块规格为 $25cm \times 25cm$ 的亚克力板。将大理石小块按顺序黏贴在亚克力板上,再将另一块亚克力板黏贴在大理石小块上,对角线两端放入导流接头,最后在内层用石蜡密封一圈,再用环氧树脂密封四周,得到可视化物理模拟模型(图 7.1.1)。

　　　　　　(a) 模型实物主视图　　　　　　　　　　　　(b) 模型实物俯视图

图 7.1.1　模型实物图

7.1.2.2　实验结果

通过模拟 CO_2 在常温下气驱,从可视化模型中观察到的现象如图 7.1.2 所示。

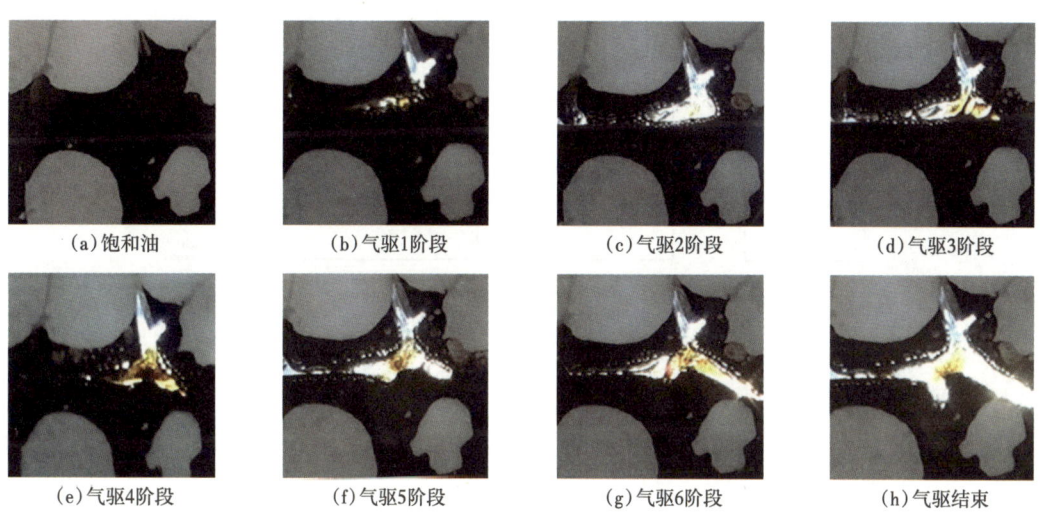

(a) 饱和油　　　　(b) 气驱1阶段　　　　(c) 气驱2阶段　　　　(d) 气驱3阶段

(e) 气驱4阶段　　　(f) 气驱5阶段　　　　(g) 气驱6阶段　　　　(h) 气驱结束

图 7.1.2　不同时间下 CO_2 超覆现象图

由图 7.1.2 可以看出:随着气体的不断注入,模型孔道上部的透光性不断增强,而孔道下部透光性极差,说明上部原油不断被驱替出来,下部原油基本未被动用,主要原因是气与油水存在密度差,在纵向上就存在超覆现象,导致位于模型孔道上部原油被驱替出来,而在油田实际生产中则表现出油藏纵向动用程度差异大,油层中上部动用程度较好,含油饱和度变化明显,剩余油分布较少;而油层下部则表现为动用程度较差,含油饱和度变化不明显。

7.2 化学辅助注气调控驱油理论研究

7.2.1 化学辅助注气调控机理

化学辅助注气是提高采收率的有效方法之一。通过调驱体系来提高采收率,其机理可从四个方面分析。

7.2.1.1 遇油消泡、遇水稳定

高含水饱和度地层中泡沫较稳定,使得该地层存在大量泡沫,降低水相渗透率,含水率下降。含油饱和度高的地层泡沫易破裂,降低渗流阻力,扩大波及体积,进而提高了采收率,如图 7.2.1 所示。

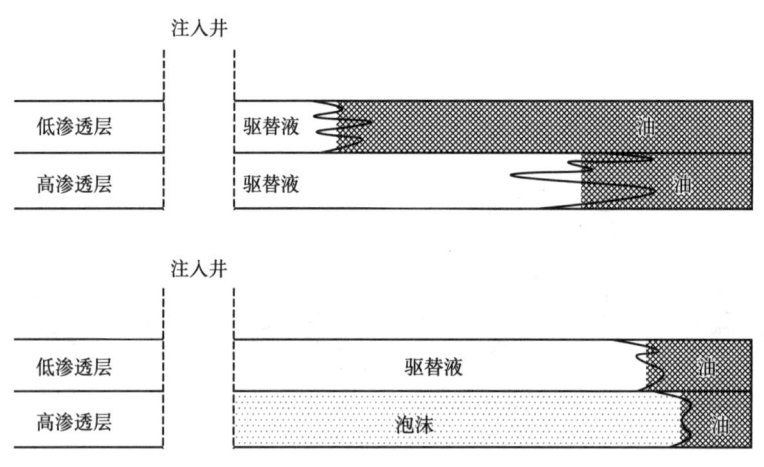

图 7.2.1 泡沫驱油示意图

7.2.1.2 泡沫的选择性封堵

泡沫对发生气体窜流的高渗透通道进行了有效的封堵,增加了驱替相的流动阻力,抑制了注入流体的窜进,增大了波及系数。

泡沫因为在比较宽的渗透率范围内产生封堵,并且因为泡沫流体在地层中渗流具有选择性,既能封堵高渗透层及提高低渗透层的波及系数,又能有效封堵水层,是良好的封堵材料。

CO_2 泡沫的选择封堵性体现在"堵大不堵小"和"堵气不堵油"两方面。"堵大不堵小"的特性在非均质地层中最为明显,当泡沫进入地层后,总是优先进入渗流阻力较小的大孔道,并不断在大孔道处聚集。在驱替压力的作用下,小泡沫破裂聚并为大气泡,并梗在喉道处形成堵塞,导致后续液流改向,从而达到扩大波及体积的效果(图 7.2.2)。

7 化学辅助注气调控理论及提高采收率机理

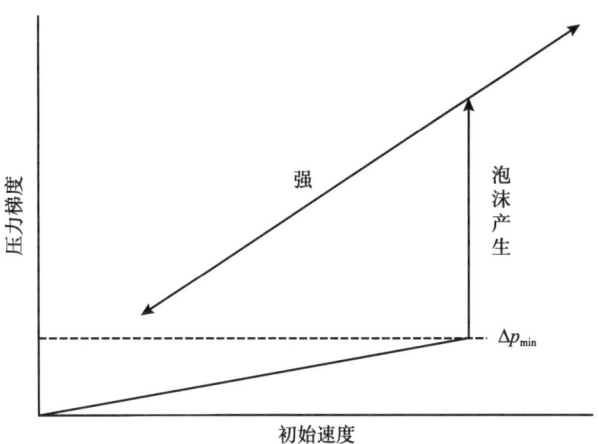

图 7.2.2　泡沫形成最小压力示意图

泡沫渗流阻力随着总流量的增加近似线性增加，而起泡剂溶液，它会降低油水界面张力，根据式（7.2.1）可知毛细管力将减小，渗吸作用减弱。

$$p_{c} = \frac{2\sigma\cos\theta}{r} \tag{7.2.1}$$

式中　p_c——毛细管力，Pa；
　　　σ——油水界面张力，mN/m；
　　　θ——接触角，(°)；
　　　r——毛细管半径，mm。

图 7.2.3 所示为一个实验泡沫体系的表观黏度和毛细管半径的关系曲线。从图中可以看出，随着毛细管半径的增大，泡沫的表观黏度上升。

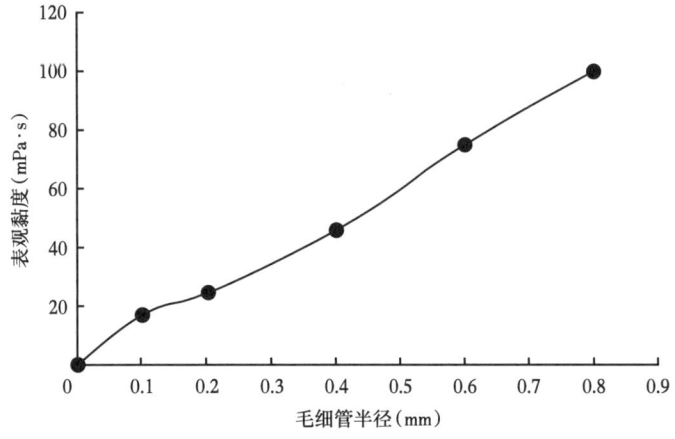

图 7.2.3　泡沫表观黏度与毛细管半径关系曲线

在毛细管半径从小变大的过程中，泡沫的结构从单链结构变为束数逐渐增多的结构，泡沫的稳定性和表观黏度都趋于增大。注入地层的泡沫首先进入高渗透大孔道，随着注入量的不断增多，在高渗透层中逐渐形成泡沫堵塞，渗流阻力增大，此后流入的流体相对比较均匀地向中低渗透层推进，使注入剖面得到较好的控制，波及体积扩大。另外，泡沫破灭和再生过程中分离出的一部分气体受重力的作用上浮至正韵律地层上部的低渗透层，发挥驱油的作用。

7.2.1.3 泡沫对气驱的流度控制

众所周知，用水驱油时，油水之间密度和黏度的差异，导致水在非均质油层内的指进与窜流现象。可以预料，CO_2 在非均质油层内必将发生更为严重的指进与窜流。为了减少气体在油藏中的指进与垂向窜流程度，通常采用水气交替注入法，引入另一流动相改变流体的相对渗透率，使 CO_2 的流度降低。但是，CO_2 和水之间的密度差较大，常使它们在注入过程中就迅速分离，使水防止 CO_2 指进与窜流的能力大大降低；而且，频繁的交替注水，将增加油层的水相饱和度，一方面引起 CO_2 向水相中分配而损耗，另一方面会增强水相水阻效应、降低 CO_2 与原油的接触效率，特别是在用 CO_2 与原油进行多次接触的混相驱时，水气交替注入会破坏 CO_2 抽提作用的连续性，使混相带难以形成，因而导致 CO_2 的驱油效率降低（图 7.2.4）。

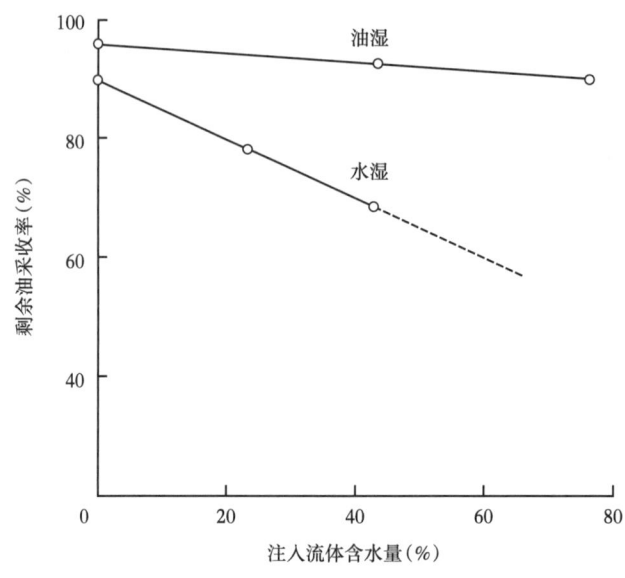

图 7.2.4 "WAG" 法注入流体含水量对 CO_2 混相驱采收率的影响

在水气交替注入过程中用表面活性剂溶液代替注水，以 CO_2 与表面活性剂溶液混合形成的泡沫来降低 CO_2 的流度是非常有效的，一般可使 CO_2 流度降低 50% 以上（图 7.2.5）。

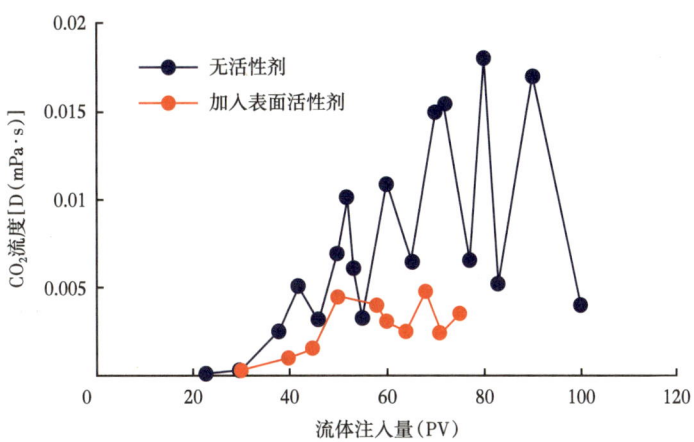

图 7.2.5　表面活性剂以水气交替方式注入对 CO_2 流度的影响

7.2.1.4　泡沫视黏度随介质孔隙变化机理

泡沫是气体在表面活性剂溶液中比较稳定的分散体系。泡沫总体积中气体部分的体积含量称为泡沫质量，泡沫黏度随泡沫质量的升高而增大。泡沫在孔隙介质中渗流时，其视黏度比组成它的两相（活性水和气体）中的任何一相的黏度都高得多，并随介质孔隙度（或渗透率）的增大而升高，泡沫表观黏度与渗透率的关系如图 7.2.6 所示。

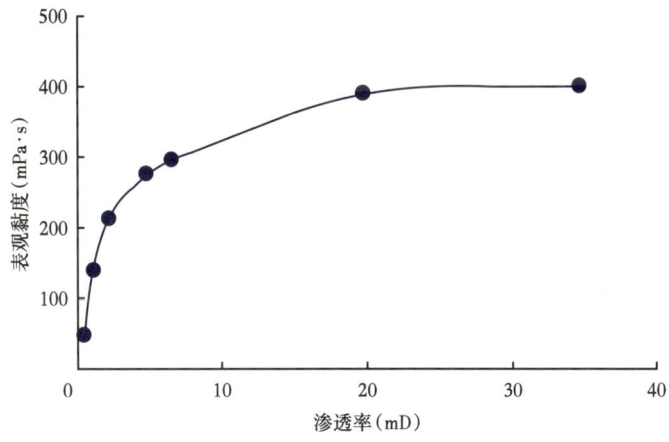

图 7.2.6　泡沫表观黏度与渗透率的关系

泡沫属非牛顿型流体，它的黏度是剪切应力的函数，随剪切应力的增加而降低，即泡沫这种流体具有假塑性，泡沫的流变曲线如图 7.2.7 所示。当泡沫在孔隙介质中渗流时，孔道越小，则剪切应力越大，泡沫的黏度也越小，流速因而越大。

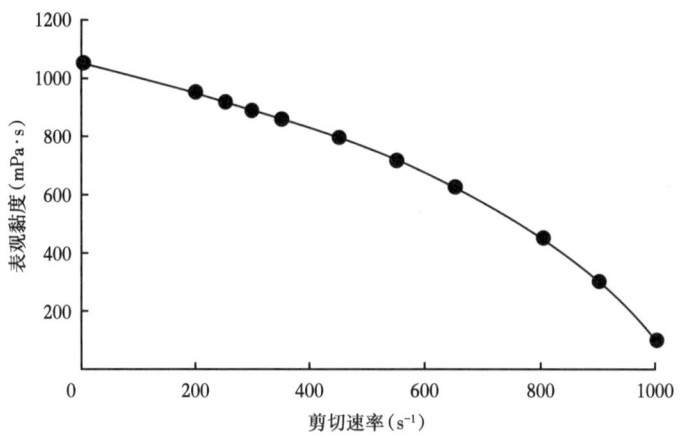

图 7.2.7　泡沫流变曲线

7.2.2　化学辅助注气调控体系驱油的动态特征

（1）气体突破。

泡沫在孔隙介质中渗流时，气体比液体流动得快，泡沫前缘与原油接触后发生部分降解，可导致气体向驱替前缘突破。

（2）油带突破。

泡沫驱油的效果主要发生在气体突破后大量原油产出阶段。

（3）泡沫驱出共生水带。

表面活性剂降低了地层水与气体之间的界面张力，使毛细管力发生了变化，加上泡沫黏度高的作用，可使残余水饱和度降到低于束缚水饱和度，部分束缚水被驱替出来，在油带之后形成一个共生水带。

（4）泡沫带突破。

泡沫带的突破，意味着驱油效果基本消失，在其后的油水同产阶段中，大量产水，产油很少。

7.2.3　化学辅助注气调控体系的影响因素

液膜变薄和破裂影响泡沫稳定性。在泡沫液膜变薄过程中，多个气泡撞到一块，泡沫液膜就会变薄，但是事实上由于气泡没有相互接触，因此泡膜总表面积还是一样的。在泡膜破裂聚并过程中，多个气泡的泡膜破裂重新组成了一个较大的气泡，这时起泡的总表面积变小了。泡沫稳定性常受到以下几个因素的影响。

7.2.3.1　液膜的影响

（1）起泡剂溶液的表面张力。

起泡剂和气体通过搅拌或气冲形成泡沫以后，液体的总表面积变大，总表面能变高。

然而界面能往往有自发减小的趋势。较低的表面张力能够使泡沫体系能量变低，从而使泡沫变得稳定。

（2）表面黏度。

溶液表层单分子层的黏度就是表面黏度。随着表面黏度增大，排液速率降低，泡沫稳定性增加。因此泡沫的稳定性是由泡膜的表面黏度决定的。表面黏度越大，泡沫寿命越长。

（3）液相黏度。

溶液液相黏度越大，液膜中气体的溶解度越小，泡沫体系就越稳定。然而，液相黏度只是起到辅助作用，只有形成稳定的表面膜，才能够生成稳定的泡沫。

7.2.3.2 气泡大小分布的影响

如果液膜的表面积变大，那么膜就会变薄，排液速度也会变低。理论上曾经证明，气泡大小分布可影响泡沫在一定时间内减少的数量。气泡大小若均匀，泡沫就会相对稳定。

7.2.3.3 双吸附层膜的影响

只有加入发泡剂，才能形成泡沫。这是由于液膜与气体有非常大的接触面积，而且液体有可挥发的特性。发泡剂形成双吸附层（图 7.2.8），双吸附层的存在对液膜有以下几种作用：

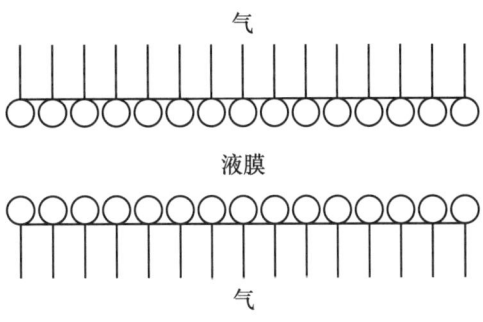

图 7.2.8　泡沫液膜

（1）吸附层的覆盖在内外两个界面上，阻止了液体的挥发。

（2）表面活性剂存在亲水基团，可以对水产生吸引力，增大了液膜水的黏度，从而吸附层中流失更加困难，这同时增加了液膜的厚度。

（3）发泡剂存在亲油基团，其彼此吸引增强吸附层强度。

（4）对于离子型表面活性剂，可以在水中解离，所产生的离子带有相同电荷，能够相互排斥，不利于液膜变薄，泡沫因此更加稳定。

7.2.3.4 外界因素的影响

（1）压力。

压力不同，泡沫的稳定性也不同。当压力升高时，泡沫就越来越稳定。因此，在地层条件下由于压力很高，泡沫往往很稳定。如果，泡沫在地面条件下稳定的话，在地层条件下，泡沫会更稳定。

（2）温度。

泡沫稳定性与温度有密切的关系。温度越高，泡沫越不稳定。但是也有少数泡沫在高温条件下稳定性很好，这是由于在高温条件下，起泡剂的溶解度很大。

（3）产生泡沫的工艺技术。

产生泡沫的工艺对泡沫的稳定性也有至关重要的作用。泡沫注入工艺一般可分成地下发泡和地面发泡两种。地下发泡是指起泡剂溶液和气体在井底发生反应生成泡沫，泡沫在井底生成之后直接挤入油层。地面发泡是指气体与起泡剂溶液在地面发生反应，再将泡沫挤进油层。随着所成泡沫的气泡半径增大、压力降低、分布越不均匀，泡沫稳定性降低。一般在泡沫带和驱替水之间注入一定的黏度比较高的水溶液，可以提高泡沫驱的驱油效果。

（4）多孔介质。

在移动过程中，孔隙介质对泡沫稳定性的影响也非常大。泡沫形成时，介质对生成的泡沫的性质起着至关重要的作用。另外，在多孔介质中，压力也是不平衡的，在向低压区域流动的过程中，会出现溶解气体从溶液中溢出，或者小气泡膨胀的现象，这时也会有新气泡随之产生。这两种现象使得泡沫在多孔介质中持续存在和泡沫段持续地移动，因此对泡沫的稳定性有很好的促进作用。

（5）气体的性质。

在水中溶解度高的气体可以在泡沫溶液中扩散和溶解，从而使泡沫液膜产生破裂而消失，气体在水中的溶解能力次序为：天然气<空气< N_2 < CO_2。

（6）原油类型和含油饱和度。

不管使用哪种起泡剂所生成的泡沫，与油类接触后稳定性会变差。原油与泡沫可相互作用，最先在原油与液膜中间发生。油类可以破坏泡沫，主要体现在油类可以以油珠形式进入泡沫或油类可以在泡沫的表面上铺展。总而言之，油类破坏泡沫稳定性的机理是油类与泡沫接触后，以小油珠的形式进入到泡沫内部，破坏了泡沫结构的完整性，从而影响泡沫的稳定性。

7.2.4 化学辅助注气调控体系与原油间的相互作用

按照热力学原理，原油在泡膜表面的铺展可用1941年Harkins提出的铺展系数 S 来预估，用于表示油在气水界面发生铺展现象的驱动力，表征了油滴在气泡界面上的不同构型造成的表面自由能的变化。原油在泡沫膜表面的铺展可用 $S>0$ 的判据来预测。

Robinson 和 Woods 根据热力学原理在 1948 年提出"进入系数（E）"的概念，油滴进入气水界面的条件是 $E>0$，并且发现进入系数与消泡行为有着较好的关联。进入系数表示了油滴进入气水界面前后自由能的减少程度。

$$S=\gamma_f-\gamma_{of}-\gamma_o \quad (7.2.2)$$

$$E=S+2\gamma_{of} \quad (7.2.3)$$

γ_f、γ_o 分别表示泡沫溶液和原油的表面张力，γ_{of} 表示泡沫溶液与原油间的界面张力。若 $S<0$，则原油不能铺展，对泡膜不产生影响。原油遇到泡沫时可能出现以下三种情况：

A 型：$E<0$，$S<0$，原油不能进入泡膜，也不能在泡膜表面铺展。二者之间不存在相互作用和影响。在孔道中原油和泡沫相遇后界限分明，二者无相互作用，仅由毛细管力作用，油以大滴状沿固体表面略微上升（图 7.2.9）。

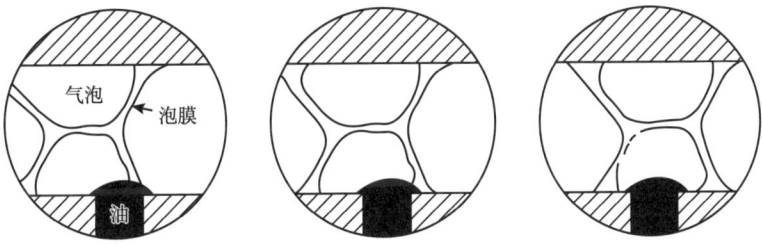

图 7.2.9　A 型原油与泡沫相互作用观察结果示意图（泡沫流动方向自左向右）

B 型：$E>0$，$S<0$，原油能进入泡膜内但不能在泡膜表面铺展。原油对泡沫的破坏作用取决于油珠大小，油珠足够小时可被大量吸入而剧烈减小泡膜的稳定性。原油和泡沫接触后，油自发乳化成小油珠进入泡膜，形成含油珠的准乳液膜（Pseudoemulsion Film），挟带这些油珠向前运动一定距离后破裂，放出所含油珠。后续的泡膜将驱扫这些油珠，挟带向前移动一定距离（图 7.2.10）。此时泡沫尚有一定程度的稳定性。

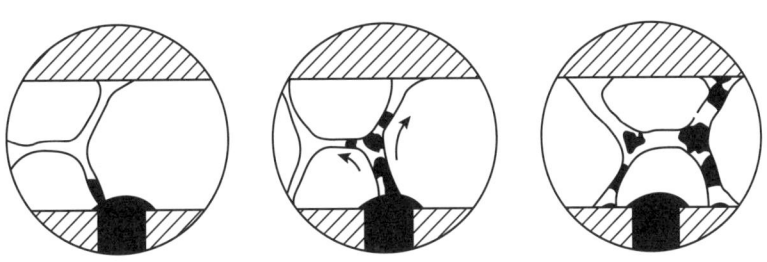

图 7.2.10　B 型原油与泡沫相互作用观察结果示意图（泡沫流动方向自左向右）

C型：$E>0$，$S>0$，原油能进入并在泡膜表面铺展，对泡膜性质产生强烈影响，导致泡膜崩溃。原油一旦与泡沫接触便自发乳化，形成很小的油珠，进入并充满泡膜，渗到气液界面的油在泡膜表面迅速铺展，在实验装置中可以看到充满原油珠的泡膜在流动中不断破裂的景象（图7.2.11），原油的存在使泡沫变得非常不稳定。

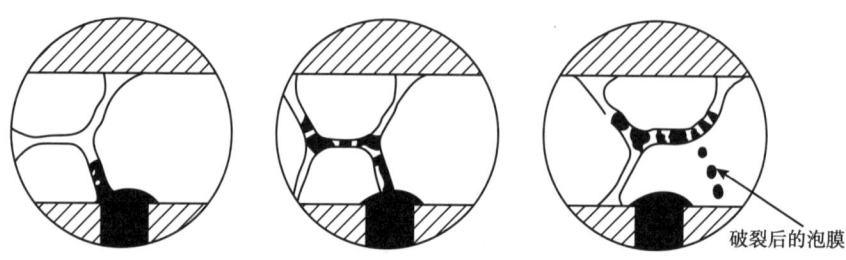

图7.2.11 C型原油与泡沫相互作用观察结果示意图（泡沫流动方向自左向右）

Schramm等从泡膜上应力的作用出发，描述了原油乳化进入泡膜的机理和过程，提出泡膜数（LamellaNumber，符号L）的概念，L定义为油珠进入泡膜的推动力和阻力之比。

$$L = \Delta p_c / \Delta p_R = \gamma_{of}\gamma_o / \gamma_{of}\gamma_p = 0.15\gamma_f / \gamma_{of} \quad (7.2.4)$$

当孔道直径小于气泡大小时，气泡形状受到限制。原油对泡沫稳定性的影响仍然有如图7.2.12所示的三种情况。

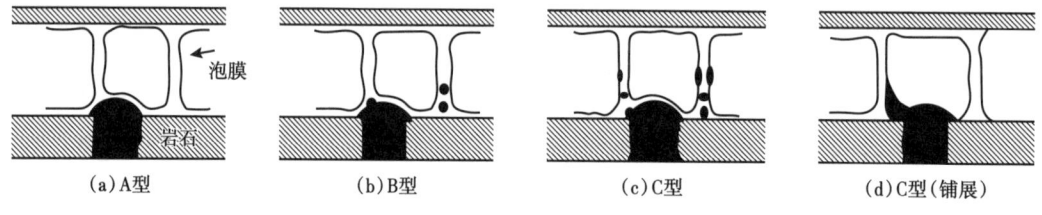

(a) A型　　(b) B型　　(c) C型　　(d) C型（铺展）

图7.2.12 小孔道中原油对泡沫稳定性的影响示意图（泡沫流动方向自左向右）

如图7.2.12所示，L值可定量地表达原油对泡沫稳定性影响的程度。当$L<1$（$\lg L<0$）时原油对泡沫的影响属A型；$1<L<7$时属B型；$L>7$时属C型。

综上所述，原油对泡沫破坏的过程和机理是：原油接触泡沫后乳化成小油珠，在外力和界面力的驱动下进入泡沫结构内，以不同形式在不同程度上影响和破坏泡膜的完整性，呈现出A、B、C三种不同的类型。基于这种理解建立了反映不同原油分布状态下泡沫稳定性（泡沫破坏频率f_b）与接触的各相表面性质（L）间的定量关系。

7.2.5 化学辅助注气调控体系的渗流机理

与宏观渗流的连续性分析不同，泡沫流体在微观尺度下的流动是以气泡的形式分散在连续液相中的两相流动，是一种离散的流动。在理论上，基于宏观尺度的一些分析结论都可以在微观尺度下得到其相应的微观机理。

7.2.5.1 突变机理

所谓突变是指紧接孔壁的润湿液体，能重排为横跨孔隙的双凹桥或双凸镜状物的过程。如果存在表面活性剂，双凸镜状物最终会排出液体形成薄层；反之，则薄层伸展得太薄，可能重新成为附着在壁面的液体。这两个过程都来自毛细管力作用，第一个过程会导致气泡的产生，另一个会导致气泡的破灭。考虑一个半径为 r 的圆柱形长直毛细管，在其内部存在一个润湿性液体被气体以低速 U_T 驱替的情况，如图 7.2.13 所示。在排驱过程中沉积了一个液膜在壁面上，这个液膜初始是均匀的，厚度为 h_0。Bretherton 确定了这个液膜厚度 h_0 的大小，表示方法见式（7.2.5）。

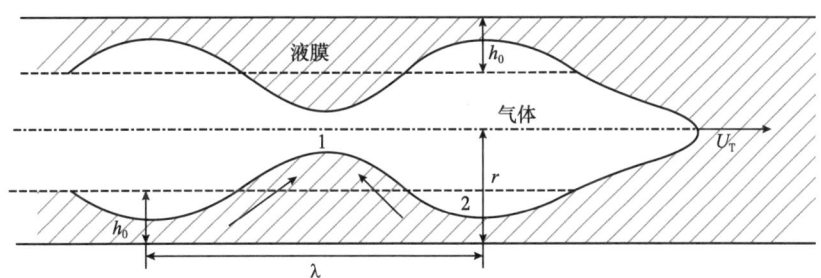

图 7.2.13 覆盖在圆柱形壁面上的液体薄膜的沉积和破裂

$$\frac{h_0}{r} = 1.337 Ca_T^{2/3} \quad (7.2.5)$$

其中 $Ca_T = \mu U_T / \sigma$

式中 Ca_T——液体的毛细管数；

μ——液体的密度，kg/m³；

σ——界面张力，mN/m。

如图 7.2.13 所示，表现了气体排驱液体过程中对液膜以波长为 λ 的搅动。如果这个搅动发展，图中点 1 处的压力将小于点 2 处的压力，在这种压差的趋势下 2 处的液体将流入突起处，同时由于 1 处的发展，导致曲率的变化，这种变化又使得毛细管力排空 1 处的液体，最终达到一个平衡。上下两个突起物能否接触产生一个液膜，还要看初始沉积膜厚度 h_0 与孔道半径 r 的关系，如图 7.2.14 所示。

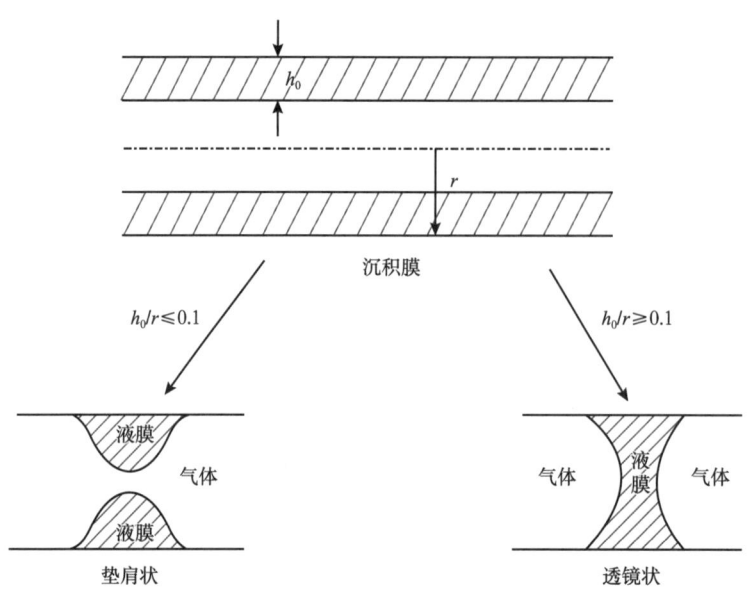

图 7.2.14 从沉积膜过渡为稳定的垫肩状和透镜状物（突变）

突变也即液膜截断或气体分断产生泡沫的机理。根据式（7.2.6）可知，提高气体速度 U_T 可以增大毛细管数，进而增大 h_0/r，因此在气液比较小的情况下，孔隙内会出现一个稳定的单一的大气泡并完全占据孔道；相反，适当增大气液比可以改善气体在液体中的分散，形成较小的气泡分散在孔道中。

如图 7.2.14 所示的微小搅动导致凸状物的生长或衰减，取决于这个搅动的波长 λ。用一个生长速率因子 ω 表征这个凸状物的生长，它与搅动的波长 λ 的关系见式（7.2.6）。

$$\frac{3\mu r \omega}{\sigma} = \left(\frac{h_0}{r}\right)^3 \left(\frac{2\pi r}{\lambda}\right)^2 \left[1 - \left(\frac{2\pi r}{\lambda}\right)^2\right] \quad (7.2.6)$$

由式（7.2.6）可知，对于生长速率因子 ω 是否为正负数，取决于搅动的波长的大小。若 $\omega < 0$，则表明凸状物衰减，最后还原成沉积液膜；若 $\omega > 0$，则液膜将不稳定，最终生成一个稳定的垫肩状物或一个透镜状物。对长波长而言，在 $\lambda > 2\pi r$ 的情况下，凸状物会发生突变，并且该速率增长因子正比于 $(h_0/r)^3$。

如果气体流速 U_T 过大，那么它对壁面上的沉积液膜的搅动不再是微小的，这有可能导致波长 λ 出现小于 $2\pi r$ 的情况，那么生长速率因子 ω 便为负值，致使凸状物衰减而不能产生气泡，说明过大的气液比将不利于泡沫的生成。若毛细管半径很大，将导致沉积膜很厚，气体的微小搅动将产生细小气泡分散在毛细管中，并产生较弱的阻力，所以在宏观上，过大的渗透率也会降低泡沫的封堵能力。同时，式（7.2.6）中存在一个特定波长

$\lambda_{\max}=2^{3/2}\pi r$,生长速率因子 ω 有一个极大正值。因此,当波长大于 $\lambda_{\max}$,则凸状物的生长将减缓,所以波长过大也会影响泡沫的产生。在宏观上表现了超临界 CO_2 泡沫的封堵能力会随渗透率的增大而减弱的现象。

7.2.5.2 启动流动

在微观尺度的模型当中,假设组成多孔介质的孔隙喉道是一根等截面长直毛细管,其截面由单个气泡占据,如图 7.2.15 所示。

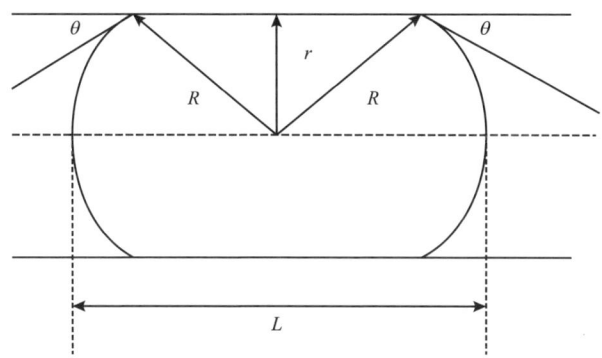

图 7.2.15 等截面毛细管中一气泡的毛细管效应示意图

图中毛细管半径为 r,假设其中的气泡界面为圆球并处于静止状态,则界面的曲率半径为 R,润湿角为 θ。通过 Young-Laplace 方程可知作用在气泡界面上的毛细管力为

$$p_c = \frac{2\sigma}{R} = \frac{2\sigma\cos\theta}{r} \tag{7.2.7}$$

同时,由于毛细管为一圆柱,则气泡在毛细管中所受的柱面附加毛细管力为

$$p_c = \frac{\sigma}{r} \tag{7.2.8}$$

气泡所受的毛细管力都指向气泡内部,由于其左右界面所受的毛细管力大小相反,则静止时左右方向的两个毛细管力相互抵消。同时由于压力的传递作用所控制的毛细管力也施加于管壁,因此,毛细管壁所受到的静压力为

$$p_{c1} = \frac{2\sigma}{r}\left(\cos\theta - \frac{1}{2}\right) \tag{7.2.9}$$

假设毛细管为水湿的,润湿角趋于 0,上式恒大于 0。p_{c1} 使管壁处液膜具有高强度和高黏性的特征,在气泡启动流动过程中,需克服由 p_{c1} 所产生的附加阻力,表现为摩擦阻力,表示为

$$F_f = Afp_{c1}$$
$$A = 2\pi rL \quad (7.2.10)$$

式中　f——阻力系数；

　　　A——气泡与管壁的接触面积；

　　　L——气泡所占据毛细管的长度。

起动过程中，由于润湿滞后的影响，将导致毛细管中的气泡两端的界面发生变形，如图7.2.16所示。

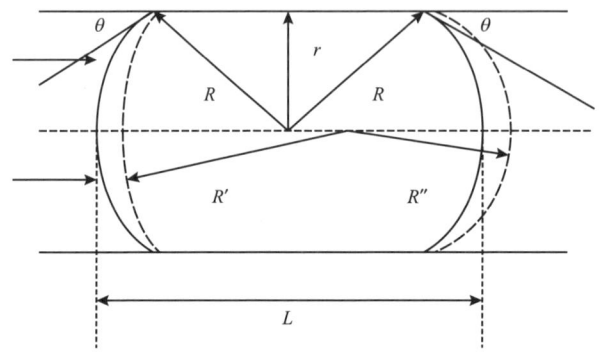

图7.2.16　等截面毛细管中一气泡的润湿滞后毛细管效应示意图

沿着流动方向，气泡左侧的界面受到挤压，导致该曲率半径增大至 R'，由式（7.2.11）可知该处的毛细管力减小。气泡内气体受到压缩压力增大，导致气泡右侧界面扩张，该处的曲率半径减小至 R''，毛细管力增大。所以由于润湿滞后引起的附加阻力表示为

$$p_{c2} = 2\sigma \left(\frac{1}{R''} - \frac{1}{R'} \right) \quad (7.2.11)$$

当气泡两端的压差克服了由 p_{c1} 和 p_{c2} 引起的附加阻力之后，气泡才开始流动。

7.2.5.3　稳定流动

当毛细管内的气泡流动发展到了稳定流动时，即润湿角与静止时的一致，润湿滞后现象消失，则流动过程中由式（7.2.11）所控制的气泡两端界面的毛细管力相互抵消，对流动起阻碍作用的毛细管力为 p_{c1}，柱面附加毛细管力引起的摩擦阻力 F_f。如果一个大气泡完全占据一个孔隙喉道，根据式（7.2.10）可知，孔隙半径越大，孔隙喉道越长，导致气泡接触的面积 A 增大，从而这个由柱面附加的毛细管力引起的摩擦阻力也增大，使泡沫的流动阻力增大。这是宏观泡沫渗流具有较大阻力的主要原因之一。与此相反，如果在相同长度的孔隙喉道，孔喉半径越小，一方面将减小这个摩擦阻力 F_f，另一方面，过大的毛细管力使得孔道壁面处的刚性液膜加速流失而使该处无法起泡，因此，这是泡沫流体具有"堵大不堵小"特性的机理。

7.2.5.4 变截面流动

只考虑气泡由大孔道进入小孔道的流动过程。当气泡由较大毛细管进入较小毛细管中时,气泡将发生变形。气泡的力学分析分为以下几个阶段。

(1)接触小毛细管阶段。

该阶段发生在气泡进入小毛细管的初始阶段,气泡并没有进入小毛细管,气泡的右侧界面处于大毛细管和小毛细管之间的连接部分。如图7.2.17所示,由于管道收缩,气泡右侧界面首先发生变形,该处的曲率半径减小为R_1,同时该界面静止。气泡左侧的界面曲率半径为原先的R,产生毛细管阻力,即贾敏效应,表达式为

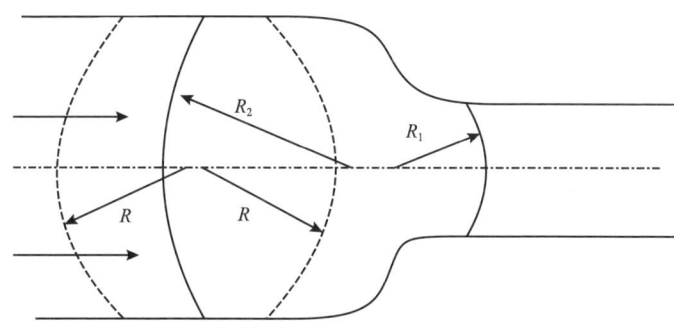

图7.2.17 接触小毛细管阶段示意图

$$p_{c1} = 2\sigma\left(\frac{1}{R_1} - \frac{1}{R}\right) \tag{7.2.12}$$

由于气泡右侧界面的收缩,使得该处气体压力增大,未响应到气泡左侧界面,该界面继续在流动压力下流动,使得该界面向前推进,挤压内部气体,该界面曲率增大至R_2时达到平衡,则此时的毛细管阻力为

$$p_{c2} = 2\sigma\left(\frac{1}{R_1} - \frac{1}{R_2}\right) \tag{7.2.13}$$

两个过程时间很短,气泡进一步向小毛细管内流动。在进入小毛细管之前气泡右侧界面曲率半径不断减小,左侧界面曲率半径不断增大,此时的毛细管阻力是逐渐增大的。

(2)前端进入小毛细管阶段。

如图7.2.18所示,气泡右侧界面已经完全进入小毛细管并达到平衡,则此时该界面的曲率半径达到最小并保持不变,记为R_1。而气泡左侧的界面则进入大小毛细管的连接部分,并在流动过程中与上一阶段的右侧界面一样发生收缩,曲率半径R_2开始减小,这个过程的毛细管阻力表示为

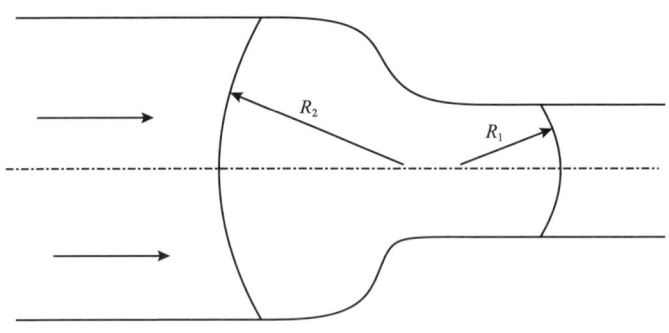

图 7.2.18 前端进入小毛细管阶段示意图

$$p_{c3} = 2\sigma\left(\frac{1}{R_1} - \frac{1}{R_2}\right) \qquad (7.2.14)$$

从式（7.2.14）可以看出，由于 R_1 保持恒定，R_2 不断减小，此阶段的毛细管阻力不断减小。阻力减小的过程不能及时响应至注入压力，所以注入压力保持在上一阶段的最大压力上，此时的动力是增大的，气泡将很快地进入小毛细管中，平衡时 $R_2=R_1$。

在孔道缩颈处可能会对沉积液膜产生附加搅动而增大生长速率因子 ω，使凸状物发展而在缩颈处形成液膜，从而产生新的小气泡，并在压差下快速流过孔道。

（3）等截面毛细管稳定流动阶段。

当气泡完全进入到小毛细管中后，气泡两侧的毛细管力相互抵消，气泡进入等截面的毛细管中，继续稳定流动，此时的阻力则由柱面附加毛细管力提供，如式（7.2.14）所示。

由于毛细管半径减小导致 p_{c2} 增大，对于较长的管道，气泡的流动速度小于大毛细管内的。而实际的孔道长度与气泡直径数量级基本一致，所以，在由第（2）阶段积累的注入压力还未消耗完全时，气泡将在很大的动力下以极快的速度流出小孔道。

7.2.5.5 气体截断机理

气体在高速注入过程中，由于气泡截断机理，气体被分隔成很多不连续相，并且产生薄膜，形成了许多气泡。气体截断机理就是由此对气体的流动性产生影响。气体运移过程中，气泡不断产生，并在狭窄孔隙周围聚集，从而堵塞气体流动通道。由于气泡中的气相是不连续的，气泡在通过狭窄孔道时阻力更大，使用泡沫来封堵渗透率高的油层就是利用这种机理。

这种现象的影响因素有几个方面：起泡剂溶液浓度、孔隙喉道的大小、起泡剂的类型以及注气和注液的速度等要素，在多孔介质中的临界条件是由 Roof 第一次提出，见式（7.2.15）。

$$R_b > \frac{2R_c R_g}{R_c - R_g} \qquad (7.2.15)$$

式中 R_b——孔隙半径,m;
R_c——喉道半径,m;
R_g——介质颗粒半径,m。

在剖面为完全非环状时,临界条件见式(7.2.16):

$$R_b > \frac{C_m R R_c R_g}{R_c - R_g} \qquad (7.2.16)$$

式中 R——非环状孔道中最大内切圆的半径,m;
C_m——仅取决于孔体剖面几何形状的量。

7.3 化学辅助注气调控微观可视化机理研究

7.3.1 可视化模型设计与制作

7.3.1.1 亚克力模型

可视化物理模型能够模拟油藏真实条件,实验中可清楚地观察驱油过程中存在的各种现象,在流体渗流特征和驱替机理研究方面大量应用。为了能更好地模拟真实油藏条件、观察泡沫驱过程以及剩余油分布形态,将橡胶垫片切割成不规则的小块模拟地层中孔隙骨架,将两块亚克力板之间夹入具有一定压缩性的硅胶垫框,使两块亚克力板之间形成正方形空间,然后将橡胶小块置于两块亚克力板之间进行拼装,并在四周用螺丝进行紧固密封。可视化模型设计如图 7.3.1 所示。

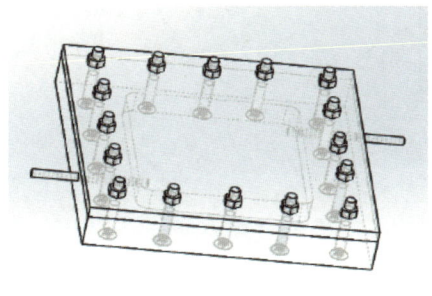
(a)模型设计简图

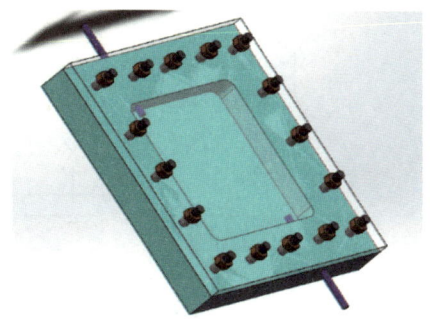
(b)模型设计渲染图

图 7.3.1 模型设计图

亚克力是一种开发较早的重要可塑性高分子材料，透明亚克力板材具有可与玻璃比拟的透光率，可以清楚地观察到模型中流体的流动情况，且亚克力板的耐磨性与铝材接近，稳定性好，耐多种化学品腐蚀；而橡胶垫片具有一定弹性，用螺丝固封之后具有良好的密封性能。

（1）打孔亚克力板（25cm×25cm×1.15cm），实物如图 7.3.2 所示；

（2）橡胶垫片及切片，实物如图 7.3.3 所示；

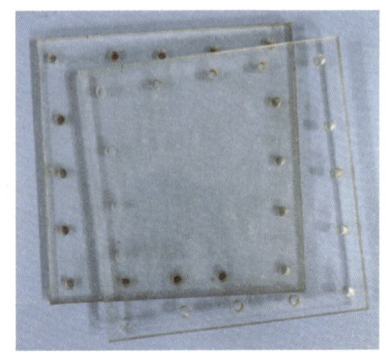

图 7.3.2　亚克力板

图 7.3.3　橡胶垫片及切片

（3）实验温度为室温 25℃；水样为模拟地层水；油样为脱气原油；CO_2 气源为 CO_2 纯度 99.9%；起泡体系为 0.4%AOS+0.1%SDS+0.05%CMC。

实验利用二维平面可视化模型进行驱油实验，通过图像采集系统记录驱油过程，并分析多介质辅助下的微观驱油特征，实验流程如图 7.3.4 所示。

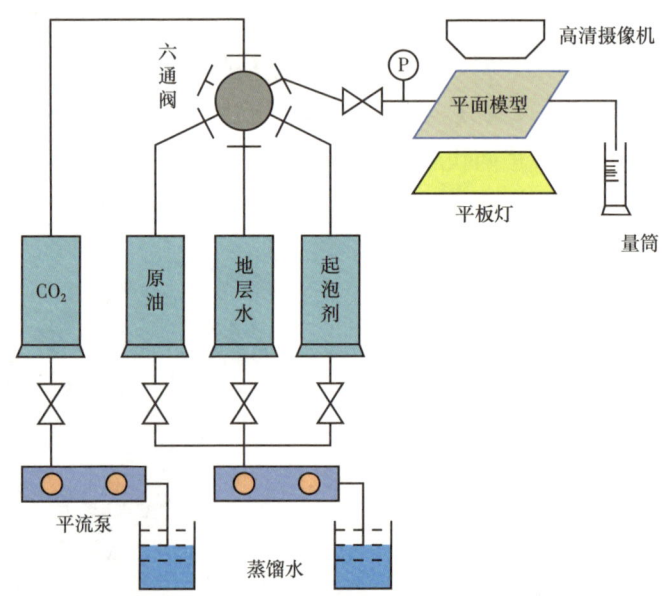

图 7.3.4　二维平面可视化模型实验流程图

7.3.1.2 刻蚀模型

刻蚀模型的制作需要先将天然岩心切片，对岩心切片截面进行扫描，获得其孔隙结构图。然后利用 CorelDRAW 软件对孔隙结构图进行处理，并由激光雕刻技术在亚克力板上进行雕刻，使其显现孔隙结构图形，最终在雕刻好的亚克力板上加上盖板，进行粘合，形成微观驱油模型（图 7.3.5）。

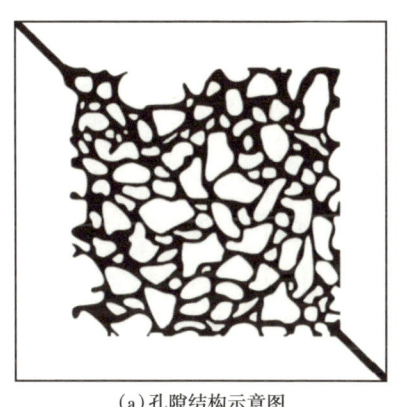 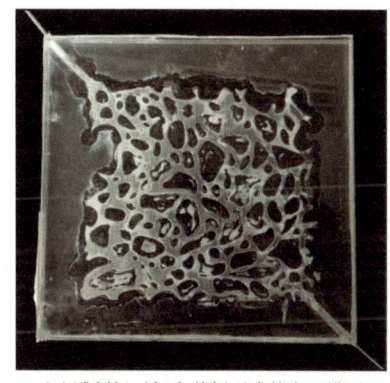

（a）孔隙结构示意图　　　　　　　（b）雕刻好后加上盖板形成的实际模型

图 7.3.5　可视化微观驱替模型示意图

该模型具有可视化程度高、耐高温的优点，能够清晰地模拟地下孔隙介质的孔喉特征，方便观测 CO_2 泡沫流体的流动规律及控制气窜的微观过程。

实验流程图如图 7.3.6 所示，全过程摄像记录。

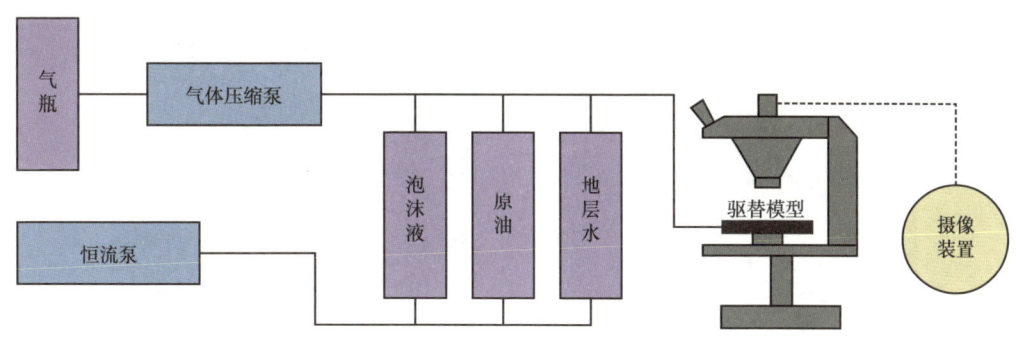

图 7.3.6　微观模型驱替实验流程图

主要实验步骤如下：

（1）按实验示意图连接好各装置；

（2）开启摄像装置；

（3）开启恒流泵，分别饱和地层水和原油；

（4）开启气体压缩泵及恒流泵，泵入气体和用甲基蓝染色的泡沫液段塞起泡；

（5）对渗流的微观过程进行录像，观察泡沫和原油在微观孔隙中的运移情况，分析泡沫的流动过程及微观机理。

7.3.2 化学辅助注气调控微观机理

7.3.2.1 扩大波及面积

在非均质低渗透油藏中，泡沫液首先进入裂缝等高渗透层改善驱替液与原油的流度比，随着后续气体的注入，产生贾敏效应，随着泡沫液的注入，高渗透层中的流动阻力逐渐增大，泡沫液可依次进入水驱不能进入的低渗透层，抑制黏性指进，调整层间关系，改善注入剖面，从而提高纵向波及体积。

从图 7.3.7（a）可以看出，由于二维平面模型（面孔率为 29.41%）的非均质性和气体与原油的黏度差，导致了气驱阶段很快形成了优势通道，渗流通道基本存在于模型的中上部，气窜明显；注入气突破后，随着驱替的进行，右上角及左下方还有较多残余油无法得到动用，波及区域呈狭长状分布，波及面积较小，波及率仅为 14.33%。随着多介质的连续注入，形成大量 CO_2 泡沫，泡沫在气驱形成的通道内堆积，渗流优势通道阻力不断增加，当渗流阻力大于泡沫推进动力时，注入的多介质开始向未动用部位流动，残余油所处孔隙空间逐渐被泡沫占据，残余油开始启动，使得波及面积明显扩大，波及率扩大至 86.92%，如图 7.3.7（b）所示，说明多介质在驱替过程中具有启动残余油和扩大波及面积的重要作用。

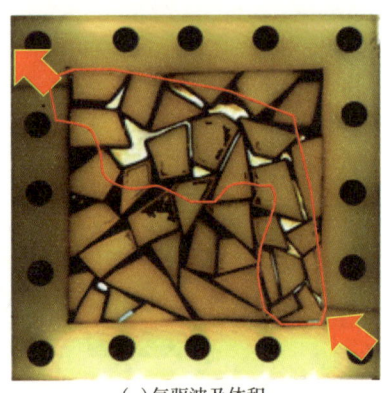
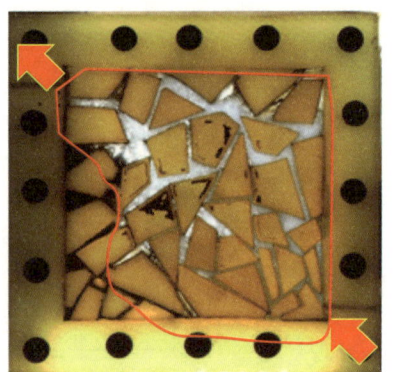

(a) 气驱波及体积　　　　　(b) 泡沫驱波及体积

图 7.3.7　化学辅助注气扩大波及面积

对比刻蚀模型，如图 7.3.8 所示，大量泡沫聚集在大孔道处几乎不移动，而小孔道中的气泡则在驱替压力的作用下不断向前流动。

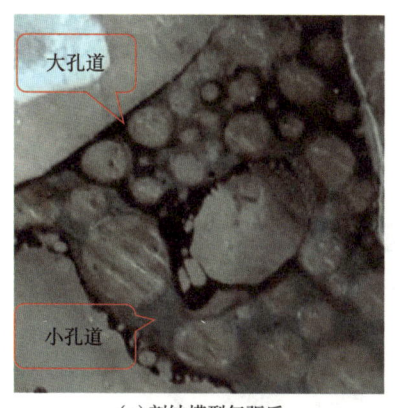
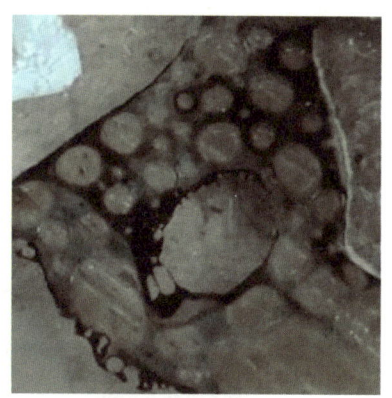

(a)刻蚀模型气驱后　　　　　　　(b)泡沫波及体积扩大

图 7.3.8　CO_2 泡沫封堵大孔道

7.3.2.2　泡沫选择性封堵

泡沫液堵塞高渗透层窜流通道，后续注入泡沫液必然流向波及状况较差的其他方向，通过液流转向可扩大平面波及效率。泡沫的贾敏效应对 CO_2 具有较强的封窜作用，可延长 CO_2 在地层中的滞留时间，延迟 CO_2 突破，使 CO_2 能更好地发挥作用。

从图 7.3.9 中可以看出，4 号通道孔径明显大于其他 5 条通道，故泡沫优先进入高渗透通道，在含油饱和度比较低时形成稳定存在的泡沫 [图 7.3.9（b）]。

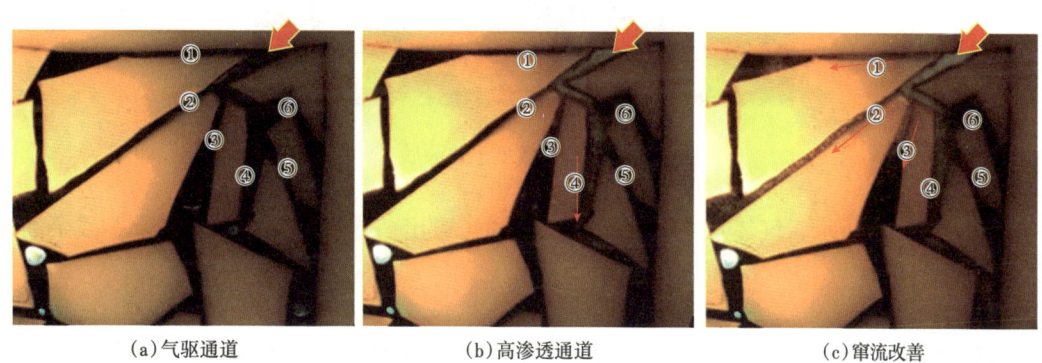

(a)气驱通道　　　　　　(b)高渗透通道　　　　　　(c)窜流改善

图 7.3.9　泡沫优先封堵高渗透通道

随着驱替过程的进行，泡沫通过孔道发生挤压会产生叠加的贾敏效应，高渗透通道流动阻力增大，泡沫在其中流动变得愈加困难，有效地改善了驱替相的窜流。泡沫的流动方向从④号通道变为沿着①、②、③、④通道流动。

对比刻蚀模型，CO_2 在气体的作用下形成泡沫，降低气体流度，封堵气体窜流通道，提高气驱波及系数。在注入 CO_2 中加入泡沫剂时，为泡沫剂起泡提供气相，CO_2 气窜进带中极低的残余油饱和度有利于泡沫剂起泡。起泡后 CO_2 为非连续相，CO_2 流度急剧降低。微观上泡沫液膜堵塞了大量的气体通道，液膜通过孔隙喉道时变形、破裂产生附加阻力，使注入压力升高，迫使 CO_2 转向含油饱和度高的部位驱替原油，从而提高了 CO_2 波及系数，饱和油和水驱结果如图 7.3.10 和图 7.3.11 所示。

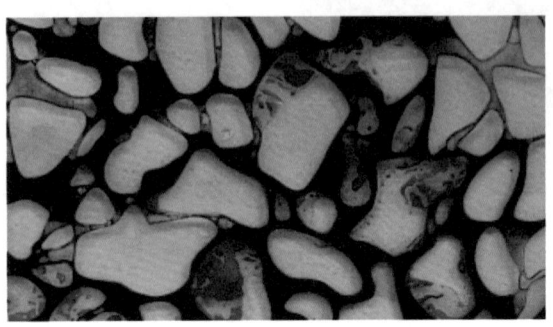

图 7.3.10 模型饱和油

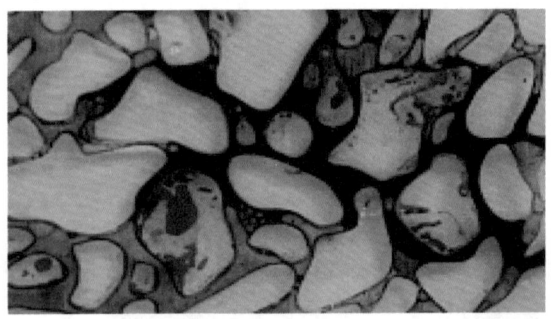

图 7.3.11 模型水驱油后

如图 7.3.12 所示，气体从中间部分的优势通道窜出，导致两端油未被波及，残余油过多，采收率低。

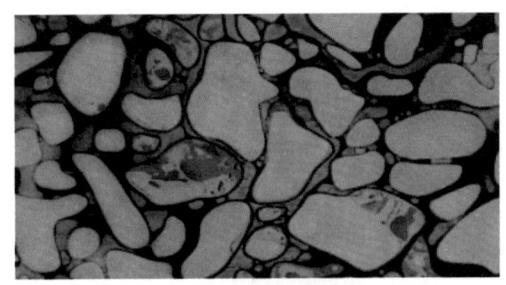

(a) 气体从优势通道窜出

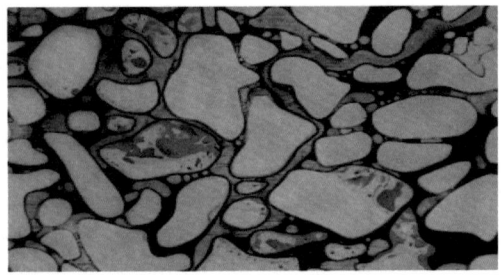

(b) 模型内残余油

图 7.3.12 气驱过程模拟图

如图 7.3.13 所示，泡沫液首先由左下注入，沿着模拟孔隙向上驱油，图 7.3.13（a）反应了水驱、气驱后残余油与束缚水分布状态，图 7.3.13（b）表示泡沫优先进入优势通道进行封堵。

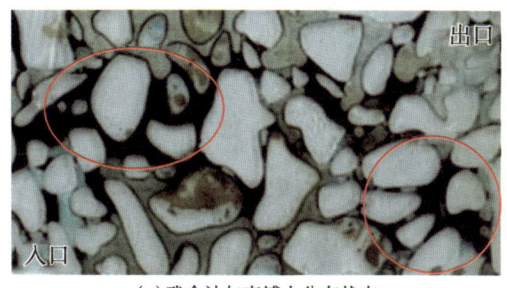 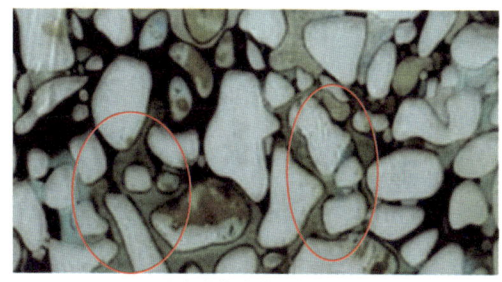

（a）残余油与束缚水分布状态　　　　　　　　（b）泡沫优先进入优势通道

图 7.3.13　泡沫驱过程模拟图 Ⅰ

随着泡沫的持续注入（图 7.3.14），图中左半部分的残余油被优先驱出，并集中在右半部的出口处，CO_2 泡沫波及气驱未波及区域。

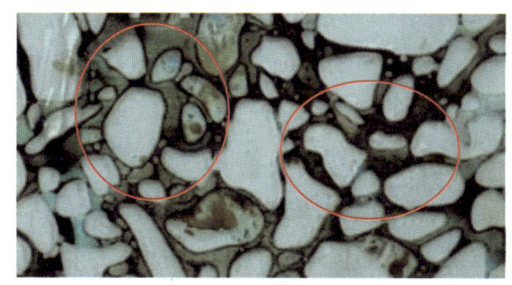 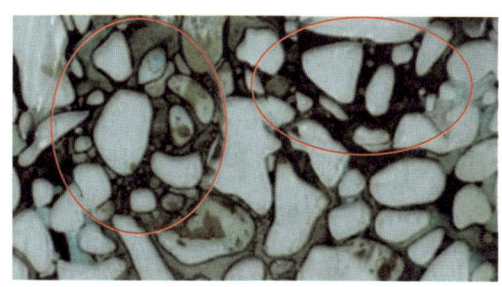

（a）残余油被驱出　　　　　　　　　　　（b）集中在右半部的出口处

图 7.3.14　泡沫驱过程模拟图 Ⅱ

泡沫驱后期（图 7.3.15）模型下半部已被泡沫占据，伴随着泡沫不断地破灭和运移，将残余油驱赶至模型上半部。

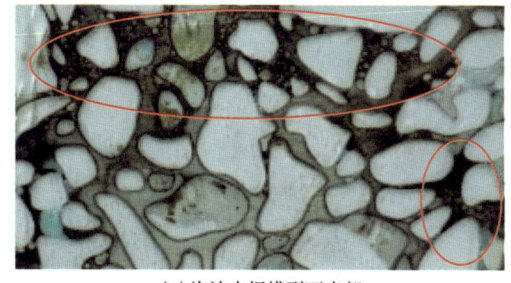 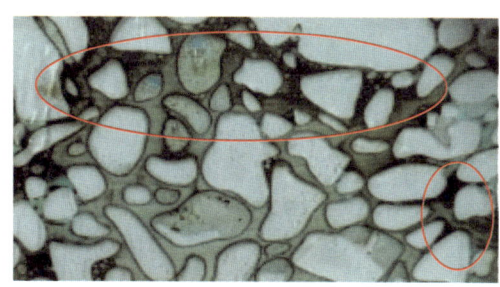

（a）泡沫占据模型下半部　　　　　　　　（b）残余油被驱赶至模型上半部

图 7.3.15　泡沫驱过程模拟图 Ⅲ

泡沫驱完成时（图 7.3.16）泡沫液将大部分油驱出，剩余少量残余油和束缚水（蓝色部分），泡沫控制流度提高驱油效率明显。

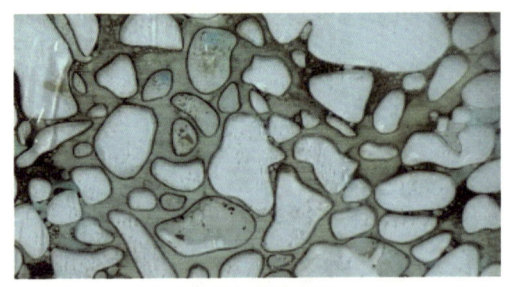 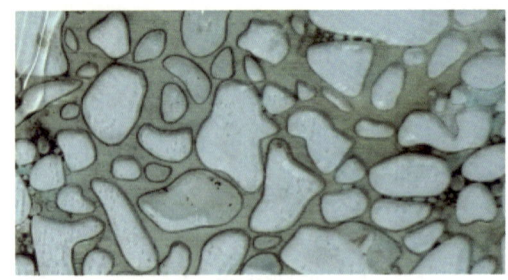

(a) 大部分油被驱出　　　　　　　　　　(b) 剩余少量残余油和束缚水

图 7.3.16　泡沫驱过程模拟图Ⅳ

7.3.2.3　盲端残余油的启动

图 7.3.17（a）中红圈位置代表盲端残余油，箭头方向为驱替方向。由于地层中存在盲端孔隙，注入气只能驱替出盲端孔隙外部的原油，并不能有效动用盲端孔隙内部的残余油，如图 7.3.17（a）所示，孔隙中部分原油被驱出，但是盲端孔隙内部（图片左侧）还存有部分残余油未能启动。在注入化学辅助注气体系后，泡沫不断与原油接触、破裂[图 7.3.17(b)]，由于表面活性剂的存在，在泡沫驱油的前期有显著的乳化作用，产生的乳化液有利于孔隙中的残余油滴被增溶、降黏、界面张力减小，提升了残余油的流动性能。随着孔隙中泡沫的不断补充，孔隙逐渐被泡沫占据[图 7.3.17（c）]，被洗下的原油和乳化油滴沿着泡沫的液膜继续向被驱替的方向前进，说明泡沫有利于盲端孔隙残余油的剥离。

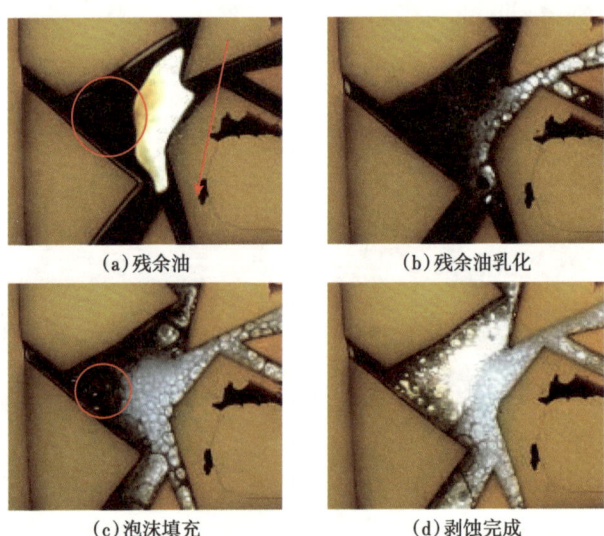

(a) 残余油　　　　　　　　　　(b) 残余油乳化

(c) 泡沫填充　　　　　　　　　　(d) 剥蚀完成

图 7.3.17　盲端剥蚀

CO_2 泡沫的扩大波及面积还体现在"堵气不堵油"上，CO_2 泡沫遇油容易破裂，遇水和 CO_2 气体后更加稳定，能够有效封堵气窜，从平面上扩大驱替流体的波及体积；同时在纵向上能够有效阻止 CO_2 注入后向地层上部窜流，提高 CO_2 气体的利用率。如图 7.3.18（a）所示，气泡运移到该处后堵塞了孔道，气体难以通过，并且气泡也很难移动，但油滴能够在泡沫液和气泡液膜表面自由移动，启动了盲端的残余油（图 7.3.18）。

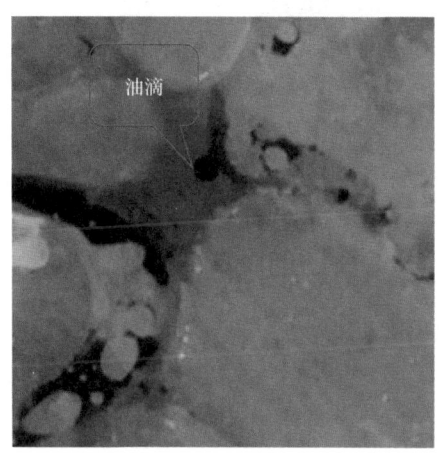 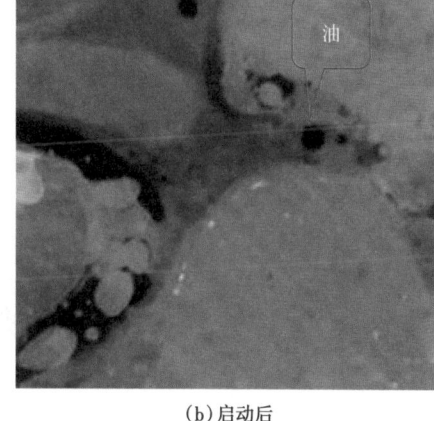

（a）启动前　　　　　　　　　　　（b）启动后

图 7.3.18　CO_2 泡沫启动盲端残余油

7.3.2.4　油膜剥蚀

泡沫反复流经同一孔道处时就有可能发生剥离油膜现象，并沿着压力较小的一端将原油拖拽携带出孔道，这一现象主要发生在盲端状的孔隙中。由图 7.3.19（a）可以看出，在气体驱替过的孔隙中存在明显的油膜附着在孔壁壁面，这是由于稠油的沥青质含量较高，黏度大，在地层孔隙中具有较大界面张力，容易吸附在孔隙壁面，即使该通道已被驱替流体波及，仍然还有部分稠油黏附在孔隙壁面上未能动用。在泡沫接触原油后，乳化作用明显［图 7.3.19（b）］，降低了原油界面张力，油膜流动性增强，泡沫裹挟着残余油向驱替方向流动［图 7.3.19（c）］。随着化学辅助注气体系的不断注入，孔隙壁面上的油膜被逐层剥蚀，最终油膜基本剥蚀完全［图 7.3.19（d）］。

对比刻蚀模型，如图 7.3.20 所示，在盲端 A 处，泡沫在该处生成后，由于主要的驱替压力来自同一方向，而流体总是趋向于流向压力更小的一端，因此后续注入的流体很难再进入 A 处孔隙，从而变向进入旁边的 B 处孔隙，当 B 处孔隙也形成气泡，并且气泡受到挤压变形，在 B 处产生附加阻力，后续流体在附加阻力的作用下重新进入 A 孔隙并使油膜剥离，将附着在气泡液膜表面的原油拖拽出 A 孔隙并携带出去。

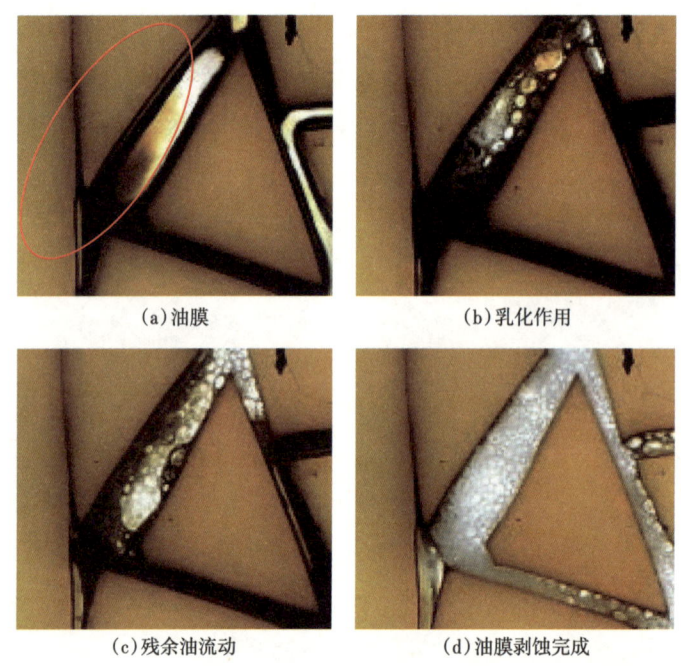

(a)油膜　　　　　　　　　(b)乳化作用

(c)残余油流动　　　　　　　(d)油膜剥蚀完成

图 7.3.19　油膜剥蚀

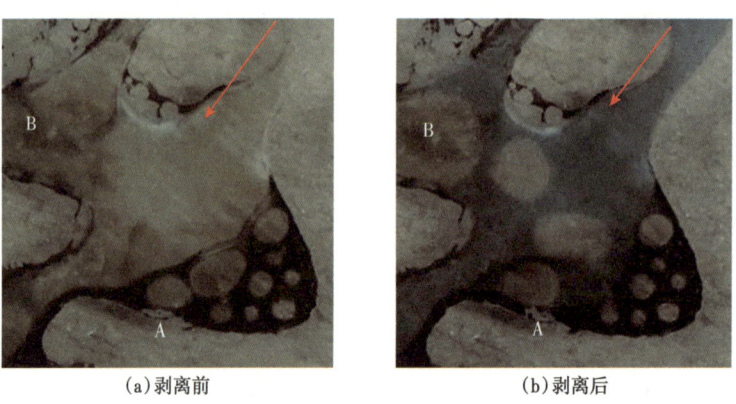

(a)剥离前　　　　　　　　　(b)剥离后

图 7.3.20　刻蚀模型油膜剥蚀

7.3.2.5　泡沫段塞前段乳化驱油

在 CO_2 泡沫驱前期，注入泡沫液后，泡沫液中的表面活性剂在油—水界面吸附并富集，形成一层保护膜，阻止油滴互相接近时发生合并，起到分离作用。

图 7.3.21 中红圈部分表示驱替前缘的乳化段，红色箭头表示驱替方向。当泡沫接触原油时，由于油水界面张力远远小于气水表面张力，当三相界面共存时，按界面能趋于减小

规律，活性剂将大量由水气界面转移到油水界面，使水气界面张力升高，破坏了泡沫的稳定性，导致泡沫很快破裂，所以在泡沫驱前缘泡沫实则以表面活性剂溶液的形式存在，此时驱替前缘驱替能量不足，基本保持稳定 [图 7.3.21（a）]。随着后续泡沫的不断补充，驱替前缘的表面活性剂溶液量不断增加，原油乳化作用越加明显。

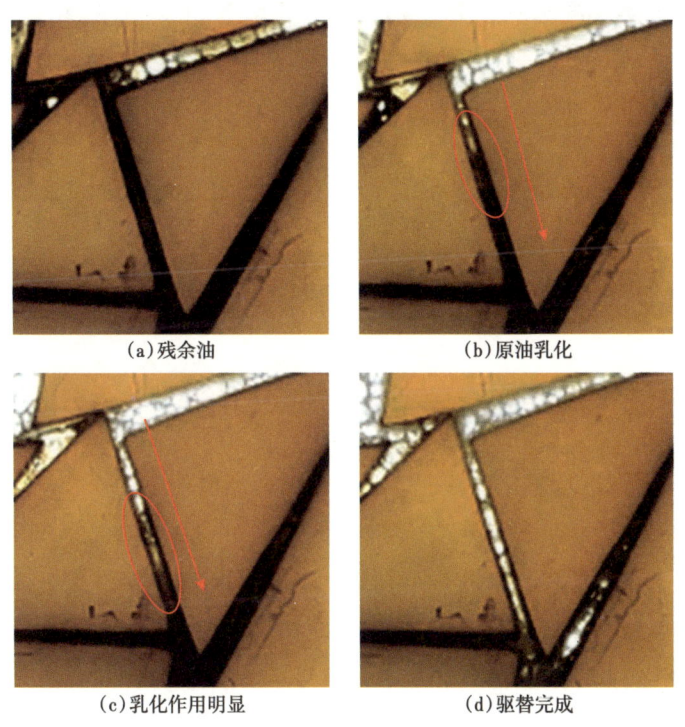

图 7.3.21　泡沫段塞前段乳化驱油

此时驱替前缘各组分组成示意图如图 7.3.22 所示，分为泡沫段塞—表面活性剂溶液—乳化段—原油。表面活性剂溶液与原油发生乳化作用形成了油—表混相带，导致原油与表面活性剂界面张力降低，流动性增强，当乳化作用进行至一定程度时，驱替前缘开始整体向前推进，从而达到驱油效果。

| 泡沫段塞 | 表面活性剂 | 乳化段 | 原油 |

图 7.3.22　驱替前缘乳化作用示意图

对比刻蚀模型，如图 7.3.23 所示。表面活性剂对原油产生一定的乳化作用，并降低油—水界面张力，从而达到洗油效果。

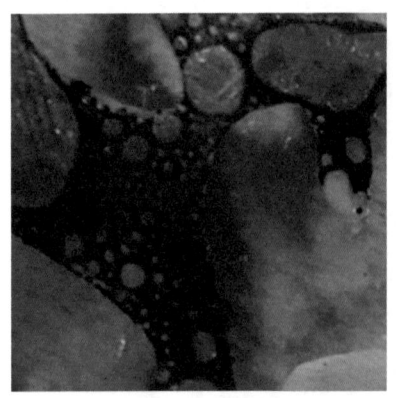 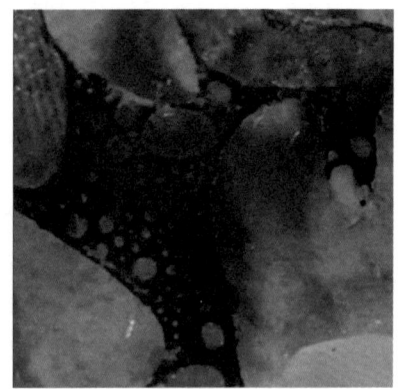

(a) 泡沫乳化　　　　　　　　(b) 泡沫分离

图 7.3.23　CO_2 泡沫乳化、分离

7.4　化学辅助注气提高波及效率量化测定

对同一刻蚀模型开展水气交替和泡沫驱实验后,通过对刻蚀模型进行二值化处理,提取其中色值,计算剩余油面积分布情况及波及效率。

从图 7.4.1（a）中可以看出,在气驱过后仍有较大面积剩余油未被动用,此时的波及效率为 52.41%。水气交替驱后的波及效率为 67.17%,对比水气交替和泡沫驱后剩余油分布情况,泡沫改善 CO_2 气窜效果明显大于水气交替改善 CO_2 气窜效果,此时波及效率有 85.39%,泡沫较水气交替提高波及效率为 18.22%。

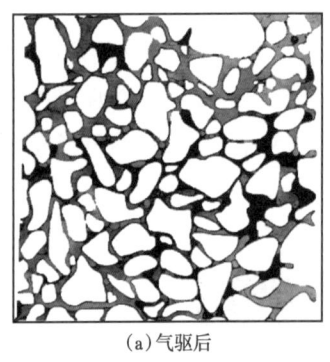 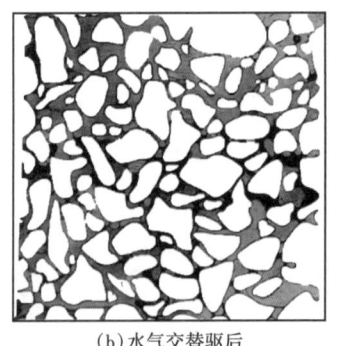 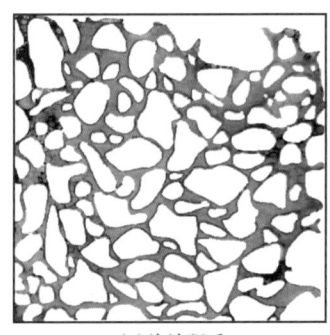

(a) 气驱后　　　　　　(b) 水气交替驱后　　　　　　(c) 泡沫驱后

图 7.4.1　CO_2 泡沫增加波及效率

8 研究成果与技术展望

8.1 研究成果

针对低渗透油藏、砾岩油藏、凝析气藏、稠油油藏注气驱油过程中存在的气窜生产技术难题，开展气窜特征分析、化学辅助注气调控体系研发、调控体系应用性能综合评价、化学辅助注气调控理论及提高采收率机理研究、典型井组调控施工设计及现场应用效果评价，取得了以下研究成果：

（1）通过"十三五"国家科技重大专项的技术攻关，设计制作了高温高压可视化泡沫液性能测试装置，在油藏温度和压力下评价化学辅助注气调控的泡沫体系的起泡性能和稳定性。

针对国内外专家普遍关注的CO_2泡沫在油藏高温高压条件下是否发泡、是否稳定的技术问题，通过"十三五"国家科技重大专项的专题"CO_2泡沫体系控制气窜关键技术研究"，研制出了YP-1型高温高压可视化泡沫性能测试装置（可视化、最高耐温150℃、最高耐压30MPa），开展起泡实验和稳定性评价。研究表明，在吉林黑79区块油藏温度96.7℃和油藏压力23.9MPa条件下，100mL起泡液的起泡体积为677mL，半衰期78min，该泡沫体系在高温高压下具有良好的发泡能力和稳定性。

（2）利用新型纳米材料，辅助改善泡沫性能，拓展化学辅助注气技术在高温高盐油藏条件下的适用范围。

纳米颗粒稳定泡沫的一个重要机理就是纳米颗粒可在气—液界面上形成吸附。纳米颗粒吸附形成的膜具有较高的机械强度，从而增强了泡沫的稳定性。吸附在液膜上并紧密排列的颗粒对液膜中水动力学流动具有阻力作用，从而减缓了液膜的排液。

（3）超临界CO_2携带气溶性表面活性剂辅助控制气窜技术研究。

水基泡沫体系必须通过水气交替注入方式，而不能采用水气同时注入方式，否则CO_2对井筒的腐蚀十分严重，采用水气交替注入方式又影响了泡沫体系的连续性。探讨气溶性活性剂泡沫体系及性能，采用超临界CO_2携带气溶性活性剂，在地层内遇到水相，就地生成稳定的连续泡沫体系，封堵气窜通道，扩大 CO_2 驱的波及体积，从而大幅度提高采收率。

（4）设计制作可视化平面模型，开展化学辅助注气提高波及效率量化研究。

设计制作可视化平面模型，开展 CO_2 泡沫驱平面模型可视化机理研究，开展泡沫控制 CO_2 气窜（气体流度）理论与方法研究，量化提高波及效率程度和控制气窜效果，水气交替后的波及效率仅为 67.17%，泡沫驱后的波及效率为 85.39%，泡沫比水气交替提高波及效率为 18.22%。

（5）化学辅助注气调控技术的现场应用成果。

针对不同油藏特征，开展施工方案设计及配注工艺研究，现场试验取得显著的应用效果。吉林油田 CO_2 驱油藏典型井组开展化学辅助注气调控现场试验，井组产油量由措施前的 $7.7m^3$ 增至措施后的 $10.8m^3$，增加了 40%，有效封堵气窜通道，吸气剖面得到大幅度调整。针对某典型凝析气藏开展化学辅助注气调控现场试验，某生产井气油比降低了 33.6%，有效控制了气窜，产油量增加了 36.291t/d；针对某稠油油藏开展化学辅助注气调控现场试验，现场实施 342 井次，增油 41654t，投入产出比 1∶3.18。

8.2 技术展望

在气驱过程中必然发生气窜，控制气窜的工作永远在路上，随着油田开发技术的不断演进和气驱技术的不断成熟，化学辅助注气的调驱方法，将在未来得到更加深入的研究和更加广泛的应用。

（1）对化学辅助注气体系的进一步优化和改进将成为未来研究的重点。通过调整体系配方、添加新型的表面活性剂和纳米材料等，提高体系的性能，使其更适用于高温、高盐、高压气驱油藏的应用。

（2）如何通过工艺流程和体系的优化及设备技术的改进来实现降本增效。采用更加经济高效的原料替代现有的体系成分，研发更简单、更节能的生产工艺，降低生产成本。

（3）需要进一步深入探讨各种提高采收率技术的优化和集成，结合人工智能、大数据和物联网等新兴技术，开展智能化的化学辅助气驱的开发与管理，提高技术的适用范围和效果，实现油田生产的智能化、信息化和自动化，提高生产效率和资源利用率。

（4）加强国际合作与交流，借鉴国外先进经验和技术，推动化学辅助注气调控技术在国内外注气调控技术的应用和推广，共同应对能源问题和环境挑战，推动油田开发向更加清洁、高效和可持续的方向发展。

参 考 文 献

[1] ROSSEN W, VAN DUIJN C, Nguyen Q, et al. Injection strategies to overcome gravity segregation in simultaneous gas and water injection into homogeneous reservoirs[J]. 2010, 15（1）: 76–90.

[2] ANDRIANOV A, FARAJZADEH R, NICK M M, et al. Immiscible foam for enhancing oil recovery: bulk and porous media experiments[J]. Journal of industrial and engineering chemistry, 2012, 51（5）: 2214–2226.

[3] BOUD D C, HOLBROOK O C. Gas drive oil recovery process: U.S. Patent 2, 866, 507[P]. 1958-12-30.

[4] 刘伟, 伊向艺. 聚合物冻胶 + 泡沫复合防窜体系在 CO_2 气驱中的研究 [J]. 钻采工艺, 2008（4）: 115-117.

[5] 刘丽. 低渗透储层 CO_2 泡沫体系室内实验研究 [D]. 大庆: 东北石油大学, 2014.

[6] 吕明明, 王树众. 二氧化碳泡沫稳定性及聚合物对其泡沫性能的影响 [J]. 化工学报, 2014, 65（6）: 2219-2224.

[7] 王海涛, 伊向艺, 李相方, 等. 高温高矿化度油藏 CO_2 泡沫调堵实验 [J]. 新疆石油地质, 2009, 30（5）: 641-643.

[8] 刘丽, 万雪, 杨坤, 等. 低渗透储层 CO_2 泡沫体系的筛选与性能评价 [J]. 石油化工高等学校学报, 2016, 29（4）: 62-65.

[9] 谢尚贤, 颜五和, 韩培慧. 泡沫对二氧化碳驱的流度控制 [J]. 油田化学, 1990（3）: 289-294.

[10] 李春, 伊向艺, 卢渊. CO_2 泡沫调剖实验研究 [J]. 钻采工艺, 2008（1）: 107-108.

[11] 赵金省, 谭俊领, 古正富, 等. 非均质储层 CO_2 泡沫调驱注入参数优化实验研究 [J]. 中国工程科学, 2012, 14（11）: 88-93.

[12] 王杰祥, 陈征, 冯传明, 等. 低渗透油藏超临界二氧化碳泡沫封堵实验研究 [J]. 科学技术与工程, 2014, 14（30）: 131-134.

[13] 刘祖鹏, 李兆敏. CO_2 驱油泡沫防气窜技术实验研究 [J]. 西南石油大学学报（自然科学版）, 2015, 37（5）: 117-122.

[14] 邹高峰. 低渗透油藏 CO_2 泡沫驱提高采收率机理研究 [D]. 成都: 西南石油大学, 2018.

[15] KOVSCEK A R, BERTIN H J. Foam mobility in heterogeneous porous media[J]. Transport in porous media, 2003, 52（1）: 17-35.

[16] 李向良, 孙艳阁, 李英. CO_2 水基泡沫的稳定机理研究 [J]. 山东大学学报（理学版）, 2015, 50（11）: 32-39.

[17] 万雪. 大庆榆树林油田典型区块 CO_2 泡沫驱适应性研究 [D]. 大庆: 东北石油大学, 2017.

[18] 裴鋆, 何秀娟, 高磊, 等. CO_2 泡沫流度控制剂 SH-1 的性能研究 [J]. 石油化工, 2017, 46（1）: 90-96.

[19] 王健, 吴松芸, 余恒, 等. CO_2 泡沫改善吸水剖面实验评价研究 [J]. 油气藏评价与开发, 2018, 8（4）: 22-25.

[20] 杨昌华. 温度压力对 CO_2 泡沫相态和性能影响研究 [J]. 精细石油化工进展, 2018, 19（2）: 26-28.

[21] 刘向斌. 控制二氧化碳气窜泡沫配方体系的研制与应用——以宋芳屯油田芳 48 断块为例 [J]. 油气地质与采收率, 2011, 18（5）: 51-53.

[22] 杨昌华, 王庆, 董俊艳, 等. 高温高盐油藏 CO_2 驱泡沫封窜体系研究与应用 [J]. 石油钻采工艺, 2012, 34（5）: 95-97.

[23] 王庆, 杨昌华, 林伟民, 等. 中原油田耐温抗盐二氧化碳泡沫控制气窜研究 [J]. 油气地质与采收率,

2013, 20 (4): 75-78.

[24] 陈祖华, 汤勇, 王海妹, 等. CO_2 驱开发后期防气窜综合治理方法研究[J]. 岩性油气藏, 2014, 26 (5): 102-106.

[25] 杨翠萍. 濮城沙一下油藏濮 1-88 井组 CO_2 泡沫封窜先导试验[J]. 内蒙古石油化工, 2015, 41 (Z1): 137-138.

[26] 李兆敏. 泡沫流体在油气开采中的应用[M]. 北京: 石油工业出版社, 2010.

[27] ZHU T, D. O. OGBE, KHATANIAR S. Improving the foam performance for mobility control and improved sweep efficiency in gas flooding[J]. Industrial and engineering chemistry research, 2004, 43 (15): 4413-4421.

[28] 王爱蓉, 吴清红, 吴林勇, 等. 纳米材料对 CO_2 泡沫体系的稳定作用及驱油效果评价[J]. 油田化学, 2017, 34 (1): 79-83.

[29] YEKEEN N, MANAN M A, IDRIS A K, et al. A comprehensive review of experimental studies of nanoparticles-stabilized foam for enhanced oil recovery[J]. Journal of Petroleum Science and Engineering, 2018 (164): 43-74.

[30] 李金平, 吴疆, 梁德青, 等. 纳米粒子悬浮液中分散剂选择的实验研究[J]. 兰州理工大学学报, 2006 (3): 63-66.

[31] 宋晓岚, 王海波, 吴雪兰, 等. 纳米颗粒分散技术的研究与发展[J]. 化工进展, 2005 (1): 47-52.

[32] 白小东, 肖丁元, 张婷, 等. 纳米碳酸钙改性分散及其在钻井液中的应用研究[J]. 材料科学与工艺, 2015, 23 (1): 89-94.

[33] TANG F Q, XIAO Z, TANG J A, et al. The effect of SiO_2 particles upon stabilization of foam[J]. Journal of colloid and interface science, 1989, 131 (2): 498-502.

[34] SIMOVIC S, PRESTIDGE C A. Hydrophilic silica nanoparticles at the PDMS droplet-water interface[J]. Langmuir, 2003, 19 (20): 8364-8370.

[35] ESPINOZA D A, CALDELAS F M, JOHNSTON K P, et al. Nanoparticle-stabilized supercritical CO_2 foams for potential mobility control applications[C]//SPE Improved Oil Recovery Symposium. Society of Petroleum Engineers, 2010.

[36] 武俊文, 贾文峰, 雷群, 等. 纳米粒子增强泡排剂性能及影响因素研究[J]. 天然气地球科学, 2017, 28 (8): 1274-1279.

[37] BINKS B P, KIRKLAND M, RODRIGUES J A. Origin of stabilisation of aqueous foams in nanoparticle-surfactant mixtures[J]. Soft Matter, 2008, 4 (12): 2373-2382.

[38] 王腾飞, 王杰祥, 韩蕾, 等. 纳米氢氧化铝稳定泡沫性能研究[J]. 西安石油大学学报（自然科学版）, 2012, 27 (5): 78-81.

[39] 李兆敏, 王鹏, 李松岩, 等. 纳米颗粒提高二氧化碳泡沫稳定性的研究进展[J]. 西南石油大学学报（自然科学版）, 2014, 36 (4): 155-161.

[40] 李兆敏, 王鹏, 李松岩, 等. SiO_2 纳米颗粒与 SDS 对 CO_2 泡沫的协同稳定作用[J]. 东北石油大学学报, 2014, 38 (3): 110-115.

[41] YU J, AN C, MO D, et al. Study of adsorption and transportation behavior of nanoparticles in three different porous media[C]//SPE improved oil recovery symposium. Society of Petroleum Engineers, 2012.

[42] ROEBROEKS J, EFTEKHARI A A, FARAJZADEH R, et al. Nanoparticle stabilized foam in carbonate and sandstone reservoirs[C]//IOR 2015-18th European Symposium on Improved Oil Recovery, 2015.

[43] 孙乾, 李兆敏, 李松岩, 等. 添加纳米 SiO_2 颗粒的泡沫表面性质及调剖性能[J]. 中国石油大学学报（自然科学版）, 2016, 40 (6): 101-108.

[44] 杨兆中, 朱静怡, 李小刚, 等. 纳米颗粒稳定泡沫在油气开采中的研究进展[J]. 化工进展, 2017, 36

(5): 1675-1681.

[45] 吴文祥, 徐景亮, 崔茂蕾. 起泡剂发泡特性及其影响因素研究 [J]. 西安石油大学学报（自然科学版）, 2008（3）: 72-75.

[46] 何斌, 杨振国. 纳米 SiO_2 改性酚醛泡沫的制备及表征 [J]. 石油化工, 2007（12）: 1266-1270.

[47] 孙乾, 李兆敏, 李松岩, 等. 纳米 SiO_2 颗粒与 SDS 的协同稳泡性及驱油实验研究 [J]. 石油化工高等学校学报, 2014, 27（6）: 36-41.

[48] 李兆敏, 孙乾, 李松岩, 等. 纳米颗粒提高泡沫稳定性机理研究 [J]. 油田化学, 2013, 30（4）: 625-629.

[49] 孙乾, 李兆敏, 李松岩, 等. SiO_2 纳米颗粒稳定的泡沫体系驱油性能研究 [J]. 中国石油大学学报（自然科学版）, 2014, 38（4）: 124-131.

[50] ABKARIAN M, SUBRAMANIAM A B, KIM S H, et al. Dissolution arrest and stability of particle-covered bubbles[J]. Physical review letters, 2007, 99（18）: 188301.

[51] 徐小娇, 刘妮, 王玉强, 等. 纳米流体悬浮液稳定性的最新研究进展 [J]. 流体机械, 2012, 40（10）: 46-49.

[52] KAM S I, ROSSEN W R. Anomalous capillary pressure, stress, and stability of solids-coated bubbles[J]. Journal of colloid and interface science, 1999, 213（2）: 329-339.

[53] BINKS B P, LUMSDON S O. Influence of particle wettability on the type and stability of surfactant-free emulsions[J]. Langmuir, 2000, 16（23）: 8622-8631.

[54] 张水燕. 锂皂石及 HMHEC 与表面活性剂协同稳定的泡沫 [D]. 济南: 山东大学, 2008.

[55] WORTHEN A, BAGARIA H, CHEN Y, et al. Nanoparticle stabilized carbon dioxide in water foams for enhanced oil recovery[C]//SPE Improved Oil Recovery Symposium. Society of Petroleum Engineers, 2012.

[56] ALYOUSEF Z A, ALMOBARKY M A, SCHECHTER D S. The effect of nanoparticle aggregation on surfactant foam stability[J]. Journal of colloid and interface science, 2018（511）: 365-373.

[57] HOROZOV T S. Foams and foam films stabilised by solid particles[J]. Current opinion in colloids and interface science, 2008, 13（3）: 134-140.

[58] SUN Y Q, GAO T. The optimum wetting angle for the stabilization of liquid-metal foams by ceramic particles: Experimental simulations[J]. Metallurgical and Materials Transactions A, 2002, 33（10）: 3285-3292.

[59] 秦波涛, 王德明. 三相泡沫的稳定性及温度的影响 [J]. 金属矿山, 2006（4）: 62-65.

[60] YU J, LIU N, LI L, et al. Generation of Nanoparticle-Stabilized Supercritical CO_2 Foams[C]//Carbon Management Technology Conference. Carbon Management Technology Conference, 2012.

[61] 赵涛涛, 宫厚健, 徐桂英, 等. 阴离子表面活性剂在水溶液中的耐盐机理 [J]. 油田化学, 2010, 27（1）: 112-118.

[62] 陈佳. CO_2 泡沫调驱体系优化及微观驱油机理研究 [D]. 成都: 西南石油大学, 2017.

[63] 王其伟, 郭平, 周国华, 等. 泡沫体系封堵性能影响因素实验研究 [J]. 特种油气藏, 2003（3）: 79-81.

[64] 张广卿, 刘伟, 李敬, 等. 泡沫封堵能力影响因素实验研究 [J]. 油气地质与采收率, 2012, 19（2）: 44-46.